现代砖瓦——

烧结砖瓦产品与可持续发展建筑的对话

湛轩业 傅善忠 傅力澜 万 军 编著

中国建材工业出版社

图书在版编目（CIP）数据

现代砖瓦——烧结砖瓦产品与可持续发展建筑的对话/湛轩业等编著．—北京：中国建材工业出版社，2009.11
ISBN 978-7-80227-640-6

Ⅰ．现… Ⅱ．湛… Ⅲ．①砖—焙烧—关系—建筑业—可持续发展—研究②砖—焙烧—关系—建筑业—可持续发展—研究Ⅳ．TU522 F407.9

中国版本图书馆 CIP 数据核字（2009）第 192189 号

现代砖瓦——烧结砖瓦产品与可持续发展建筑的对话

湛轩业　傅善忠　傅力澜　万军　编著

出版发行：	中国建材工业出版社
地　　址：	北京市西城区车公庄大街6号
邮　　编：	100044
经　　销：	全国各地新华书店
印　　刷：	北京鑫正大印刷有限公司
开　　本：	850mm×1168mm　1/16
印　　张：	23.75
字　　数：	684千字
版　　次：	2009年11月第1版
印　　次：	2009年11月第1次
书　　号：	ISBN 978-7-80227-640-6
定　　价：	60.00元

本社网址：www.jccbs.com.cn
广告经营许可证编号：京C工商广字第8052号
本书如出现印装质量问题，由我社发行部负责调换。
联系电话：(010) 88386906

编委会名单

编委会主任： 孙向远（中国建筑材料联合会党委书记、常务副会长，中国砖瓦工业协会会长）

编委会副主任： 许彦明（中国砖瓦工业协会副会长兼秘书长）

梁嘉琪（贵州省建筑材料科学研究设计院院长、党委书记）

编委会成员：（按姓氏笔画排序）

万　军　孙向远　许彦明　宋丽丽

侯力学　梁嘉琪　湛轩业　傅善忠

傅力澜　喻小林

加速科技进步　推进砖瓦行业走向生态工业

在举国上下欢庆伟大祖国六十华诞之际，由湛轩业、傅善忠、傅力澜、万军编著的《现代砖瓦——烧结砖瓦产品与可持续发展建筑的对话》一书正式出版发行，为建国六十周年献上了一份厚礼！这是一件极富历史意义和现实意义的事情。说历史意义，是早在七千年前的华夏儿女在人类活动中就发明了砖瓦，为人类迎来第一缕建筑文明的曙光；说现实意义，是人类社会进入"绿色文明"的今天，炎黄子孙在建设有中国特色社会主义的国度里，在建设绿色家园、奔赴小康的同时，以负责任的大国风范在节约自然资源、修复环境、建设生态、节能减排、应对气候变化，实施可持续发展战略，创建和谐世界，在世界民族中发挥着越来越显著的作用。是书以弘扬中华优秀建筑艺术文化思想为核心，以人为本，以环境协调、科学发展为理念，从砖瓦与建筑的历史源头、发展脉络、革故鼎新、现实状况及未来发展作了较为全面、深刻而又翔实的论述。文字鲜活，看点甚多，深入浅出，易于普及。就中隐含着自古以来孕育着华夏儿女的祖国为人类增源福泽的博大襟怀，使人读后有移情、联想和广阔的思维空间。因此，作为献给祖国六十华诞的礼物再恰当不过了。

是书编著，历时一年半的时间，其间作者们有过掩卷成书后要我作序之嘱托。书卷在案，作序之事尽在情理，就说说阅读心得吧！

是书从现代烧结砖瓦产品的发展及分类着笔，阐述了现代烧结砖瓦与可持续发展建筑的关系。烧结砖瓦发展成为当今世界建筑学界、未来学界的"绿色环境材料"，在应对地球气候变化、资源枯竭、环境恶化的危机窘况中，发挥着"变废为宝"的天生优势，在可持续发展的道路上创造着人类的绿色家园。

书籍是弘扬新思想、新文化、新科技的载体，是人们汲取知识、扩展认识世界、营养自己的精神食粮。大凡图书都以新、精、妙表现其书之灵魂，使人在阅读中有所裨益，收获甚多。是书名曰《现代砖瓦——烧结砖瓦产品与可持续发展建筑的对话》，却在历史与现实的碰撞中绽放出七彩火花，在砖瓦世界中鉴赏着灿烂与辉煌，不仅使人心扉顿开，而且为书中的新观念、新论点所感染。例如"大砖瓦"概念的提出与"砖瓦生态观"的诠释；烧结砖瓦向"生态产业"发展的思路以及"新型砖瓦"设计、生产技术路线的定位，都是立足于科学发展观和与时俱进的新鲜观念。对于我国砖瓦工业现代化，都具有现实指导性和前瞻预测性，可谓书中的一大亮点。

纵观世界上各发达国家的烧结砖瓦产品，其档次愈来愈高，门类愈来愈丰富，变化愈来愈快，用途也愈来愈广泛，高科技手段更推进了她旧貌换新颜，使这一古老的手工生产方式跨过了机械化、自动化、智能化三道台阶，使之青春化而成为世界建筑的首选材料，其中有着丰富的科学发展观的内涵。我们应以科学发展观的态度来重新审视和认识烧结砖瓦工业这一部门。面对这种形势，我们没有任何理由对烧结砖瓦产品应否发展的问题再争论了。

就建筑文化的发展，可持续发展住宅、生态住宅（绿色建筑）上讲，烧结砖瓦产品仍有着强大的生命力。在西欧、北美、南韩、日本等发达国家，"有钱人"住的是砖瓦房屋，因砖瓦建筑物可提供舒适的居住环境，并始终保持着一种和谐的美。这就是为什么欧洲现今五分之三以上的新建筑仍然采用烧结砖瓦的原因。

我们所谈的烧结砖瓦产品，是指赋予了新的使用功能的产品，而不是"粗制滥造"的烧结实心黏土砖。就目前的技术水平而言，烧结产品在建筑物使用寿命终结后的材料完全可被回收利用。在当今世界"节能建筑"、"可持续发展建筑"、"绿色建筑"、"生态建筑"之呼声不断高涨的形势下，我们要对烧结砖瓦产品的自身性能、使用功能及在制造的全过程、使用寿命终结后的回收利用等各方面对环境的影响上去重新认识。现代建筑必须同时满足生态学和经济学多方面的要求！数千年的历史经验证明，烧结质量好的砖瓦产品，永远不会丧失她的魅力，不论是过去、现在，还是将来。后代人也必然会热爱烧结砖瓦的多样性使用功能及美丽色彩，绝不会抛弃她。因每一座建筑物不是为一代人服务的建筑，而是要为数代人服务的建筑！世界上最大的砖瓦制造公司——维也纳山公司公开宣称他们的烧结砖瓦产品的使用寿命为200年。使用寿命的延长是最好的节约能源和资源的方式之一！健康、舒适、美观、耐久、保险安全，是烧结砖瓦建筑的特征。今日的建筑方式，决定了未来几十年甚至百年以上的建筑能耗。我们不应将20%的费用花在建筑物的建造上，而将80%的费用花在建筑的使用上。

我国的住宅建设已经进入了产业化时代，与区域经济的发展基本相适应。然而，随着我国经济快速持续发展，其住宅建筑性质将从低级安置性住宅向中级小康适用型、小康舒适型和高级豪华型住宅发展。住宅建筑的发展首先就会对建材产品提出新的要求，如产品功能上的开发等。这也给利用工农业废渣生产建材产品提供了新的发展机遇，也就是烧结建材产品将会从低级向高级转化。

可持续发展建筑这一话题，10年前在砖瓦行业中几乎无人问津。但是，在当今的21世纪科学技术高速发展的形势下，可持续发展建筑已成为世界上建筑领域发展的主旋律。作为砖瓦生产行业怎样跟上这一时代发展的潮流，的确值得我们业内每个人深思。

因为烧结砖瓦产品是一类中间形态的产品，是为建筑而服务的，只有这些产品在建筑上应用后，才能体现出她的最终使用价值。换言之，如果说没有具备可持续发展性能的建筑材料，要建造可持续发展建筑也就无从谈起。西欧和北美等发达国家对烧结砖瓦产品使用功能、生态学性能及从原材料采集、生产的全过程到建筑工地的运输、施工、使用寿命期及终结后的回收利用的全过程进行的研究已证明：烧结砖瓦产品是最具可持续发展的、最具生态学价值的建筑材料之一。这不仅仅是口头说说而已，欧美国家用烧结砖瓦产品建造的大量可持续发展建筑实例也充分证实了这是事实。

新型的烧结砖瓦产品是最具可持续发展特性的一类建筑材料，这是被欧美等发达国家一再证实了的结论。这不仅是因为新型烧结砖瓦产品优异的使用功能，而且也因为这类产品的生产过程（现代可控、有序）、运输及建筑施工过程、使用寿命期内乃至使用寿命终结后的回收利用，都是对环境影响最小的一类材料，是真正的环境友好型材料。此外，西欧的研究结论证实：烧结砖瓦产品的单位生产能耗比混凝土的低。混凝土的生产要消耗可枯竭的、不可再生的资源（石灰石的开采、砂子的开采等），而烧结砖瓦产品则可利用很多替代的材料（各种工业固体废料等）。

至于国内烧结砖瓦行业中目前存在的一些结构不合理、生产方式落后、对环境的影响等现象，在烧结砖瓦工业进入"生态工业"后，会在循环经济轨道上很快得到解决。这方面发达国家已提供了很多成功的经验。我们要做的是怎样尽快赶上发达国家的先进水平，提升这一产业在现代工业中的地位，让这一产业更好地为经济建设服务，才是我们要做的实事。而今新型烧结砖瓦产品一样也在可持续发展建筑中发挥着不可缺失的重要作用，如烧结装饰砖、烧结保温隔热砌块；烧结装饰板及遮阳板条（在奥运工程及我国的主要大城市中已建有多座建筑）已形成了新的节能建筑体系；可用于墙体自保温体系的烧结保温隔热外墙砌块生产线在我国已开始建设。新型的烧结屋面瓦及铺路砖、广场砖、劈离砖等为改变建筑物的面貌及美化环境也做出了积极的贡献。新型烧结砖瓦产品的发展方兴未艾，中国烧结砖瓦行业正在步入历史上重要的转型期。

本书的出版，标志着我国砖瓦工业在现代化进程中践行科学发展观，在实施可持续发展战略，以应对全球气候变化的"国家方案"为工作要务的科技文化等软件体系走向成熟，标志着行业文化建设成果丰硕。我国砖瓦行业六十年的发展，特别是改革开放三十年在节能利废、应用和消化大宗工业废渣的研究和生产实践中，都取得了节能减排、环境减荷的效果。其年产量位居世界第一；砖瓦机械装备制造技术逐步向世界先进水平靠拢，在国际竞争中有一席之地；近年来的产业结构调整取得显著效果，一大批自动化、智能化的大型砖瓦企业纷纷建成投产，我国正成为世界砖瓦科技文化交流的中心，为中国砖瓦工业在国家支持和政策指导下跨越式发展提供了千载难逢的机遇与条件。中国砖瓦向"生态环境产业"过渡可相期于不久。因此，出版好发行好这部图书，不仅使人们对于现代烧结砖瓦的现实地位和可持续发展建筑有全新的认识，而且对于行业在生态经济中端正发展方向是十分有益的。

历史是面镜子，书籍是人类进步的阶梯。通过对现代烧结砖瓦产品与可持续发展建筑的辨析，其意义在于激励当代砖瓦人热爱砖瓦事业，在当代社会环境下继续发扬和传承优秀的中华文化，肩负起我们这一代砖瓦人应负有的历史使命；要为历史负责，从可持续发展的新角度去重新认识烧结砖瓦产品，更好地开发烧结砖瓦新产品、新功能，使之适应于建设节约型社会、和谐社会之需要，更好地服务于未来。

本书作者是本行业公认的有识之士，多年来为复兴中华砖瓦科技文化做了许多有益的工作，一年多的时间里奔走于祖国大地和国外先进发达国家，在科技文化交流中采撷数以万计的历史与现实的珍贵资料、图片，挑灯问卷，几乎奉献了全部业余时间，其无私精神可圈可点。在他们身上体现出新中国培育出的新一代、新二代、新三代知识分子的爱国热情和只图国强民富，不计个人得失的传统美德。读完他们的技术专著之后，谨代表全行业说一声谢谢！

2009 年 9 月于北京

恂古酌今话建筑
《现代砖瓦——烧结砖瓦产品与可持续发展建筑的对话》序

一部追溯七千年人类建筑文明、指向绿色建筑可持续发展、恂古酌今话未来建筑、具有建筑墙体材料科学、建筑环境科学及建筑艺术文化的大型图书——《现代砖瓦——烧结砖瓦产品与可持续发展建筑的对话》（简称《对话》），历经作者们近两年艰辛努力，在中国建材工业出版社的精心运作下由"贵州省建筑材科学研究设计院"独家赞助出版了。行业作者们以饱满的爱国主义热情、生动而潇洒的笔着把一件丰富的现代烧结砖瓦产品，展望未来建筑可持续发展，洋洋数十万余言的厚重礼物献给伟大祖国六十华诞，是我国砖瓦行业的一件大喜事，具有里程碑的历史意义，现代可持续发展建筑的指导意义和前瞻性的科学意义。

说她具有里程碑的历史意义，是因为她站在人类建筑史学高度，在缔造东西方建筑文明中升华为世界三大建筑体系中最基本的墙体屋面首选材料，极大地丰富了各类建筑的科学、文化艺术内涵，展示了中华文化的无穷魅力。一砖一瓦的巧妙组合，使建筑成为凝固的音乐、写意抒情的诗歌、美轮美奂的三维图画，彰显出一代代人们物质文化追求和极具时代特征的建筑文明。

谈及划时代的现实意义，是书着力发掘总结、肯定烧结砖瓦的历史地位之后，着重论述了在社会主义新中国六十年、告别传统、与时俱进的工业化进程和对社会主义建设、改善人民居住条件、提高人民物质文化生活所作的巨大贡献以及自身的科学技术进步。无论是砖瓦产量对社会主义建设、人民居住条件的需求，生产方式的转变，形体的创新、品种质量的提高都是空前的具有划时代意义特征的。

烧结砖瓦植根华夏，源于亘古，但它绝非像青铜器那样成为古董，几千年后的今天仍然保持着"知其白守其黑"、"虚空怀天下，不与它材论高低"的天赋本性，保持着青春活力，在创建生态文明中再立新功。

本书第二篇"烧结砖瓦产品与可持续发展建筑"是《对话》的又一个看点。作者们采撷了国内外当今烧结砖瓦发展的最新科技成果，最新绿色建筑、健康建筑成果资料，站在人类应对生存危机的高端，经济社会可持续发展前沿，根据"生态经济学"、"建筑环境学"、"技术经济学"、"建筑学"的一般原理对烧结砖瓦的天然禀赋、多功能性质、对环境影响等方面进行了全面的科学的评价，提出现代"大砖瓦"新概念，指出了我国烧结砖瓦必须进入"生态工业"发展轨道以应对资源枯竭、能源短缺、环境污染、气候变化，促进经济社会可持续发展。作为多年从事建筑墙体屋面材料研究的我来说，既开阔了视野，又拓展了思路，确实又有新的收获。读罢洋洋数十万余言的巨著宏篇，总感到耗时有值，爱不释手。主要有三点收获：

第一，对中国烧结砖瓦有了一个全新的认识。烧结砖瓦是凭自然物质中"土"之柔，"水"之善，"火"之烈，经人工炼泥烧造出的刚性材料，它源于自然，具有耐候性强、功能多、安全保健性能好等适合人类建筑墙体、屋面、楼地面无害化构筑需要，制作中可以改变形态，可以进行艺术雕刻、自然色彩渲染以满足一切建筑的美学要求，还有千秋永固，百年不修的寿命期和可回收重复使用或回归自然后不会造成环境危害等优点，国际建筑学界、绿色材料学界将其厘定为可持续发展建筑的首选构件是令人信服的。

建筑是人类生产生活实践中最为广泛的活动之一，中华砖瓦同建筑同生共荣共主沉浮，她既是华夏先民的思维活动与自然和谐的经验积累，在数千年发展中又积淀着中华民族的优秀文化。倘若没有它的存在，何谈中华建筑文化的鹿台阿房，万里长城，地宫兵阵，汉宫秋月，魏文铜雀，周秦画像，齐梁砖雕，唐宋琉璃，明清故宫？倘若没有秦砖汉瓦，钧窑汝瓷，楚辞汉赋，唐诗宋词，又何谈中华文化？是书指出："不懂得砖瓦就不懂得中国建筑文化，更不懂得中华文化的博大精深，并无资格与世界先进民族文化对话交流"。本书的文化意义是值得赞赏的。

第二，自然环境的良性循环是人类社会可持续发展的决定性因素。这是人类面对工业革命中种下"黑色文明"苦果反思的历史结论。近半个世纪以来中外砖瓦学界就充分利用工农业疲料、生活垃圾、污水处理沉淀物替代黏土制砖，采集垃圾填埋产生的沼气烧砖，强化烧结砖隔热保温性能的研究与制造，达到节能减排、修复环境、探索循环经济和低碳经济，在西欧取得了突破性的进展，书中从理论到实践都作了介绍，无疑对我国砖瓦工业向生态工业的走向是有好处的。对于端正建材科研单位的研究方向，制定节能减排和谐自然环境的技术路线也是有益的。

第三，书中对于碎砖碎瓦回收利用，介绍了许多国外的新鲜作法，能作到物尽其用，多次循环，无害环境。这就为我院"废渣平台"提供了崭新的循环经济思路。

本书图文并茂，文风活跃，深入浅出，既具有文学鉴赏性，又有科学普及性，对于建筑学界、建材学界都是有益的。无论是科学研究、知识更新，也无论是赏析收藏都是有价值的。谨此为序。

梁嘉琪
2009年10月25日于贵阳

鼎故革新扬国风
《现代砖瓦——烧结砖瓦产品与可持续发展建筑的对话》书序

《中国建材报》特约记者傅善忠同志、西安墙体材料研究设计院湛轩业教授和贵州毕节规划设计院傅力澜建筑师,继2006年编撰出版大型专著《中华砖瓦史话》之后,于祖国60华诞之际,又写出力作《现代砖瓦——烧结砖瓦产品与可持续发展建筑的对话》(以下称《现代砖瓦》)一书,洋洋洒洒数十万言,堪称宏篇巨著,即将由中国建材工业出版社出版,这是他们为祖国母亲生日献上的一份厚礼。

《中华砖瓦史话》(以下称《史话》)这部烧结砖瓦之大型图书还在我的脑际间余音缭绕,是书作者们的新作《现代砖瓦》文稿又摆在我的案头,嘱我为之作序。只好从命。本书分"现代烧结砖瓦产品的发展及种类"、"烧结砖瓦产品与可持续发展建筑的对话"两个部分,共二十一章。大致浏览这一力作宏篇,图文并茂,相得益彰,能使人为之眼界一开,仿佛与古人忆旧,与今人絮语,与未来之建筑详述砖瓦功能之玄妙。

难得可贵的是,作者们是满怀爱国主义热情,用一丝不苟的精神进行钻研和写作的。他们广采他山之石,提炼溶融,弘扬我国砖瓦建筑艺术文化,致力于民族砖瓦工业的复兴和我国墙材革新与建筑节能工作健康发展、推动我国绿色建材向"生态经济"过渡的务实求真精神令人感动。

中华砖瓦传承数千年不衰,对世界建筑历史产生了深刻的影响,但为中华砖瓦著书立说,在中国历史上还是罕见的。现在,作者们在已有的《史话》基础上,进一步搜寻资料,深入探索,多方挖掘,经过艰苦地努力,写出《现代砖瓦》一书,它既是《史话》的延续,又是独立成篇的新创。较之前者,又有了许多新发现、新成果。这是作者们经过多年努力积累所取得的财富,弥足珍贵。与此同时,它以建筑为用,以史学为鉴,以文学风格为趣,在写作中尽量做到砖瓦工艺的科学性与文化性的完美结合,因而也是很有可读性的。要说《史话》是对"秦砖汉瓦"七千多年前相继发明、发展,是一部追根溯源的传记性的历史著作,那么《现代砖瓦》一书则是烧结砖瓦当今的发展和未来的前程之续篇;要说前书旨在弘扬民族传统文化,那么《现代砖瓦》则是弘扬中的创新。她对于化解当前人类所面临的生态危机,促进绿色建筑的可持续发展都具有现实的指导意义和前瞻性的科学意义,是难能可贵的。特别是先后两部图书都出自中国建材人的手笔,更令我这个建材老报人倍感欣慰。

"秦砖汉瓦"在国学者的眼里,是中国多元文化的指代,具有丰富的民族文化意义。没有秦砖汉瓦,就没有万里长城、阿房宫、秦皇地宫、未央、铜雀、紫禁故宫;就没有"两都汉赋"。没有烧结砖瓦,就不会产生罗马古都、伦敦砖城,就不会出现影响世界流芳百世的哥特式建筑、伊斯兰礼拜堂和东亚的深山佛寺道观以及点染山川的百仞砖塔;也不会有充满艺术文化的画像砖、砖雕;也不会有人们企求的舒适、健康的"精神家园"。易中天的"没有仰韶彩陶、青铜器皿、秦砖汉瓦、钧瓷汝窑,没有编钟乐舞、敦煌壁画、六朝书法、明清故宫,没有诗经、楚辞、汉赋、唐诗、宋词、元曲,我们怎么称得上是五千年文明古国?"的观点,我是有同感的。

《现代砖瓦》讲的烧结砖瓦在"绿色建筑"上的可持续发展地位,指明是历史传承与现代革新、中外建筑器物文化与环境影响的一次大碰撞。同样面临着自身发展的重重危机。在我国"墙体材料革新与推进建筑节能"工作中，砖瓦虽"知其白，守其黑，为天下式"，恪守着"大直若屈，大巧若拙，清静为天下正"（《道德经》）的品性，构建着大厦广宇新农村。但是，对于它未来的发展，说道许多，非议迭出，甚至有人提出"消灭秦砖汉瓦"。意识形态上"革新"与"消灭"的碰撞，为我国民族砖瓦工业的现代化产生许多困惑。《现代砖瓦》一书便用事实说话，在碰撞中绽出了耀眼的火花，在古今中外的建筑艺术文化、现代建筑的结构、建筑与环境关系等方面，遵循"绿色建筑"必须奉行的"整体有序、永续利用、生态平衡、有偿使用"原则，着重在"建筑与环境、建筑与人文、建筑与经济、建筑与资源、建筑与材料"五大关系上，对烧结砖瓦的可持续发展能力作了全方位的评述，在评有所据，论有所依的基础上提出"大砖瓦"的新概念和我国烧结砖瓦工业必须向"生态产业"过渡的新思想、新方法，不失为一部解惑之书。

绵延七千多年的中华砖瓦文化，在人类建筑文明史上是任何建筑墙体屋面材料不可能完全取代的。她是人类文明最优秀的文化成果之一。这一点在当今建筑学界、生态学界乃至未来学界已经取得共识。对于砖瓦文化的继承与创新，是民族精神的一种延续。虽然她在生产过程中对变化了的生态环境有某些不协调之处，甚至会产生对环境的负面影响。但是，她源于自然又回归自然、对自然不会产生影响的本性并没有改变。相反，她还可以消纳工农业排放出的固态废物，制造出千姿百态的器物文化产品，和谐自然，顺应自然界地不断发展。书中列举了许多成功的案例，并同其他建筑材料作了全面的比较，证实了国际建筑大师们"砖瓦＝绿色"的定论，揭示了中华砖瓦的文化底蕴。

本书在书写中华民族砖瓦工业建国60年的发展历程时，着力表现了我国民族砖瓦工业的科技进步，始终站在我国经济社会协调发展的高度，为应对资源枯竭、能源短缺、生态失衡和气候变化所引发的人类危机而献计献策。在这一崭新构想的指引下，本书对节能减排、利废环保、节约资源、平衡生态等方面，结合本国的实际情况，借鉴国外的先进经验，做出了十分有益的探索和思考。他们提出了"大砖瓦"的发展理念，指出我国墙体材料革新和推广节能建筑工作中烧结砖瓦传统材料的革新，都必须坚持"生态经济"的原则，走"生态产业"发展之路。本书还对烧结砖瓦产品与生俱来的多功能性及与环境的亲和性，以及可以回归自然的文化属性和无害性，进行了充分的论述，既有前瞻科学的研究性，又有现实科学的普及性，鼎古革新扬国风，值得推荐。

20多年前，我从经济日报社奉调来创办中国建材报。进入"建材门"，虽已有十年办报、十年离休的经历，但对建材业务毕竟是"才疏学浅"，对一些建材门类还是外行。尤其对砖瓦行业，更是门外汉。浏览《现代砖瓦》书物，我感到确有许多亮点，我试着一一列出，这与所述是否有当？则不敢肯定。在本书即将付梓之时，作者盛情邀我为他们的力作写序，情不可却，便写了上面一些话，权当"引玉之砖"，供读者诸君参考。

张颂甲
2009年10月于北京

前　言

　　砖瓦与建筑，恰如孪生兄弟，一经问世，便在创造者的创造中庇荫着人类的生存与发展，在人类生活四大基元（衣、食、住、行）中，占有十分重要的地位。其存在与发展，对于人类"两种生产"、丰富文化、缔造文明有着十分重要的历史作用。古今中外概莫能外。中国砖瓦与中国建筑，是世界文化宝库中的璀璨明珠，是中华优秀文化的重要载体，是人类文明最优秀的成果之一。古建筑上包括砖瓦在内的许多元素符号的文化艺术附着，记述着中华文明的演进历程，紧贴着艺术文化源流，深含着中华文化底蕴，可谓中华史前文化以来的"活化石"，是研究中华文化的百科全书。烧结砖瓦自出现以来，就一直伴随着人类文明进步的发展而发展，已延续了数千年，并一直在改变着、演进着、自身完善着。当我们回首历史时，才清楚地认识到这些也是构成人类文明史的重要内容。从人文视角研究和阐述砖瓦与建筑，在实现伟大民族复兴的今天，不仅能对史载缺失有所补遗，而且对现代科技发展格局及未来建筑可持续发展趋势的前瞻都是有益的。这便是本书立论之所在。须知，一个有希望的民族在世界民族中的优秀地位，全赖于自身优秀文化的传承并在世界民族文化交流中融入其他先进民族文化，在创新中发展，发展中弘扬，回馈世界。舍此，只会固守愚顽而消亡。

　　希望广大读者在阅读本书时，能够晓知中华烧结砖瓦七千年来在中国本土发明、创新、发展历程及其深厚的文化附着，并看到它几千年前传于国外，青出于蓝而胜于蓝的历史现实，耳目一新。也期望专业读者能迅速地从传统砖瓦概念中解放出来，建立起现代意义上的"大砖瓦"理念，熟练地掌握新兴科技手段，生产出能适应现代建筑乃至后现代建筑所苛求的烧结砖陶制品，在弘扬七千年中华砖陶文化，促进民族复兴的进程中，在继承中发展，发展中创新，创新中弘扬。

　　烧结砖瓦在当今世界建筑中是被当代建筑学界、未来学界普遍看好而被列为建筑墙体屋面及楼地面首选的绿色建筑材料。它在世界人类社会发展史上有着重要的器物文化艺术地位，而且在世界范围内绵延数千年不衰，在住宅建筑"三原则"（坚固、舒适、欢愉）中越来越显示出青春活力和"天人合一"思想的文化和艺术魅力。介绍烧结砖瓦，不能忽视中国建筑和世界建筑历史发展中同烧结砖瓦的骨肉联系。只有这样，才能扩大人们对砖瓦建筑文化的视野，唤起钟爱，激发阅读热情。

　　中国是烧结砖瓦的原产地和发明国之一。勤劳、睿智的中华民族，是远古烧结砖瓦知识产权享有者。中国烧结砖瓦从发明至今，有七千多年的历史，经过不断改革、创新、发展，以规范的型制，青灰的容颜，满布图腾或优美纹饰的体貌进入了公元前9世纪的信史时代，开启了史称"秦砖汉瓦"的先河，大量使用于木构架建筑，应用于飞檐瓦宇的皇宫神殿及相府士邸，成为王宫贵胄、富商大贾专用的奢侈品。在周秦、汉唐、明清大帝国的几个黄金时代，创造了万里长城，秦地宫兵马俑，汉唐两都，明清禁苑，五岳佛寺，洱海三塔，江南水乡，五岭围屋等千古奇观。至今北京故宫仍巍巍瑰丽，从红墙琉瓦，瑞兽飞龙到三大殿墁地的苏州陆墓御窑金砖和栩栩如生的"九龙壁"砖雕，一砖一瓦在宏伟建筑上的一招一式，无不彰显昔日风采，无不传递着悠久、精粹的中华文化信息。从烧结砖瓦诞生的那一天起就存在于建筑之中，与建筑结下了不解之缘，相互依存，相互促进，共生共荣。它同样具有两重性，从原始建筑的红烧泥墙到穹隆大屋顶或天坛无梁殿，无不显示其优良的工程性和绝妙的文化艺术性，特别瓦当滴水的精巧，砖雕栩栩如生，屋宇瓦器的飞龙在天大气磅礴，传递了无尽的中华文化信息，使中国古建筑走向理性的抽象，成为世界人类文化遗产的重要组成部分。

在高度文明的社会形态下，具有五千年光辉灿烂优秀文化的中华民族，倘若拿不出自己的先进文化与世界文化对话、交流，并在交流中吸取先进的文化元素充实和营养而丰富自己，那么，即便是再魁巍繁茂的苍松翠柏，也会因缺乏养分而枯萎，失去先进的民族地位和与先进文化对话的资格。因此，断不能数典而忘其祖，丧失中华民族的自尊与自信。当前，在世界经济全球化的驱动下，欧美先进砖瓦行业中的一些顶级托拉斯，瞄准中国建筑大市场、抢滩东亚大陆，正入驻中国，这是国际经济发展之使然，虽会对我国发展中的民族砖瓦工业构成一定威胁，但也提供向当今世界顶级制砖技术学习和面对面交流的绝好机遇。中华民族是一个崇尚和平，笃信和谐、博爱、平等、素有容天下，容万物的襟怀，更具有聪慧过人的本性，无论再高端的技术，再复杂的工艺，一旦同中华文化相融合，也将会点石成金的。这也可谓中国"和合文化"的魅力所在。

随着社会经济的高度发展，人们生活水平的不断提高，输入建筑的能源要求不断增加，从建筑内排出的垃圾也源源不断，严重污染着人类聚居空间，影响着人们的生存环境和生活质量。20世纪中叶，随着人们对生态环境意识的提高和科学技术手段的进步，又具备了大规模设计和改造环境的能力，"生态建筑学"便应运而生，这既是时代的需要，也是历史的必然。20世纪80年代初华沙宣言声明："建筑学是为人类建立生活环境的综合艺术和科学，其任务就是要考察建筑作为环境科学的艺术的特征、规律，并在设计、施工中加以体现"。这就要求在尊重自然的同时，积极地、创造性地使建筑环境与自然环境有机结合，以获得良好的自然、经济、社会的综合效益。

烧结墙体材料革新关系着节能建筑、可持续发展建筑，乃至可持续发展建筑的发展与成败。这是因为目前种类繁多的新型建筑材料由于功能单一，都有它的使用条件和范围，其耐候性、耐久性都远远低于建筑物的使用寿命期，许多保温隔热材料，其强度、防火、防水、防潮性能都存在着这样或那样的直接影响建筑质量或建筑小生态效应的缺陷。一幢建筑如果用材庞杂，会给建筑定期维护带来麻烦和增加维护费用，选用不当，不仅达不到节能和调节建筑舒适度设计目标，甚至还会有副作用。因此，"耐久性好，方便适用，经济性好，热工性能优良"往往成为建筑选材的四大原则。烧结墙体、屋面、地面材料产品，从其建筑使用功能上讲，有着许多其他材料不可替代的优点。它虽然是人类发展史上最古老的建筑材料之一，但仍具有现代社会适应性。在数千年的发展进程中，事实上她一直被不断修正，扩展自己的功能属性，一直被人们革新，提高自己的使用价值、生态价值和美学价值，满足现代社会经济、环境及人文要求，从而在当今世界经久不衰，有其广泛的建筑使用功能价值和丰富的科学内涵。例如：形体的变化，使之更符合建筑模块以适应变化万千的建筑艺术造型；色彩多样自然，使之满足人们的审美情趣与自然和谐而"返璞归真"；造孔的精妙、热桥的几何折线或曲线延长，不仅提高热阻，降低导热系数而成就绝好的热工性能、湿传导性能，而且做到了轻质高强，减轻建筑自重，节约建筑基础投资等。在当今世界"节能建筑"、"绿色建筑"、"生态建筑"呼声不断高涨的形势下，只有对烧结砖瓦先天性能、功能价值及制造过程、使用寿命、终结回收再利用等各方面对社会经济、生态环境的影响重新认识，科学地、客观地研究砖瓦，评价砖瓦，才不致使以烧结砖瓦为主要对象的墙体材料革新与推广建筑节能走入歧途。今日的建筑方式，决定了未来几十年甚至百年以上的建筑能耗。

我们所谈的烧结砖瓦产品，是指赋予了新的使用功能的产品，而不是"粗制滥造"的烧结实心黏土砖。就目前的技术水平而言，烧结产品在建筑物使用寿命终结后的材料完全可被回收利用。

就建筑文化的发展，可持续发展住宅、生态住宅（绿色建筑）上讲，烧结砖瓦产品仍有着强大的生命力。在西欧、北美、南韩、日本等发达国家，"有钱人"住的是砖瓦房屋，因砖瓦建筑物可提供舒适的居住环境，并始终保持着一种和谐的美。这就是为什么欧洲现今五分之三以上的新建筑仍然采用烧结砖瓦的原因。建筑物的环境质量是人们生活质量高低的决定性因素，烧结墙体屋面材料有着良好的使用功能，这已成为不容置疑的事实。虽说墙体屋面材料在一栋建筑中所占的投资比例是很小的，但是，完全可以说：建筑材料选择正确与否，决定着生活质量的高低。正确地选择性能好的建筑材料就是选择了生活质量！

西欧和北美等发达国家对烧结砖瓦产品使用功能、生态学性能及从原材料采集、生产的全过程到建筑工地的运输、施工、使用寿命期及终结后的回收利用的全过程进行的研究已证明：烧结砖瓦产品是最具可持续发展的、最具生态学价值的建筑材料之一。"洋人"的认识给予了我们非常好的借鉴，上述足以说明了烧结砖瓦产品在现代绿色建筑中仍然还有重要的地位。纵观世界上各发达国家的烧结墙体屋面材料，其档次愈来愈高，门类愈来愈丰富，变化愈来愈快，用途也愈来愈广泛，高科技手段更推进了她旧貌换新颜，使这一古老的手工生产方式跨过了机械化、自动化、智能化三道台阶，使之青春化而成为世界建筑的首选材料，其中有着丰富的科学发展观的内涵。

就建筑的整体性和传承性而言，目前我国正面临着新与旧、传统与创新、可持续科学发展与传统艺术等多方面的变革时期，如何做到推陈出新，在继承中创造性地发展，将现代科学技术与传统建筑艺术结合起来，还有待于认真地探索和实践。这也是处于目前变革时代建筑文明的升华，任何保守的陈旧思想和虚无飘渺的观念都无济于事。就现在许多地方出现的用水泥堆出的所谓"仿古建筑"，诸如"仿古一条街"，以及刮起的"欧美风"，诸如"欧洲街"、"巴黎广场"、"罗马花园"等，即使能够起一点表面的媚世作用，但也是一种低俗的迎合。正如美国近代建筑大师、美国草原建筑创始人弗兰克·劳埃德·赖特在参观毕真模仿砖块的混凝土砖制品后所云：模仿砖由于"没有材料的天性，没有材料的真实性和它与景观的联系。"虽然"它们的贸易展示和广告的出现，暗示着已经得到了一定的接受程度了。但是由于最大的企图是复制一种真实的原型，所以得到的效果就只能是肤浅了，并没有真正地蒙骗过任何人。""时间会告诉我们去接受或者排斥人造的（模仿的）建筑材料"。在当代建筑发展上单纯的"功利主义"，是不符合时代要求的。中华民族建筑文化的复兴，不是靠模仿和不可能做到的克隆。而是要独创，要创造出我们这个时代的气派和特点。舍弃优秀民族的文化传统，就无自立世界的能力！

本书由湛轩业、傅善忠、傅力澜、万军四人共同撰写。写作过程中，得到中国砖瓦工业协会秘书长许彦明女士、中国建材工业出版社侯力学总编的帮助，历时一年半，集稿成书。由于它是一本知识面广，新知识点多，含盖面宽，又力求观点新颖，尝试从多侧面反应烧结砖瓦在建筑上的科学思想、文化艺术属性，文以载道的综合性图书，由于编者水平有限，加之时间仓促，遗漏和谬误在所难免。我们期望有不同的异议，也期待着不同的指正。当然，也希望能给广大读者带去愉快而有益的阅读，权当我们向祖国六十华诞献寿之物。

作者
2009 年 10 月

目　录

第一篇　现代烧结砖瓦产品的发展及种类

第一章　烧结普通砖 ……………………………………………………………………（3）
　第一节　烧结普通砖的定义及主要性能指标 ………………………………………（3）
　第二节　西欧及北美对实心砖的定义 ………………………………………………（6）
第二章　烧结多孔砖 ……………………………………………………………………（7）
　第一节　烧结多孔砖的定义及主要性能指标 ………………………………………（7）
　第二节　烧结多孔砖在我国的发展回顾 ……………………………………………（7）
　第三节　德国标准中对多孔砖的描述 ………………………………………………（12）
第三章　烧结空心砖及空心砌块 ………………………………………………………（16）
　第一节　国家现行标准中对烧结空心砖及空心砌块的描述 ………………………（16）
　第二节　近代我国烧结空心砖及空心砌块的发展 …………………………………（17）
　第三节　国外烧结空心砖及空心砌块的孔型及主要性能指标 ……………………（23）
第四章　清水墙装饰砖 …………………………………………………………………（26）
　第一节　清水墙装饰砖的定义和包含范围 …………………………………………（26）
　第二节　清水墙装饰砖在建筑上的使用方法 ………………………………………（27）
　第三节　清水墙装饰砖在建筑上应用的优势 ………………………………………（30）
　第四节　清水墙装饰砖常用的表面处理方法 ………………………………………（32）
　第五节　国外清水墙装饰砖建筑应用实例 …………………………………………（34）
第五章　外墙用保温隔热空心（多孔）砌块 …………………………………………（40）
　第一节　简述 …………………………………………………………………………（40）
　第二节　德国烧结外墙保温隔热砌块的技术性能 …………………………………（40）
　第三节　烧结外墙保温隔热砌块的孔型 ……………………………………………（42）
　第四节　气孔形成剂在烧结外墙保温隔热砌块中的应用 …………………………（47）
　第五节　烧结外墙保温隔热砌块铺浆面的研磨处理 ………………………………（50）
　第六节　超低导热系数的烧结外墙保温隔热砌块 …………………………………（51）
　第七节　烧结外墙保温隔热砌块的配套块型 ………………………………………（52）
　第八节　烧结外墙保温隔热砌块在建筑中的应用 …………………………………（54）

第九节　烧结外墙保温隔热砌块在建筑应用中的优势 ……………………………………… (59)
第十节　国内烧结外墙保温隔热砌块的发展 ……………………………………………… (61)

第六章　内隔墙用空心砖、空心砌块及空心条板 ………………………………………………… (64)
第一节　国内烧结内隔墙用空心砖及空心砌块发展概况 ………………………………… (64)
第二节　西欧烧结内隔墙产品的规格品种及主要性能 …………………………………… (65)

第七章　欧洲共同体新标准中对烧结砖的分类及应用方法 ……………………………………… (71)
第一节　低密度砖 …………………………………………………………………………… (72)
第二节　低密度砖应用性能的最佳化 ……………………………………………………… (75)
第三节　高密度砖 …………………………………………………………………………… (82)

第八章　楼板用空心砌块 …………………………………………………………………………… (86)
第一节　承重楼板空心砌块 ………………………………………………………………… (87)
第二节　非承重楼板空心砌块 ……………………………………………………………… (91)
第三节　欧洲共同体新标准中对烧结楼板砌块的分类及应用 …………………………… (95)

第九章　铺路砖及广场砖 …………………………………………………………………………… (99)
第一节　国内铺路砖及广场砖发展概况 …………………………………………………… (99)
第二节　西欧及北美铺路砖及广场砖的性能指标和应用方法 …………………………… (100)

第十章　烧结装饰板及遮阳条 ……………………………………………………………………… (109)

第十一章　烧结屋面瓦 ……………………………………………………………………………… (116)
第一节　国内烧结屋面瓦的分类 …………………………………………………………… (116)
第二节　西欧屋面瓦的常见种类 …………………………………………………………… (119)
第三节　欧洲共同体新标准中对烧结屋面瓦的分类及应用要求 ………………………… (130)

第十二章　仿古砖瓦及砖雕 ………………………………………………………………………… (137)

第十三章　其他烧结砖瓦产品 ……………………………………………………………………… (146)
第一节　劈离砖 ……………………………………………………………………………… (146)
第二节　异型砖 ……………………………………………………………………………… (148)
第三节　围墙盖顶砖 ………………………………………………………………………… (151)
第四节　空心花格砖 ………………………………………………………………………… (152)
第五节　草坪砖 ……………………………………………………………………………… (152)
第六节　预制墙板空心砌块和空心砖 ……………………………………………………… (154)
第七节　吸声（音）砖、砌块和装饰板 …………………………………………………… (159)
第八节　模板空心砖及空心砌块 …………………………………………………………… (163)
第九节　窗门洞用预制过梁和檩条用空心砖及空心砌块 ………………………………… (166)
第十节　墙壁用穿线用多孔砖及空心砖 …………………………………………………… (169)
第十一节　厨房及卫生间用通风管道（排气）用空心砖及空心砌块 …………………… (170)
第十二节　烟囱砖及工程砖 ………………………………………………………………… (171)

第二篇　烧结砖瓦产品与可持续发展建筑的对话

第十四章　引言 ……………………………………………………………………………………… (175)
第十五章　可持续发展建筑 ………………………………………………………………………… (182)
第一节　可持续发展建筑的一般概念 ……………………………………………………… (182)
第二节　可持续发展建筑是生态体系的重要平衡点 ……………………………………… (184)

第三节	可持续发展建筑规划设计及构造中遵循的五大关系	(186)
第四节	可持续发展建筑揭开了建材发展历史的新阶段	(189)
第五节	可持续发展建筑的评价内容	(197)

第十六章 国际上对烧结砖瓦产品与可持续发展建筑的研究成果 (204)
第一节	欧洲和北美国家的砖瓦建筑大奖	(204)
第二节	可持续发展建筑的TQ评价体系	(211)
第三节	使用烧结砖瓦的可持续发展建筑的范例	(215)
第四节	可持续发展建筑与建筑传统和建筑文化	(217)

第十七章 烧结砖瓦产品可持续发展能力评价 (219)
第一节	烧结砖瓦生产与生态环境	(222)
第二节	烧结砖瓦产品的建筑节能效应	(228)
第三节	烧结砖瓦产品的多功能性质	(231)
第四节	烧结砖瓦产品对可持续发展建筑体系与结构的适应性	(234)
第五节	烧结砖瓦产品建筑民生节能特性	(242)
第六节	烧结砖瓦产品的防灾性能	(244)
第七节	烧结砖瓦产品的耐久性与经济性	(245)
第八节	烧结砖瓦产品的可回收性能及应用	(248)

第十八章 烧结砖瓦产品在建筑整体中的艺术与工程价值 (268)
第一节	艺术价值	(268)
第二节	烧结砖瓦的工程价值	(295)
第三节	烧结空心砌块的创新设计与应用	(315)

第十九章 烧结砖瓦产品的建筑价值 (320)
第一节	可持续发展建筑标准的建立与执行	(320)
第二节	可持续发展建筑的经济性	(322)
第三节	"大砖瓦"的未来展望	(323)
第四节	砖瓦在历史与现实的碰撞中复兴	(325)
第五节	墙材革新谋略与可持续发展建筑	(327)
第六节	"免烧"砖瓦慧能有多少	(330)

第二十章 烧结砖瓦产品的科学发展观 (336)
第一节	烧陶建筑制品是生态经济的研究对象	(336)
第二节	烧结砖瓦向"生态产业"转轨	(337)
第三节	可持续发展建筑的烧结砖瓦产品设计	(346)

第二十一章 本篇结语 (353)

主要参考文献 (355)

后 记 (357)

第一篇
现代烧结砖瓦产品的发展及种类

烧结砖瓦产品是国民经济建设中的大宗基本建筑材料，广泛使用于建筑工业的各个领域，紧系民生。烧结砖瓦产品的种类及用途随着社会的发展、建筑形式、使用功能及技术进步在不断地改变和延伸着。例如，历史上风靡数千年的筒瓦瓦当、板瓦滴水、画像砖等随着建筑业的发展逐渐失去了其地位；起源于唐朝，兴盛于明清的窑后砖雕也因为建筑形式的改变而少见了。这其中也有没能传承下来的技艺的失落，如起源于西周的大型空心砖、唐宋时期的青棍砖瓦等。但是在社会发展的进程中，人们逐步认识到了烧结砖瓦产品优异的使用功能及生态性能、全天候的耐久性和极好的装饰功能等后，产品规格及花色品种已多达数百种。就目前情况而论，其品种和用途仍然在不断扩展中。特别是近些年来，可持续发展建筑在全世界范围内成为了建筑工业发展的必由之路，节能、环保、健康、舒适、安全、耐久、美观等多方面的要求，对烧结砖瓦产品的发展起到了巨大的推进作用。例如西欧各国生产的具有高度保温隔热性能的、多种类型的大型烧结砌块，为了提高烧结砖瓦产品的装饰功能与效果，在其形状、表面颜色、纹理结构、应用形式及色调搭配等方面创造出的色彩千差万别，数不胜数。对烧结砖瓦产品的分类也有多种方式，国外按照成型方法分为半干压法（如英国）、模箱模制法（如荷兰的软泥砖）、硬塑挤出成型（如美国）、软塑挤出成型（如西欧各国）、塑性压制成型（如屋面瓦）等，也有按产品的用途及功能分类的。因为各国的建筑风格不同，受着传统习俗、气候条件等的影响，在很大程度上取决于墙体的结构，所以各国的烧结砖瓦产品的结构也均不相同。例如，在英国、比利时、荷兰及德国北部等北欧国家，包括西欧中部的瑞士，多使用具有保温隔热性能极佳的"夹芯墙"结构；在德国中南部及奥地利等国家和地区，多使用单层砖或砌块加外饰面墙体；在拉丁语国家，外墙体大多数是用水平孔空心砖或空心砌块建造的。结合国内外目前的生产及应用状况，根据现代烧结烧砖瓦产品不同的使用功能分别叙述如下。

第一章 烧结普通砖

烧结普通砖从数量上讲,是用量最大的一类烧结砖产品。砌筑砖产品中含有烧结普通砖(实心砖)、多孔砖、空心砖、空心砌块及用于装饰目的清水墙装饰砖等。除空心砖和空心砌块用于填充外,其他产品都具有承重的功能,主要用于承重部位。

第一节 烧结普通砖的定义及主要性能指标

我国现行标准 GB/T 18968—2003《墙体材料术语》中规定:砖(Brick)——建筑用的人造小型块材,外形多为直角六面体,也有各种异形的。其长度不超过365mm,宽度不超过240mm,高度不超过115mm。

我国现行标准 GB/T 18968—2003《墙体材料术语》中规定:实心砖(Solid brick)是指无孔洞或孔洞率小于25%的砖。我国现行标准 GB 5101—2003《烧结普通砖》(实心砖)中规定:砖的外形为直角六面,其公称尺寸为:长240mm、宽115mm、高53mm,常用配砖规格:175mm×115mm×53mm。按所用主要原料分为黏土砖(N)、页岩砖(Y)、煤矸石砖(M)和粉煤灰砖(F);强度、抗风化性能和放射性物质合格的砖,根据尺寸偏差、外观质量、泛霜和石灰爆裂分为优等品(A)、一等品(B)、合格品(C)三个质量等级;优等品适用于清水墙和装饰墙,一等品、合格品可用于混水墙。中等泛霜的砖不能用于潮湿部位。大多数的实心砖是用来砌筑基础及承重墙,也有用于铺设地面和其他用途的。因此要求实心砖必须有足够的强度,我国现行标准 GB 5101—2003《烧结普通砖》中规定的强度等级见表1-1。根据国家标准 GB 50003—2001《砌体结构设计规范》的定义,在表1-1中强度等级项下的 MU 代表的含义是指块体(材料)的强度等级。

表1-1 烧结普通砖的强度等级　　　　　　　　　　MPa

强度等级	抗压强度平均值 $\bar{f}\geq$	变异系数 $\delta\leq 0.21$ 强度标准值 $f_k\geq$	变异系数 $\delta>0.21$ 单块最小抗压强度 $f_{min}\geq$
MU30	30.0	22.0	25.0
MU25	25.0	18.0	22.0
MU20	20.0	14.0	16.0
MU15	15.0	10.0	12.0
MU10	10.0	6.5	7.5

烧结普通砖的强度试验是按照国家标准 GB/T 2542《砌墙砖试验方法》进行测定。其中试样数量为10块,加荷速度为 (5 ± 0.5) kN/s。试验后按下列公式(1-1)、公式(1-2)分别计算出强度变异系数 δ、标准差 s。

$$\delta = \frac{s}{\bar{f}} \tag{1-1}$$

$$s = \sqrt{\frac{1}{9}\sum_{i=1}^{10}(f_i - \bar{f})^2} \tag{1-2}$$

式中　δ——砖强度变异系数,精确至0.01;
　　　s——10块试样的抗压强度标准差,单位为兆帕(MPa),精确至0.01MPa;

$\bar{f}$——10块试样的抗压强度平均值,单位为兆帕(MPa),精确至0.01MPa;

f_i——单块试样抗压强度测定值,单位为兆帕(MPa),精确至0.01MPa。

强度试验结果的计算与评定,按两种方法($\delta \leq 0.21$,$\delta > 0.21$)进行评定:

1. 平均值——标准值方法评定

变异系数$\delta \leq 0.21$时,按表1-1中抗压强度平均值($\bar{f}$)、强度标准值f_k指标评定砖的强度等级。

样本量$n=10$时的强度标准值按下式计算:

$$f_k = \bar{f} - 1.8s \tag{1-3}$$

式中 f_k——强度标准值,精确至0.1MPa。

2. 平均值——最小值方法评定

变异系数$\delta > 0.21$时,按表1-1中抗压强度平均值($\bar{f}$)、单块最小抗压强度值f_{min}评定砖的强度等级,单块最小抗压强度值精确至0.1MPa。

根据我国行业内多年的习惯及约定,将普通砖的三个表面分别称为大面、条面及顶面(图1-1)。

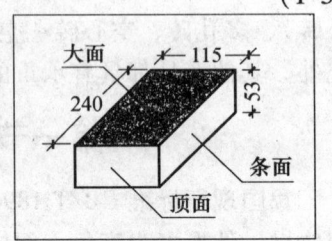

图1-1 普通砖的各部位名称

此外,标准中还对烧结普通砖的尺寸允许偏差(表1-2)、外观质量(表1-3)、抗风化性能(表1-4)、泛霜、石灰爆裂及放射性物质等给出了详细的规定。在该标准中,规定的适用范围是以黏土、页岩、煤矸石、粉煤灰为主要原材料经焙烧而成的普通砖,因此用其他材料及工业固体废料制造的砖(非烧结)应不在该标准涵盖的范围内。

表1-2 尺寸允许偏差   mm

公称尺寸	优等品		一等品		合格品	
	样本平均偏差	样本极差≤	样本平均偏差	样本极差≤	样本平均偏差	样本极差≤
240	±2.0	6	±2.5	7	±3.0	8
115	±1.5	5	±2.0	6	±2.5	7
53	±1.5	4	±1.6	5	±2.0	6

表1-3 外观质量   mm

项目		优等品	一等品	合格品
两条面高度差 ≤		2	3	4
弯曲 ≤		2	3	4
杂质凸出高度 ≤		2	3	4
缺棱掉角的三个破坏尺寸	不得同时大于	15	20	30
裂纹长度≤	a. 大面上宽度方向及其延伸至条面的长度	30	60	80
	b. 大面上长度方向及其延伸至顶面的长度或条顶面上水平裂纹的长度	50	80	100
完整面*	不得少于	二条面和二顶面	一条面和一顶面	—
颜色		基本一致	—	—

注:为装饰而施加的色差、凹凸纹、拉毛、压花等不算作缺陷。

* 凡有下列缺陷之一者,不得称为完整面:

1. 缺损在条面或顶面上造成的破坏面尺寸同时大于10mm×10mm;
2. 条面或顶面上裂纹宽度大于1mm,其长度超过30mm;
3. 压陷、粘底、焦花在条面或顶面上的凹陷或凸出超过2mm,区域尺寸同时大于10mm×10mm。

表 1-4　抗风化性能

砖种类	严重风化区				非严重风化区			
	5h沸煮吸水率（%）≤		饱和系数≤		5h沸煮吸水率（%）≤		饱和系数≤	
	平均值	单块最大值	平均值	单块最大值	平均值	单块最大值	平均值	单块最大值
黏土砖	18	20	0.85	0.87	19	20	0.88	0.90
粉煤灰砖[a]	21	23			23	25		
页岩砖	16	18	0.74	0.77	18	20	0.78	0.80
煤矸石砖								

a 粉煤灰掺入量（体积比）小于30%时，按黏土砖规定判定。

该标准规定：处于严重风化区的黑龙江省、吉林省、辽宁省、内蒙古自治区、新疆维吾尔自治区的砖必须进行冻融试验，其他地区砖的抗风化性能符合表1-2规定时可不做冻融试验；否则，必须进行冻融试验。

经冻融试验后，每块砖样不允许出现裂纹、分层、掉皮、缺棱、掉角等冻坏现象，质量损失不得大于2%。

饱和系数的物理意义就是对烧结砖的微孔结构的一种度量。饱和系数的概念早在1938年就由美国学者提出了，美国材料试验协会早在其标准C-62中就对砖的饱和系数做出了规定。饱和系数与砖总的吸水率是没有关系的，如饱和系数低于0.8的产品，其吸水率的范围在4%~18%之间。高的饱和系数表明产品浸在水中时，大多数敞开孔容易被水充满；低的饱和系数则是在水中浸泡时其敞开孔不能被水充满，在微孔结构中截留有空气。

饱和系数 K 的计算公式为：

$$K = \frac{G_{24} - G_0}{G_5 - G_0} \tag{1-4}$$

式中　K——饱和系数；

G_{24}——常温水浸泡24h后试样的湿质量，g；

G_0——试样干质量，g；

G_5——试样沸煮5h后的湿质量，g。

泛霜的规定，每块砖样应符合下列规定：

优等品：无泛霜；

一等品：不允许出现中等泛霜；

合格品：不允许出现严重泛霜。

标准中规定石灰爆裂应符合下列规定：

(1) 优等品：不允许出现最大破坏尺寸大于2mm的爆裂区域。

(2) 一等品：

①最大破坏尺寸大于2mm且小于等于10mm的爆裂区域，每组砖样不得多于15处；

②不允许出现最大破坏尺寸大于10mm的爆裂区域。

(3) 合格品：

①最大破坏尺寸大于2mm且小于等于15mm的爆裂区域，每组砖样不得多于15处。其中大于10mm的不得多于7处。

②不允许出现最大破坏尺寸大于15mm的爆裂区域。

烧结普通砖放射性剂量必须符合现行国家标准 GB 6566—2001《建筑材料放射性核素限量》

的规定。该标准对有放射性剂量超标的原材料的使用量及产品的使用场合都给出了严格规定。放射性剂量超标的产品不得用于建筑主体。烧结普通砖及所用原材料中含有的放射性物质为镭-226、钍-232及钾-40。国家标准 GB 6566—2001《建筑材料放射性核素限量》规定的指标见表1-5。

表1-5　建筑材料放射性核素限量规定指标

内照射指标 I_{Ra}	≤1.0
外照射指标 I_γ	≤1.0

第二节　西欧及北美对实心砖的定义

西欧及美国相应的标准中规定，实心砖是指无孔或是孔洞率最大不超过15%的砖。按照这一定义，在英国、澳大利亚、伊朗及其他中东国家用半干压法生产的压制烧结砖，应为实心砖的范畴。在英国，这种压制砖（Pressed brick）的产量占到烧结砖总产量的一半以上，并有着著名的称谓——"凹槽"（frog）砖，我国过去称为"五面砖"（图1-2）。这种砖压制时，在一大面上压下的凹槽是使砖的四角易饱满密实，也有利于排出物料中的气体，而且也节约了原材料。砌筑时带凹槽的面向下，便于铺设砂浆。荷兰著名的"软泥砖"（Soft mud brick）在砖形上有时也采用了类似的方式。

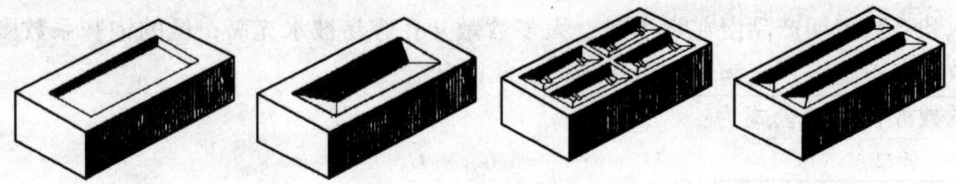

图1-2　半干压砖

第二章 烧结多孔砖

第一节 烧结多孔砖的定义及主要性能指标

我国现行标准 GB/T 18968—2003《墙体材料术语》中规定，多孔砖（Perforated brick）是指孔洞率等于或大于25%，孔的尺寸小而数量多的砖，常用于承重部位。我国现行标准 GB 13544—2000《烧结多孔砖》的适用范围是以黏土、页岩、煤矸石、粉煤灰为主要原材料经焙烧而成，主要用于承重部位的多孔砖。按所用主要原料分为黏土多孔砖（N）、页岩多孔砖（Y）、煤矸石多孔砖（M）和粉煤灰多孔砖（F）。该标准中对多孔砖的规格规定为：多孔砖的外形为直角六面体，其长度、宽度、高度尺寸应符合下列要求：290mm，240mm，190mm，180mm；175mm，140mm，115mm，90mm。

该标准中对多孔砖的孔洞尺寸规定见表 2-1，并规定了多孔砖的孔洞率≥25%，孔形为矩形条孔或矩形孔者才为优等品和一级品，圆形孔只能是合格品。这主要是出于对提高多孔砖保温隔热性能的考虑。对多孔砖强度等级的规定与表 1-1 的规定相同。其他性能如尺寸允许偏差、外观质量、泛霜、石灰爆裂、抗风化性能及放射性剂量等要求与烧结普通砖相同或类似。

表 2-1 多孔砖的孔洞尺寸　　　　　　　　　　　　　　　　　mm

圆孔直径	非圆孔内切圆直径	手抓孔
≤22	≤15	(30～40)×(75～85)

我国是在 20 世纪 90 年代初引入多孔砖这一概念的，专指承重系列的多排孔砖，其孔洞尺寸相对较小。在以往的文献中常将多孔砖（Perforated brick）与空心砖（Hollow brick）混淆在一起。如在我国第一个有关多孔砖的部颁标准——JC 196—75《承重黏土空心砖》中就将这两种概念混淆在一起。该标准中规定"空心砖"的孔洞率必须在 15% 以上，所涉及的多孔砖（空心砖）规格主要有三种：

KM_1：190mm×190mm×90mm；
KP_1：240mm×115mm×90mm；
KP_2：240mm×180mm×115mm。

因为多孔砖这一概念最先在英语国家中出现，如由 A. B. 赛尔勒所著、1911 年伦敦出版的《现代制砖》（Modern Brickmaking by Alfred B. Searle）一书中就分别用了多孔（Perforated）和空心（Hollow）的词来描述多孔砖和空心砖。在该文献中所描述的两种产品如图 2-1 所示。

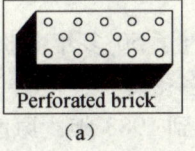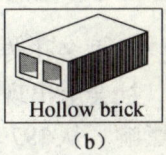

图 2-1 1911 年英国多孔砖与空心砖的名称
(a) 多孔砖；(b) 空心砖

第二节 烧结多孔砖在我国的发展回顾

实际上，我国于 1955 年就开始研制承重多孔砖，这一研究工作首先在北京的窦店砖瓦厂进行，由原建工部建筑科学研究院和北京市建材局窦店砖瓦厂合作研制。自从 1958 年提出墙体材料改革后，各地先后都开始了承重多孔砖的研制工作。1963 年起，在北京、上海、江苏、广东、西安等地率先研制并小批量生产承重多孔砖。1964年10月，在湖南长沙市召开了全国承重多孔砖经验交流会后，1965年扩展到了17个省、市研制并生产承重多孔砖。当时承重多孔砖的规格呈现出多样化发展，有30多种。自20世纪60年代中期开始，承重多孔砖在我国各地均得到了非常快的发展，其中上海、江苏、西安、四川、广东等省市发展较快。四川省1975年多孔砖（部分为空心砖）产量曾占全省砖总产量的56%。

自1963年研制成功了240mm×115mm×90mm承重多孔砖后的40多年来，因为这一规格不改变建筑设计模数及施工操作习惯，所以这一规格的产品直到目前在全国范围内得到了广泛的应用。在原JC 196—75《承重黏土空心砖》部颁标准（按现在的概念应为多孔砖）中，将这种规格的多孔砖定名为KP_1型后，至今许多地方仍然称这种规格的多孔砖为KP_1型，砖的高度采用了1M的标志尺寸。KP_1型承重多孔砖的配砖规格一般为175mm×115mm×90mm，配砖约占总产量的12.5%。国内目前使用这种多孔砖最多的几种孔洞排列形式如图2-2所示。

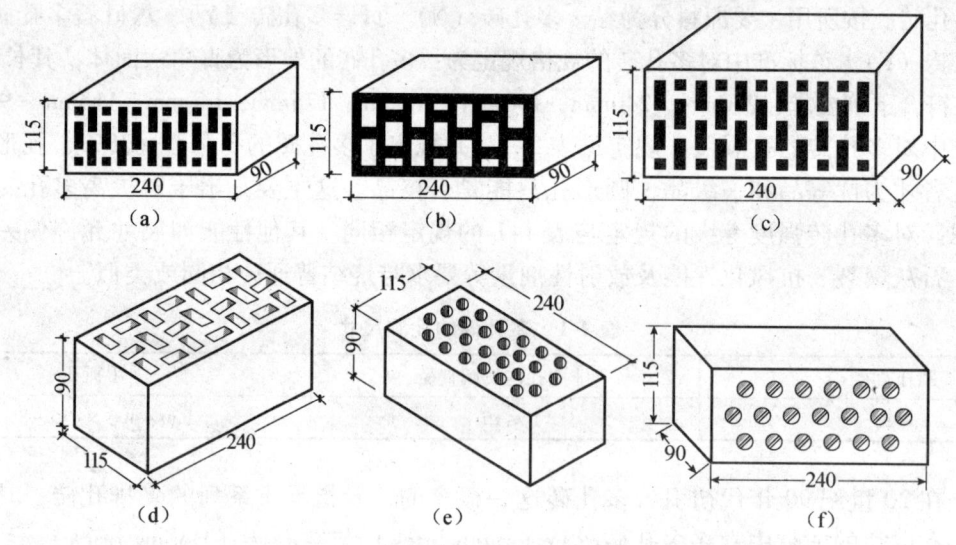

图2-2　国内承重多孔砖（KP_1）常见的孔洞排列形式

(a) 孔洞率30%，密度1250kg/m³；(b) 孔洞率29%，密度1171kg/m³；(c) 孔洞率31%，密度1003kg/m³，导热系数0.416W/(m·K)；(d) 孔洞率29%，密度1280kg/m³，导热系数0.316W/(m·K)；(e) 孔洞率25%，密度1350kg/m³，导热系数0.443W/(m·K)；(f) 孔洞率26.2%，密度1170kg/m³

承重多孔砖经过了50多年曲折而又漫长的发展，积累了很多经验和教训。1976年唐山地震后，社会上出现了多孔砖（空心砖）不抗震的说法，使多孔砖的发展和推广应用工作受到了一定的影响。从1979年到1983年，原西安砖瓦研究所、陕西建筑科学研究所和西安冶金建筑工程学院结构试验室联合对多孔砖墙体的抗震性能进行了全面的研究。研究结果表明：多孔砖墙体的抗震性能优于实心砖墙体。由中国建筑西北设计院等单位承担的原国家建工总局1982年下达的"抗震区空心砖承重结构住宅建筑的研究"课题，于1984年完成了包括砖型选择和设计、生产、施工工艺及大量的试验研究及分析，并进行了六层住宅建筑工程的试点，均取得了非常好的成果。这些研究成果使多孔砖的生产和应用又回到了正常的轨道。

在多孔砖的发展过程中，在20世纪60年代后期，由于当时建筑用"三材"（钢材、木材、水泥）较紧张，首先在南京研制成功了拱壳砖（多孔），后在全国大面积推广，很多城市都有当年用拱壳砖建造的弧形屋顶结构式的房子（当时人们把这种楼面和房屋建筑结构形式称为"干打垒"。当时的拱壳砖称为拱壳空心砖，但是拱壳砖的主要用途是砌筑拱形屋顶和楼板，是一种结构材料，因此应归类到多孔砖的范围内。现代拱壳砖首先起源于意大利，在多孔砖的上部一角制成钩状，使每块砖或一层砖都可以挂在已施工的部分壳体上。用拱壳砖建造的圆形拱屋面跨度可达 45m，而屋面厚度仅 250mm，采用双曲线波形拱时，跨度还能加大。这类产品配用钢筋后可砌成圆形或椭圆形的穹顶及底部平面为四边形或多边形的壳体屋面，也可以砌成多种曲线形式的壳体屋面。但是这类产品建设的建筑物的防水、隔热保温需采取另外的措施来解决。在地震区和有强烈振动的建筑物，在未采取有效措施前也不宜采用。当时国内各地生产的多孔拱壳砖规格品种有十多种，如长度有：90mm，120mm，135mm，160mm，190mm，220mm，240mm 等；宽度有：90mm，105mm，120mm，160mm 等；厚度有：60mm，70mm，80mm，95mm，115mm，120mm，135mm 等。当年应用较多的拱壳砖形式如图 2-3 所示。

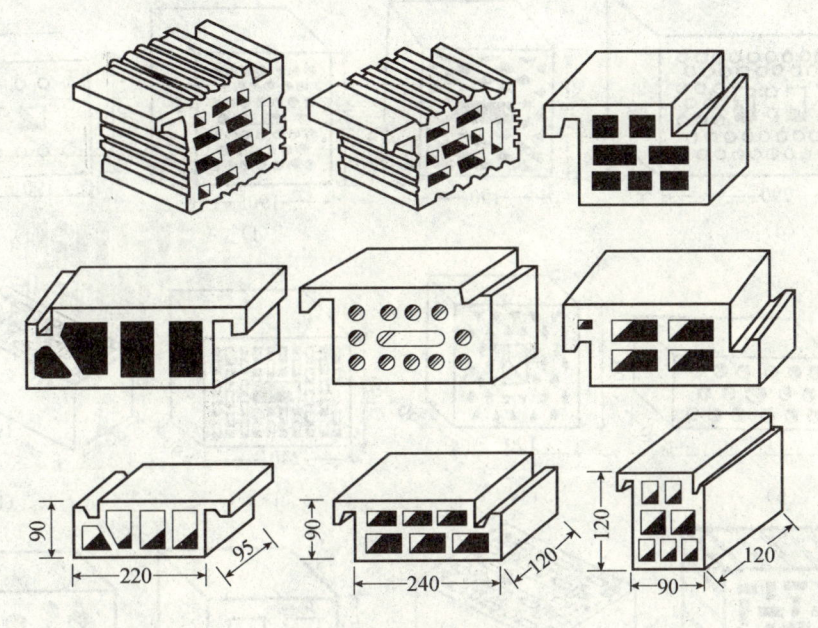

图 2-3　多孔拱壳砖形式

其实，拱壳砖在东汉时已出现。东汉时期的拱壳砖，四面都由榫卯互相连接，砖的上平面为素面而稍大，下面有纹饰而稍小，前面有凸榫，后面有凹卯。砌筑时借助模板使榫卯相连接而成单券。我国于 20 世纪 70 年代研制的拱壳砖曾用在了农村住宅建筑上，也建造了一批房屋，但由于当时没有及时总结和推广，没有坚持生产和使用。

在 20 世纪多孔砖的发展过程中，其研究工作对后来有较大影响的还有模数多孔砖的开发研制。我国模数多孔砖的研究试制工作始于 20 世纪 60 年代，由南京首先推出模数多孔砖。当时采用了 190mm×190mm×90mm 的主规格及 190mm×90mm×90mm 的配砖，修建了南京火车站建筑群，其中包括候车大厅、站台建筑、旅馆、饭店、邮局、住宅等，都是用模数多孔砖（190mm）墙承重。20 世纪 70 年代时，南京原新宁砖瓦厂正式生产 2MS（190mm×190mm×90mm）、1MS（190mm×90mm×90mm）的模数多孔砖，建成了南京大桥饭店，1~4 层为 290mm 厚墙，5~8 层为 190mm 厚墙。1975 年在部颁标准 JC 196—75《承重黏土空心砖》中，把 190mm×190mm×90mm 多孔砖定名为 KM_1（承重空心模数砖一号），后来有 KM_2（190mm×90mm×90mm）型。于 20 世纪 80 年代后期，由中国建筑标准设计研究所的魏松年高级工程师再次提出应发展模数空心砖的建议。在 1996~1999 年，中国建筑标准设计研究所与北京房山区阎村镇砖瓦厂合作，将建筑模数的概念应用到承重多孔砖的生产上，并生产出了大量的模数系列的承重多孔砖，在北京燕化集团公司建设了 40 多万平方米的住宅建筑，取得了很好的效果。这一成功经验，现已在国内许多地方得到实施及在建筑上的应用。该类模数多孔砖如图 2-4 所示。

第一篇 现代烧结砖瓦产品的发展及种类

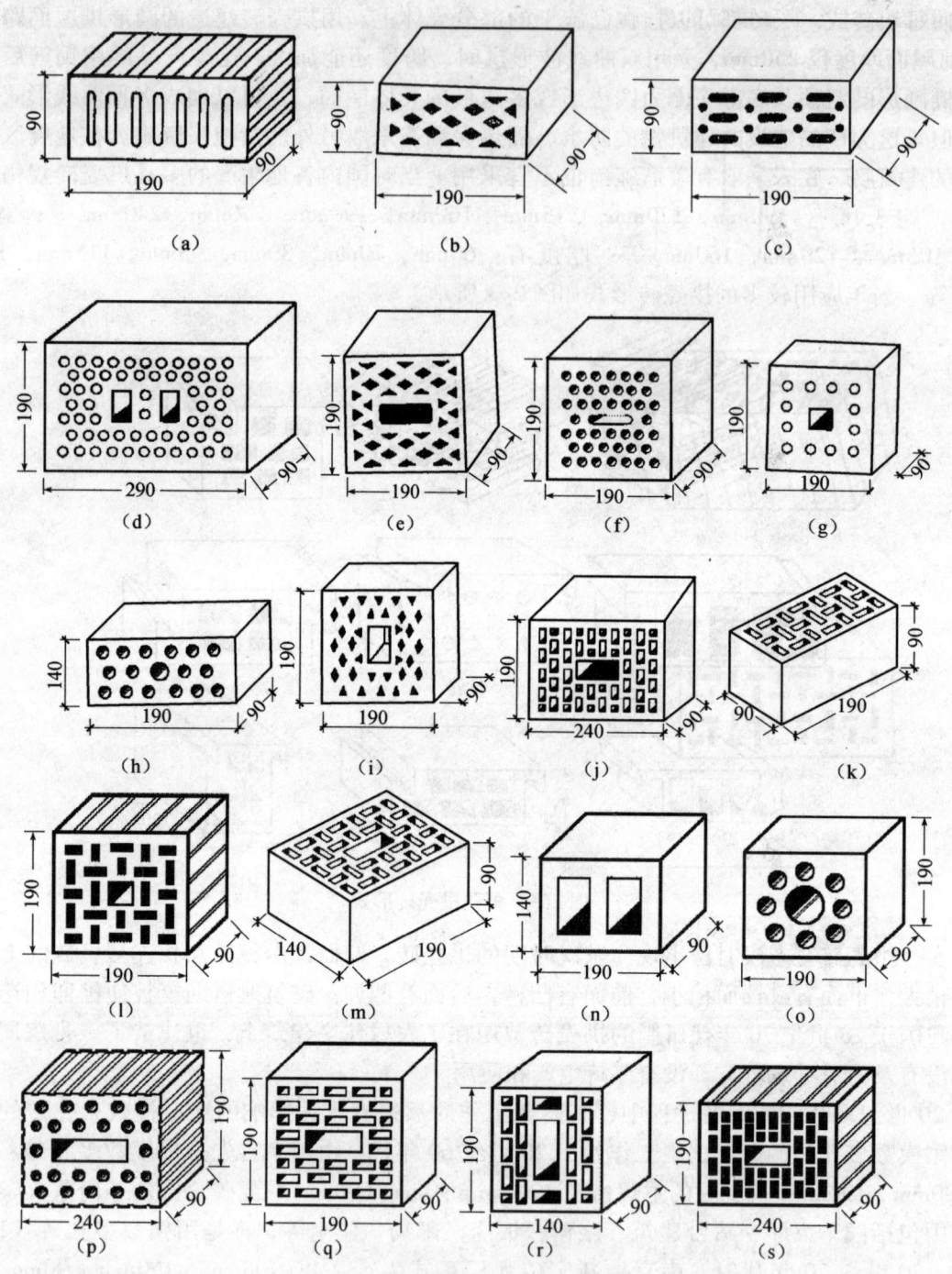

图 2-4 模数多孔砖部分实例

（a）孔洞率24%，单块重2.1kg，产地：江苏；（b）孔洞率18%，单块重2.23kg，产地：南京；（c）孔洞率18%，单块重2.28kg，产地：南京；（d）孔洞率40%，62孔，单块重6.54kg，产地：上海；（e）孔洞率23.5%，34孔，单块重4.39kg，产地：南京；（f）孔洞率24%，43孔，单块重3.93kg，产地：上海；（g）孔洞率25%，密度1250kg/m³，产地：江苏；（h）孔洞率30%，密度1250kg/m³，产地：安徽；（i）孔洞率25%，产地：江苏；（j）孔洞率31%，47孔，密度1012kg/m³，强度25MPa，导热系数0.432W/(m·K)，产地：西安；（k）孔洞率29%，21孔，密度1280kg/m³，导热系数0.3W/(m·K)，产地：安徽；（l）孔洞率35.4%，25孔，密度1099kg/m³，导热系数0.51W/(m·K)，产地：北京，哈尔滨；（m）孔洞率33%，33孔，密度1200kg/m³，导热系数0.38W/(m·K)，产地：安徽；（n）孔洞率29%，单块重3.3kg，产地：上海；（o）9孔多孔砖，单重4.8kg，密度1539kg/m³，产地：重庆；（p）孔洞率30%，23孔，密度1300kg/m³，产地：天津国环公司；（q）36孔多孔砖，产地：徐州；（r）21孔多孔砖，产地：徐州；（s）43孔多孔砖，产地：天津在我国长达半个多世纪的多孔砖发展过程中，各地还根据当地的需要生产了其他规格的多孔砖，如 240mm×180mm×115mm、240mm×175mm×115mm、240mm×115mm×115mm 等规格。图 2-5 表示了其中的部分规格品种。

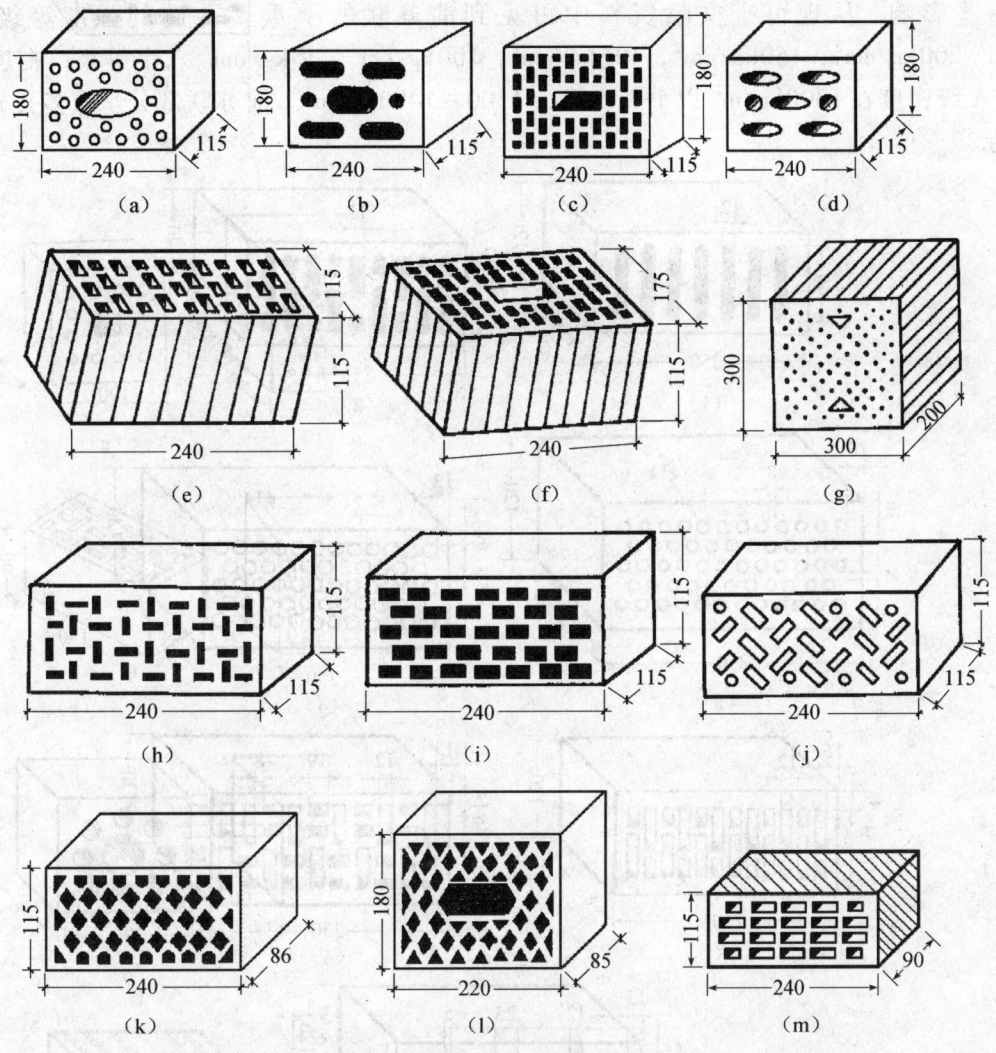

图 2-5　其他规格的部分多孔砖实例

(a) 孔洞率 25%，密度 1231kg/m³，单块重 6.12kg，产地：西安；(b) 孔洞率 25%，密度 1380kg/m³，单块重 6.9kg，产地：成都；(c) 孔洞率 31%，密度 1006kg/m³，强度 20MPa，产地：西安；(d) 孔洞率 25%，密度 1380kg/m³，单块重 6.9kg，产地：成都；(e) 孔洞率 31.6%，密度 1224kg/m³，强度 10MPa，导热系数 0.38W/(m·K)，产地：太原；(f) 孔洞率 30%，密度 1260kg/m³，强度 10MPa，导热系数 0.4W/(m·K)，产地：太原；(g) 孔洞率 25%，产地：江苏；(h) 孔洞率 28%，密度 1106kg/m³，导热系数 0.454W/(m·K)，产地：北京；(i) 孔洞率 26%，密度 1120kg/m³，导热系数 0.469W/(m·K)，产地：北京；(j) 孔洞率 30%，密度 1197kg/m³，强度 20MPa，导热系数 0.61W/(m·K)，产地：北京；(k) 43 孔多孔砖，孔洞率 25.7%，单块重 3.2kg，产地：南京；(l) 49 孔带抓孔多孔砖，孔洞率 34%，单块重 4kg，产地：南京；(m) 20 孔多孔砖，孔洞率 25%，产地：江苏

从我国承重多孔砖的孔型发展看，有相当部分厂家生产的是圆形孔，孔洞数多为 17 孔、19 孔、20 孔、22 孔、26 孔等形式；也有圆形孔与矩形孔、椭圆孔（抓孔）相结合的孔形。考虑到多孔砖的隔热保温性能，在现行标准中规定了圆形孔只能是合格品后，很多生产厂家也都转变生产矩形条状孔了。矩形孔的孔洞数有 21 孔、27 孔、28 孔、30 孔、33 孔、36 孔、47 孔等，也有

生产横竖交错排列的矩形孔，孔洞数为36孔。也有的地区过去生产过菱形孔的，孔洞数为48孔，但现在这类孔形基本上无人生产了。

20世纪50年代中期始，我国在承重多孔砖的发展过程中，或多或少受到了前苏联多孔砖发展的一些影响。从现可查文献资料中可见到前苏联的承重多孔砖的强度等级分别为 250kg/cm²，200kg/cm²，150kg/cm²，125kg/cm²，100kg/cm²，75kg/cm² 六个等级；密度分为两个等级，A级密度在1300kg/m³以下，B级为1300~1400kg/m³。前苏联部分承重多孔砖样品如图2-6所示。

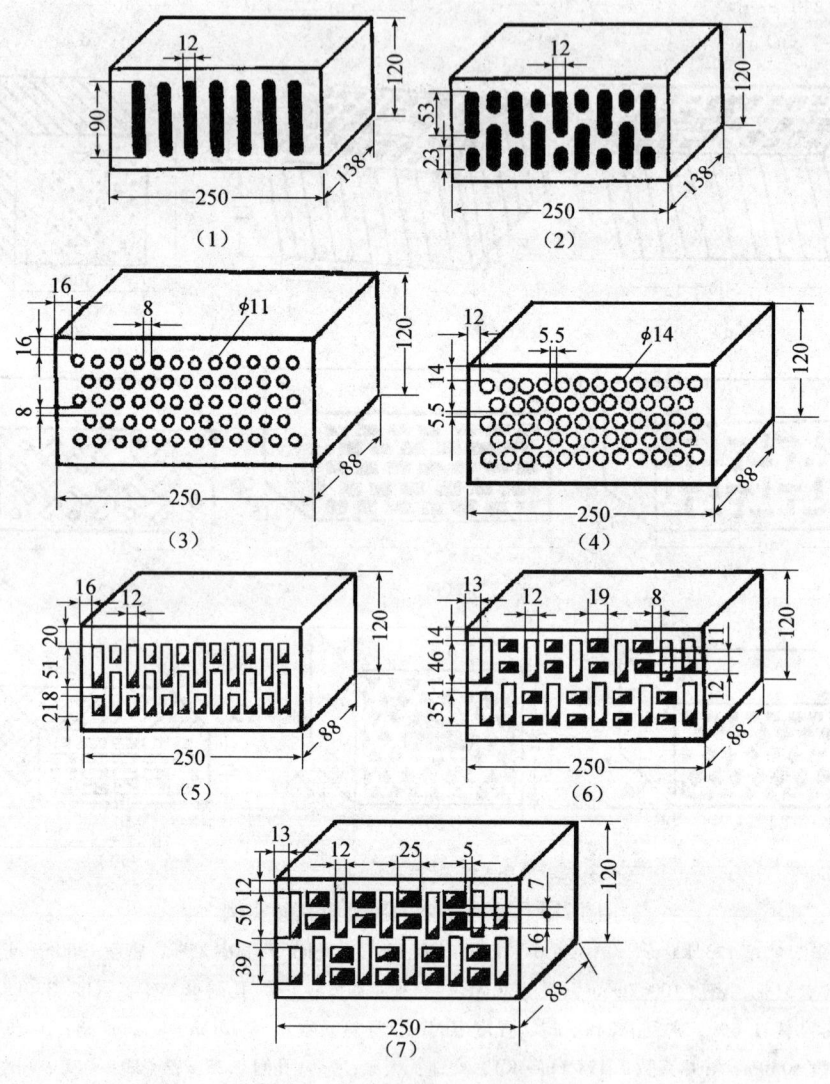

图2-6　前苏联部分多孔砖实例

第三节　德国标准中对多孔砖的描述

实际上，国外发达国家经过近百年的发展，特别是西欧对承重多孔砖的概念已大大延伸了，例如对承重与非承重之间没有非常明显的划分界线。因为西欧的建筑形式与我国的相差悬殊，单体的独立式家庭住宅居多，很少有高大的建筑居住群（住宅区）。西欧国家中联邦德国的烧结砖瓦标准最为完备，下面仅以德国情况为例进行说明。如德国标准 DIN105——烧结砌体构件第一部分——密度等级≥1.2的实心构件和垂直多孔构件（Clay masonry units – Parts 1：Solid units and vertically perforated units of the bulk density classes≥1.2，2002 年 6 月。在该标准的名称上没有使用砖或砌块的词，而将其称为构件，耐人寻味）中规定：这一基本标准包括了主要用于承重和非承重的内、外墙砌筑的所有实心砖和多孔砖及砌块。该标准中对抗压强度等级规定见表2-2。但是该标准中对砖的密度规定在 1200kg/m³ 及以上，其密度等级见表2-3。该标准中还规定：实心砖是指无孔的或孔洞率最大不超过 15% 的砖。垂直多孔砖（或砌块）是指孔洞垂直于砌筑面（铺设砂浆面）的多孔砖，它可带 A 型孔（单个孔的断面面积小于等于 2.5cm²）、B 型孔（单个孔的断面面积小于等于 6cm²）、C 型孔（单个孔的断面面积小于等于 16cm²）。这种垂直多孔砖或砌块可带有手抓孔，但是单个手抓孔的断面面积最大不超过（或等于）50cm²，同时要求手抓孔距砖或砌块的外边沿的最小尺寸为 50mm，双手抓孔之间的最小距离为 70mm 宽。如果砖的尺寸为 2DF（240mm×115mm×113mm），并设计有一个手抓孔时，手抓孔距砖外边沿的最小尺寸可减小到 40mm。手抓孔和顶面带有灰浆槽的总面积不能超过砖或砌块铺浆面（砌筑面）面积的 12.5%，手抓孔计算在砖或砌块的孔洞率之内，但灰浆槽不计入。德国该标准中对砖或砌块的孔型及壁厚的规定见表2-4。

表2-2　联邦德国实心砖、垂直多孔砖或砌块强度等级

强度等级	包装标识	抗压强度（N/mm²）	
		平均值	最小单块值
2	绿色	2.5	2.0
4	蓝色	5.0	4.0
6	红色	7.5	6.0
8	—[1]	10.0	8.0
12	—	15.0	12.0
20	黄色	25.0	20.0
28	褐色	35.0	28.0
36	一条紫色纹	45.0	36.0
48	两条黑色纹	60.0	48.0
60	三条黑色纹	75.0	60.0

表2-3　联邦德国实心砖、垂直多孔砖或砌块密度等级

密度等级	平均密度范围[1]（kg/dm³）
1.2	1.01~1.20
1.4	1.21~1.40
1.6	1.41~1.60
1.8	1.61~1.80
2.0	1.81~2.00
2.2	2.01~2.20

1　平均值不超过或不低于密度等级值 0.1kg/dm³。

表 2-4　联邦德国实心砖、垂直多孔砖和砌块的孔型及壁厚

种类	标识代号	孔洞率[1]（%）	孔洞形式[2]		壁厚
			单个孔洞面积（cm²）	孔尺寸[3]（mm）	
实心砖	Mz	≤15	≤6，可带手抓孔	$k \leq 15$ $d \leq 20$，$d' \leq 18$	多孔砖外壁的最小厚度为10mm；用于装饰面的外墙时，多孔砖外露外壁厚度最小为20mm
带 A 型孔的多孔砖或砌块	HLZA	>15≤50	≤2.5，可带手抓孔	不规定	
带 B 型孔的多孔砖或砌块	HLZB	>15≤50	≤6，可带手抓孔	$k \leq 15$ $d \leq 20$ $d' \leq 18$	
带 C 型孔的多孔砖或砌块[4]	HLZC	≤50	≤16	$k \leq 25$ $d \leq 45$ $d' \leq 35$	

1　孔洞率计算中，砌筑面面积＝砖（砌块）长度×砖（砌块）宽度。有手抓孔时，砖（砌块）的总孔洞率可达55%。
2　砖或砌块带有的灰浆槽不计算在孔洞率内。
3　k = 矩形孔的最小边长（宽）；d = 圆形孔的直径；d' = 椭圆形孔或菱形孔的内切圆的最小直径或是最小的对角线长度。
4　C 型孔的砖或砌块，在砌筑面（铺浆面）上必须有≤5mm 的砂浆层。

在表 2-2 中的"包装标识"和表 2-4 中的"标识代号"是因为在欧共体国家中实施着统一的烧结砖瓦产品的 CE 标识系统。规定在产品的包装物上必须标明生产厂家的名称、联系方式，产品的类别、抗压强度平均值、尺寸的稳定性、水分移动能力、粘结强度、可溶性盐含量、与火的反应、吸水率、水蒸气扩散系数、当量导热系数、抗冻性、危害性物质等。另外，该标准中还规定了砖或砌块的尺寸偏差、抗冻性、石灰爆裂、泛霜盐类物质、标记等。德国砖或砌块的规格举例见表 2-5，样品实例如图 2-7 所示。

表 2-5　联邦德国实心砖、垂直多孔砖或砌块的规格尺寸及标记

缩写标记	尺寸（mm）		
	L（长）	B（宽）	H（高）
1DF（薄型）	240	115	52
NF（标准型）	240	115	71
2DF	240	115	113
3DF	240	175	113
4DF*	240*	240*	113*
5DF	240	300	113
6DF	240	365	113
8DF*	240*	240*	238*
10DF	240	300	238
12DF	240	365	238
15DF*	365*	300*	238*
18DF*	365*	365*	238*
16DF	490	240	238
20DF	490	300	238

＊仅为地方规格。

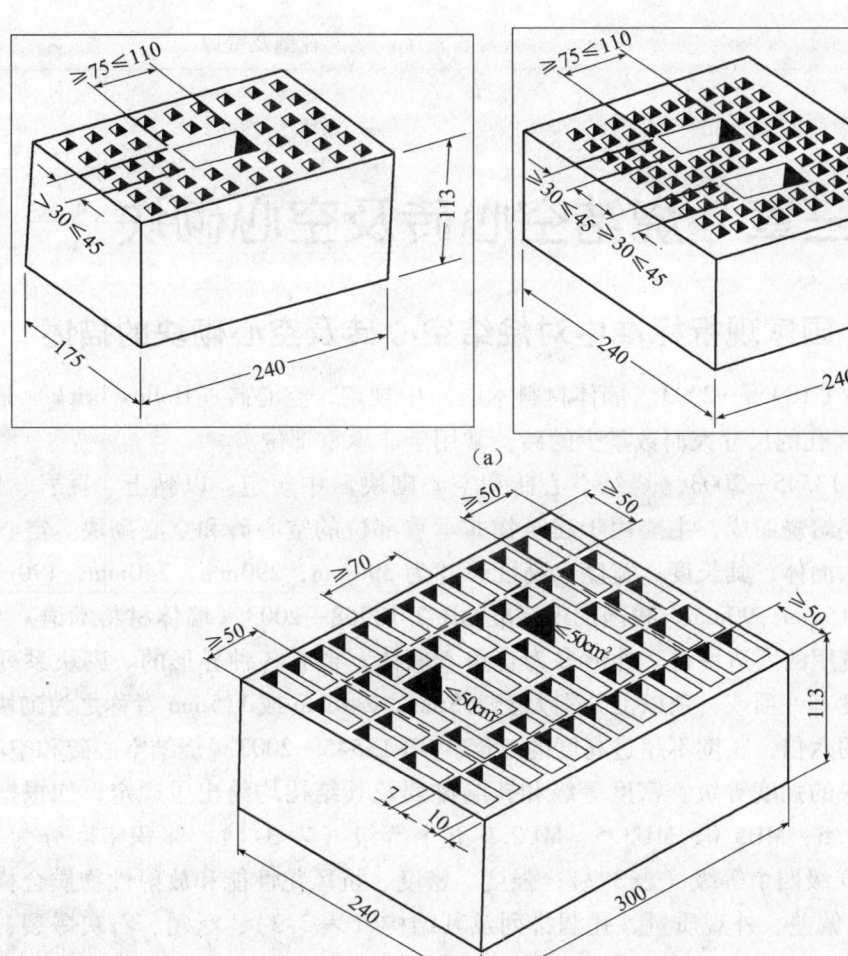

图 2-7 德国的垂直多孔砖
(a) 普通多孔砖及单、双手抓孔多孔砖；(b) 双手抓孔 5DF 尺寸的垂直多孔砖

德国生产的多孔砖多种多样，图 2-8 中给出了部分多孔砖及应用的示意图。

图 2-8 德国部分多孔砖及建筑应用示意图

第三章 烧结空心砖及空心砌块

第一节 国家现行标准中对烧结空心砖及空心砌块的描述

我国现行标准 GB/T 18968—2003《墙体材料术语》中规定，空心砖（Hollow brick）是指：孔洞率等于或大于40%，孔的尺寸大而数量少的砖，常用于非承重部位。

我国现行标准 GB 13545—2003《烧结空心砖和空心砌块》中规定：以黏土、页岩、煤矸石、粉煤灰为主要原料，经焙烧而成，主要用于建筑物非承重部位的空心砖和空心砌块。空心砖和空心砌块的外形为直角六面体，其长度、宽度、高度尺寸为390mm，290mm，240mm，190mm，180（175）mm，140mm，115mm，90mm。我国现行标准 GB/T 18968—2003《墙体材料术语》中规定，砌块（Block）——建筑用的人造块材，外形多为直角六面体，也有各种异形的。砌块系列中主规格的长度、宽度或高度有一项或一项以上分别大于365mm，240mm 或115mm 者称之为砌块。但高度不大于长度或宽度的六倍，长度不超过高度的三倍。GB 13545—2003《烧结空心砖和空心砌块》中对空心砖和空心砌块的强度等级、密度等级和孔洞排列及其结构均给出了规定，如根据抗压强度分为 MU10.0、MU7.5、MU5.0、MU3.5、MU2.5 五个等级（表3-1）；体积密度分为800级、900级、1000级、1100级四个等级（表3-2）；强度、密度、抗风化性能和放射性物质合格的空心砖（砌块），根据尺寸偏差、外观质量、孔洞排列及其结构（表3-3）、泛霜、石灰爆裂、吸水率分为优等品（A）、一等品（B）和合格品（C）三个质量等级。

表3-1 空心砖和空心砌块的强度等级

强度等级	抗压强度（MPa）			密度等级范围（kg/m³）
	抗压强度平均值 $\bar{f} \geq$	变异系数 $\delta \leq 0.21$ 强度标准值 $f_k \geq$	变异系数 $\delta > 0.21$ 单块最小抗压强度值 $f_{min} \geq$	
MU10.0	10.0	7.0	8.0	≤1100
MU7.5	7.5	5.0	5.8	
MU5.0	5.0	3.5	4.0	
MU3.5	3.5	2.5	2.8	
MU2.5	2.5	1.6	1.8	≤800

表3-2 空心砖和空心砌块的密度等级　　　　　　　　kg/m³

密度等级	5块密度平均值
800	≤800
900	801~900
1000	901~1000
1100	1001~1100

表3-3 空心砖和空心砌块的孔洞排列及其结构

等级	孔洞排列	孔洞排数（排）		孔洞率（%）
		宽度方向	高度方向	
优等品	有序交错排列	$b \geq 200mm$ ≥ 7 $b < 200mm$ ≥ 5	≥ 2	≥ 40
一等品	有序排列	$b \geq 200mm$ ≥ 5 $b < 200mm$ ≥ 4	≥ 2	
合格品	有序排列	≥ 3		

注：b 为制品的宽度尺寸。

我国现行标准 GB 13545—2003《烧结空心砖和空心砌块》中还对烧结空心砖和空心砌块的各部位名称给出了命名，该命名（图3-1）也是根据我国多年来在空心砖发展过程中的一些习惯叫法而规定的。但是其灌浆槽、挂灰槽（条棱）没有给出命名。

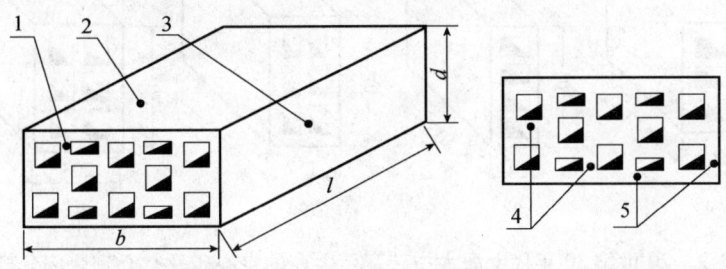

图3-1 烧结空心砖和空心砌块的各部位名称示意图
1—顶面；2—大面；3—条面；4—肋；5—壁；l—长度；b—宽度；d—高度

砖和砌块都是用于描述建筑用块材的术语，但是由于各国在理解及定义的差别，因而对何为砖与砌块的区别界线差别很大。在欧洲国家，特别是西欧空心砖及空心砌块比较发达的国家，将砖与砌块按体积的大小进行区别，例如意大利将单块体积不超过 5500cm³ 的块材定义为砖；将单块体积超过 5500cm³ 的块材定义为砌块。按这种定义，我们称为砖的一些块材应称为砌块。例如 290mm×240mm×115mm 的块材，按我国现行标准 GB/T 18968—2003《墙体材料术语》中规定，应称之为砖；但按意大利的定义，其体积为 8004cm³，超过了 5500cm³，应称之为砌块。就我们常见的 240mm×115mm×240mm 的空心砖，按意大利的定义也应称为砌块，因其体积为 6624cm³，超过了 5500cm³。从现在已出土的历史文物看，我国是世界上制造空心砖最早的国家，在先周时期就有了长达 1000mm、宽 320mm、厚 210mm 的大型空心砖。到春秋、战国、秦、汉时期发展到了第一个鼎盛阶段，在空心砖表面上的装饰也形成了无与伦比的艺术风格，从这一时期已出土的画像空心砖看，每一块都是美轮美奂的艺术珍品。按现在的概念说来，这一时期出现的空心砖应划归为砌块类。在欧洲共同体标准 EN771.1 中，就取消了砖块这种概念，统一称为"构件"一词（Unit）。关于砌块在有关文献中讲到：过去的标准中称为砌块（Block），目前已不再使用"砌块"这一名称了。

第二节 近代我国烧结空心砖及空心砌块的发展

我国近代空心砖及空心砌块生产始于20世纪20年代后期。1934年商务印书馆出版的《日用百科全书》第十六编物产制造品类中，首次将砖瓦作为一个独立的工业制造部门列出，该书中还记录着在1930年前后国内就有四家砖瓦厂生产着空心砖，如上海大中砖瓦厂、上海比商义品砖厂、苏州砖瓦厂、武汉阜成砖瓦厂。当时生产规模最大的工厂其年产量已达到了4000万块砖。

中国近代建筑物墙体上使用空心砖最早出于上海。《上海建筑材料工业志》中记述，早在20世纪20年代，上海比商义品砖瓦厂就生产非承重空心砖。创建于1930年的上海大中砖瓦厂，在1931年以重金聘请比利时籍工程师山尔蒙，开发非承重空心砖，历时六个月，终获成功，当年秋季推向市场。随着业务的快速发展，该产品逐步形成了13个品种36种规格的系列产品，先后用于百老汇大厦、国际饭店、汉弥登大厦、永安公司等著名建筑，并远销杭州、南京、青岛等地，还打入了新加坡等东南亚市场。创建于1921年的上海振苏砖瓦厂，在1932年也开始生产非承重空心砖，生产的320mm×310mm×260mm的8孔空心砌块，孔洞率为49.6%；生产的235mm×235mm×200mm的6孔空心砌块，孔洞率达到57%。当年在没有真空挤出机的情况下，能做出如此高孔洞率的非承重空心砖及空心砌块，确实令我们现代人敬佩。上海大中砖瓦厂1931年生产的空心砖及空心砌块部分样品如图3-2所示。

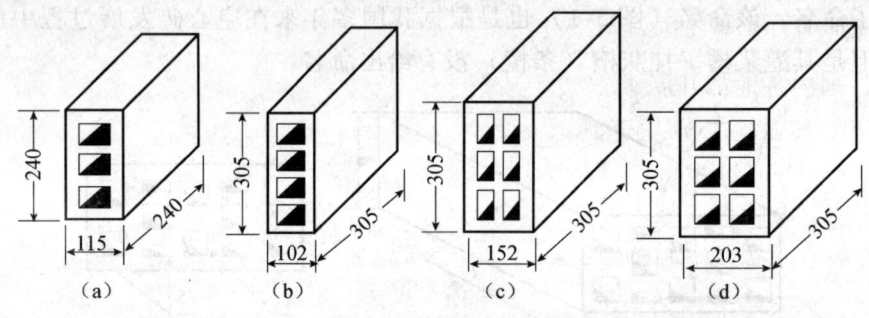

图3-2　20世纪30年代上海大中砖瓦厂生产的空心砖及空心砌块部分样品

（a）3孔空心砖（可用于承重），240mm×115mm×240mm，相当于普通实心砖体积的4.5倍；孔洞率38%；抗压强度：垂直于孔洞方向（大面）64~94kg/cm^2；平行于孔洞方向100~158kg/cm^2；（b）4孔非承重空心砌块，305mm×102mm×305mm（4″），相当于普通实心砖体积的6.5倍；孔洞率49%；抗压强度：垂直于孔洞方向（大面）33.4kg/cm^2；平行于孔洞方向94kg/cm^2；（c）6孔非承重空心砌块，305mm×152mm×305mm（6″），相当于普通实心砖体积的9.7倍；孔洞率55%；抗压强度：垂直于孔洞方向（大面）30kg/cm^2；（d）6孔非承重空心砌块，305mm×203mm×305mm（8″），相当于普通实心砖体积的12.9倍；孔洞率58%；抗压强度：垂直于孔洞方向（大面）30kg/cm^2

抗日战争爆发后，空心砖的生产于20世纪30年代晚期而停止。新中国成立后，上海大中砖瓦厂生产的空心砖曾用于上海中苏友好大厦、上海延安饭店、北京的高等院校建设及武汉等地的建筑。该厂生产的三孔空心砖（承重）曾在山海海运局卫生学校三、四层教学楼、杨浦区小学三层教学楼、工业师范学校、南汇仓库等建筑上应用，并作为代表中华人民共和国建筑材料的新产品到东欧国家及蒙古展览过。1964年，上海振苏砖瓦厂重新开始生产240mm×300mm×115mm和300mm×200mm×115(150)mm的3孔空心砖，孔洞率为40%。上海振苏砖瓦厂20世纪60年代中期生产的空心砖及空心砌块如图3-3所示。

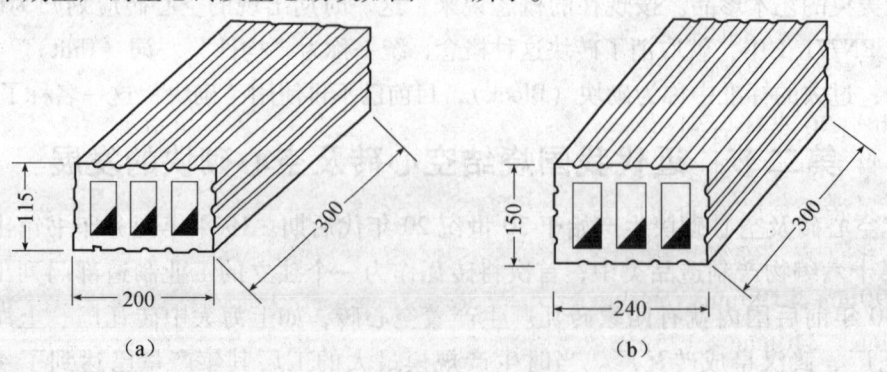

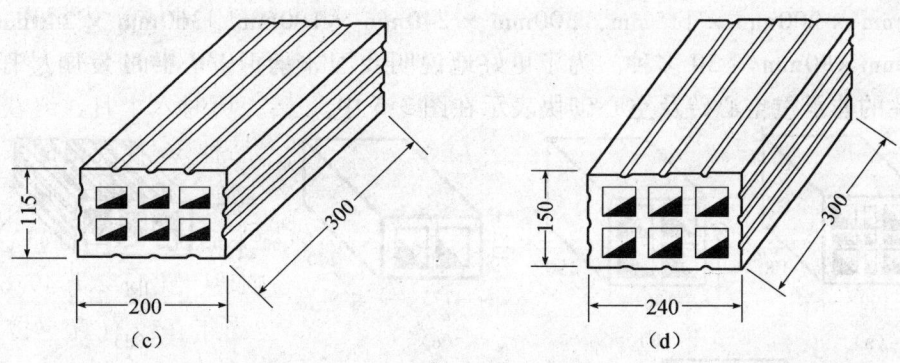

图 3-3 20 世纪 60 年代中期上海振苏砖瓦厂生产的空心砖及空心砌块部分样品

(a) 3 孔空心砖,孔洞率 35%,单块重 7.2kg;(b) 3 孔空心砌块,孔洞率 49%,单块重 9kg;(c) 6 孔空心砖,孔洞率 48%~52%,单块重 6.4kg;(d) 6 孔空心砌块,孔洞率 48%~52%,单块重 7.8kg

1970 年后,国内各地都开展了非承重空心砖的研制。例如南京原新宁砖瓦厂生产过多种规格的非承重模数空心砖及空心砌块,其中有 190mm×190mm×190mm,290mm×290mm×150mm,290mm×190mm×90mm,190mm×190mm×140mm,190mm×90mm×140mm 等,并在南京火车站、南京大桥饭店、金陵饭店等重要建筑中成功应用。20 世纪 70 年代中期南京原新宁砖瓦厂生产的部分非承重模数空心砖及空心砌块如图 3-4 所示。

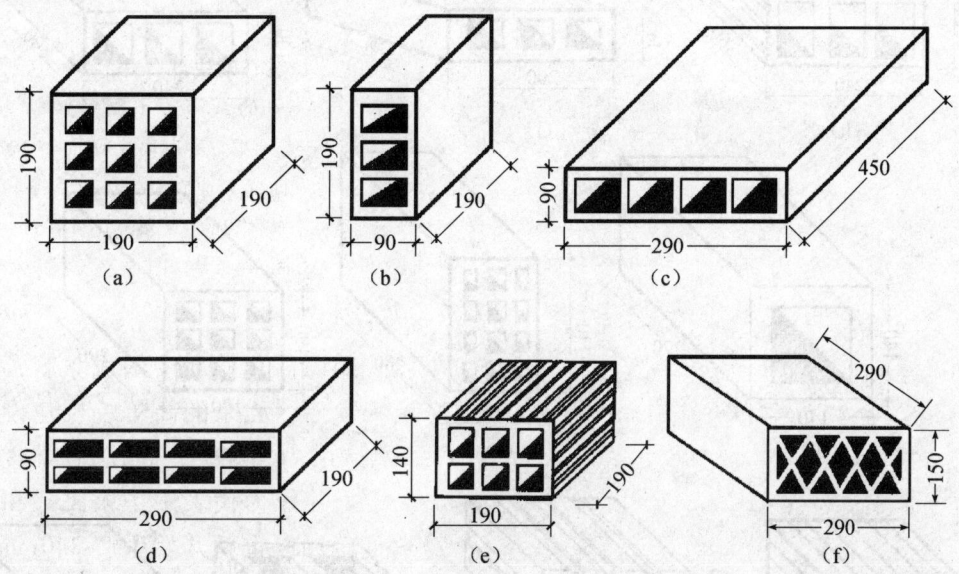

图 3-4 20 世纪 70 年代中期南京原新宁砖瓦厂生产的部分非承重模数空心砖及空心砌块

(a) 9 孔空心砖,孔洞率 45%,单块重 6.86kg;(b) 3 孔空心砖,孔洞率 38%,单块重 3.57kg;(c) 4 孔空心砌块,孔洞率 44%,单块重 12.33kg;(d) 8 孔空心砖,孔洞率 40%,单块重 5.2kg;(e) 6 孔空心砖,孔洞率 37%,单块重 5.73kg;(f) 13 孔空心砌块,孔洞率 38%,单块重 14.1kg

自从 20 世纪 70 年代后到 90 年代初,各地研制的非承重空心砖规格品种非常多,孔形的设计、排列及数量等更是多种多样,有的在其尺寸上按现在的概念已经是属于砌块的范围。这一时期非承重空心砖发展较好的地区有辽宁、陕西、江苏(南京市等)、黑龙江哈尔滨市、天津市、上海市、北京市、安徽、内蒙古(包头市)、四川、广东、甘肃等地区。生产的规格品种有 190mm×190mm×190mm,240mm×115mm×115mm,240mm×240mm×115mm,460mm×235mm×115mm,240mm×175mm×115mm,270mm×140mm×140mm,240mm×240mm×

120mm，300mm×200mm×115mm，300mm×240mm×100mm，360mm×240mm×120mm，300mm×240mm×90mm 等 30 多种。为了更好地说明我国非承重空心砖的发展过程，特选择各地具有代表性的非承重空心砖及空心砌块表示在图 3-5 中。

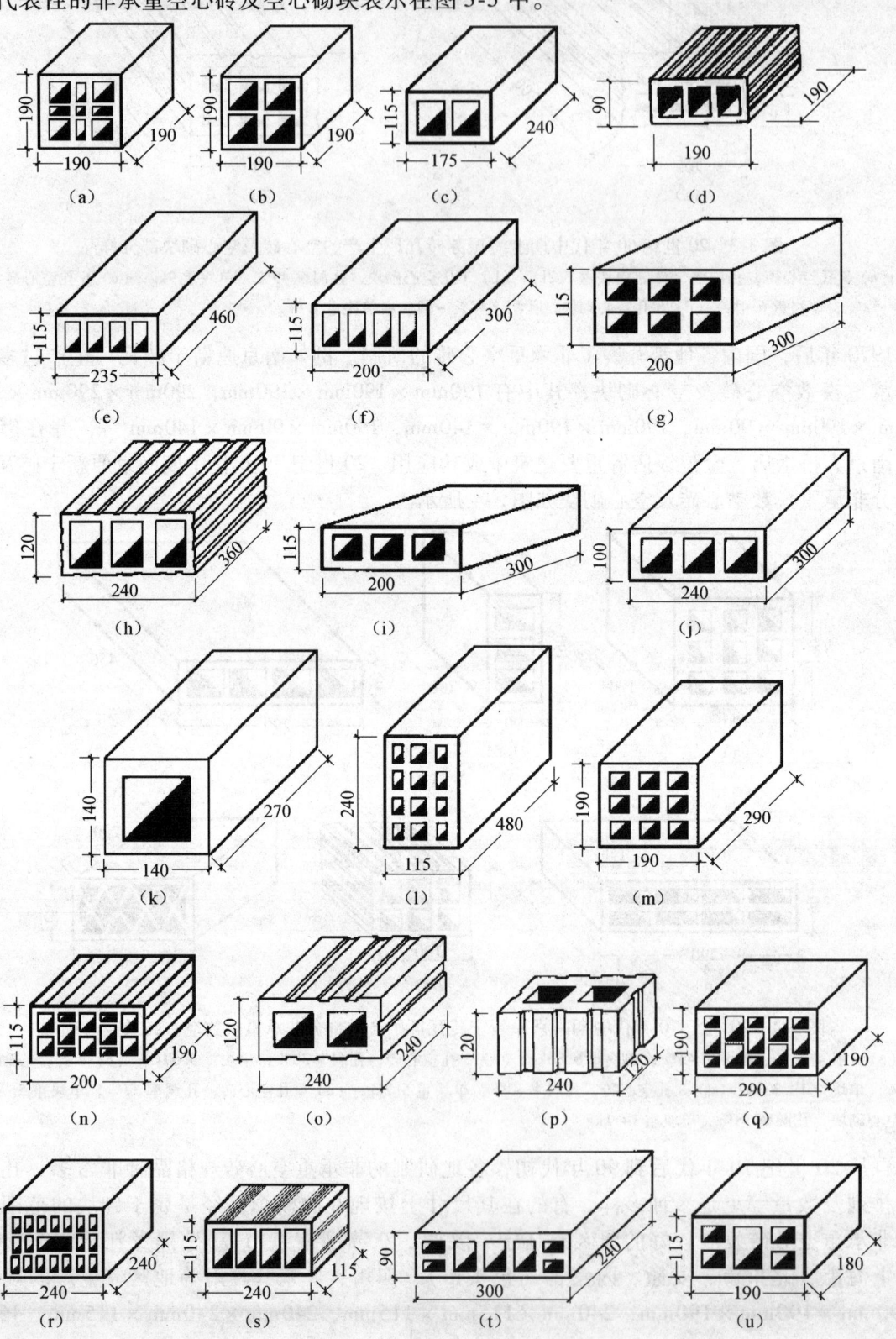

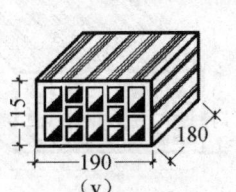
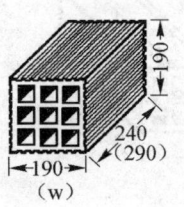
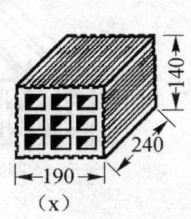

图 3-5　国产非承重空心砖及空心砌块部分样品示意图

(a) 9 孔空心砌块, 孔洞率 44%, 单块重 8.3kg, 产地: 江苏; (b) 4 孔空心砌块, 孔洞率 47%, 单块重 7.3kg, 产地: 江苏; (c) 2 孔空心砖, 孔洞率 49.7%, 单块重 4.07kg, 产地: 辽宁、吉林; (d) 3 孔空心砖, 孔洞率 38%, 单块重 3.57kg, 产地: 江苏; (e) 4 孔空心砌块, 孔洞率 28%, 单块重 16.2kg, 产地: 上海; (f) 4 孔空心砖, 孔洞率 34%, 单块重 7.4kg, 产地: 上海; (g) 6 孔空心砖, 孔洞率 52%, 单块重 6.4kg, 产地: 上海; (h) 3 孔空心砖, 孔洞率 50%, 产地: 江苏; (i) 3 孔空心砖, 孔洞率 35%, 单块重 7.2kg, 产地: 上海; (j) 3 孔空心砖, 孔洞率 46.7%, 密度: 955.5kg/m^3, 产地: 天津; (k) 单孔空心砌块, 孔洞率 52%, 产地: 辽宁黑山; (l) 12 孔空心砌块, 孔洞率 48%, 密度: 950kg/m^3, 产地: 安徽肥西; (m) 9 孔空心砌块, 孔洞率 45%, 产地: 甘肃兰州; (n) 12 孔空心砖, 孔洞率 52%, 产地: 重庆; (o) 2 孔空心砌块, 产地: 江苏; (p) 2 孔空心砌块, 产地: 江苏; (q) 13 孔空心砌块, 孔洞率 537%, 单块重: 8.42kg, 平均当量导热系数: 0.352W/(m·K), 密度: 787kg/m^3, 产地: 甘肃兰州; (r) 19 孔空心砖, 孔洞率 48%, 产地: 西安; (s) 4 孔空心砖, 孔洞率 40%, 单块重: 3.47kg/m^3, 产地: 西安; (t) 7 孔空心砖, 孔洞率 50%, 密度: 754kg/m^3, 产地: 天津; (u) 5 孔空心砖, 孔洞率 50%, 产地: 成都; (v) 12 孔空心砖, 孔洞率 51%, 产地: 重庆; (w) 非承重空心砌块, 孔洞率 48%, 密度: 850kg/m^3, 产地: 天津国环公司; (x) 非承重空心砌块, 孔洞率 48%, 密度: 850kg/m^3, 产地: 天津国环公司; (y) 12 孔空心砖, 孔洞率 52%, 内壁为 6mm 厚, 密度 820kg/m^3, 产地: 重庆金诺公司

在1981年根据高层建筑和框架建筑快速增加的情况, 原西安砖瓦研究所及时地开展了 240mm×115mm×240mm 水平孔非承重空心砖的试制和试点建筑的应用研究, 并取得了圆满的成功。因这一规格不改变建筑设计模数及施工操作习惯, 在用于水平孔砌筑时, 由于两端侧面上各有一排小孔, 有一定面积的抹灰挂灰面, 其侧面竖向很容易挂灰勾缝。此外, 在这样的砖墙上也能够承受住膨胀螺栓的拉力 [图3-6 (a)], 所以, 直到今天, 这一规格的非承重空心砖在全国很多地方得到了广泛地应用。这一规格的空心砖在国内各地出现了许多不同孔型的变体, 图3-6中列举了常见的一些孔型布置形式。

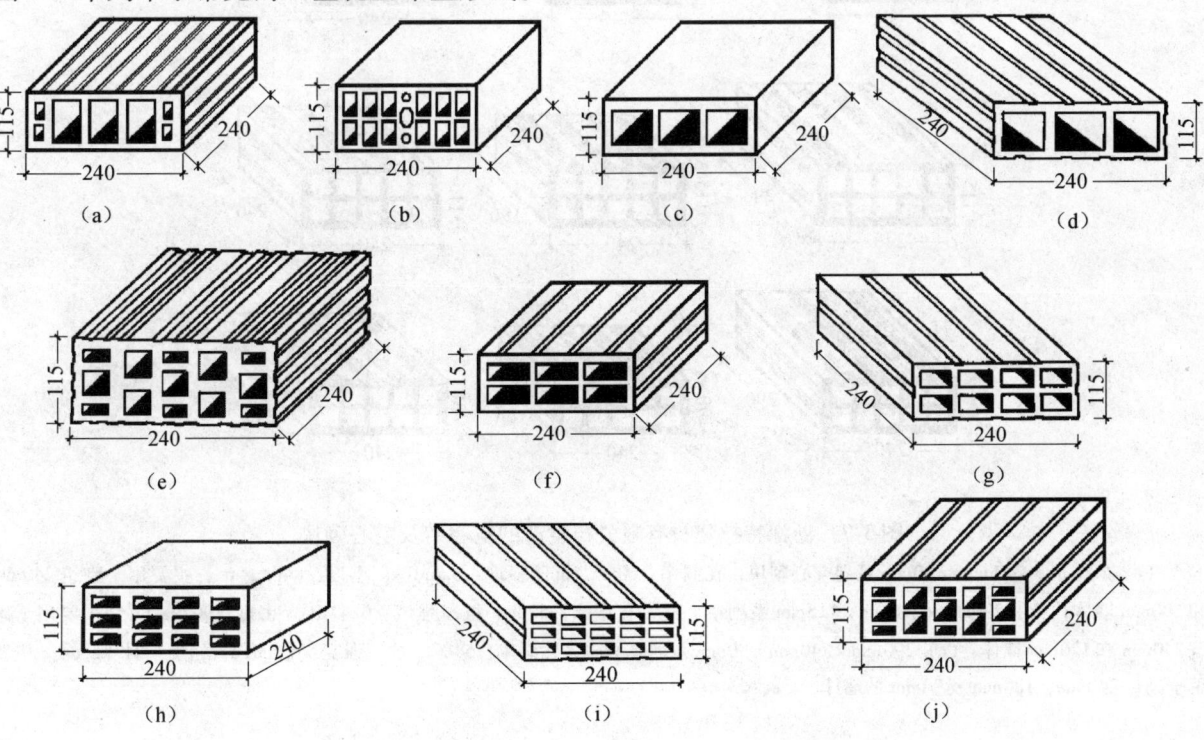

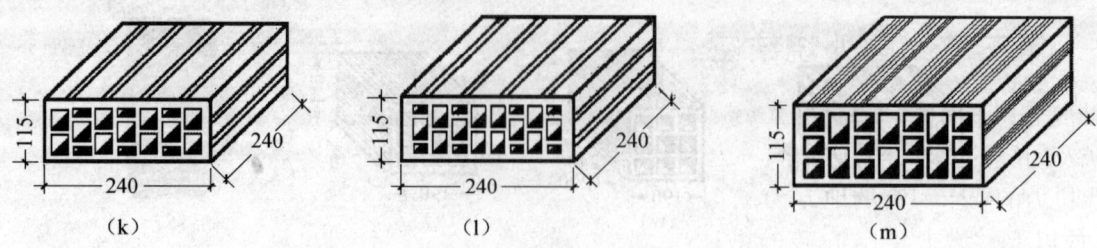

图 3-6　240mm×115mm×240mm 非承重空心砖的常见孔型布置

（a）7 孔空心砖，孔洞率：40%，单块重：6.8kg，产地：西安；（b）15 孔空心砖，孔洞率：45%，产地：西安；（c）3 孔空心砖，孔洞率：36%，单块重：5.91kg，产地：上海；（d）3 孔空心砖，孔洞率：53%，密度：790kg/m³，产地：哈尔滨；（e）13 孔空心砖，孔洞率：47%，密度：874.5kg/m³，当量导热系数：0.399W/(m·K)，产地：内蒙包头；（f）6 孔空心砖，孔洞率：52%，产地：四川；（g）8 孔空心砖，孔洞率：50%，密度：830kg/m³，产地：哈尔滨；（h）12 孔空心砖，孔洞率：48%，密度：950kg/m³，产地：安徽肥西；（i）15 孔空心砖，孔洞率：48%，密度：950kg/m³，产地：安徽肥西；（j）13 孔空心砖，孔洞率：40.3%，密度：1015kg/m³，当量导热系数：0.495W/(m·K)，产地：北京市；（k）17 孔空心砖，孔洞率：44%，单块重：5.99kg，产地：西安；（l）20 孔空心砖，孔洞率：40.2%，单块重：6.32kg，产地：西安；（m）18 孔空心砖，孔洞率：50%，单块重：5.8kg，产地：重庆

在进入 21 世纪后，浙江特拉建材有限公司率先引进了西欧先进的空心砖及空心砌块生产线。该生产线所用原材料为页岩，生产的产品主规格有：290mm×240mm×190mm；290mm×240mm×115mm；290mm×240mm×90mm 三种及相应的辅助配套规格。浙江特拉建材有限公司生产的空心砖及空心砌块如图 3-7 所示。

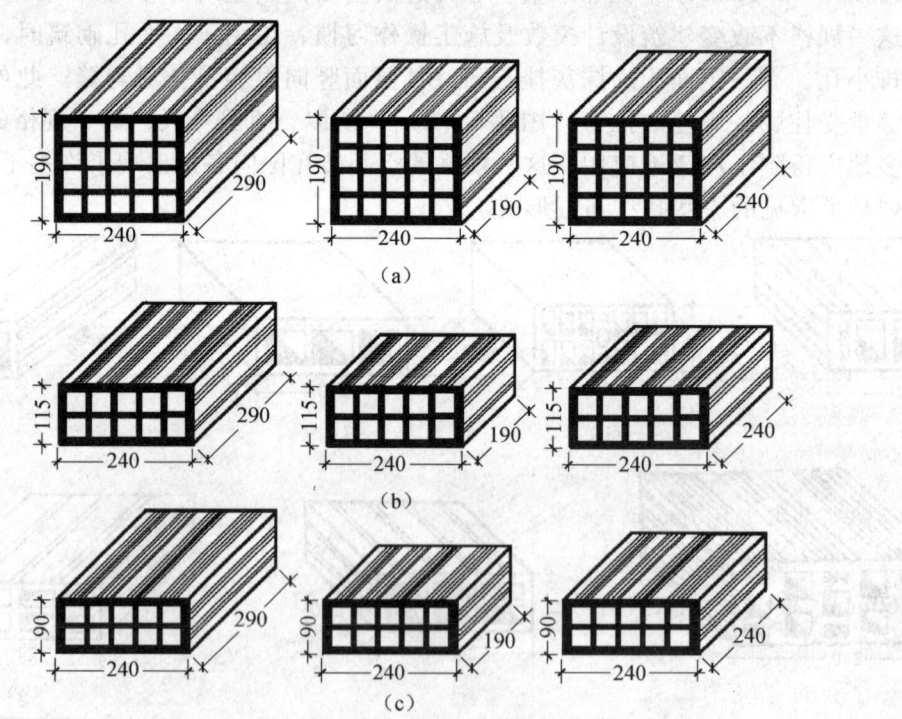

图 3-7　浙江特拉建材有限公司生产的空心砖及空心砌块

（a）290mm×240mm×190mm 系列空心砌块，孔洞率：60%，抗压强度：6.6MPa，密度：840kg/m³，主要用于砌筑 240mm 和 190mm 墙体；（b）290mm×240mm×115mm 系列空心砖，孔洞率：60%，抗压强度：6.4MPa，密度：907kg/m³，主要用于砌筑 240mm 和 120mm 墙体；（c）290mm×240mm×90mm 系列空心砖，孔洞率：54%，抗压强度：6.6MPa，密度：949kg/m³，主要用于砌筑 240mm，180mm 及 90mm 的墙体

第三节　国外烧结空心砖及空心砌块的孔型及主要性能指标

以水平孔方向砌筑的非承重空心砖，在其孔型的设计上，首先要考虑的是能满足竖向灰缝容易挂灰及勾缝的要求；其次必须考虑到室内装修时侧面墙体上能够握裹住膨胀螺栓，能够满足膨胀螺栓拉力的要求。有的地方为了达到上述的要求，将这种类型的非承重空心砖的外壁加厚到25mm 或以上，增大了空心砖的密度，这样的做法完全没有必要。为了更好地说明这种情况，图 3-8 给出了德国这类空心砖（砌块）的孔型设计示意图。

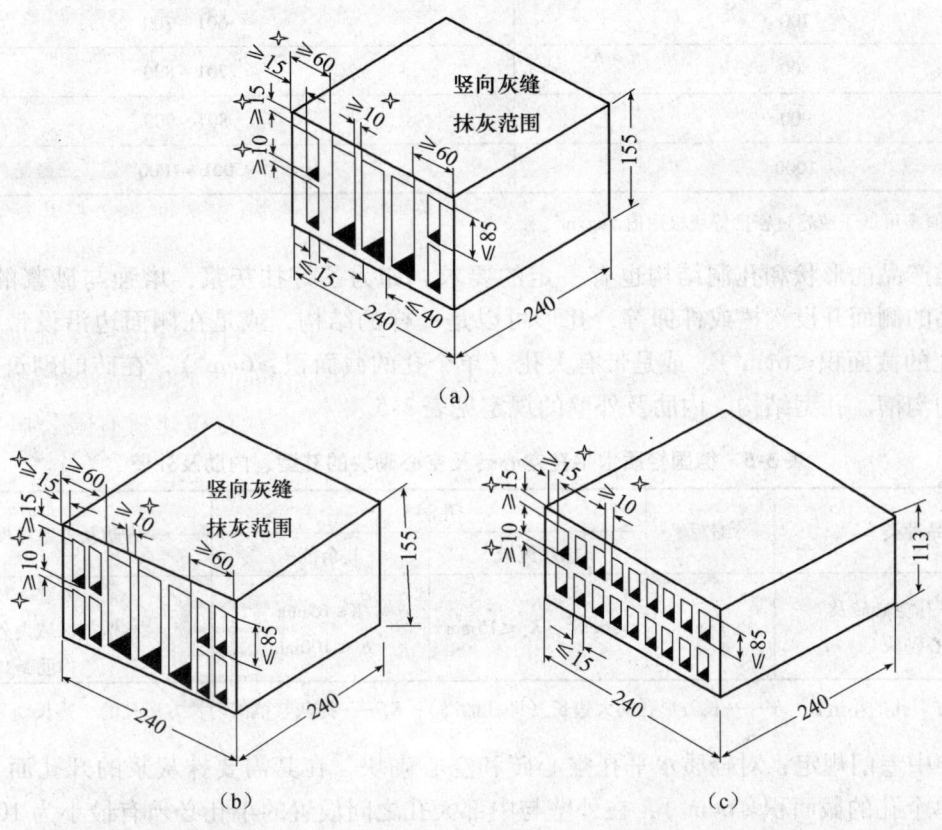

图 3-8　德国水平孔非承重（承重）空心砖（砌块）的孔型设计与抹灰面积示意图
(a) 抹灰面积内有单排孔的水平孔非承重空心砌块（砖）；(b) 抹灰面积内有单排孔的水平孔非承重空心砌块（砖）；
(c) 整个开孔面都可抹灰的水平孔非承重空心砖；✦号表示为承重时所采用的数据

上述三种类型水平孔方向砌筑的非承重（承重）空心砖（砌块），(a)和(b)两种是在整个开孔面上仅在两侧部分面积上作为抹灰面的，并要求水平孔非承重空心砌块（砖）的抹灰面宽度必须大于 60mm；而(c)则是整个开孔面都可作为抹灰面的水平孔非承重空心砖。常规设计时，要求水平孔非承重空心砌块（砖）的纵横内肋及外壁的截面面积和（即实体断面积）大于 15%，还限定任一孔洞的宽度不得大于 40mm。在抹灰面积内的孔洞长度不能大于 85mm，宽度不能大于 15mm。

在欧洲，水平孔空心砖和砌块，承重与非承重之间仅在其内肋厚度和外壁厚度上有着不同的要求。例如，用于承重的水平孔空心砖（砌块），为了保证砖（砌块）有足够的强度，要求砖（砌块）的外壁厚度大于或等于 15mm，内肋厚度大于或等于 10mm（图 3-8 中带星号数据）。这些数据同时也能满足握裹膨胀螺栓的要求。现仍以德国的标准为例说明。德国标准 DIN105《砌墙砖》第五部分就包括轻质水平孔空心砖、空心砌块。该标准中对轻质水平孔空心砖和空心砌块的用途规定为可用于承重和非承重的建筑物墙体上。规定轻质水平孔空心砖、空心砌块的最大密度为 1000kg/m³，共分为 6 个密度等级（表 3-4）。

表 3-4　德国轻质水平孔空心砖、空心砌块的密度等级

密度等级	密度的平均值（kg/m³）
500	410～500
600	501～600
700	601～700
800	701～800
900	801～900
1000	901～1000

注：单个值不可低于或超过密度等级极限值 5kg/m³。

对这类产品的形状和孔洞结构也有一定的要求。如为了好挂灰浆，增强与砂浆的粘接能力，允许在产品的侧面开设沟槽或榫卯等，孔形可以是一样的结构，或是在侧面边沿设带有抹灰的小孔（单个孔的截面积≤6cm²），或是带有大孔（单个孔的截面积≥6cm²），在砖的砌筑面上可预留加强钢筋的沟槽。孔型结构、内肋及外壁的规定见表 3-5。

表 3-5　德国轻质水平孔空心砖及空心砌块的孔型、内肋及外壁

产品种类	缩写	孔洞*		内肋及外壁厚度（mm）
		抹灰区域	其余范围	
轻质水平孔空心砖及空心砌块	LLz	≤6cm²，K_v≤15mm	K≤65mm h'≤100mm	外壁≥15 在抹灰区域内外壁≥10 内肋≥10

*K——长方形孔的小边长；h'——长方形孔的大边长（即孔的高）；K_v——抹灰浆范围内长方形孔的小边长。

该标准中专门规定：对轻质水平孔空心砖和空心砌块，在其需要抹灰浆的开孔面上必须设置小型孔（单个孔的截面积≤6cm²），在外壁与中部大孔之间设置的小孔必须有最小为 10mm 厚的内肋［图 3-9（a）］。对不需要在开孔面上抹灰的轻质水平孔空心砖和空心砌块，其外壁厚度必须最小为 15mm，设置的大孔宽度不得大于 65mm，孔的高度不得大于 100mm，最小的内肋厚度必须为 10mm［图 3-9（b）］。图 3-9 给出了这些要求的示意图。

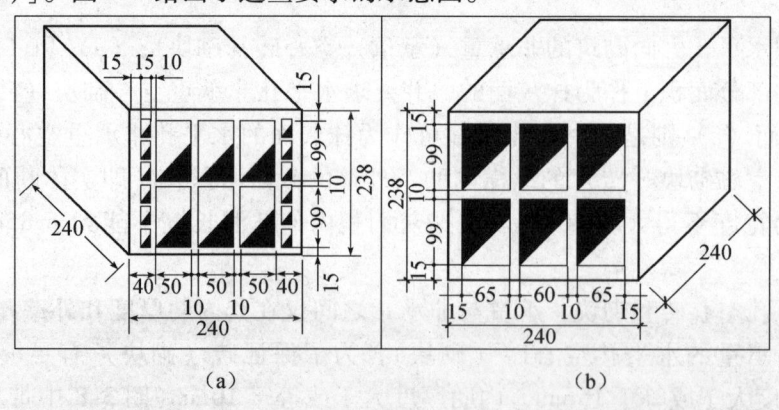

图 3-9　德国轻质水平孔空心砖及空心砌块孔型设置、外壁及内肋的规定
（a）对有抹灰浆面设置的小孔及内肋厚度、外壁厚度及孔型的规定；（b）对不带抹灰浆面的外壁及内肋厚度、孔型的规定

对轻质水平孔空心砖和空心砌块的抗压强度分为四个等级，抗压强度等级及标记见表3-6。

表3-6　德国轻质水平孔空心砖及空心砌块的抗压强度等级及标记

抗压强度等级	抗压强度（N/mm^2）		颜色标记
	平均值	最小单个值	
2	2.5	2.0	绿色
4	5.0	4.0	蓝色
6	7.5	6.0	红色
12	15.0	12.0	无

德国轻质水平孔空心砖及空心砌块的常用尺寸见表3-7。

表3-7　德国轻质水平孔空心砖及空心砌块的尺寸　　　　　　　　　　mm

长（L）	宽（B）	高（H）
240	115	71
365	175	113（155，175）
490	240	238
—	300	—

除表3-7中规定的尺寸外，西欧在空心砖和空心砌块的研究与发展过程中，在孔型的设计、实际应用等方面总结出了很多经验，也生产出了大量不同类型的空心砖和空心砌块，在承重与非承重之间已没有了明显的界限。意大利的标准中规定，孔洞率超过55%的多孔砖、空心砖和空心砌块不用于承重墙体。水平孔空心砖及空心砌块的应用示意图如图3-10所示。

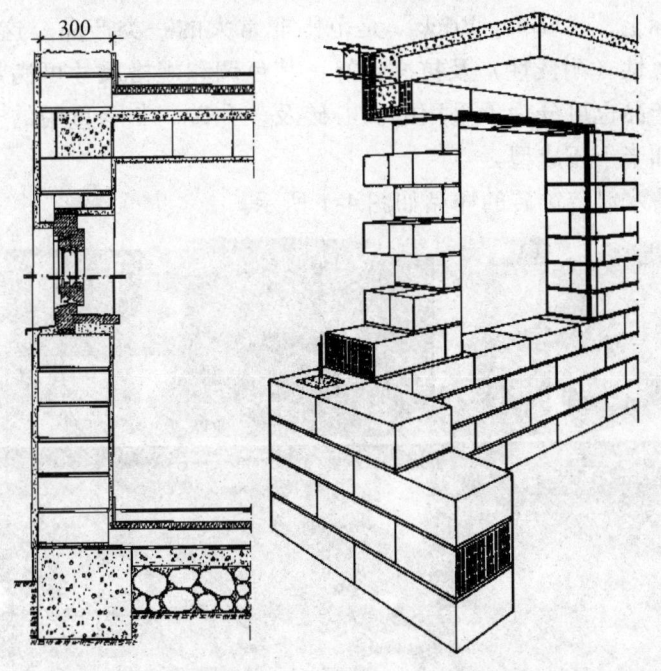

图3-10　水平孔空心砖及空心砌块的应用示意图

第四章　清水墙装饰砖

第一节　清水墙装饰砖的定义和包含范围

我国现行标准 GB/T 18968—2003《墙体材料术语》中规定，烧结装饰砖（Fired facing brick）是指经焙烧而成，用于清水墙或带装饰面用于墙体装饰的砖；烧结装饰多孔砖（Fired facing perforated brick）是指经焙烧而成用于清水墙或带装饰面的、用于墙体装饰的多孔砖。饰面砌筑砖（Facing brick）是指带有装饰面的砌筑用砖。

我国现行标准 GB 5101—2003《烧结普通砖》和 GB 13544—2000《烧结多孔砖》中均涉及装饰砖，并在标准的附录中对装饰砖的规格及技术要求做出了规定。对产品的尺寸明确指出，除满足这两个标准中规定的尺寸外，亦可根据需要由供需双方协商选用其他规格尺寸。装饰砖的技术指标必须满足泛霜、石灰爆裂、抗风化性能、外观质量等要求；其他规格装饰砖的尺寸偏差、强度等级可由供需双方协商确定。同时规定，为增强装饰效果，装饰砖也可制成本色、一色或多色，装饰面也可具有砂面、光面、压花等起装饰作用的图案。

清水墙装饰砖是我国砖瓦行业的通俗叫法，在西欧及世界上许多发达国家和地区已经非常规范的称为"Facing Brick"，其含义中就有建筑物表面使用的、带有装饰功能的砖。在有些文献中将其译为"面砖"、"饰面砖"或"墙面砖"，这与陶瓷行业墙地砖的叫法混淆了，也将其用途没有正确表达出来。实际上，"Facing Brick"是范围非常大的一类产品。这类产品的外观质量高、尺寸准确程度高、耐久性（耐候性）及抗冻性好，其色调和规格尺寸可满足各种特殊要求以及建筑造型的要求。这类产品也可分为承重用的实心砖及多孔砖、非承重用的空心砖等。从成型方法上也可分为挤出成型和半干压成型。

国内生产的部分清水墙装饰砖的样品如图 4-1 所示。

图 4-1　国内生产的部分清水墙装饰砖

第二节　清水墙装饰砖在建筑上的使用方法

从墙体构造上讲，可用作单层外墙，也可用作复合层外墙。某些室内装修也用清水墙装饰砖，这在西欧成为了一种室内装修的时尚。美国、比利时、荷兰、德国、英国、法国、意大利等国家及北欧国家、亚洲的韩国的清水墙装饰砖在世界上名列前茅。很多生产厂家有着自己产品的专用商标。对节能建筑而言，带有装饰功能的清水墙多孔砖砌筑的双层复合外墙有着非常大的实际意义。这种双层复合外墙是由里层用普通承重的多孔砖砌筑，外层用承重的、具有装饰功能的多孔砖砌筑，中间可设空气层、保温层，或不设空气层和保温层。设空气层的作用除增强了外墙体的保温隔热效果外，当外墙砖渗入或漏进雨水后，不会接触到保温隔热材料，影响保温隔热效果。为了保证保温隔热材料的性能不受潮湿空气的影响，在多风多雨地区还在其外部清水墙装饰砖墙上设置上下通风孔，使中间设的空气层中的空气能够流动，来保证砖墙的迅速干燥及墙体应有的热工性能。这种"夹芯砖墙"的外墙结构体系在美国、西欧等国家应用非常广泛。清水墙装饰砖的外墙结构体系的常见砌筑方式如图4-2所示。

下部通风孔

荷兰装饰砖复合夹芯墙上的通风孔

比利时清水墙装饰砖，外墙面带有上下通风孔的"夹芯墙"结构住宅建筑

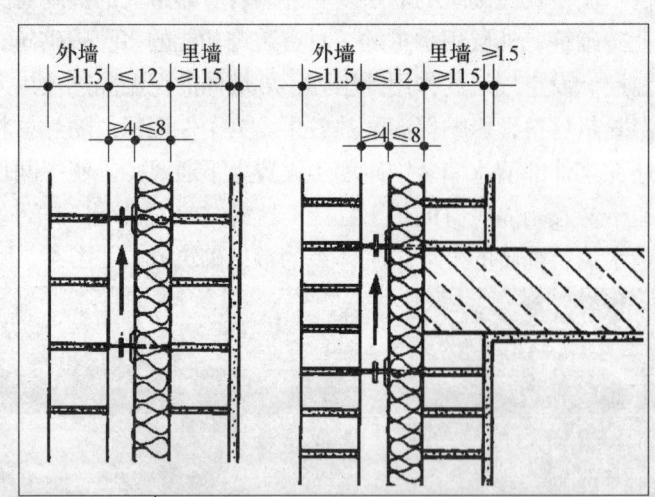

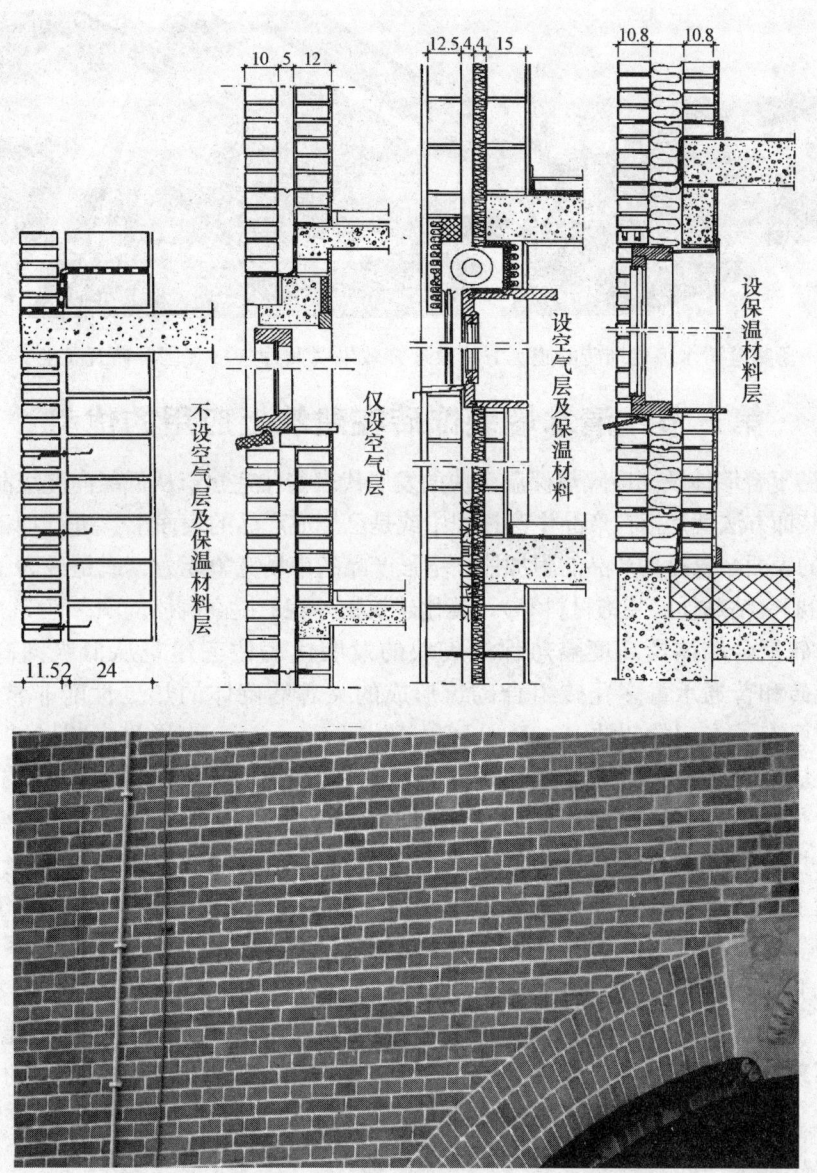

图 4-2　清水墙装饰砖夹芯墙的常见砌筑方式
（部分图片来自 Wienerberger 公司及德国 Keller 公司；部分照片摄于德国、荷兰）

外墙用清水墙装饰砖现在发展的新动态就是薄的连结缝，薄的连结缝完全改变了建筑物的外貌。不再使用传统的砂浆，而是用专用粘结剂粘贴。传统的砂浆粘贴，将灰缝强加成为了墙面的背景，往往受到灰缝颜色和厚度的影响。用专用粘结剂粘贴的薄层灰缝连结技术，所使用的砖成为栩栩如生的背景，不再受灰缝颜色和厚度而影响整个墙面效果。这就形成了大面积的、均匀色彩的表面。用传统的砂浆砌筑时，灰缝要占墙面总面积的25%，而薄灰缝连结方法，灰缝仅占墙面总面积的4%~6%。这种技术和技术诀窍目前主要是在比利时和荷兰得到发展，而且在实际使用中的实验一直是成功的。薄灰缝粘结技术在欧洲有着巨大的潜在市场，也会带来全新概念的设计。由于清水墙装饰砖有非常大的色彩变化范围和种类，所以不同类型的粘结砂浆也将会被开发出来，也将会创造出不同的应用方法。图 4-3 为这种薄灰缝清水墙装饰砖的施工方法及装饰效果。

图 4-3　薄灰缝清水墙装饰砖的施工方法及装饰效果（照片来自《国际砖瓦工业》2007/5）

第三节　清水墙装饰砖在建筑上应用的优势

清水墙多孔砖复合墙体及高度隔热保温砌块的发展代表着住宅建筑从低级向高级阶段的过渡。清水墙装饰砖的表面装饰方法就是指在产品生产过程中或是已烧成产品的表面上，进行加工处理或是专门附加上有装饰效果的表面，以提高产品的附加值，增强产品的市场竞争能力，或是说为了降低建筑物造价（不需要墙体外粉刷、粘贴外层装饰材料等），美化建筑物外貌，提高砌体的耐久性等。

清水墙多孔砖复合墙体及高度隔热保温砌块的发展代表住宅建筑从低级向高级阶段的过渡。清水墙承重多孔砖和普通承重多孔砖组合砌筑形成的夹芯墙砌体的热工性能非常好，在西欧各国对这种结构形式已有了专门的叫法——Double-leaf brick masonry，直译过来叫做"双连（片）砖砌体"，通俗的叫法是"夹芯砖墙"。里外两片墙之间由不锈钢（或其他种类）的锚固件连接，其结构的安全性能也很好。这种结构形式在北欧使用地非常普遍。这种结构不但充分利用了烧结的清水墙多孔砖耐久性好、表面纹理及色泽丰富多变、装饰功能好等特点，而且完全消除了寒冷地区取暖期中建筑物上出现的"热桥"现象及室内结露造成室内粉刷层或是装饰层霉变或脱离的缺陷。室内装修、防火、保温材料的防水等问题也随之消除。更重要的是这种结构体系节能效果非常显著，在 2001 年的德国《砖瓦年鉴》中，已将这种结构体系纳入了现代绿色建筑（Green Building）的范围内。世界上清水墙装饰砖生产及应用最广泛的西欧国家为英国、荷兰、比利时、法国、德国、意大利、西班牙、奥地利等；亚洲有韩国、马来西亚、日本、越南及我国的台湾；其他国家有美国、加拿大、澳大利亚等。我国自改革开放后已先后建设了 7 条清水墙装饰砖生产线。表 4-1 中给出了德国对这种结构热工性能的研究和实测数据。

表 4-1　双面砖墙夹芯保温层结构的热工性能

垂直多孔砖	\multicolumn{5}{c}{HLZ25}	\multicolumn{5}{c}{HLZ17}
多孔砖的密度（kg/m^3）	\multicolumn{5}{c}{1200}	\multicolumn{5}{c}{1200}
隔热层材料的厚度（cm）	15	16	18	20	22	15	16	18	20	22
未粉刷时墙的厚度（cm）	52	53	55	57	59	44	45	47	49	51
材料的导热系数 λ 多孔砖/隔热材料 [W/(m·K)]	\multicolumn{5}{c}{0.50/0.04}	\multicolumn{5}{c}{0.50/0.04}
墙的热阻 R_t [m^2·K/W]	4.54	4.79	5.29	5.79	6.29	4.38	4.63	5.13	5.63	6.13
K-值 [W/(m^2·K)]	0.21	0.20	0.18	0.17	0.15	0.22	0.21	0.19	0.17	0.16
墙体的综合能耗（即制造出 1m^2 墙体的能耗）(MJ/m^2)	1656	1658	1663	1668	1674	1318	1321	1326	1331	1337

注：表中的外墙用清水墙装饰多孔砖均为 120mm 厚；里多孔砖墙厚分别为 250mm、170mm 厚。德国标准中规定，两砖墙之间的最大允许空间为 150mm。

清水墙装饰砖传达着温暖、安全、亲密和信任。在色彩、形状、表面纹理等方面为设计和建筑美学提供了更宽范围的选择。她可将美观、传统和现在有机结合；传统和现代之间的结合，传统和现代的表达是相同的，其使用场合不分室内室外，不分农村城市！

清水墙装饰砖夹芯外墙体系在建筑上的优势：

（1）陶质保护体（壳）：清水墙装饰砖组成的外层墙，为建筑物提供了气候波动的全面防护，对建筑物抵抗热、冷及潮气提供了绝对可靠的保证，对火灾的防护安全。此外，对墙中部的隔热保温材料也起到了防水和防潮的作用，保证了隔热保温层的技术指标不降低（如受潮传热增大）。这种外墙保护壳显著地延长了建筑物的使用寿命。同时这种材料的耐候性非常好，在大气环境条件下，永不褪色，恰好相反，在太阳、风雨的影响下，其色彩变得更加引人入胜。

（2）对热的防护：用清水墙装饰砖做外层墙的建筑物，在其室内总是有着舒适的温度。白天，外墙可储蓄来自外部的热，而在夜间才释放出储蓄的热。因而在夏季，外层砖砌体防止了房屋的过热，使人们感到凉爽（温度延迟时间长）。

（3）对冷的防护：冬季，室外冷，此时空心墙结构中的保温层就发挥了作用，室内的热量不易散失到室外。但是隔热层的"天敌"是水分（潮气），外层清水墙装饰砖保护隔热层不受潮，外界低温对室内温度的直接影响程度会大幅度降低。

（4）对火灾的防护：清水墙装饰砖不会燃烧，因它们早已被烧过了。在建筑物内部出现火灾的情况下（如可燃性保温材料和室内的木结构），外层清水墙装饰砖可有效地阻止火的蔓延。

（5）室内气候条件：因为清水墙装饰砖是一种陶质材料，它们对室内空间环境提供了舒适感。

（6）水蒸气的渗透性及水的密封性：水蒸气能渗透清水墙装饰砖，而砖也吸收潮气，但是砖释放出吸收的水分也非常快。因此空心墙体系中的内墙面，在任何季节中都能保持干燥，从而保证了室内环境的舒适性。同时，陶质的砖表面几乎可完全防水，甚至在暴风雨期间也能防止水渗入墙体。

（7）增加了对噪声的防护：夹芯墙体系对噪声污染是非常有效的屏障，外层的清水墙装饰砖是第一层防护，在夹层中的空气层和隔热保温层是第二层隔离体，第三层承重多孔砖是噪声最后一道障碍物，因而这种夹芯墙体系是有效的噪声屏障。

（8）夹芯墙体系是最佳的热储蓄及热平衡体系：夹芯墙体系中高质量的砖提供了最佳的热交换和热平衡，特别是在外墙和内墙上的烧结砖良好的蓄热性能，保证了室内舒适的温度。

（9）改善了墙体保温隔热性能：用夹芯墙结构的新建筑物，能够达到墙体所要求的任何 K-值，因为隔热层材料的厚度可变。此外，由于外层的烧结清水墙装饰砖有保护隔热保温材料长期不受潮的作用，可始终如一地保持着保温隔热的性能不会有大的波动。

（10）硬壳——软芯特征：外层烧结清水墙装饰砖的"硬壳"保护着中部"软"的隔热保温材料层免受机械力和气候的影响，使隔热材料能保持其性能不变化。

（11）使用寿命和保值：清水墙装饰砖一直被使用了数代人，并且还能继续服务于今后的数代人。清水墙装饰砖在使用中几乎没有维修，从而保证了投资的长期安全性，也能够使建筑物增值。其颜色不会因太阳或大气的影响而被漂白或褪色。

（12）生活质量的决定因素：建筑材料选择正确与否，决定着生活质量的高低。数千年的历史经验证明，烧结质量好的砖瓦产品，永远不会丧失她的艺术魅力，不论是过去、现在，还是将来。后代人也必然会热爱烧结新型建材产品的美丽色彩，绝不会抛弃她！

（13）夹芯墙结构的建筑，在使用期几乎不需要任何维修费：虽然夹芯墙结构并不是非常昂贵的建筑，但是它所具有的优点很多，例如，使用寿命长、建筑室内环境舒适健康等。使用清水墙装饰砖的夹芯墙结构，在使用数十年后，仅需要非常少的维修，而表面粉刷后再施加彩色涂料的墙面，在几年后就必须再次更新，如果更新不及时，墙面会变得越来越难看。在建设时，对外墙使用清水装饰砖的投资，从长远观点看来，是最好的节约投资的方式。这不仅是因为在使用期节约了维修费，而且在整个使用期大幅度地减少了能量消耗。

（14）自然和谐，与大自然的亲和力强：烧结清水墙装饰砖及其他烧结新型建材产品，均是由自然界出现的无机材料制成的，因此她能够满足环境友好型建筑各方面的要求，如使用寿命终结后可全部回收利用（从目前所能够达到的技术水平上讲），产品的残存物不会影响水源质量，不会改变土壤的性质，不会影响植被生长（如使用得当，还会有助于植物的生长）等，对环境的负面影响极小。从这方面讲，几乎没有哪种建筑材料可与之相比。南韩有关研究机构所做的生态方面的研究结果已充分地证明了烧结新型建材产品的生态学性能。数千年来，人们使用自然界的土壤、水、火与空气，通过成型、干燥、烧成砖，建造的房屋美观、安全、耐久而舒适。追求美观、安全、温暖、舒适、耐久是人类的天性，因而建设房屋时，大多数人首先选择烧结砖，并不是保守和落后，是天性使然，也是自然地回归。更何况现代社会条件下，对烧结新型建材产品使用功能的开发，完全能够使之满足可持续发展、循环经济、环境友好型社会等各方面的要求。

（15）健康（大众、流行）的建筑材料：当人们选择建筑材料时，决定的因素不仅仅是材料外表美观与否，而是它本身的内在质量。烧结新型建材产品的独特性能，数千年来都一直证明了她是最流行的建筑材料。这就是为什么现今欧洲五分之三的建筑物使用砖的原因。烧结新型建材产品不仅经受了数千年历史和气候变迁的考验，而且她也能抵御热、冷及水的侵蚀，更重要的是有自动调节水分（湿度）和进行热交换的功能，从而创造了健康的居住环境。

第四节　清水墙装饰砖常用的表面处理方法

清水墙装饰砖的表面装饰方法就是指在产品生产过程中或是已烧成产品的表面上，进行加工处理或是专门附加上有装饰效果的表面，以提高产品的附加值，增强产品的市场竞争能力。或是说为了降低建筑物造价（不需要墙体外粉刷、粘贴外层材料等），美化建筑物外貌，提高砌体的耐久性等。常用的方法可分为三类，即通过外加色料，或改变配料，或改变焙烧方法等，使产品表面着色；其次是在泥条挤出之后，在泥条表面进行加工处理，使产品表面呈现出不同纹理或颜色；最后一类是在已烧成产品上进行研磨，浸渍树脂、浸水等方法等。现将这三类方法简述如下：

1. 着色方法

在砖体上着色的方法很多，主要有以下几种：

（1）整体着色法。通常砖在氧化气氛下烧成后均呈深浅程度不同的红色系的颜色。如在原材料中加入其他可着色的矿物性材料就可将砖的整体（从内到外）颜色改变，以达到具有更好装饰效果的目的。加入的这些矿物原材料，多为工业废料或是单位价格较便宜的材料，如锰矿石或锰矿渣（可产生棕色效果）；又如钢厂的尘泥（含 Fe_2O_3 在 50% 左右的废料，可产生深红色到黑红色的效果），某些农药厂催化剂废料及其他冶金工业废料等；还有在低含铁黏土中加入石灰粉使其变成黄色色调的产品等，均是整体着色方法。

（2）施加化妆土。化妆土主要是由特定的黏土、助熔剂、填充料和着色剂组成。有时还在化妆土内加入有机材料作为粘接剂，以增强化妆土与坯体表面层的结合能力。配制好的化妆土用喷雾或是浇淋法、浸沾法等将其施加到砖坯的表面，通过焙烧之后在坯体表面形成坚固的特定颜色的表层。

（3）施釉方法。该方法是将适合于砖坯热膨胀系数的特制釉料，施加在砖坯表面，通过焙烧在砖坯表面形成特定颜色的釉面层。

（4）表面染色法。表面染色法是指用某些可着色的金属盐溶液浸入砖坯表面几毫米深，在焙烧后表面形成一层坚固的特定颜色层。由于砖坯本身为红色调，所以这种染色方法的着色范围较小，仅能呈现出深色调的产品表面，如深红、墨绿、褐色、黑色等。而且这种表面染色法是有着一定使用条件的，这些条件关系到坯体中原材料的组成、坯体的密实度及均匀性等。

（5）表面涂层法。这种方法就是在坯体泥条挤出过程中，将配制好的表面着色泥料均匀地通过特殊装置挤出并附着在坯体表面。这一涂层的厚度一般为5~10mm，通过焙烧后与坯体形成牢固的结合层及呈现出特定颜色的表面。

（6）表面施加彩砂方法。这种方法是预先将着色剂与砂子混合，同时加入粘接剂，制彩砂，将彩砂喷入或压入泥条表面层，形成将定颜色的砂饰表面。如果挤出泥条的硬度太高时，可采用喷蒸汽或喷水雾的方法，先将泥条表面软化（仅几毫米深），再将彩色喷入或压入泥条表面层。焙烧后彩砂与坯体表面层形成了牢固的结合层，使用这种方法，可制造出多种色调的表面装饰效果。另外，将废旧陶瓷破碎后，也可用这种方法将其施加在砖坯的表面（注：以上这几种方法烧成时最好使用洁净的燃料，如天然气、煤气、轻柴油等）。

（7）焙烧着色法。这种方法就是改变焙烧时窑炉中的气氛，而使坯体中所携带的着色剂呈现出不同颜色的方法，如在还原气氛下烧成的青砖。现在隧道窑上利用煤气或天然气作为燃料，在还原气氛下焙烧的技术在西欧已成功地使用了有十多年的时间。

2. 泥条表面的处理方法

这类方法就是将挤出泥条的光滑表面加工处理成带有一定装饰效果的图案、式样等，其主要方法有：

（1）辊压法。辊压法就是带有特制图案和纹理结构的旋转辊子，将挤出泥条的表面压出图案或纹理结构。这种辊子的图案可以任意变化，如各种点、条状凹坑、树皮式皱纹等。

（2）剥皮法。挤出泥条光滑的表面有时在一些场合下使用的效果不如粗糙面的使用效果。另外光滑的泥条表面对某些缺陷（如干燥室泛白层、手印压痕等）的掩盖程度也不如粗糙面，所以对挤出泥条用钢丝或是专门的切削刀将光滑的泥条表面切去，而暴露粗糙的表面层。由于坯体中含有或多或少的颗粒状物料，在连续切去光滑的表面层时，可在切后的粗糙面上留下长度不等的划痕，增强了粗糙面的装饰效果。

（3）拉毛表面法。在挤出泥条光滑的表面上用旋转的钢丝刷或是振动的钢丝刷，将光滑的泥条表面拉毛（锉毛）。

（4）加砂法。这种方法在北欧使用较多，其主要目的是为了仿造古代手工成型的砂模砖，但加入的砂子是没有着色剂的普通砂。

（5）表面加可燃物，制造压花方法。这种方法在英国、欧洲北部、美国等使用的较多，其方法是将挤出的泥条上部撒上煤粉、焦炭末等可燃物的细粉，然后将两砖坯的条叠压在一起，焙烧后形成了图案近似的压花（注：这种压花对成品砖的性能无任何不利影响），砌筑出的墙面形成了一种特殊的效果。

（6）凿毛法。这种方法就是利用高速旋转的表面带有硬块状的皮带机，或是气动凿毛机，将泥条表面凿成具有凹凸不平的、岩石状的表面，这种方法也可与剥皮、喷蒸汽软化等方法结合使用。

3. 成品砖表面处理方法

这种处理方法主要有：

（1）表面研磨。这种方法最初是用来研磨砖的砌筑面，使砖砌体的灰缝变小，以提高墙体的保温隔热性能。这种方法非常类似于我国古代建筑物上使用的"磨砖对缝"方法，只不过是将古代的手工打磨变成了机械研磨。现在这种方法也发展到了研磨砖的表面，以使得砖砌块向外的表面呈现出一种特殊的效果，如国外某些住宅中的室内清水墙面，这种研磨可将坯体表面上在焙烧期间形成的、使表面失色的泛白层（不溶于水）物质打磨掉，使砖体的颜色更均匀一致。

（2）喷砂处理。对砖表面的喷砂处理如同钢材除锈一样，可将难看的颜色表面处理成具有粗糙表面的高档产品。如上述的泛白物质层可经过喷砂处理将其打磨掉，从而可消除泛白层的粗糙化，而且在砌体的颜色上也更均匀。这种喷砂处理可在工厂内进行，也可在建筑工地上对砌好的砌体表面上进行。

（3）浸水处理。浸水处理的主要目的是为了消除砖体中石灰颗粒的爆裂、破坏砖体表面的结构，这种方法是砖刚出窑就应立即进行。

（4）浸渍树脂法。浸渍树脂法是指将可能会出现泛霜的清水墙装饰砖用硅树脂浸渍，以堵塞砖体的毛细孔，不让水分进入砖体，有效地阻止泛霜。经过硅树脂浸渍的砖，其强度还会提高。上述清水墙表面装饰方法仅为主要在发达国家中已使用多年的普遍方法。此外，还有其他一些方法，如水冲击方法、磨边方法等。

第五节　国外清水墙装饰砖建筑应用实例

在西欧、北美国家，澳大利亚，韩国、日本等国家，清水墙装饰砖应用非常普遍，特别是北欧一些国家，清水墙装饰砖的应用成为了一些城市亮丽的风景。图4-4是国外清水墙装饰砖应用实例。

第四章 清水墙装饰砖

第四章 清水墙装饰砖

第四章 清水墙装饰砖

图 4-4 清水墙装饰砖应用实例（照片摄于德国明斯特市、法兰克福市、凯乐公司、克利雅通公司；比利时布鲁塞尔市；荷兰阿姆斯特丹市；奥地利维也纳山公司；德国 ABC 砖瓦制造公司）

第五章 外墙用保温隔热空心（多孔）砌块

第一节 简 述

1973年国际石油危机后，世界上各发达国家普遍都把建筑节能列为国家重要的行政方针。1974年，法国率先制定了建筑节能标准，要求新建住宅的采暖能耗必须比以前节约25%。1982年和1998年，法国又分两次提高25%的节能指标，对公共建筑和既有住宅改造也提出了节能指标。从减少环境污染和温室效应，保持生态平衡和可持续发展的高度，建筑节能已成为全世界共同关心和重视的课题，研制新型高效保温隔热外墙体材料，受到了世界各国的普遍重视，特别是西欧和美国，要求围护结构的传热系数愈来愈低。在此形势下，烧结保温隔热砌块在西欧得到了大量的发展及在建筑上的应用。

何为砌块？我国现行标准 GB/T 18968—2003《墙体材料术语》中规定：砌块（Block）即建筑用的人造块材，外形多为直角六面体，也有各种异形的。砌块系列中，主规格的长度、宽度和高度有一项或一项以上分别大于365mm、240mm 或115mm，但高度不大于长度或宽度的六倍，长度不超过高度的三倍。

三十多年来，西欧各发达国家对烧结保温隔热砌块制定了非常完备的建筑外墙应用标准体系，并在建筑中已普遍使用。性能优良的保温隔热砌块，其特征是相对复杂的几何形状、相对较小的密度及较大的孔洞率和外形尺寸、非常低的导热系数、非常高的烧结能源使用效率、非常低的建筑应用能耗等。烧结保温砌块在设计上使用了竖向凹槽（灰浆槽）连接，具有很好的结构稳定性，施工方便。仅德国现在使用的烧结砌块有几十个品种，几乎每种都有自身的商标或商品名称，足见其应用的普遍程度。例如，国际上非常著名的烧结保温隔热砌块商标有克利马通（Z. B. KLIMATON）、波罗顿（POROTON）、特莫波尔（THERMOPOR）、尤尼波尔（UNIPOR）、"蒙瑙米"（Monomur）、"瑟缪艾色拉"（Thermoarcilla）等。根据《国际砖瓦工业》的报道：新型的"波罗顿"（Poroton）砖密度为：$0.6kg/dm^3$，抗压强度为：$1.0MN/m^2$（墙的抗压强度），导热系数为：$0.10W/(m·K)$，其墙厚为：365mm 时，K-值为 $0.25W/(m^2·K)$；墙厚为：300mm 时，K-值为 $0.30W/(m^2·K)$，单块厚的砌块外墙就完全可以满足保温隔热的需要［当砌块的导热系数为 $0.16W/(m·K)$，墙厚为 300mm 时，墙体的传热系数为 $0.46W/(m^2·K)$；当砌块的导热系数为 $0.13W/(m·K)$，墙厚为 240mm 时，墙体的传热系数为 $0.45W/(m^2·K)$］。这类单块厚砌块外墙在西欧被统称为"通墙厚砌块或砖"（Through-the-wall block or brick or tile）。在先前的标准中，这类产品被称为空心砌块。而现在新的欧洲共同体标准中则统一称为构件。德国、法国、奥地利、意大利等国家在外墙保温隔热砌块的研究、生产及应用方面具有世界领先水平。仅以德国的标准为例说明外墙用保温隔热砌块的产品发展情况。

第二节 德国烧结外墙保温隔热砌块的技术性能

德国标准 DIN105（2002年）烧结砌体构件第二部分为密度等级≤1.0 的保温隔热构件和垂直多孔构件。在该标准中规定了轻质空心砌块的密度等级、不含孔洞的基体材料最大密度（表5-1）。标准中对在墙的厚度方向上，也即在砌块的宽度方向上规定了孔的分布排数（表5-2）。如果孔的排数达不到表 5-2 的规定，那么不含孔洞的基体材料最大密度就必须达到表 3-7 中的规定。这样就从两个方面保证了砌块的保温隔热性能。

表 5-1 德国烧结外墙保温隔热砌块的密度等级及不含孔洞的基体材料最大密度

密度等级	密度平均值（kg/dm³）	不含孔洞的基体材料最大密度（kg/dm³）
0.6	0.51~0.60	1.18
0.7	0.61~0.70	1.30
0.8	0.71~0.80	1.45
0.9	0.81~0.90	1.60
1.0	0.91~1.00	1.75

表 5-2 德国烧结外墙保温隔热砌块孔的排数

砌块的宽度（mm）	孔的排数
115	5~6
175	8~9
240	11~12
300	13~15
365	16~18
490	21~23

因为这类空心砌块大多数是孔洞朝上垂直于铺浆面砌筑的，在有的文献中也将其称为垂直多孔轻质砌块或砖的（vertical perforated lightweight block or brick），但这类砌块也可用于水平孔方向的砌筑。这类产品的最大密度为 1000kg/m³，其抗压强度分为六个等级（表 5-3）。这类轻质砌块可分别带有 A 型、B 型和 C 型三种结构孔（与表 1-5 的规定相同）。这类轻质多孔砌块（砖）的规格尺寸除表 1-4 中的 1DF 外，其余的均相同。图 5-1 给出了这种高孔洞率轻质砌块的示意图。

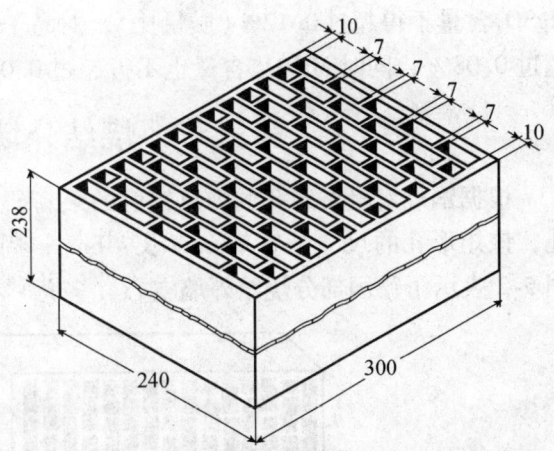

图 5-1 德国高孔洞率的轻质砌块示意图
W10DF（300mm）

注：W 是指不带竖向灰浆槽；10DF 是指德国烧结砌块或砖的尺寸缩写；括号内的 300mm 是指墙厚。

西欧国家中联邦德国的烧结砖瓦标准最为完备，下面仅以德国情况为例进行说明。这一基本标准包括了主要用于承重和非承重的内、外墙砌筑的所有实心砖和多孔砖及砌块。垂直多孔砖或砌块是指孔洞垂直于砌筑面（铺设砂浆面）的多孔砌块，它可带 A 型孔（单个孔的断面面积小于等于 2.5cm²）、B 型孔（单个孔的断面面积小于等于 6cm²）、C 型孔（单个孔的断面面积小于等于 16cm²）的三种孔结构。这种垂直多孔砌块可带有手抓孔，但是单个手抓孔的断面面积最大不超过（或等于）50cm²，同时要求手抓孔距砖或砌块的外边沿的最小尺寸为 50mm，双手抓孔之间的最小距离为 70mm 宽。手抓孔和顶面带有灰浆槽的总面积不能超过砖或砌块铺浆面（砌筑面）面积的 12.5%，手抓孔计算在砖或砌块的孔洞率之内，但灰浆槽不计入。德国该标准中对砖或砌块的孔型及壁厚的规定见表 1-3。

表 5-3　德国烧结外墙保温隔热砌块的抗压强度等级与包装标识

序号	抗压强度等级	抗压强度值（N/mm^2）		包装标识
		平均值	单块最小值	
1	2	2.5	2.0	绿色
2	4	5.0	4.0	蓝色
3	6	7.5	6.0	红色
4	12	15.0	12.0	无
5	20	25.0	20.0	黄色
6	28	35.0	28.0	褐色

这种类型的产品单块最大质量为 25～30kg（德国说法），砌砖工人可以双手搬砌。这类产品可以是孔洞水平方向的砌筑，也可以是孔洞垂直方向的砌筑。孔洞垂直方向砌筑的产品多在其侧面设置竖向连接企口或是设置竖向灌浆槽，以增加墙体的整体连结性能。规定在砌块之间的竖向连接面上，至少在一个面上要设置有砂浆凹槽，砂浆凹槽两边排列（即在与相邻砌块搭接的前后两个面上）时，最小深度必须为 15mm，最大为 25mm；在一边排列时，砂浆凹槽的最小深度为 30mm，最大为 40mm 深。砂浆凹槽的设置长度必须大于砌块宽度的一半。

另外，在相关标准中也规定了这类成品砌块中有害盐类物质的含量，如对粉刷层有害的 $MgSO_4$ 含量不得超过 0.12%（质量比）；对易于引起泛霜的盐类物质如 Na_2SO_4 与 K_2SO_4 的含量不得超过 0.08%；同时 $MaSO_4$ 含量也不得超过 0.08%。

第三节　烧结外墙保温隔热砌块的孔型

根据国外对轻质砖孔洞内热辐射的最新研究成果表明，隔热性能最好的孔洞形式是长条矩形孔，该矩形孔的尺寸是宽 8mm，长 40mm，周长 96mm，面积 320mm^2；其后是椭圆孔、菱形孔。图 5-2 表示了德国部分烧结外墙空心（多孔）砌块及孔洞排列。

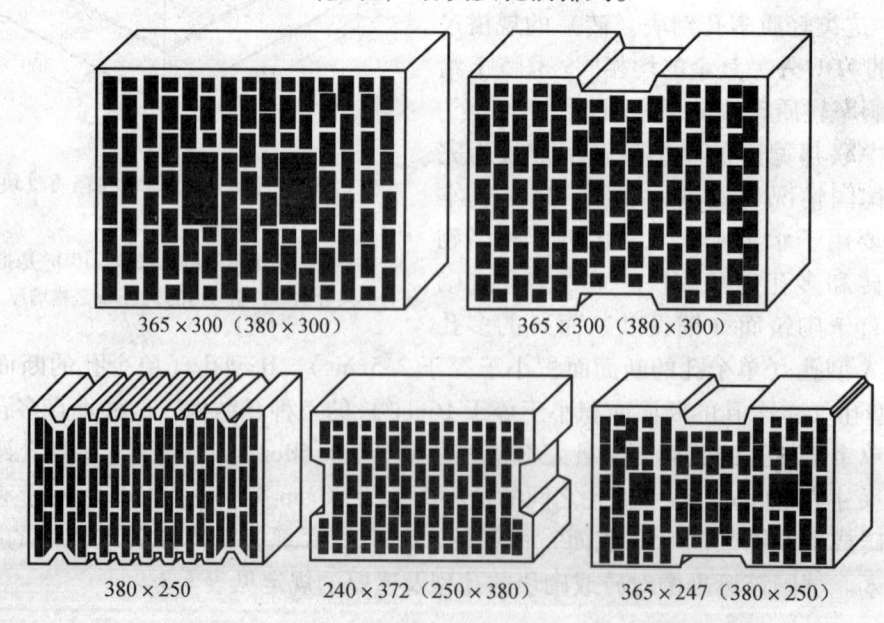

365×240（380×250）　　　365×240（380×250）　　　365×300（380×300）

图 5-2　德国部分烧结外墙空心（多孔）砌块及孔洞排列（图片来自德国《砖瓦词典》，单位 mm）

外墙用保温隔热砌块其孔洞的形状设计非常讲究。一是交错排列的长条矩形孔；二是交错排列的菱形孔。其中通墙厚砌块（Through the Wall Block，300～365mm）的长条形孔洞个数可达 148 个，加上两个手抓孔，总孔洞数为 150 个 [图 5-3（a）]。不但有如此多的孔洞，而且为增强保温隔热效果，还在其中间部位孔洞中加入隔热材料 [图 5-3（b）]。图 5-3（c）所示的烧结保温隔热砌块孔洞数为 578 个，这就是说一个芯架上就有 578 个大小不等的芯头。这种非常复杂的孔形设计，其目的就是要提高烧结保温隔热砌块的热工性能和隔声性能。如图 5-3 所示（a）和（b）的保温隔热砌块（Poroton ThermoPlan T-10），其导热系数仅为 0.10W/（m·K），是 2002 年开出发的铺灰浆面经打磨的砌块，隔热保温性能极好，并具有较高的抗压强度。其重要的性能如下：砌体（墙）抗压强度达 1.0MN/m^2；当墙厚为 365mm 时，外墙传热系数 K-值为 0.25W/（m^2·K）；当墙厚为 300mm 时，外墙传热系数 K-值为 0.30W/（m^2·K）。2009 年西欧又开发出了薄壁砌块，该砌块的尺寸为 420mm×250mm，内壁厚度仅为 3.8mm，有 175 个孔洞。

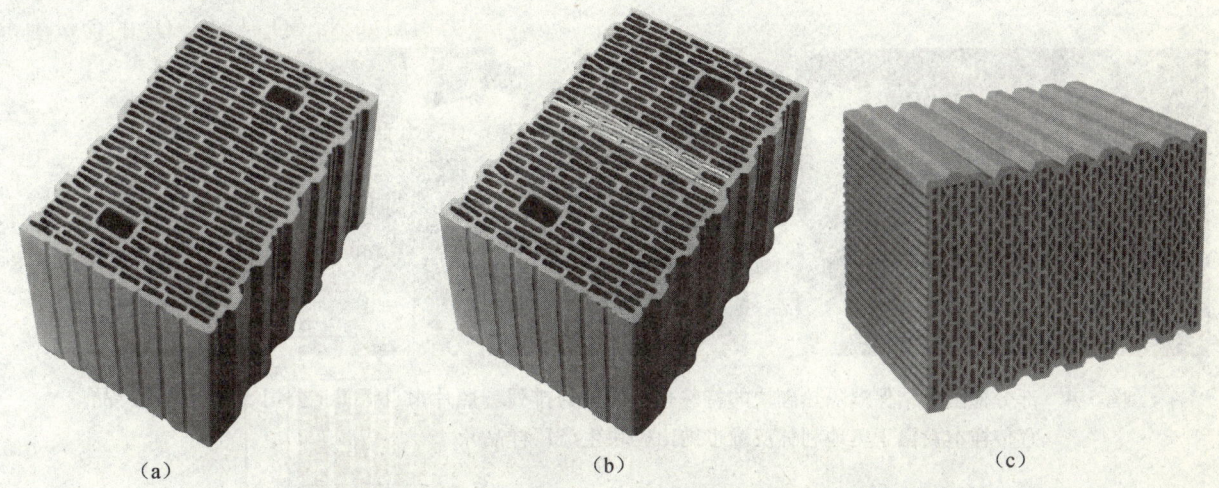

图 5-3　德国烧结外墙用空心（多孔）砌块（照片来自德国 Keller 公司）

（a）150 孔外墙用砌块，尺寸：365mm×240mm×238mm，孔洞率 54.7%，密度：600kg/m^3，导热系数 λ = 0.10～0.11W/（m·K），墙厚 365mm；（b）150 孔中部孔洞插入隔热材料的外墙用砌块，尺寸：365mm×240mm×238mm，孔洞率 54.7%，密度：600kg/m^3，导热系数 λ = 0.10W/（m·K），墙厚 365mm；（c）578 孔外墙用砌块，尺寸：490mm×300mm×238mm，孔洞率 54%，密度：600kg/m^3，导热系数 λ = 0.10～0.11W/（m·K），墙厚 490mm

为了进一步提高烧结保温隔热砌块的热工性能、隔声性能及有一定的承重能力，西欧各地竞相设计出了许多种新孔型及排列。图 5-4 表示了德国部分特殊孔型的设计与排列。

根据法国最近有关报道，烧结保温隔热砌块本身也能提供墙体有足够的保温隔热性能。在这种情况下，其墙体较厚些（30cm，37cm 及 50cm 厚）。烧结保温隔热的孔洞通常是垂直方向的。该类产品发展的趋势是朝着不断改善其保温隔热性能，并使其最佳化方向发展。为了减少通过砂浆缝的热损失，就必须对砂浆缝要有所限制，这就导致了该类产品的块体较大、较重。事实上，单个块体的最大质量被限制在一个工人砌筑时能够用双手搬动的水平上。人工砌筑时单块最大质量约在15~20kg（法国说法）；也有使用吊车来砌筑的较大块体的产品，因为块体太重而使用吊车。图5-5为法国2005年生产的保温隔热砌块（Monomur）。

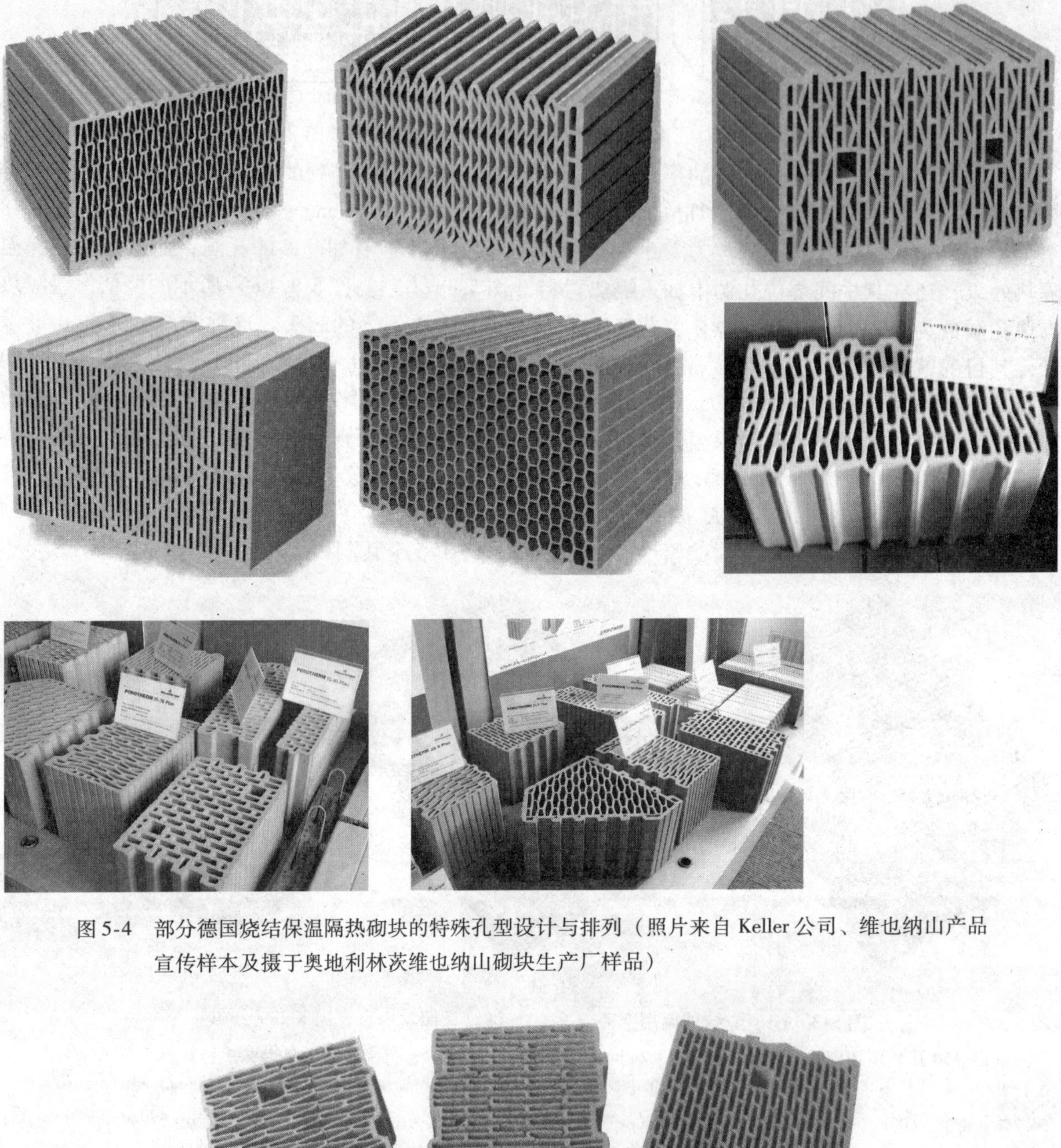

图5-4 部分德国烧结保温隔热砌块的特殊孔型设计与排列（照片来自Keller公司、维也纳山产品宣传样本及摄于奥地利林茨维也纳山砌块生产厂样品）

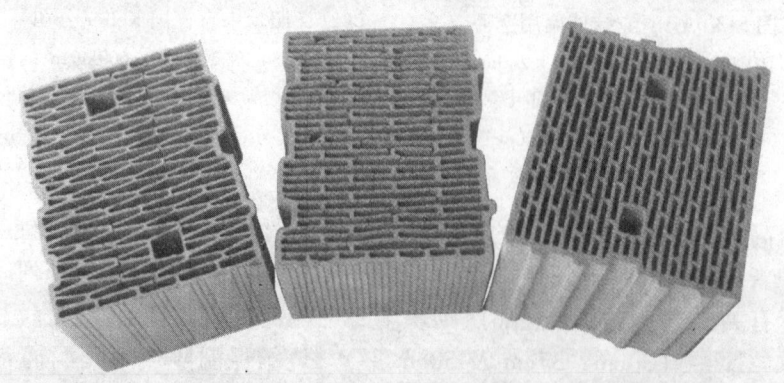

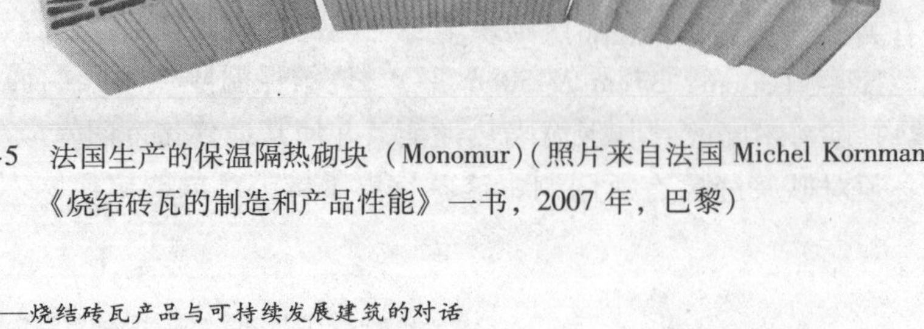

图5-5 法国生产的保温隔热砌块（Monomur）（照片来自法国Michel Kornmann著《烧结砖瓦的制造和产品性能》一书，2007年，巴黎）

法国在外墙体上使用的保温隔热空心砌块，其孔形的设计与排列上更有独到之处，如在 30 多年以前就非常著名的法国 G-型烧结空心砌块（G-型烧结空心砌块是在 1976 年问世，由于保温隔热性能达不到现在节能建筑的要求，基本上不用了），对后来烧结保温隔热砌块的发展上起到了很大的促进作用，在我国行业内也有一定的影响，因此对法国的 G-型烧结空心砌块简要介绍如下。因"G"与法国政府在 1975 年规定的住宅建筑单位热耗系数相同而得名。G-型烧结空心砌块的尺寸有 400mm×300mm×200mm，400mm×275mm×195mm，500mm×200mm×225mm 等。G-型烧结空心砌块及孔型布置如图 5-6 所示。

除上述法国 G-型烧结空心砌块外，西欧各国还生产过其他类型的大型烧结空心砌块及空心条板，很多产品有着自己的专用商标，有的成为了世界知名的品牌，如奥地利维也纳山集团公司生产的波罗瑟姆（Porotherm）系列烧结保温隔热砌块（垂直多孔），在西欧应用非常广泛；德国生产的 W-型烧结保温隔热砌块，法国生产的 ISO 垂直孔烧结砌块、Maxitherme 烧结保温隔热砌块及大型水平孔烧结砌块等；意大利、英国、瑞士及巴西也都在大量的生产和应用着烧结砌块。图 5-7 表示了部分国家生产的少数空心砌块及空心条板。

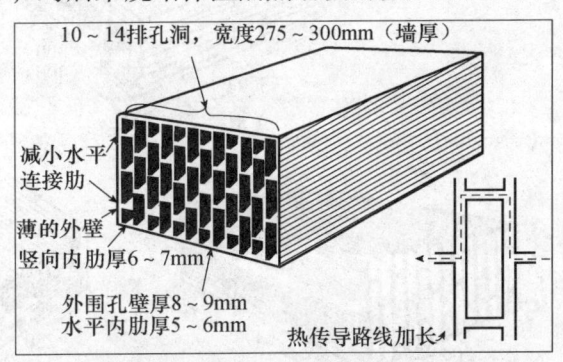

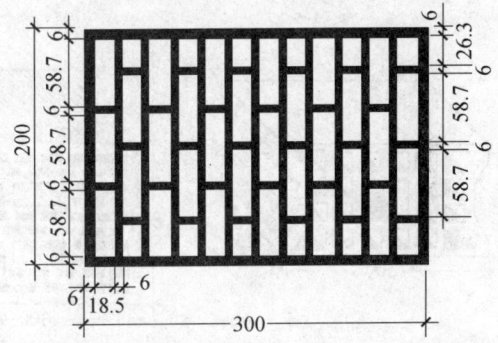

图 5-6 法国 G-型烧结空心砌块及孔型布置

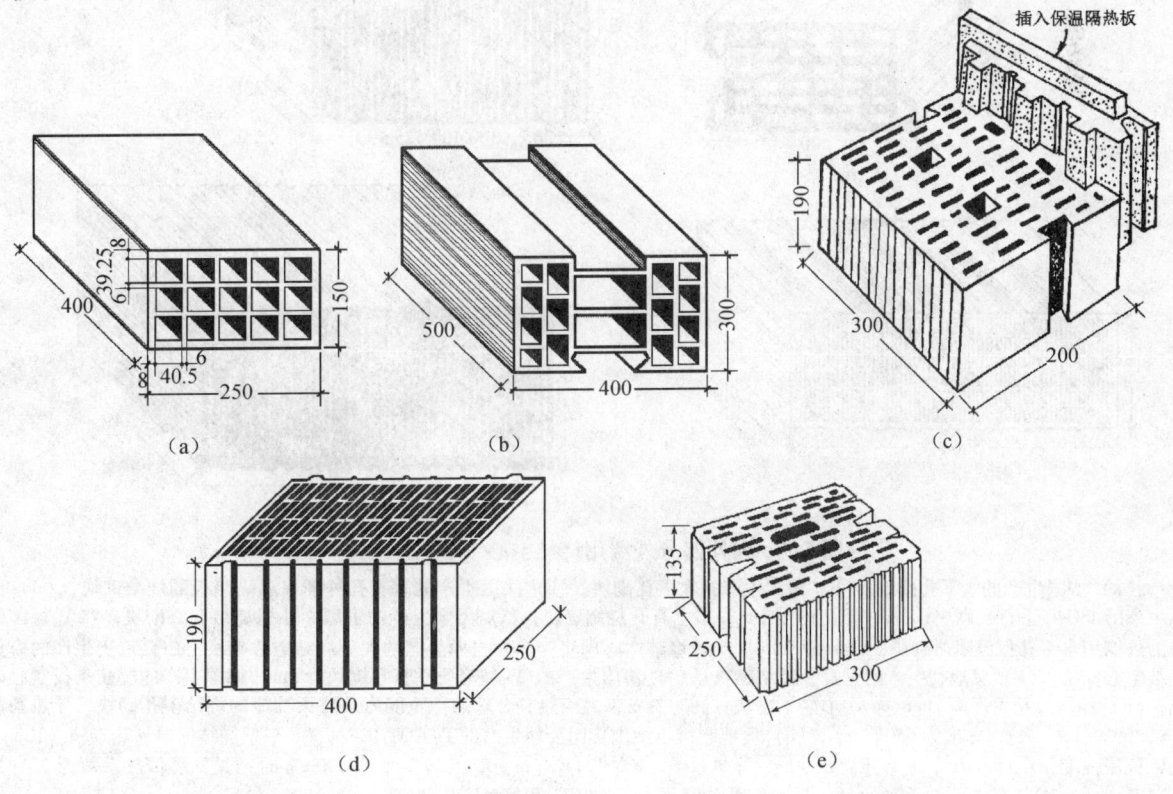

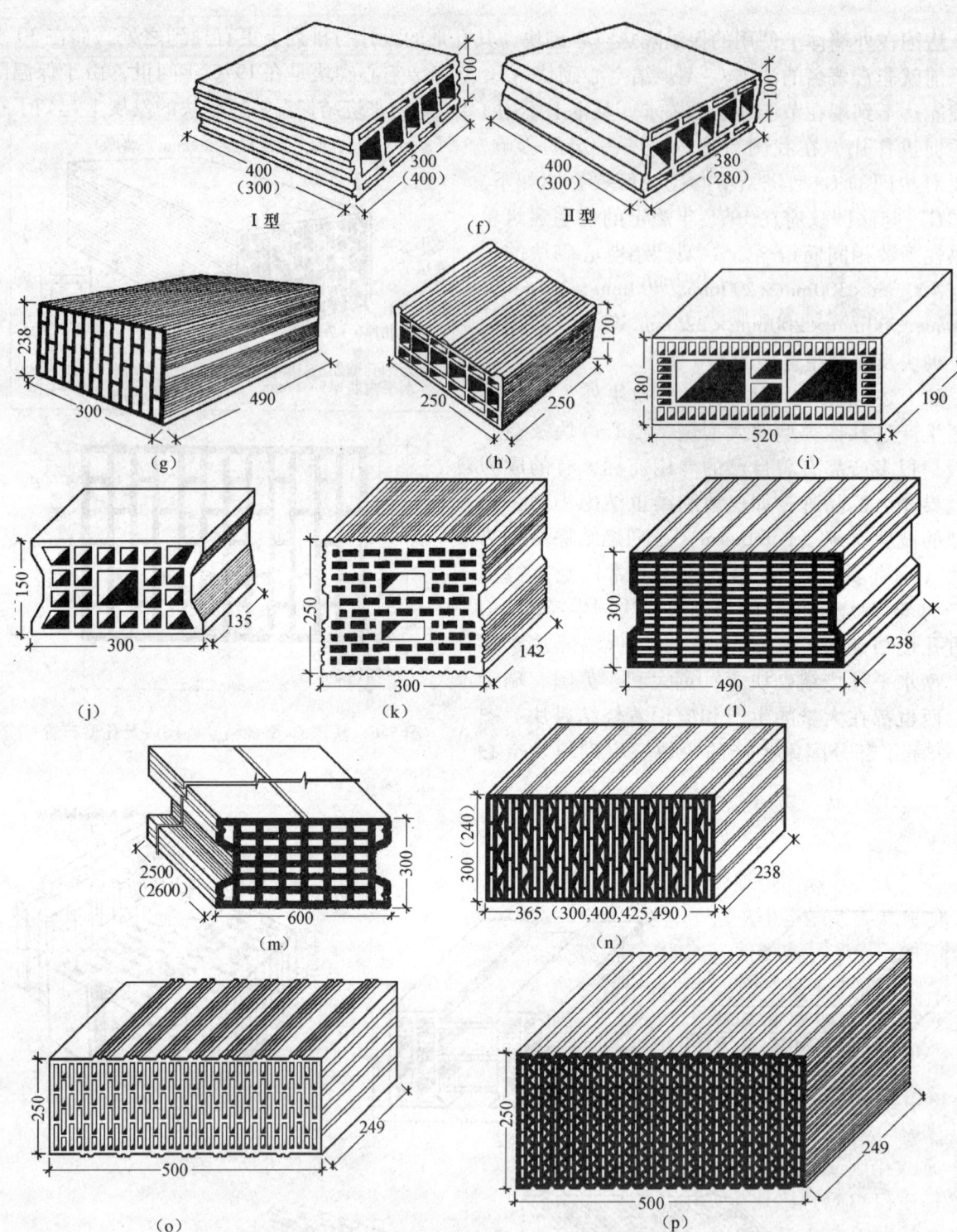

图5-7 国外部分外墙用烧结空心（多孔）砌块

(a) 法国生产的水平孔砌块；(b) 法国生产的水平孔砌块；(c) 法国生产的垂直孔外插保温隔热板的烧结砌块；(d) 法国生产的ISO40垂直孔砌块；(e) 瑞士生产的B_{25}-型垂直孔烧结砌块；(f) 英国生产的Ⅰ型、Ⅱ型烧结空心砌块；(g) 德国生产的外墙用水平孔保温隔热砌块；(h) 意大利生产的烧结空心砌块；(i) 巴西生产的大型烧结空心砌块；(j) 瑞士生产的模数烧结空心砌块；(k) 奥地利生产的垂直孔烧结砌块；(l) 德国生产的W-型轻质垂直孔砌块；(m) 德国生产的层高条板空心砌块；(n) 德国最新生产的Thermopor-SL烧结砌块，同时具备保温隔热、合理的承重能力及防火功能的烧结多孔砌块，导热系数 $\lambda = 0.09W/(m \cdot K)$，密度为650kg/m³；(o) 奥地利维也纳山集团公司生产的POROTHERM 50S平型烧结保温隔热砌块，122个孔，抗压强度：7.5N/mm²，单块重：19.4kg，导热系数 $\lambda = 0.121W/(m \cdot K)$，墙厚度为500mm时，其外墙传热系数为 0.21~0.23W/(m² · K)；(p) 奥地利维也纳山集团公司2004年生产的573孔保温隔热砌块在孔型的设计与排列上，不仅要考虑烧结多孔砌块的保温隔热性能，同时还要充分考虑到砌块本身的强度（承重能力）和隔声等性能。奥地利维也纳山集团公司在德国的生产厂家，开发出了一系列具有综合性能的烧结多孔砌块，如隔声、保温隔热、承重能力与防火性能等多功能的烧结多孔砌块。如 2007 年开发的 Thermoplan-SL 型烧结多孔砌块，导热系数 $\lambda = 0.09\text{W}/(\text{m}\cdot\text{K})$，密度等级为 650kg/m^3，耐火等级为 F90。用该种烧结多孔砌块的外墙体，墙厚为 300mm 时，外墙传热系数 K-值为 $0.28\text{W}/(\text{m}^2\cdot\text{K})$；墙厚为 365mm 时，外墙传热系数 K-值为 $0.23\text{W}/(\text{m}^2\cdot\text{K})$；墙厚为 400mm 时，$K$-值为 $0.21\text{W}/(\text{m}^2\cdot\text{K})$；墙厚为 425mm 时，$K$-值为 $0.20\text{W}/(\text{m}^2\cdot\text{K})$；墙厚为 490mm 时，$K$-值为 $0.17\text{W}/(\text{m}^2\cdot\text{K})$。图 5-8 所示就是为了特殊用途而专门设计的烧结多孔砌块。

 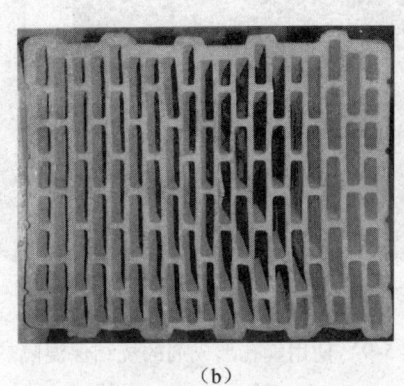

(a) (b)

图 5-8 专门用途的烧结多孔砌块（照片来自德国《国际砖瓦工业》杂志）

(a) 承重、隔声与保温隔热性能优化的烧结多孔砌块，专门用于有隔声及保温隔热要求的建筑物，导热系数 $\lambda = 0.14\text{W}/(\text{m}\cdot\text{K})$，密度等级：$750\text{kg/m}^3$，抗压强度等级：10，可用于承重墙体，墙厚 365mm 时的隔声量为 49dB；隔声的原理是在墙厚方向上连续的孔壁和孔洞组成了网格状，使砌块内部的自然震动达最小化，大幅度减少了声音通过墙壁的纵向传播。商标名称：Thermoplan TS14；(b) 加入了气孔形成剂的烧结多孔砌块，导热系数 $\lambda = 0.10 \sim 0.125\text{W}/(\text{m}\cdot\text{K})$，密度：$400 \sim 500\text{kg/m}^3$，抗压强度：$4.1 \sim 6.9\text{N/mm}^2$，是专门用于防护高频电磁场的多孔砌块

为了进一步提高烧结保温隔热砌块的抗震性能，西欧的砌块生产厂家及设备制造厂已从砌块的几何形状上及结构上进行了开发。例如在制造过程中在砌块的平面和垂直面上用专用设备切出砂浆凹槽，由于砂浆的嵌入，大幅度提高了墙体的抗震性能。在西欧已有了专门生产这类"抗震砖和砌块"的工厂。

第四节 气孔形成剂在烧结外墙保温隔热砌块中的应用

除此孔洞形状及排列之外，更重要的是在原材料中加入了微孔形成剂（或叫气孔形成剂），以此来降低导热系数。所谓的气孔形成剂就是在原材料中加入可燃烧或是烧结后在制品内留下不连通的孔洞或微孔的物质。如没有这种形成剂，其导热系数也不可能大幅度降低。气孔形成剂是轻质保温隔热砌块生产中常用的外加剂。西欧各国为了降低建筑物的能耗，一直就开发着这类产品。降低产品的密度，进而降低产品的导热系数，这种趋势是当代绿色建材发展的需要。我国在耐火材料行业生产硅藻土保温砖中研究过这类气孔形成剂，但在生产中还没有大量应用过。在砖瓦生产中使用这类气孔形成剂，我国目前还根本没有涉及到。即便有时使用了这种气孔形成剂，也根本没有从降低产品密度、降低导热系数及建筑节能的角度去考虑，仅将其作为一种内燃料来对待。或者说，这种气孔形成剂的重要性和作用还没有被我国砖瓦行业所认识。对导热系数的降低方法仅是从提高孔洞率上去考虑，非承重空心砖的孔洞形式和排列很多根本就不符合热工原理。如能使用这类气孔形成剂对空心砖和空心砌块的保温隔热性能进行改善、补充和提高，也许是我国今后空心烧结建筑制品重要的发展方向之一。图5-9 所示为使用气孔形成剂的烧结保温隔热砌块。

加气孔形成剂的砌块表面

图5-9 使用气孔形成剂的烧结保温隔热砌块（照片摄于德国艾森砖瓦研究所）

从现已发表的国外文献看，气孔形成剂的种类非常多，已研究过和使用过的气孔形成剂有下列物质：锯末、湿选尾矿、粉煤灰、粉煤灰漂珠、焦炭粉末、煤粉、泡沫塑料微珠、煤渣、煤泥、浮石、浮石洗选残渣、石灰石、粉碎的稻草、秸秆、木质废料、膨胀珍珠岩、膨胀蛭石、碎纸筋、污水处理厂淤泥、燕麦皮、造纸工业废渣、包装用废旧膨胀多孔聚苯乙烯、茶叶末、变质面粉、非晶质硅酸、烧沸石、木炭粉末、甘蔗废渣、糠醛渣、食品工业残渣（稻壳、花生壳、咖啡残渣、啤酒残渣、葡萄皮籽、椰壳、橄榄残渣及落叶）、纺织工业残渣、制革工业残渣、石油工业残渣、磨损的轮胎、硅藻土、漂白土等。所有这些气孔形成剂，在焙烧期间或是自身燃烧，或是因为高温下分解释放出气体，或是因本身的气孔结构而在制品中留下了大量的不同孔径的气孔。气孔形成剂的种类虽然很多，但可根据西欧国家中常用的一些气孔形成剂将其分类介绍如下：

1. 可燃烧型气孔形成剂

（1）锯末（木屑等）。锯末的发热量为：7000～19000kJ/kg，大多数锯末的发热量在17000kJ/kg。在制砖原材料中掺入锯末可制造轻质产品，同时焙烧可节能15%。锯末在原材料中的掺入量是有限度的，实际上最佳掺入量为4%～5%（质量比）。锯末的颗粒尺寸要均匀，在任何情况下其最大颗粒直径应小于2mm。在某些情况下使用锯末可能会给挤出和干燥过程带来困难，同时也降低了生坯强度和干燥坯体强度，也增加了成型含水量。但掺加锯末总是改变了原材料的流动性能，减少了坯体的干燥敏感性，缩短了干燥时间。在干燥中的主要问题是锯末与坯体原材料的脱水时间不一致。加锯末经焙烧后的轻质产品，在热工和声学性能上有很大改善。产品的吸水率增加，收缩率不变或略有减少，力学强度降低10%～30%，但这对轻质产品来讲不受这种强度降低的影响。总之，从经济角度和技术方面分析，利用锯末制造轻质产品是完全可行的。西欧各国一直非常成功地使用着锯末来制造轻质砖和砌块。利用锯末的不利之处是产品易于出现泛霜（因原材料而异），再就是在焙烧的预热带会产生一氧化碳气体。

（2）农作物类废料。主有粉碎的稻草、秸秆、稻壳等。稻草的发热量一般为8000～12000 kJ/kg。

粉碎的稻草（秸秆）在原材料中起着一种纤维性的填充料和一种加强材料的作用，有利于坯体强度的提高，然而在焙烧期间也是一种燃料。稻草和秸秆通常要粉碎到 3mm 以下才能使用。这类材料的挥发分很大，约 85%，灰分很小，是一种很好的气孔形成剂。这类材料加入原材料中对产品其他性能的影响同锯末。

（3）食品工业、饮料业废料。以植物为原料生产的食品和饮料均会产生残渣。如稻糠、花生壳、咖啡生产残渣、啤酒渣、葡萄皮及籽、燕麦皮、茶叶末、变质面粉、甘蔗渣、椰壳、橄榄残渣及落叶等。其中以燕麦皮与变质面粉为最好，不用处理可直接加入原材料，特别是变质面粉形成的微孔对产品的热工参数很有利，而且产品的强度不会降低。其他上述的材料必须粉碎到 3mm 以下才能使用。稻米壳几乎全部由二氧化硅及挥发分组成，加入原材料中能够生产出高质量的轻质砖。稻米壳的最佳掺入量为 20%（质量比）。掺入稻米壳的产品强度有时有所降低，但有时会有所提高，这与掺入量及坯体原料本身的性能有关。椰壳的发热量为 12000kJ/kg，橄榄残渣的发热量为 18000kJ/kg，掺入坯体中可节约大量焙烧能源。

（4）矿物类可燃气孔形成剂。这类物质包括有煤粉、焦炭末、褐煤粉、煤泥、煤矸石、煤渣、高发热量的粉煤灰等。这类材料作为气孔形成剂来讲，其效果并不好，原因是这类材料在焙烧期间能量的大量释放，不利于气孔的形成，很少使用（粉煤灰漂珠除外）。

（5）膨胀多孔聚苯乙烯微珠。这种材料是西欧最常用的气孔形成剂材料，现有专门的生产工厂为砖瓦行业提供这种气孔形成剂材料，并注册有专门的贸易商标名称——Styropor（产品名称缩写为 EPS）。膨胀多孔聚苯乙烯微珠由水蒸气发泡而成，EPS 有着 0.2~3mm 的颗粒，其密度平均为 12kg/m^3。EPS 由体积占 98% 的空气和体积占 2% 的聚苯乙烯组成，是一种纯的碳氢化合物。在焙烧过程中聚苯乙烯释放出大量的能量，1kg 的 EPS 释放出的能量相当于 1.3L 的汽油，并且这些热量都可用来焙烧，可节约大量的能量。在窑炉预热带出现的低温碳化气体（干馏）可以由重新返回到窑内燃烧或是在窑外部专门加热燃烧后排放（也可经燃烧换热用于干燥）。因此这种气孔形成剂在西欧一些现代化砖瓦厂中完全实现了无害化排放。这种材料燃烧后在砖的基体中仅有气孔留下，其最大气孔直径是 1.5~3mm。由于这种材料非常低的密度，以及非常高的发热量，其加入量通常为原材料质量的 1%。EPS 可使产品密度大幅度下降，对产品的热工性能改善显著，因这种材料燃烧后在产品中留下许多不连通的气孔。另外，用回收来的包装用的 EPS 板或块经切碎后，可直接用于气孔形成剂材料。

（6）切碎的废旧轮胎。切碎的废旧轮胎用作气孔形成剂对产品的性能均有着正面的效果，即强度高、热工性能好等。但由于轮胎在生产中使用的外加剂及橡胶的可燃部分在焙烧中会产生有害气体，因此使用切碎的废旧轮胎时，需对排放的烟气进行净化处理。

2. 其他工业可燃性废料

这类气孔形成剂包括：污水处理厂淤泥、下水道淤泥、造纸工业的废泥、纺织工业的废料、制革工业废料、石油提炼工业废料、食品工业的漂白剂等。但是这类工业废料用作气孔形成剂时必须经过严格的试验室试验和有关权威部门的认可。因这类材料中往往含有重金属，如 Pb，Zn，Cr，Cu 等；此外，有的废料在焙烧过程中还可能释放出有害气体。其加入量也会受到发热量高低的限制，如污水处理厂淤泥的发热量为 10000~24000kJ/kg；造纸工业淤泥的发热量为 8400~19000kJ/kg；纺织工业废料的发热量为 18000~29000kJ/kg；制革工业废料的发热量 84000kJ/kg；石油工业废渣的发热量为 31000kJ/kg。

3. 矿物类气孔形成剂

（1）膨胀珍珠岩。珍珠岩是一种酸性火山玻璃岩，主要由玻璃质组成。在 1300℃ 的高温下体积迅速膨胀增大30倍。将其大于3mm的颗粒用作其他用途，小于3mm的颗粒用来当作气孔形成剂。膨胀珍珠岩颗粒在坯体中起着瘠性料的作用，可减少干燥收缩。砖瓦产品的烧成温度大多在此基础上960~1100℃，低于珍珠岩的熔点温度（1280~1360℃），因此，这种膨胀的颗粒会保留在砖体中。

（2）膨胀蛭石。蛭石中含水8%~18%，熔点为1300~1370℃，膨胀蛭石的密度为80~200kg/m^3。膨胀蛭石加入制砖原材料中的作用与膨胀珍珠岩一样。

（3）烧沸石。沸石矿物有30多种，其结构特殊，构造开放性较大，有很多大小均匀的空洞和孔道，这些孔道和空洞为离子和水分子所占据，在300℃下烘烧可全部脱水，但不破坏其晶体结构。将烘烧后的沸石以粉末状加入原材料中，焙烧后在产品中形成了从10~1100nm的大量微孔，从而使产品的传热性能得到很大改善。

（4）粉煤灰漂珠。这种材料是电厂用水力排放粉煤灰时，漂浮在水面上的中空玻璃球形物质，或是用风选的方法从干排粉煤灰中选出。漂珠密度很低，本身就是一种非常好的保温隔热材料。

（5）石灰石粉末。石灰石在焙烧过程中分解释放出二氧化碳气体（800~900℃），从而在坯体中留下了大量的微孔。但是石灰石加入到原材料中的其他作用也许更重要些（如改变颜色、抗烧结变形、吸附有害气体等）。

（6）硅藻土。硅藻土是空腔中含有化石残留物的硅海藻，质轻多孔，孔隙率高达90%~92%，是非常适合于轻质砖的气孔形成剂。但由于硅藻土中含有化石类物质，可能会使排放烟气中的有害物质——氟化物增加，必要时需对排放的烟气进行净化。

（7）浮石及浮石选矿残渣。浮石是一种多孔轻质、能浮在水面的酸性火山玻璃岩，孔隙率能够达到60%，有良好的隔热保温性能。

第五节　烧结外墙保温隔热砌块铺浆面的研磨处理

根据研究证明"波罗顿"（Poroton）轻质保温隔热砌块墙体的热损失70%是通过灰缝处散失的，因此在烧成之后对这种产品的砌筑面（即孔洞方向的铺浆面）进行研磨处理，而使砌块的砌筑面尺寸非常精确，可使砌筑砂浆缝做的很小（1~3mm），大幅度减少了砂浆缝的热损失。为了进一步降低通过灰缝的热损失，2006年，西欧又研制出了新一代的磨面烧结保温隔热砌块，就是在砌块的两个相对的开孔面上同时进行研磨，研磨过程由计算机控制，两个相对的砌筑面尺寸磨得非常精确，砂浆缝仅为1mm厚，砂浆是特制的，从而保证了最佳的隔热效果。砌块的铺筑也非常精确、简便和快速，也将湿材料降低到了最少化，建筑墙体事实上基本是干燥的，因而可提前入住。特制的砂浆由辊式铺浆器铺设，之后，磨面砌块一个接一个简便地相互摆放在一起，不需要复杂的砌筑技术，几乎任何有劳动能力的人都可砌筑。同时还节约了砂浆，对一座独立家庭住宅来讲，平均可节约湿砂浆达10000L(维也纳山集团公司的数据)，因此可大幅度减少砌体中的含水量。使用磨面烧结砌块的外墙和内墙，其表面非常完美、清洁、无污点，甚至于墙面延伸很长的距离也是如此。所谓的特制砂浆，就是根据这些不同性能的烧结砌块，专门研究的专用砂浆。如德国用于具有高度保温隔热性能的、并有一定承重能力的、防火性能极好的Thermopor-SL型烧结多孔砌块的砂浆是Maxit-900D。砂浆Maxit-900D就是一种砌筑薄缝的、满铺设专用砂浆。这种打磨方法，实际上与我国过去的"磨砖对缝"有相似之处，好多古建筑外墙砖经"磨砖对缝"处理后，其白灰缝也做到了2~3mm厚。此类砌块如图5-10所示。

图 5-10　铺浆面经打磨处理的烧结保温隔热砌块和铺浆器（照片摄于德国艾森砖瓦研究所、奥地利林茨维也纳山砌块生产厂）

第六节　超低导热系数的烧结外墙保温隔热砌块

2006 年在德国又制造出了超低导热系数的烧结保温隔热砌块，导热系数 λ 值达到了 0.08～0.09W/(m·K)，使低能耗房屋变成现实。试验证明，当墙厚为 38cm 时，用这种超低导热系数的烧结保温隔热砌块砌筑的单层墙可达到不需要供给额外能量的要求。上述产品有的在原材料中加入了气孔形成剂，并都在其孔洞内加入了保温隔热材料——膨胀珍珠岩、岩棉等无机材料，加之孔洞形式设计的科学、合理，使其导热系数大幅度降低。用无机材料的目的就是考虑到了这类保温隔热材料的耐久性以及它们在长期使用过程中的稳定性。用这类烧结保温隔热砌块，完全可以满足低能耗房屋建筑的需要。例如用导热系数为 0.08W/(m·K) 的保温隔热砌块，当外墙的厚度为 425mm 时，外墙的传热系数 K-值可达到 0.18W/(m^2·K)。奥地利维也纳山集团公司已用这种类型的砌块建成了低能耗建筑，该建筑物外墙的传热系数仅为 0.14W/(m^2·K)。自 2006 年这类产品一出现，在西欧就得到了迅速发展，目前已有许多生产烧结保温隔热砌块的公司都开始生产这种产品了，并开发出了许多规格品种。这类产品特适用于高层建筑的外填充墙，它不但有良好的保温隔热性能，而且也具有非常好的隔声功能。在德国，这种超低导热系数的烧结保温隔热砌块已成功投放市场。根据《国际砖瓦工业》杂志 2008 年 12 期报道，德国的切莱格门（Schlagmann Baustoffwerke GmbH and Co. KG）公司已经生产出了导热系数为 0.07W/(m·K) 的烧结保温隔热砌块，所砌筑的外墙传热系数仅为 0.15W/(m^2·K)，单一厚度的这种砌块完全能够用于被动式节能建筑。这种新型砌块被命名为"波罗通-T7"（Poroton-T7）。该公司与有名望的大学联合，经过两年的时间，对烧结砌块本身及填充材料——珍珠岩（火山岩石）进行了优化，不仅改善了其热工性能，而且可以满足建筑物理上的各种要求。波罗通-T7 的防火等级已被认定为"F90-AB"类，平均抗压强度可达 9.5N/mm² 以上。该类产品如图 5-11 所示。

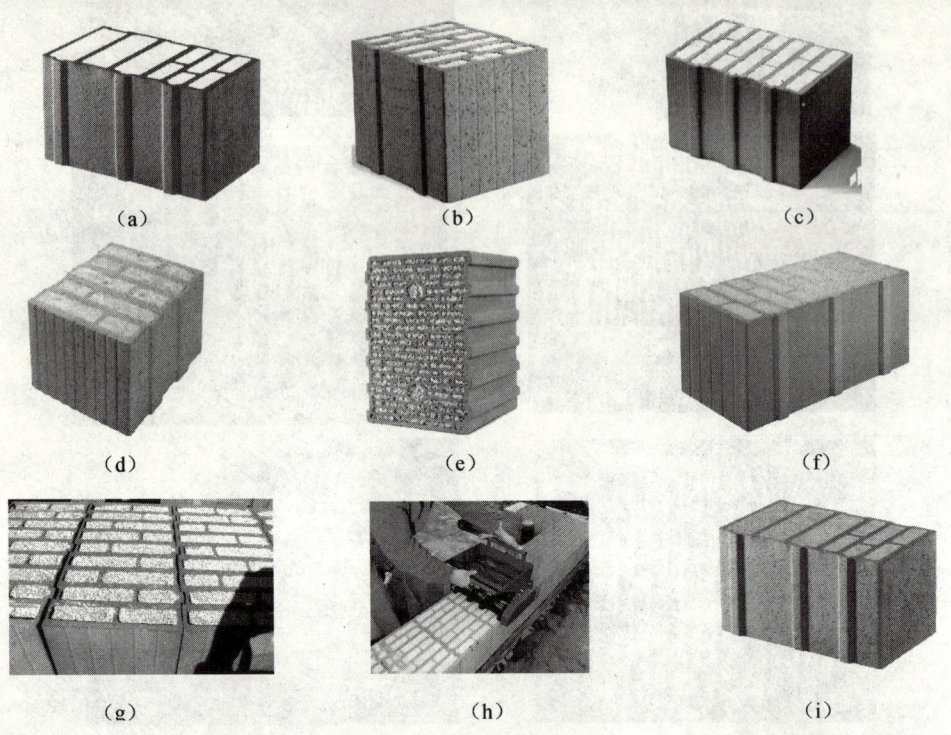

图 5-11 超低导热系数的烧结保温隔热砌块（照片来自 Keller 公司、维也纳山产品宣传样本及摄于奥地利维也纳市维也纳山公司砌块生产厂）

(a) 用膨胀珍珠岩填充孔洞的 9 孔保温隔热砌块，导热系数 $\lambda=0.08\text{W}/(\text{m}\cdot\text{K})$，一侧 3 个大的孔洞和另一侧的 6 个较小的孔洞主要是为了隔声；尺寸：($L\times B\times H$)248mm×425mm×249mm，单块重：15.8kg/块；(b) 用膨胀珍珠岩填充孔洞的 15 孔保温隔热砌块，导热系数 $\lambda=0.09\text{W}/(\text{m}\cdot\text{K})$，尺寸：($L\times B\times H$)248mm×300mm×249mm，单块重：15.8kg/块；(c) 用膨胀珍珠岩填充孔洞的 14 孔保温隔热砌块，导热系数 $\lambda=0.09\text{W}/(\text{m}\cdot\text{K})$，尺寸：($L\times B\times H$)248mm×300mm×249mm；(d) 用岩棉填充孔洞的 10 孔保温隔热砌块，导热系数 $\lambda=0.08\text{W}/(\text{m}\cdot\text{K})$，有各种不同尺寸，可砌筑的墙厚为 240mm，300mm，365mm，425mm；(e) 用岩棉填充孔洞的多孔保温隔热砌块，导热系数 $\lambda=0.08\text{W}/(\text{m}\cdot\text{K})$，尺寸：($L\times B\times H$)365mm×240mm×238mm，墙厚 365mm；(f) 用膨胀珍珠岩填充孔洞的 18 孔保温隔热砌块，导热系数 $\lambda=0.08\text{W}/(\text{m}\cdot\text{K})$，尺寸：($L\times B\times H$)500mm×250mm×249mm，单块重：19kg/块；墙厚 500mm 时，外墙传热系数为：0.14W/(m²·K)；(g) 施工中的膨胀珍珠岩填充保温隔热砌块；(h) 施工中的膨胀珍珠岩填充保温隔热砌块；(i) 优化后的膨胀珍珠岩填充孔洞的 9 孔保温隔热砌块，导热系数 $\lambda=0.07\text{W}/(\text{m}\cdot\text{K})$，平均抗压强度 9.5N/mm²

第七节 烧结外墙保温隔热砌块的配套块型

在西欧由于外墙用的各种烧结空心（多孔）砌块已经历了大约 30 年，所以各个部门中辅助空心（多孔）砌块的规格品种也很齐全，如用于墙体砌筑过程中的调节长度的活动空心砌块配件，在一定范围内对长度偏差的调节非常灵活方便；还有墙体转角处的专用空心（多孔）砌块，改变墙体角度的转向空心砌块及与内隔墙搭接处的专用空心砌块等。图 5-12 表示了少部分这种特殊部位的专用空心（多孔）砌块及使用方法，资料来自奥地利维也纳山集团公司。

总之，西欧各国对墙体保温隔热能要求都在不断地提高，德国在 2002 年、2003 年连续修订了原烧砖瓦行业的产品标准及建筑应用标准，如 DIN105《烧结砌筑构件》第二部分增设了密度等级 ≤1.0 的保温隔热构件及垂直多孔构件（DIN105-2，Clay masonry units Part2：Thermal insulation units and vertically perforated units of bulk desity ≤1.0），该标准的名称没有使用"砖"或"砌块"的称呼，而将其称为"构件"，耐人寻味，也许与建筑应用有关。

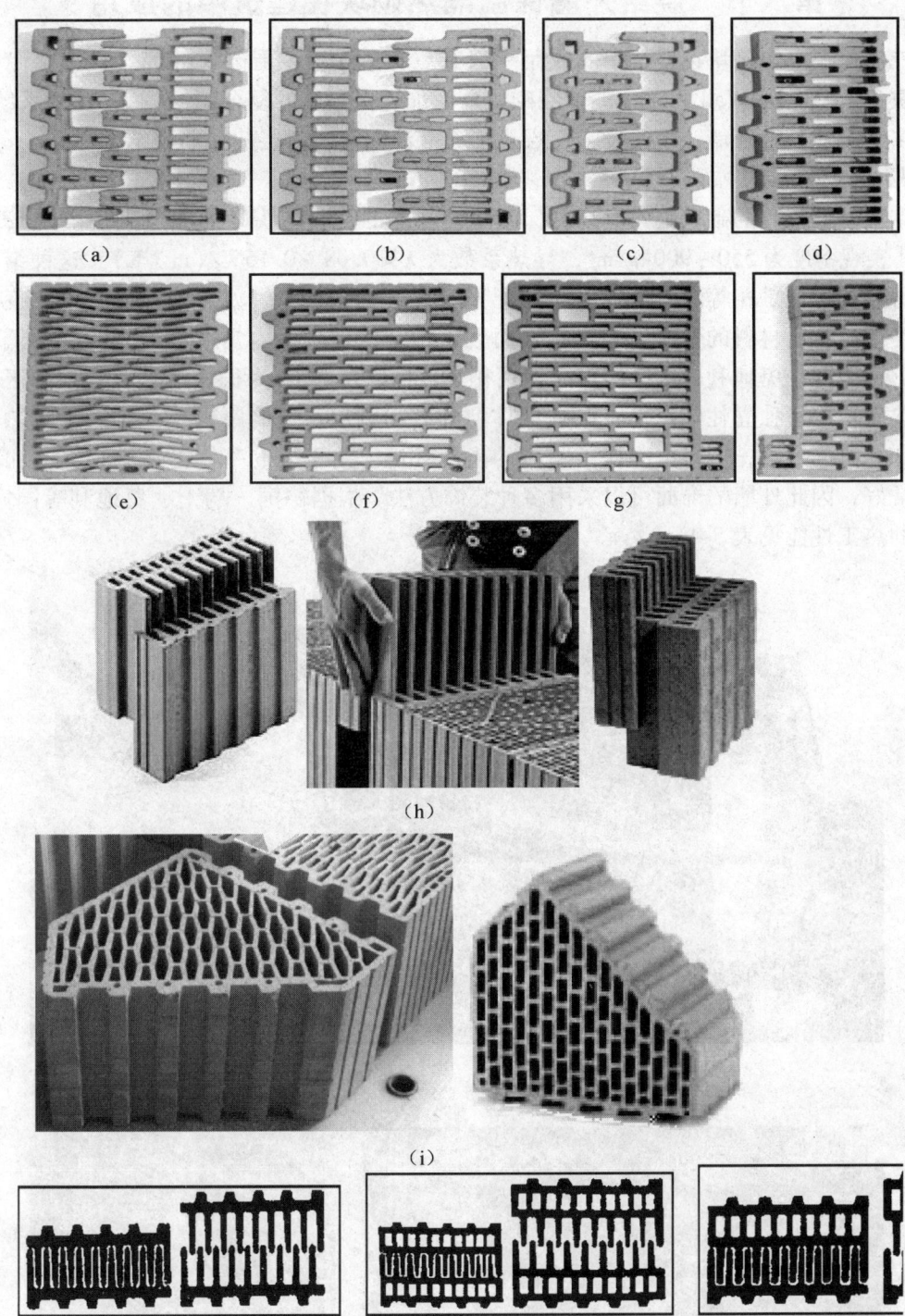

图 5-12　部分特殊部位用空心砌块及辅助空心（多孔）砌块（照片摄于奥地利林茨市
维也纳山的砌块生产厂；图片来自德国《砖瓦词典》德国 Keller 公司）

（a）墙中用的长度调节空心砌块配件；（b）墙端头处用的长度调节空心砌块配件；（c）墙中用的长度调节空心砌块配件；（d）墙中用的长度调节空心砌块配件；（e）墙端头处用的空心（多孔）砌块；（f）中间墙用空心（多孔）砌块；（g）与内隔墙搭接处的空心（多孔）砌块；（h）墙中长度调节砌块配件及使用方法；（i）墙体转向处的转向空心（多孔）砌块；（j）墙中用的长度调节空心砌块配件示意

第八节　烧结外墙保温隔热砌块在建筑中的应用

烧结外墙保温隔热砌块在建筑中的应用一般有三种形式：单层砌块外墙（国外文献中也称为通墙厚砌块 Through the Wall Block）；单层砌块外墙加外保温层的复合墙结构（WDV 系统）；里外双层烧结多孔砌块复合外墙，中间设空气层及填充保温隔热材料层的夹芯墙结构体系。

1. 单层砌块外墙

单层砌块外墙使用的砌块是具有高度保温隔热性能的轻质砌块（通墙厚砌块 Through the Wall Block），其表观密度为 $550\sim900\text{kg/m}^2$，导热系数为 $\lambda=0.08\sim0.16\text{W/(m·K)}$。这种结构的优点是隔热与蓄热的比例是相等的；且施工（装配）容易，结构安全性好，建筑形式的改变容易，在服务寿命终结后所用材料的分离毫无问题，而且这种结构现阶段也是造价最低的一种低能耗建筑结构体系。在德国、奥地利、法国等国家使用相当普遍。图 5-13 为德国法兰克福市郊区正在用烧结保温隔热砌块修建独立住宅。承重砌块墙体，外有粉刷层。通墙厚砌块，可满足隔热保温、隔声、防火和承重的要求，同时也确保了室内的生活环境。由于墙的基体是烧结材料，和砂浆的结合性能非常好，因此外墙的饰面可以采用多种装饰方法。根据德国、瑞士、奥地利等国家的测定，这种结构的热工性能见表 5-4。

图 5-13　单层烧结多孔砌块外墙结构（照片摄于德国法兰克福市郊区）

表 5-4 单层烧结多孔保温隔热砌块外墙的热工性能

垂直多孔轻质砌块		HLZ			
表观密度（kg/m³）		700		500	
未粉刷前墙的厚度（cm）		36.5	50	36.5	50
热工性能	导热系数 λ [W/(m·K)]	0.14	0.14	0.11	0.11
	热阻 R_t (m²·K/W)	2.85	3.82	3.57	4.79
	K-值 [W/(m²·K)]	0.33	0.25	0.27	0.20
综合能耗（MJ/m²）		1195	1535	1012	1282

2. 夹芯墙结构

用不同规格和性能的空心砖和空心砌块也可以建造夹芯墙体，这种结构有更高的保温隔热、隔声性能。该类外墙结构的传热系数 K-值可达到很低的水平，完全能够符合低能耗建筑的要求。

里外烧结多孔砌块或清水墙装饰砖复合外墙，中间设空气层或填充隔热保温材料层的夹芯墙结构体系。用不同规格和性能的空心砌块也可以建造夹芯墙体，这种结构有更高的保温隔热、隔声性能。里外烧结多孔砌块墙，中间设空气层或填充隔热保温材料层的夹芯墙结构体系。这种结构能获得更高要求的隔热保温效果。两砖墙中间用性能好的隔热保温材料，例如具有防水功能的矿物纤维、珍珠岩、带有通风孔的矿棉板、EPS 等。里外两片砖墙由不锈钢或其他材料的锚固件连接，所以这种结构的安全性能也很好。为了减少热桥在这一结构中的影响，两砖墙之间的连结件通常限制 5 件/m²。这种夹芯墙的结构形式在西欧各国使用非常普遍，它不但充分利用了烧结清水墙多孔砖耐久性好、表面纹理及色彩丰富多变、装饰功能好等特点，而且完全消除了寒冷地区采暖期在建筑物上出现的"热桥"现象及室内结露而造成的室内粉刷层或是装修层霉变或脱落的缺陷，室内装修、防火、隔热保温材料的防水、墙体上的热桥等问题也随之消失。更加重要的是这种结构体系的节能效果非常显著，在 2001 年的国际《砖瓦年鉴》中已将这种结构体系纳入了绿色建筑的范围内。表 5-5 给出这种结构的热工性能。这种外墙有类似的两种组合形式，第一种是用烧结装饰多孔砖作为表面层；第二种类型是内外层均用烧结多孔砌块，在外面施加粉刷层。但是这两种组合形式的节能效果更为显著。第一种类型的夹芯墙结构在许多欧洲国家是最重要的外墙结构形式。第二种是外带有抹灰面的夹芯墙结构，这种夹芯墙结构，外层使用 10～12mm 厚的空心砌块，再加抹灰层，中部保温材料层外加通风层。这种结构的外墙 K-值更低，完全能够达到被动式节能建筑（passive house）的要求。

表 5-5 保温隔热砌块复合外墙结构的热工性能

垂直多孔砌块	HLZ25					HLZ17				
砌块的表观密度（kg/m³）	1200					1200				
隔热层材料的厚度（cm）	15	16	18	20	22	15	16	18	20	22
未粉刷时墙的厚度（cm）	52	53	55	57	59	44	45	47	49	51
材料的导热系数：λ 砌块/隔热材料 [W/(m·K)]	0.50/0.04					0.50/0.04				
墙的热阻 R_t (m²·K/W)	4.54	4.79	5.29	5.79	6.29	4.38	4.63	5.13	5,63	6.13
K-值 [W/(m²·K)]	0.21	0.20	0.18	0.17	0.15	0.22	0.21	0.19	0.17	0.16
墙体的综合能耗（即制造出 1m² 墙体的能耗）(MJ/m²)	1656	1658	1663	1668	1674	1318	1321	1326	1331	1337

外墙的功能由各层合理分担：

（1）承重的烧结砌块内层墙；

（2）背后有通风层的保温隔热材料层；

（3）由烧结多孔砌块或清水墙装饰砖组成的外表面墙。

这种外墙的复合结构，将有显著承重能力的烧结砌块与具装饰功能的清水墙砖的功能特点全部发挥了出来，并有着非常优良的隔热保温性能，可建造出低能耗的建筑物。从结构形式和所选用的烧结材料上讲，该结构也应属于绿色建筑的范畴。

3. 复合墙结构（WDV 系统）

单层砌块外墙加外保温层的复合墙结构（WDV 系统）。这种结构形式是为了进一步改善单层外砖墙的隔热保温性能，也是目前应用最广泛的复合结构墙体。隔热保温层（板材）是直接粘贴在砖墙的外表面上，或是既粘贴又用销钉固定，或是用机械方法锚固。锚固的形式取决于建筑物的高度、复合隔热层的静荷载、所用的隔热材料及基材（砖墙）的性能，例如它们的平整度。隔热材料通常使用的是膨胀聚苯乙烯，或是矿物纤维，或软木板，也有用多层的木纤维轻质建筑板材。合适的粘结剂是改性的合成树脂粘结剂。隔热材料的表面层是由玻璃纤维网格布增强层（3~7mm）和表面保护层（3~5mm）组成。最近的发展方向是由玻璃纤维混合物来代替玻璃纤维网格布。但这种结构形式的问题是隔热层的使用寿命在选材适当的情况下仅可使用 30 年（德国数据；我国宣传的数据仅能用 20 年，而在实际使用中的外保温墙板，几年后就已经出现了问题），而砖墙的使用寿命至少为 90 年，在使用期至少要更换 2~3 次隔热保温层。这种外墙保温层的材料更换非常麻烦，而且每次换下材料的回收利用也是问题，也许还会涉及建筑在使用期的安全问题。这种外保温层复合墙体的热工性能见表 5-6。

表 5-6　单层烧结砌块墙加外保温层复合墙体的热工性能

垂直多孔轻质砌块		HLZ/EPS	
表观密度　砌块/EPS　（kg/m³）		800/20	800/20
砌块-EPS 的厚度　（cm）		17.5/12	24/18
未粉刷时墙的厚度　（cm）		29.5	42
热工性能	导热系数 λ　砌块/EPS[W/(m·K)]	0.39/0.04	0.39/0.04
	热阻　R_t(m²·K/W)	3.50	5.16
	K-值 [W/(m²·K)]	0.27	0.19
	综合能耗（MJ/m²）	805	1107

根据奥地利维也纳山（Wienerberger）集团公司（世界上最大的保温隔热砌块生产集团）所提供的产品性能介绍资料表明，烧结保温隔热砌块有良好的热工性能和隔声性能。如与岩棉（矿棉）保温隔热材料配合使用，可以大幅度提高房屋的保温隔热性能，因而可节约大量的建筑物的长期使用能耗。表 5-7 列举了奥地利维也纳山集团公司生产的外墙用烧结保温隔热砌块节能建筑中使用的基本性能。可以看到，某些单一砌块（通墙厚砌块）完全能够达到我国建筑节能 65% 的要求。如表 5-7 中尺寸为 500mm×250mm×249mm（50S.i~50S）和 380mm×250mm×249mm（38S.i~30S），导热系数在 0.111~0.143W/(m·K) 的砌块，其未粉刷前的墙体传热系数 K-值均已达到或超过了我国建筑节能 65% 的要求。表 5-6 中的产品有的加了气孔形成剂，有的未加。

表5-7 奥地利维也纳山集团公司生产的外墙用保温隔热砌块性能

砌块名称	规格尺寸（cm）	墙厚（cm）	未粉刷墙的导热系数* λ[W/(m·K)]	未粉刷墙的传热系数 K-值 [W/(m²·K)]	抗压强度（N/mm²）	单块重（kg/块）
50S.i	50/25/24.9	50	0.111 (0.114)	0.21 (0.19)	7.5	19.4
50S	50/25/24.9	50	0.121 (0.125)	0.23 (0.23)	7.5	19.6
38S.i	38/25/24.9	38	0.105 (0.109)	0.26 (0.30)	6.0	14.0
38S	38/25/24.9	38	0.121 (0.125)	0.30 (0.26)	10.0	17.6
38	38/25/24.9	38	0.136 (0.139)	0.34 (0.29)	10.0	19.5
30S	30/25/24.9	30	0.139 (0.143)	0.43 (0.36)	10.0	14.8
30	30/25/24.9	30	0.195 (0.216)	0.59	10.0	17.0
25-38M.i	25/37.5/24.9	25	0.185 (0.208)	0.66	12.5	20.0
25-38	25/37.5/24.9	25	0.252 (0.272)	0.86	12.5	18.6
25-38Obj.	25/37.5/24.9	25	0.324 (0.328)	1.06	15.0	22.0
20-50	20/50/24.9	20	0.256 (0.256)	1.05	10.0	20.9
20-40Obj.	20/40/24.9	20	0.340 (0.357)	1.32	15.0	22.1

* 未粉刷墙的导热系数一栏中，括号中的数据是砌块高度为238mm的数据，称为N+F系列。

专用于既有建筑节能改造用的新型烧结保温隔热砌块。据《国际砖瓦工业》杂志报道，2009年德国开发出了非常经济的外墙保温隔热砌块——新型"波罗通"砌块（Poroton-WDF），可用于既有建筑的外墙体的隔热保温系统，其实质是针对既有建筑物的节能改造。特点是在烧结砌块的孔洞中填入天然矿物材料——珍珠岩（自然形成的火山岩），这种复合而成的砌块的导热系数非常低，仅为0.065W/(m·K)。使用方法是在原有建筑物外墙外在包砌一面该保温隔热砌块的外墙。实质上用这种砌块改造既有建筑，等于是双层墙体的复合结构。这种砌块外墙体对既有建筑的节能改造是非常经济的方法，而且能够改变既有建筑物的外貌，经改造后的建筑物像新的一样，同时也延长了建筑物的使用寿命。在这种新型砌块墙体外还可施加一轻质砂浆粉刷层，也可不加粉刷。这种新型砌块的外壁厚为15mm，避免了其他外保温隔热复合材料的许多问题，如绝不会裂纹、脱落，耐久性与烧结砖墙一样长，尺寸稳定性好，同时还能防止外墙上面藻类植物的生长及在室内霉菌的滋生，对水蒸气同样有着像烧结砖一样的扩散功能。此外，该种结构有着极好的防火功能，这是其他材料所没有的特性。用薄层砂浆砌筑，效率高，保温隔热效果好。相对来讲，这种砌块外墙保温隔热体系还是非常经济的。图5-14是这种新型砌块及与原有墙体的结合方式和使用雪橇式铺浆器进行薄层砂浆的铺设的照片。

 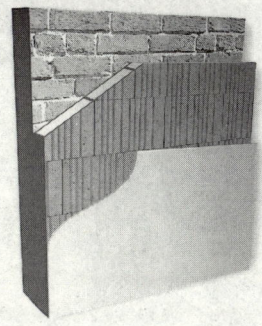 

加入珍珠岩的隔热保温砌块—Poroton WDF　　新型砌块与原有墙体的结合方式（里边：原有墙体；中间：新型砌块；外边：轻质砂浆）　　使用雪橇式铺浆器进行薄层砂浆的铺设

图5-14　新型砌块和与原有墙体的结合方式及使用雪橇式铺浆器进行薄层砂浆的铺设
（图片来自德国Keller公司）

西欧烧结保温隔热砌块应用实例及示意图如图 5-15 所示。

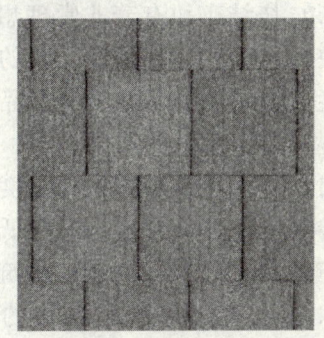

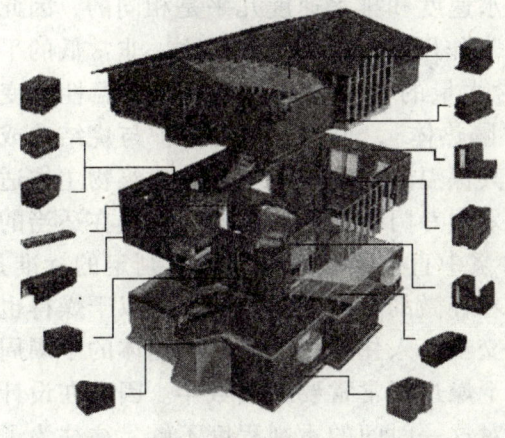

图 5-15　西欧烧结保温隔热砌块应用实例及示意图（照片摄于德国法兰克福市郊区；部分照片来自维也纳山公司产品样本）

第九节　烧结外墙保温隔热砌块在建筑应用中的优势

用高保温隔热性能烧结空心（多孔）砌块建筑的优点有：

（1）用高性能保温砌块建设的建筑物可长期保证有经济上的优势，长期节能，使用期维修费用最低。

（2）用高性能保温隔热砌块建造的房屋，由于烧结材料非常好的耐久性，它们的使用价值保持力时间长,这就可保证投资能为几代人服务。高质量烧结砖砌体建筑,在转售时也可保有高的价格。

(3) 居室内的舒适性好。用高性能保温隔热砌块建造的房屋,可使室内感到非常舒适。说到居室内的舒适性,烧结建材产品远优于其他材料。因在烧结产品中无数的微孔,能够非常好地适应室内与室外环境湿度的变化,因而可保证对水蒸气有非常好的储存能力以及非常优良的释放能力。烧结建材产品有暖色的表面,可缓冲湿度及热的变化,烧结建材产品中有害物质非常少,因而可保证室内健康的环境。这些均可使人们感到室内的舒适性。

(4) 由于烧结砌块成型时形成的孔洞及烧结时留下大量的微孔结构,用其建造的外墙有着极好的保温隔热性能。

(5) 由于烧结砌块能自然地吸收太阳的能量,也能吸收和储存室内产生的热量。通过墙体可释放出它吸收的热到室内,但释放的时间是较长的——温度延迟时间长。在冬季,由于这种吸收和释放热的过程平衡了室内温度的波动,这就节约了加热用的能量,同时又感到室内舒适和暖和,在夏季也感到凉爽。

(6) 烧结砌块有着非常理想的吸收和释放水分的特性,它吸收室内的水分与释放出水分有同样快的速度。这就是说,墙的表面上在任何季节都可保持相对干燥,也就保证了室内环境的舒适性。烧结墙体屋面材料产品是一种多微孔体系的产品,其湿传导功能可调节建筑物内湿度,且吸湿与排出水分的速度相等,砖的吸水速度和排水速度要比其他建筑材料高10倍,且在吸水和排出水分时建筑物的结构强度不受任何影响,仅此就可使居住环境得到改善,人体感觉舒适。而且砖砌体的平衡含水量非常低,增强了砌体的隔热保温效果。专家们将这一特性定义为烧结砖瓦产品的"呼吸"功能。建筑物墙体中的平衡水分(Equilibrium moisture)是指干燥后留在墙体的水分与大气中水分之间的平衡。对砖砌体来讲,这一平衡水分仅占其体积的0.3%~0.7%。与其他建筑材料相比,这是一非常低的数值。正是因为这一非常低的数值,对居住在砖建筑中的人们提供了舒服、健康的环境。砖砌体的吸水速度和排水速度几乎是相同的,因此它可以调节居室内小环境的湿度,这就是常说的"呼吸"作用。另外,砖砌体这一非常低的平衡含水量,对节能来说同样非常重要。因为建筑材料含水量的增大而会使其隔热保温性能变差(或恶化)。从这个意义上讲,砖本身就是非常好的"隔热体",也能有效地保护与烧结砖或砌块复合的保温隔热材料层,不会因吸收水分而降低了其保温隔热的性能。新建建筑物主体适当的干燥时间,这是指特定地区的建筑物建设起后,不采用专门的加热方法能够使其在适当的时间内干燥。一般说来,每种砌体结构在建设时都从砂浆中直接吸收水分。此处判定的标准是:所吸收的水分从材料中排出的速度。因为砖建筑物有着轻微的蒸汽扩散阻力,所以干燥得也非常快,平均干燥周期很短,这就给新建建筑物的提前交工、入住提供了时间。墙体的干燥周期则取决于不同的地区和季节。而有些建筑材料的这一干燥过程常常要持续数年。因此在设计中根据选用的材料和不同地区要说明干燥的时间。我国对这一时间的重视程度不够,往往为了缩短交工期,提前入住,结果造成装饰材料发霉变质;还有的是由于选材不当,往往在住户入住后,材料脱水,造成墙面开裂等问题。

(7) 热舒适性是非常重要的,也就是建筑物室内墙体表面的温度参数,当表面温度比室内空气温度低得多或高得多时,就导致了非常不舒服的感觉。烧结砌块有非常好的隔热保温性能,用其建造的外墙保证了室内墙面有更高的温度,因此有着非常优越的热舒适性。夏天,反之亦然。隔热保温性能好的"秘密"是在于微孔结构,小微孔中有空气。在原材料制备时加入微孔形成剂,例如锯末,在经成型、干燥后,在约1000℃高温下烧成,锯末燃烧挥发,留下了无数细小的、含有空气的微孔,大大提高了保温隔热性能。烧结砌块的孔隙率,加之经精心设计的孔洞几何形状,因而有非常好的保温隔热性能，可大幅度减少通过外墙的热损失。烧结砌块可作为一蓄热体，烧结砌块墙体能自然地吸收来自太阳的热量，并能储存来自室内的热。当需要时，它吸收的室内热在其后又可转回供给室内。这种性能就可使室内感到舒适。一些专家们将这种特性称为"相移动"。烧结砌块的房屋在冬季不会冷得太快，而且在夏季仍能保持室内凉爽。烧结建材产品具有相对低的平衡含水量和块速干燥的特性，因此烧结建材产品的墙体能够快速形成最佳隔热层，从而节约了采暖和空调的能量消耗。

（8）防火性能极好——烧结建材产品不会燃烧，它们本身是被烧结出的产品，因而它们对火有"免疫力"。烧结建材产品在着火的情况下，不会产生任何有害气体。在墙的厚度为8cm或更厚些时（例如非承重的内隔墙），该墙可达到的防火等级为F90，也就是说，在着火情况下，人们有90min的时间可以逃生，或是可转移财产。在火灾发生时，对人体的伤害一般不是火的直接影响，而是由于易燃的建筑材料及装修材料燃烧产生的烟气对人们的毒害（没烧死就被呛死了）。但是烧结砌块是在在高温下烧结的，它们不燃烧，在火灾出现时也不会释放出任何有害气体。

（9）隔声性能良好。烧结空心（多孔）砌块是隔声的。建筑物需要有隔声措施防备来自外部的噪声及来自邻居的噪声。通风、撞击和结构产生的噪声应减少到不影响别人的水平。烧结砌块建造的墙体和楼板，保证了安静的居住环境，防止了来自外部及建筑内部的噪声。烧结砌块外墙体有着极好的隔声性能。对有特殊用途的地方，亦有特制的隔声空心砌块。

（10）结构强度高。烧结砌块是安全的住宅。烧结砌块有各种不同的抗压强度，在生产中有效的质量控制和监测，对建筑商和建筑学家来讲，烧结砌块是安全可靠的。

（11）抗震安全性好：对于抗震地区而言，专门开发出了抗震用烧结砌块。用抗震砌块建造的墙体表明：它的抗震能力比常规砌块高十倍，因此，在地震区，完全可用抗震砌块建造出安全、经济与耐久性好的建筑。在高发地震区，完全有可能使用烧结砌块建造墙体。因为每种其他建筑材料，在地震多发区所选择的墙体结构及建筑构造形式，必须也要满足抗震的要求。烧结的砌块有着高的机械强度，并与砂浆有非常好的粘结特性，因此它可有效地改善建筑物的抗震性能。世界上最大的砖瓦产品制造公司——维也纳山集团公司专门开展了在地震多发地区墙体构造的国际研究工作课题，开发出了专门用于地震区的烧结砌块技术，并有自己专门的技术诀窍。

（12）经济性：烧结砌块有最大的质量及价值保持力。墙体材料的选择，虽说对建筑物的总造价影响很小，但是它却决定了建筑物的质量。用烧结砌块建造的房屋，经济、安全，并能保值和增值，因为烧结砌块的耐久性无与伦比。使用烧结砌块，可缩短建筑施工周期，显著减少砂浆用量，使用期内维修费用非常低。烧结砌块高度的保温隔热性能和气密性，大幅度降低了能耗。长期的使用寿命，可保值增值，真正可做到为了几代人而建造房屋。

第十节　国内烧结外墙保温隔热砌块的发展

我国现行标准GB/T 18968—2003《墙体材料术语》中规定，烧结空心砌块（Fired hollow block）——以黏土、页岩、煤矸石等为主要原料，经焙烧而成，主要用于非承重部位的空心砌块。虽然在国家标准GB 13545—2003《烧结空心砖和空心砌块》中对孔洞排列及其结构、孔洞率、体积密度做出了限定，但是未规定烧结空心砖和空心砌块的保温隔热性能指标。鉴于节能建筑发展的需要，国内某机械设备制造厂家自发地进行着烧结保温隔热砌块的试制工作。目前已试制出了80孔、70孔、126孔的外墙用烧结温隔热砌块。为了改变非承重烧结砌块的保温隔热性能，有的生产厂家也制造出了20孔的非承重烧结砌块。这些试制的外墙用烧结保温隔热砌块如图5-16所示。

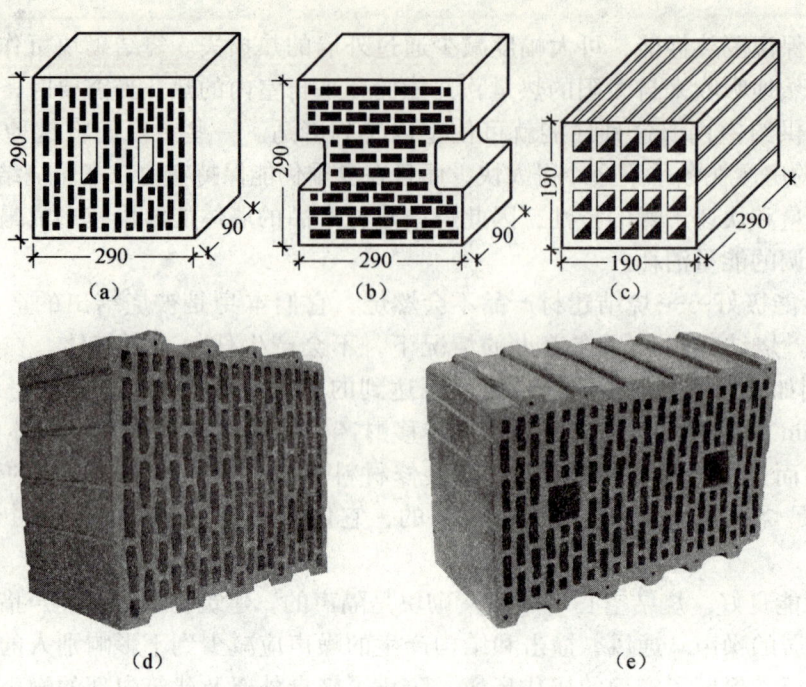

图 5-16　国内试制的部分烧结保温隔热砌块

［图中（d）、(e) 照片来自山东淄博功力机械制造有限公司］

(a) 80 孔烧结砌块，孔洞率 45%，产地：山东；(b) 70 孔烧结砌块，孔洞率 43%，产地：山东；(c) 20 孔空心砌块，孔洞率 60%，产地：浙江长兴；(d) 80 孔烧结砌块，产地：山东；(e) 126 孔烧结砌块，产地：山东

国内有的生产厂家为了节能建筑的需要，开发了在大孔空心砖中加填泡沫塑料（聚苯乙烯发泡板）的外墙保温隔热空心砖。该类外墙保温隔热材料已有少量在建筑上应用。图 5-17 表示了这种孔中填充聚苯乙烯发泡板的空心砖及墙体上的使用方法。

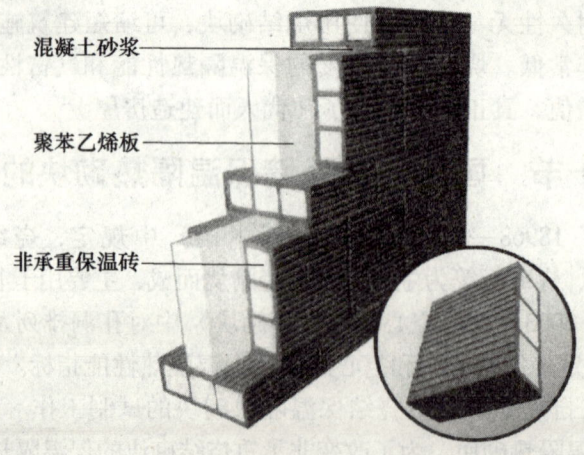

图 5-17　填充发泡聚苯板的空心砖及墙体上的使用方法（照片来自天津国环及秦皇岛晨砻）

据有关资料介绍，图 5-17 中的产品及使用方法，外墙的传热系数在 $0.44 \sim 0.59 \mathrm{W}/(\mathrm{m}^2 \cdot \mathrm{K})$ 之间。国内试制出的保温隔热砌块的热性能指标目前还达不到节能建筑的要求，因而国内有关单位已从德国开始引进的大型烧结保温隔热砌块生产设备和技术，拟生产的烧结保温隔热砌块的导热系数为 $0.12 \mathrm{W}/(\mathrm{m} \cdot \mathrm{K})$，目前该项目正在建设中。

第六章　内隔墙用空心砖、空心砌块及空心条板

第一节　国内烧结内隔墙用空心砖及空心砌块发展概况

国内在20世纪70年代到80年代初试制并小批量生产过薄型隔墙空心砖，但是没有得到大批量的推广应用。如当时在北京生产的薄型隔墙空心砖的规格为240mm×240mm×57mm（图6-1）。在内隔墙用空心砌块及空心砖的研究中，值得提出的是在1978年到1980年期间，原西安砖瓦研究所进行的空心条板砖（砌块）的研究。该研究中试制成功了用挤出法生产的，长达1800mm，宽600mm，厚120mm的空心条板砖（单排孔，图6-1），也获得了成功的干燥和焙烧。虽说当时只烧成了近百块样品砖，但正是这一研究，极大地丰富了挤出成型空心砖的经验，为以后空心砖的生产和推广应用打下了较为坚实的基础。例如在其后引进挤出设备的消化翻板制造过程，这些经验起到了非常关键的作用。内隔墙用空心砖或空心砌块我国还没有专门的标准。国内某些地区由于建筑工程上的需要，将空心砖用于建筑物的内隔墙，或是专门制造出了用于内隔墙的空心砖。用于内隔墙空心砖的规格有240mm×220mm×115mm，240mm×200mm（180mm，160mm）×115mm，190mm×180mm×115mm，290mm×240mm×115mm，290mm×240mm×90mm等。这些空心砖都是水平孔方向砌筑，用于不承重的填充墙。图6-1为国内曾生产和应用过的内隔墙空心砖。

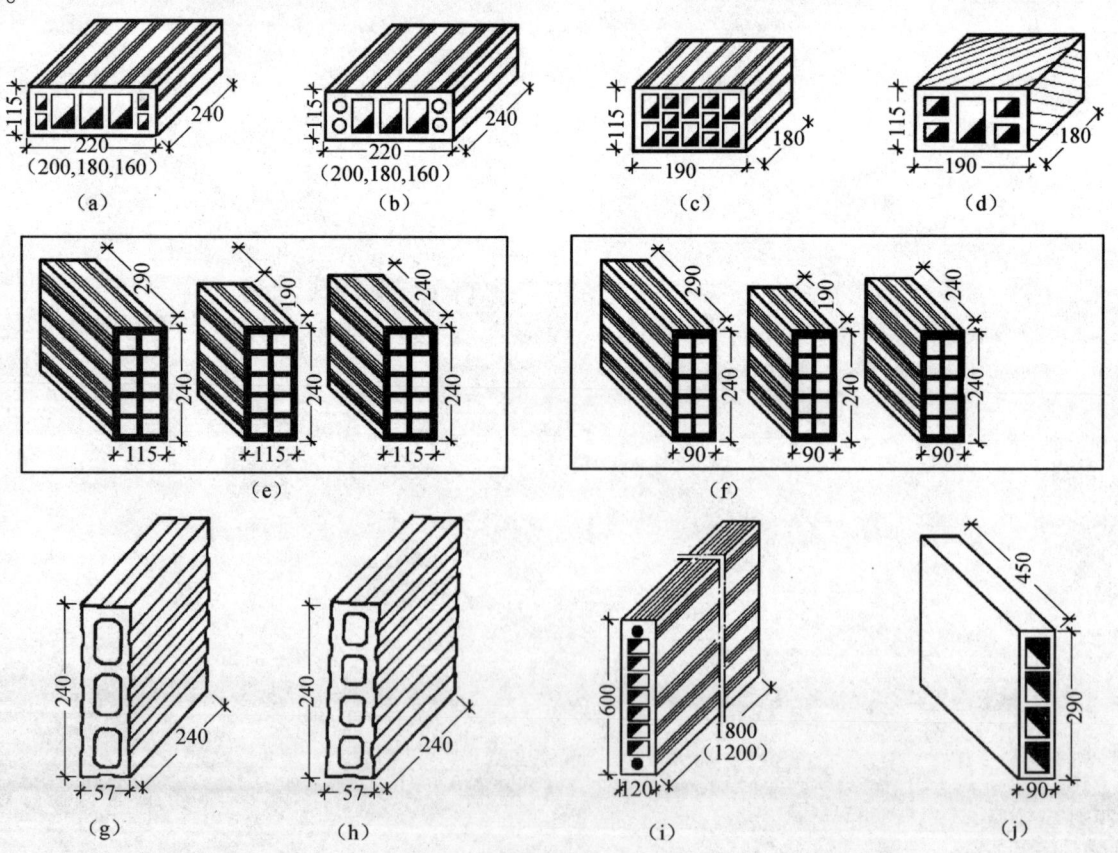

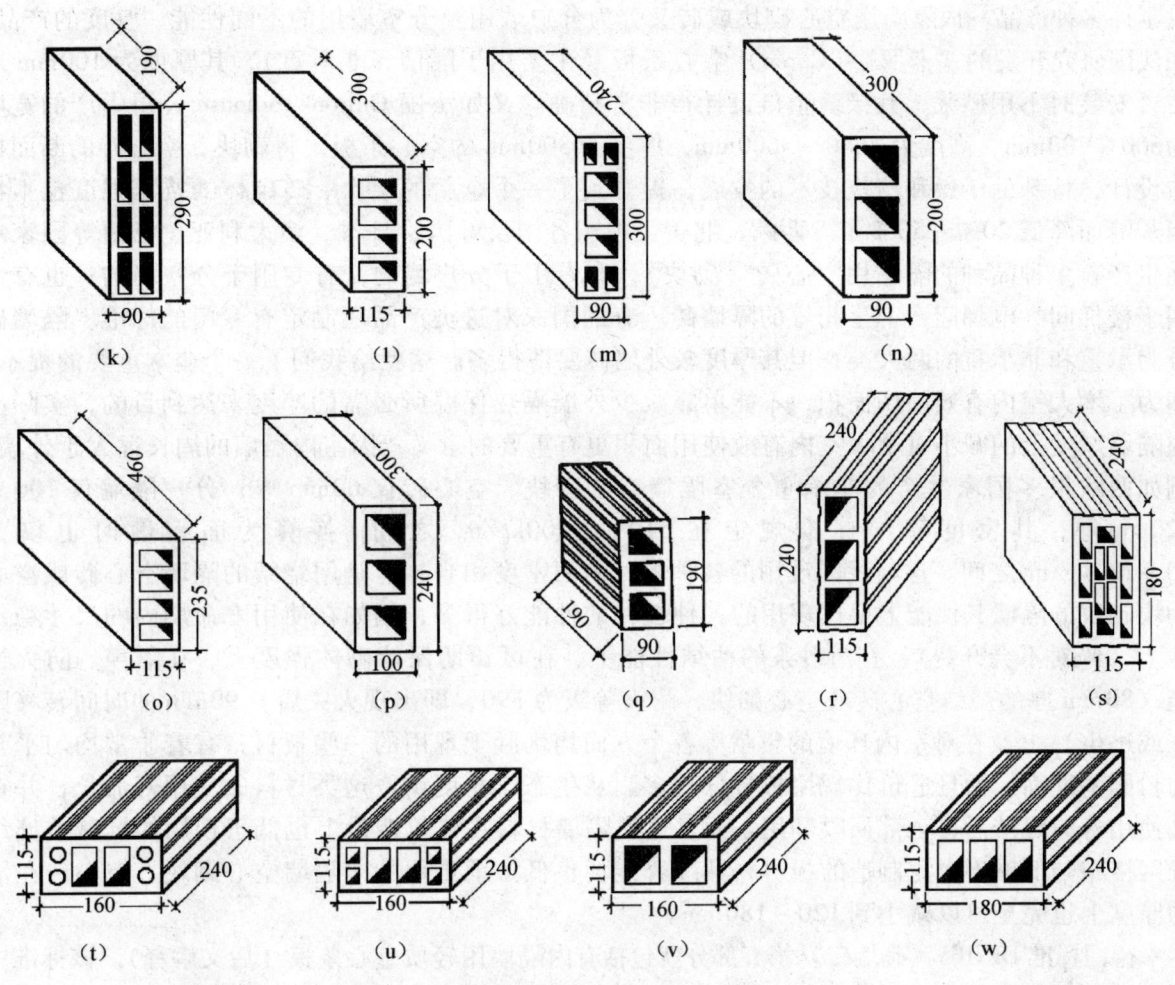

图 6-1 国内曾生产及应用过的内隔墙空心砖

（a）7孔内隔墙用空心砖，孔洞率46%，主要用于砌筑220mm，200mm，180mm及160mm厚的内墙体，产地：陕西宝鸡市；（b）7孔内隔墙用空心砖，孔洞率45%，主要用于砌筑220mm，200mm，180mm及160mm厚的内墙体，产地：陕西宝鸡市；（c）12孔内隔墙用空心砖，孔洞率51%，主要用于砌筑190mm及115mm厚的内墙体，产地：重庆市；（d）5孔内隔墙用空心砖，孔洞率50%，主要用于砌筑190mm及115mm厚的内墙体，产地：四川成都市；（e）290mm×240mm×115mm系列空心砖，孔洞率：60%，抗压强度：6.4MPa，密度：907kg/m³，主要用于砌筑240mm和120mm墙体，产地：浙江长兴；（f）290mm×240mm×90mm系列空心砖，孔洞率：54%，抗压强度：6.6MPa，密度：949kg/m³，主要用于砌筑240mm，180mm及90mm的墙体，产地：浙江长兴；（g）3孔内隔墙空心砖，240mm×240mm×57mm，孔洞率32%，密度：1155.2kg/m³，产地：北京；（h）4孔内隔墙空心砖，孔洞率30.7%，密度：1164kg/m³，产地：北京；（i）原西安砖瓦研究所试制的条板空心砌块；（j）4孔空心砌块，孔洞率44%，单块重12.33kg，产地：南京；（k）8孔空心砖，孔洞率40%，单块重5.2kg，产地：南京；（l）4孔空心砖，孔洞率34%，单块重7.4kg，产地：上海；（m）7孔空心砖，孔洞率50%，密度：754kg/m³，产地：天津；（n）3孔空心砖，孔洞率35%，单块重7.2kg，产地：上海；（o）4孔空心砌块，孔洞率28%，单块重16.2kg，产地：上海；（p）3孔空心砖，孔洞率46.7%，密度：955.5kg/m³，产地：天津；（q）3孔空心砖，孔洞率38%，单块重3.57kg，产地：江苏；（r）3孔空心砖，孔洞率53%，密度：790kg/m³，产地：哈尔滨；（s）12孔空心砖，孔洞率：40%，产地：陕西宝鸡市；（t），（u），（v），（w）产地：西安市

第二节 西欧烧结内隔墙产品的规格品种及主要性能

由于建筑物内隔墙材料的需求量非常大，特别是住宅建筑，所以在发达国家的烧结墙体材料，都非常重视内隔墙材料，如西欧各国均在内隔墙用烧结空心砖、空心砌块（板材）等方面研究开

发了许多种产品。内隔墙用空心砌块或砖又分为分户墙用及分室墙用的不同性能、厚度的产品。如法国研究开发的"卡罗"（Caroo）空心条板（主要用于隔墙，非承重），其厚度为100mm左右，安装时不用砂浆，其接缝企口设计得非常精确。又如法国Guiron-Toulouse公司生产的宽度为600~700mm，高度为2600~3600mm，厚度为300mm的空心条板，将砌块、空心砖的断面构造设计，特殊的干燥和焙烧技术的发展，提升到了一个全新的层次。砖砌体的抗压强度也不再因灰缝而降低20%~50%了。西欧、北美、中东各国及韩国、日本、澳大利亚、巴西等国家均在生产着多种品种的隔墙用空心砖（砌块），有专用于分户墙的，有专用于分室墙的；也有专用于楼梯间、电梯间、卫生间等的隔墙砖。有的国家对这类产品还制定有专门的标准。隔墙砖分为承重和非承重的两大类，但其厚度较外墙砖要薄得多。这就给我们了一个非常重要的提示，即为了增大室内有效使用面积，不能单靠减少外墙隔热保温所必需的厚度来达到目的，实际上内隔墙厚度上的减小对增大室内有效使用面积更有重要的意义，因室内隔墙的周长远大于外墙。例如西欧很多国家生产的非承重分室隔墙空心砌块、空心砖仅60mm厚；分户隔墙仅100~120mm厚，其密度德国标准规定在510~1000kg/m^3之间，换算为面密度时也仅为50~100kg/m^2之间。这与我国现用的各种板材的面密度相当，但是用烧结的隔墙空心砖或空心砌块砌筑的隔墙其性能上要比现用的各种板材的性能好得多，例如在使用寿命期内的尺寸稳定性上（绝对不会开裂）、在与砂浆的粘结性能上、在可长期保持砌体强度上、在隔声、防火性能（80mm厚的烧结空心砖或空心砌块，耐火等级为F90，即出现火灾后有90min的时间转移财产或逃生）上及在对室内环境的贡献等各个方面均优胜于现用的一些板材，有着非常均匀平整的粉刷基准面，而且造价比现用板材低得多。从生态学角度讲，这类材料的使用寿命长，并在其使用寿命终结后可全部回收利用。而且这类隔墙材料在建筑造价上也低于现用的抗碱玻璃纤维网格布与低碱度水泥制造的板材，其综合能耗也低。承重用的内隔墙空心砌块、空心砖在墙的厚度上也完全可以减小到120~180mm。

德国标准DIN105《砌墙砖》第五部分就包括有内隔墙用轻质空心条板（后文解释）。该标准中对轻质空心条板的用途规定是用于非承重的内墙体上。规定轻质空心条板的最大密度为1000kg/m^3，共分为6个密度等级（表6-1）。

表6-1 德国轻质空心条板的密度等级

密度等级	密度的平均值（kg/m^3）
500	410~500
600	501~600
700	601~700
800	701~800
900	801~900
1000	901~1000

注：单个值不可低于或超过密度等级极限值5kg/m^3。

对这类产品的形状和孔洞结构也有一定的要求，轻质空心条板，其孔的结构和孔型可随意设置，但外壁必须大于9mm，内肋厚度必须最小为7mm。图6-2给出了这些要求的示意图。

此外，对空心条板的抗折强度有专门的规定，即必须能够承受500N的弯曲荷载（允许的最小单个值为400N）。对空心条板的尺寸误差规定为：在纵向上为长度的1.5%，在横向上为高度的3%。德国轻质空心条板的常用尺寸见表6-2。

第六章　内隔墙用空心砖、空心砌块及空心条板

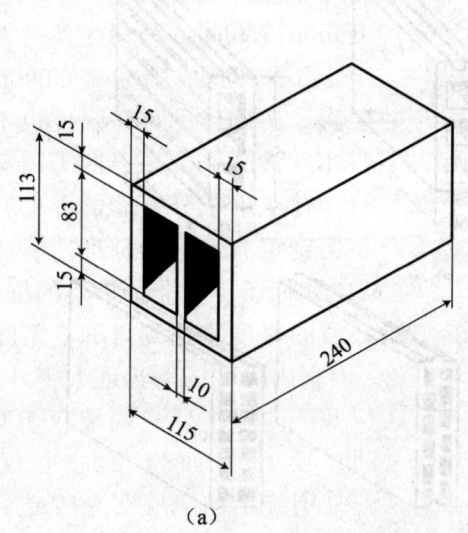
(a)

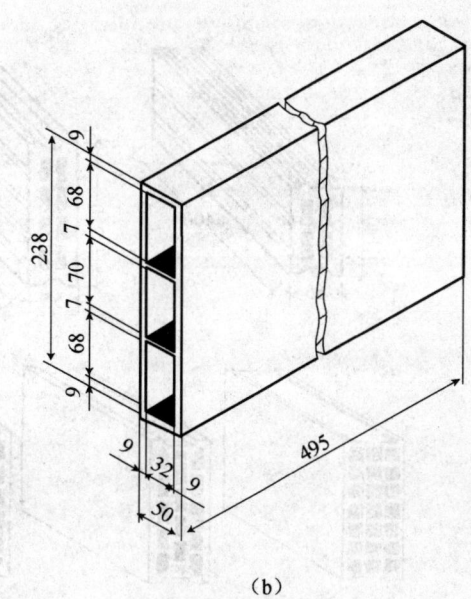
(b)

图 6-2　德国轻质空心条板孔型设置、外壁及内肋的规定
(a) 对外壁及内肋厚度的规定；(b) 对空心条板孔外壁及内肋厚度的规定

表 6-2　轻质空心条板的尺寸　　　　　　　　　　　　　　　　　　mm

长（L）	宽（B）	厚（S）
330	175	40
495	238	50
995	320	60
—	—	70
—	—	80
—	—	100
—	—	115

内隔墙用空心砖在我国研究得非常少，也没有专门地开发过这类产品。内隔墙烧结空心砌块在我国墙体材料行业中目前还是空白。由于内隔墙用空心条板的规格品种还有很多，如德国在2000年出版的《砖瓦词典》(Lexikon der Ziegel) 中就给出了如图 6-3 所示的内隔墙用空心砖及空心砌块。

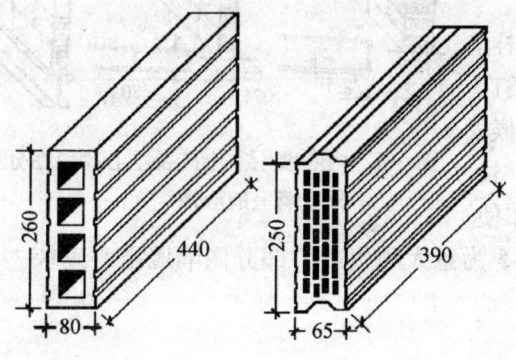

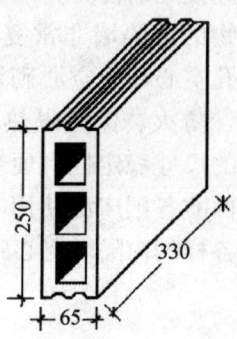

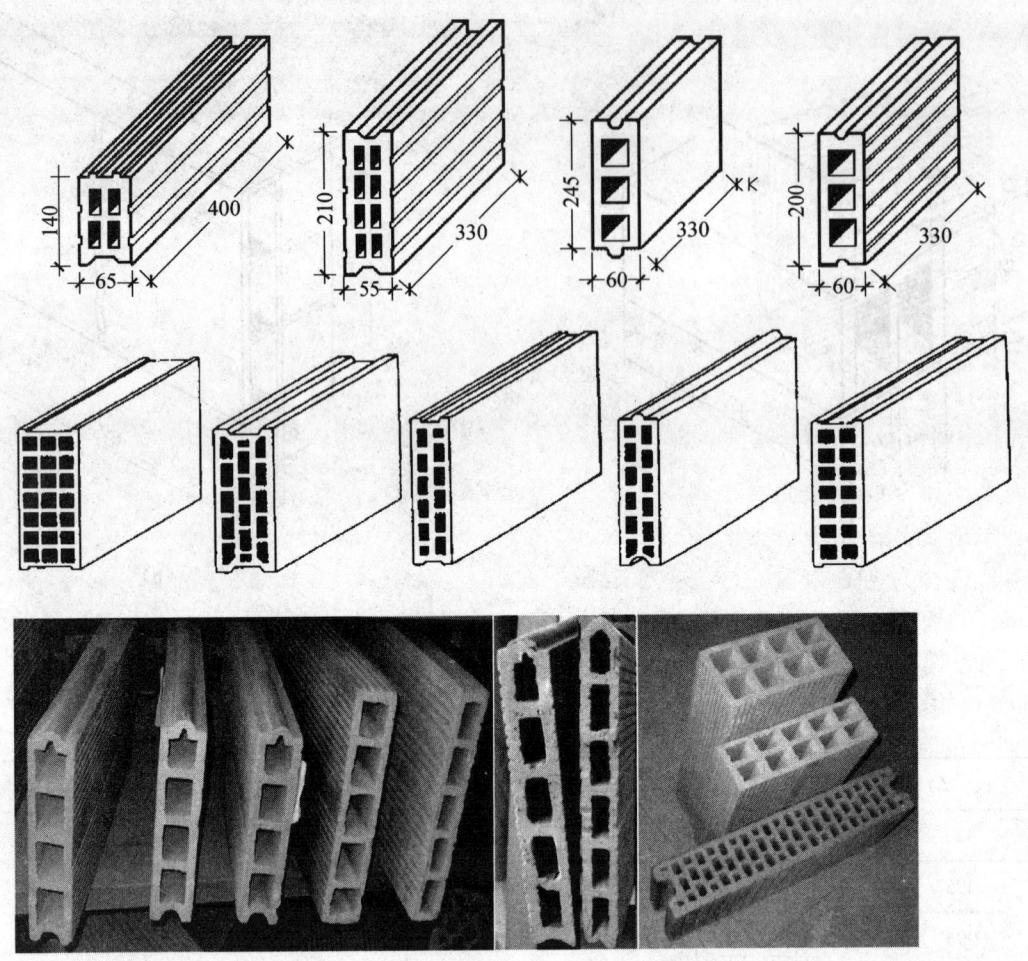

图 6-3 德国生产和应用的部分隔墙用空心砖及空心砌块（照片为 20 世纪 80 年代中期的隔墙用空心砖及空心砌块样品）

由于隔声要求的不同，分户墙用的空心砖及空心砌块一般要厚一些，而分室墙用的空心砖及空心砌块要薄得多。分户墙有用 240mm，120mm，115mm 厚的，多为双排孔或多排孔；而分室墙大多数用 40mm，50mm，55mm，60mm，65mm，70mm 和 80mm 左右厚度的空心砖及空心砌块，并绝大多数带有榫卯结构。图 6-4 所示为内隔墙空心砖及空心砌块实际使用的情况。

建筑物的内隔墙非常复杂，且形式变化多样。采用水平孔空心砖或空心砌块作为隔墙，因这类产品自重轻、防火、保温隔热，能调节室内小气候，有着长期的尺寸稳定性，便于铺设管道等优点，长期以来被西欧各国广泛使用。如意大利就生产和使用着各种各样的内隔墙空心砖及空心砌块，图 6-5 为意大利生产的部分内隔墙空心砌块。

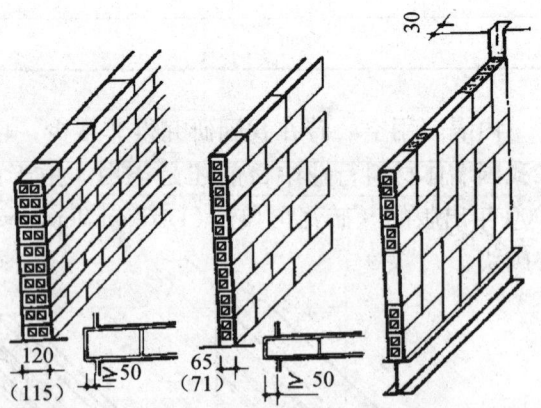

图 6-4 内隔墙用空心砖及空心砌块在分户墙和分室墙上的应用

第六章 内隔墙用空心砖、空心砌块及空心条板

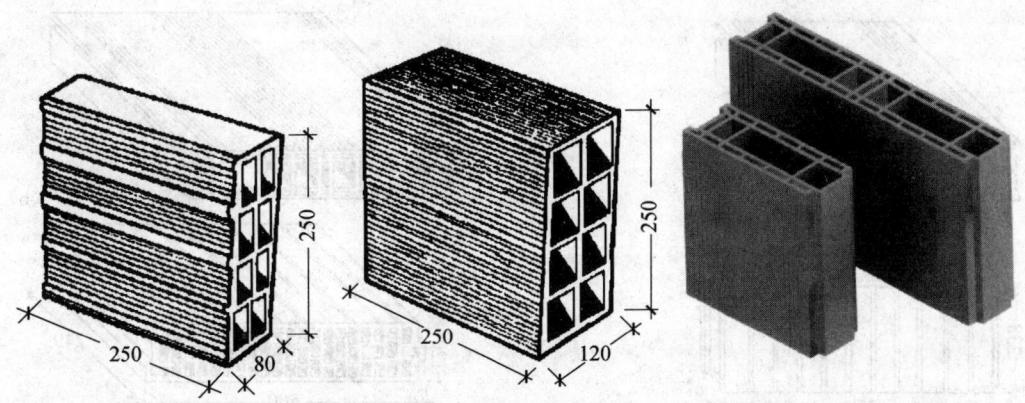

图6-5 意大利生产的部分内隔墙空心砌块（照片来自德国《国际砖瓦工业》杂志）

就内隔墙用空心砌块而言，西欧的规格品种非常多。尺寸较大而薄型的空心砌块过去我国翻译为空心条板砖，按照现行国家标准GB/T 18968—2003《墙体材料术语》中的定义，叫做砖或板都不准确，应称为空心条板。这一类产品与过去所称之为"层高条板砖"的产品不同，一般未超过1500mm的长度，因此称为条板是合适的。表6-3给出了意大利内隔墙用空心条板常见的尺寸。图6-6给出了西欧部分这类产品常见的形式。从图6-6可看到，隔墙用空心砌块有水平孔方向砌筑的，如图6-6中（a）和（b）所示；也有垂直孔方向砌筑的，如图6-6中（c）和（d）表示的多孔砌块即为孔垂直方向砌筑。

表6-3 意大利内隔墙空心条板常见尺寸

规格（长×宽×高）(mm)	单块重（kg/块）	规格（长×宽×高）(mm)	单块重（kg/块）
600×60×250	4.6	800×80×250	9.4
700×60×250	5.3	900×80×250	10.6
800×60×250	6.0	1000×80×250	11.8
900×60×250	6.8	1100×80×250	12.9
1000×60×250	7.6	1200×80×250	14.1
1100×60×250	8.4	800×100×250	10.47
1200×60×250	9.1	900×100×250	11.7
1300×60×250	9.9	1000×100×250	13.0
1400×60×250	10.6	1100×100×250	14.3
		1200×100×250	15.7

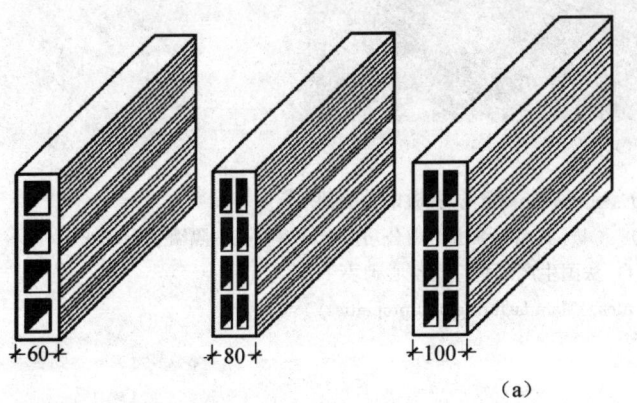
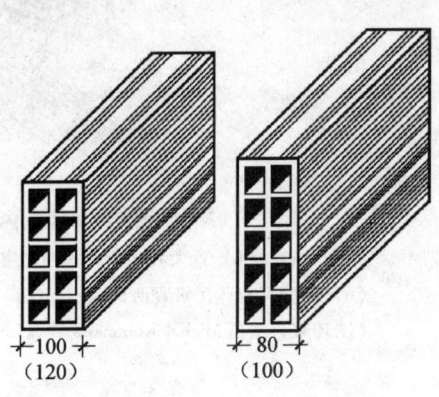

（a）

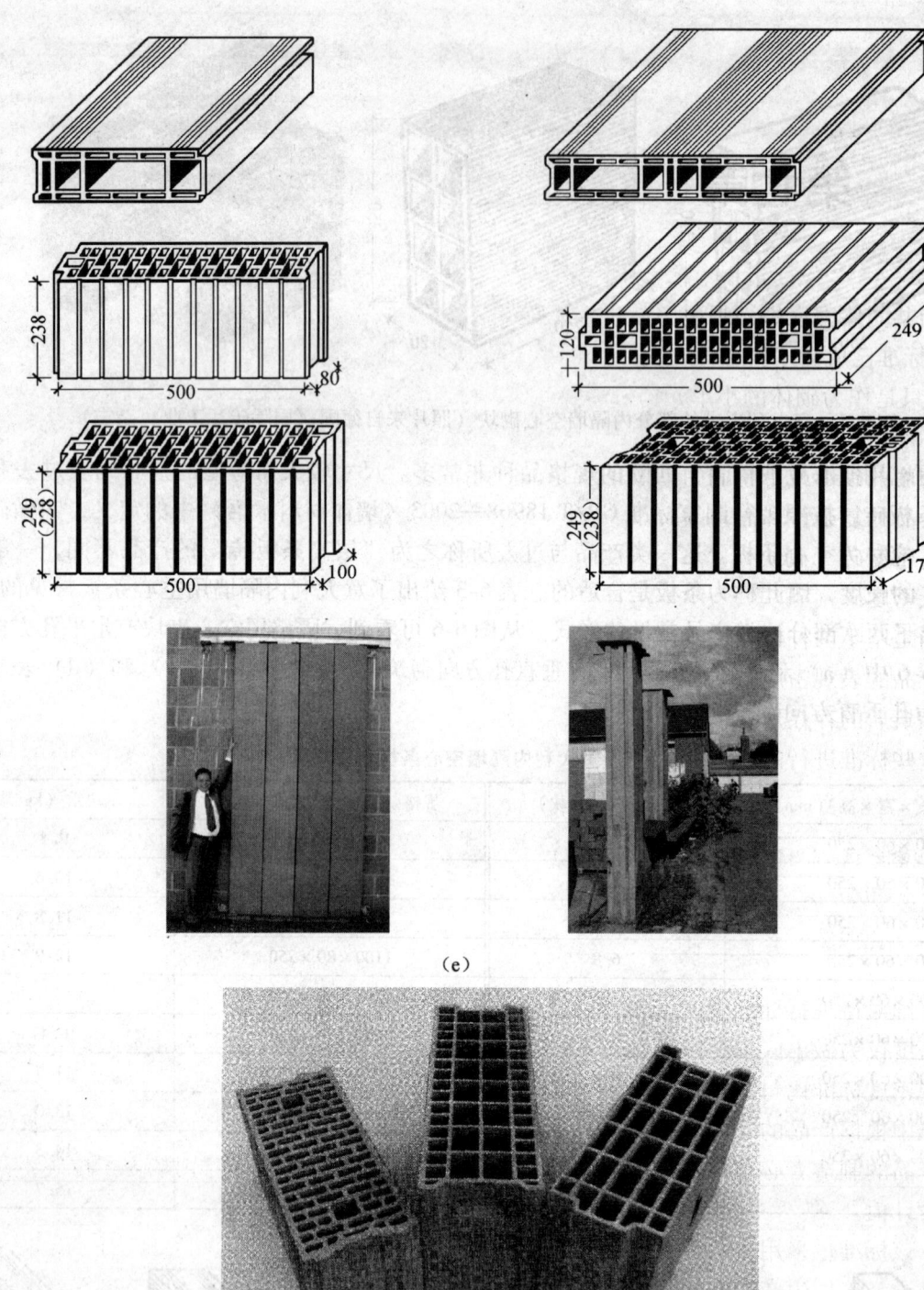

图 6-6 西欧内隔墙用部分空心砌块、空心条板的常见形式

(a)、(b) 意大利生产的隔墙用空心砌块；(c)、(d) 奥地利维也纳山公司生产的垂直孔内隔墙空心砌块；
(e) 德国艾森砖瓦研究所试验用的层高空心条板；(f) 法国生产的垂直孔空心砌块
(图片来自法国 Michel Kornmann 著《Clay bricks and tiles, Manufacturing and properties》)

第七章 欧洲共同体新标准中对烧结砖的分类及应用方法

在欧洲共同体国家中必须遵照新的欧洲标准 EN NF771-1(2003年4月)来制造烧结砖(或砌块),该标准已成为了强制性的标准,并取代了老的一些国家标准。对使用而言,所生产的砖(或砌块)只是作为砌体的小单元构件。

欧洲标准组织制定出了一个简单的标准,以便涵盖在砌体中使用的所有烧结砖(或砌块)产品:如带饰面的砌体或带粉刷的砌体;承重结构的砌体或不承重的砌体;外墙和隔墙或是里衬墙。

依照产品的复杂性和需求的观点,该标准在两种相似类型的砖(或砌块)之间做出了区分:

——高密度砖(砌块);

——低密度砖(砌块)。

该区别是基于两种标准:

——产品的表观密度(低密度 <1000kg/m^3;高密度 >1000kg/m^3);

——砌筑后的存在形式:砌筑有防雨层或是暴露在雨中。

根据这些标准进行的分类表示在表7-1中。

表7-1 高密度砖和低密度砖的定义

表观密度(kg/m^3)	有防护无暴露	无防护,装饰砖
<1000	低密度	高密度
>1000	高密度	高密度

必须仔细对待现行标准中使用的专门术语,因为使用的高密度和低密度术语易造成混淆,原因是表观密度仅为做出区别的判别准则之一。实际上有两个判定的标准(表观密度和防护形式),事实上表观密度标准比与之相联系的防护标准的重要性要低。

该标准中根据产品的几何构造也定义了四组产品,即:产品的体积和孔洞的方向,以及墙体的厚度。产品的制造者必须标示出产品的组别。在欧洲使用的这些产品组别是为了按照组别来选择不同的设计值。

此外,该标准也采用了两种砌体构件的类别,即类别1和类别2,这取决于对工厂的信任度水平,也就是说,工厂生产控制的类型以及是否是按统计方法表示出了抗压强度。制造者也必须标示出所造产品(砖)的类别。类别1的砖(或砌块)代表着有高的信任度,即这些工厂是经过了"2+综合评估系统"的评估,也就是说,这些工厂的生产控制系统在最初就必须得到确认,并要定期申报复查。此外,抗压强度也必须以统计值标示出。根据这一标准,"类别1的砖(或砌块)所标示的抗压强度,不能达到该强度值的概率不能超过5%,因为所标示的抗压强度值可使用平均值来测定。"类别2的砖(或砌块)也必须有工厂生产的控制系统,但是不需要进行申报复查,其抗压强度也不需要用统计方法做出标示。

在欧洲使用的这些类别是为了在结构计算中根据砖(或砌块)的不同类别来选择安全系数,例如类别1的砖(或砌块)就使用较低的安全系数,从理论上讲,其结构也更轻。事实上,机械强度的问题在独立住宅中不是主要的,针对欧洲建筑的大市场,其机械强度仅在整体的住宅建筑和公共建筑中有重要作用。

第一节 低密度砖

一、低密度砖(或砌块)的定义

低密度砖(或砌块)要防护水的渗漏,并且其表观密度小于 1000 kg/m³。这类产品有着较高孔洞率,通常是较轻的烧结固体产品。在该标准中给出的某些低密度砖(或砌块)的实例如图7-1所示。

总的来说,低密度砖(或砌块)包括所有的墙或结构用砖(或砌块),而不是用作装饰的砖。值得注意的是,在该标准中将原来概念上所有的砖或砌块都统称为"构件"(Unit),而不再分别称为砖或砌块,也就没有了砖和砌块的定义及类别划分。下面将对这类砖用作建筑构件方面给出一些评论。

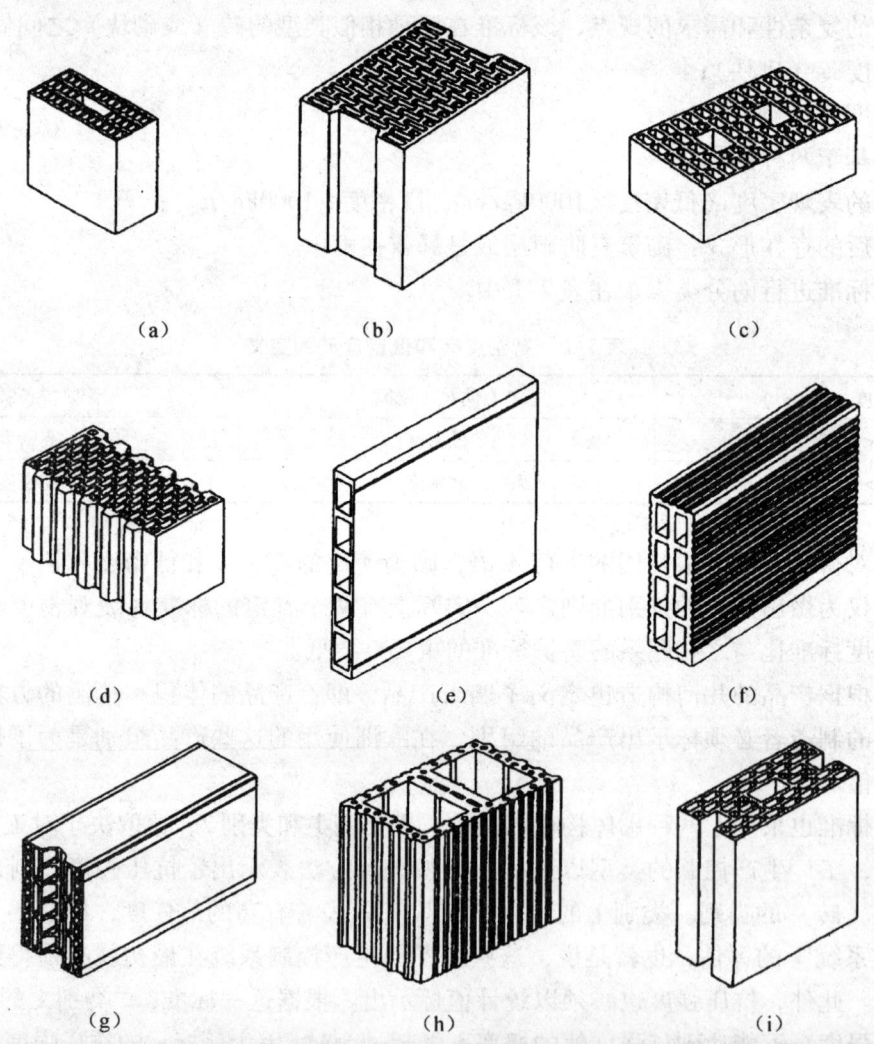

图 7-1 低密度砖的实例(EN771.1 烧结砖)(图片来自法国 Michel Kornmann 著《Clay bricks and rooftiles, Manufacturing and properties》)

(a)垂直多孔构件;(b)带有砂浆凹槽的垂直多孔构件;(c)带有手抓孔的垂直多孔构件;(d)带有雄榫和凹槽的垂直多孔构件;(e)垂直多孔构件(用于隔墙);(f)带有挂灰槽的垂直多孔构件;(g)带有砂浆凹槽的水平多孔构件;(h)用混凝土或砂浆填充的空心构件;(i)用于预制墙板的空心构件

二、顺砌和丁砌

在墙上用砖的主要位置之间做出了区分：

——丁砌，是当砖的顶面朝着墙面的砌筑；

——顺砌，是当砖的条面（长边）朝着墙面的砌筑。

低密度砖（或砌块），因为块体大，通常是顺砌；而高密度砖，因为块体较小，常常在墙上是丁砌的。

三、水平孔和垂直孔多孔砖（或砌块）

带有水平孔的砖是典型的孔洞水平方向放置的建筑砖。因此其孔洞相对要大些，并且定位在水平方向。产品内的垂直壁是承受荷载的，而水平方向的肋不承受任何机械荷载。砂浆铺设在砖的上部侧面上，孔洞呈水平方向砌筑。

当砖内部肋壁的数量增多时，其孔洞就会变小，因此就有可能将砖在垂直方向上砌筑，也就是说孔洞是垂直的，因为在小的孔洞上砂浆不会落入孔洞中。这就形成了垂直多孔砖的应用，在孔洞的整个截面上都能承受荷载。由于在挤出中的各向异性，在孔洞面上改善了砖的抗压强度，增大了孔洞截面上的承载能力，提高了产品的性能。鉴于此，烧结产品就能做成有更多的孔洞，而同时可弥补在机械强度上的降低。上述每类产品的相对优势，表 7-2 中给出了比较。

表 7-2　孔洞的定位方向及结果比较

	水平孔	垂直孔
抗压强度	较低	较高
抗剪强度	高	取决于孔洞的设计
热阻	取决于烧结的产品及孔洞的数量	取决于烧结的产品及孔洞的数量
墙体的热阻	在墙中没有空气的对流	在墙的上部和下部之间可能出现空气对流
砂浆的使用	没有问题	如果砂浆太稀，可能回落入孔洞中
砂浆层拼接的可能性	包含在砖的设计中	需要铺设凹槽模板
抓取	容易	需要抓孔
坐浆面的打磨及薄灰缝粘结的可能性	打磨面很大	仅有孔洞壁的打磨，很容易
降低墙中荷载的因素	在相邻层之间有好的接触表面	如果灰缝较薄，在砖之间有较小的接触表面
砂浆槽和连锁性能	可行	切实可行

四、用砂浆铺砌及用薄灰缝连结层

高密度砖通常用 10~20mm 厚的砂浆层，用瓦刀（灰铲）铺砌，而水平灰缝总是要填满。如果有更高的抗剪强度要求时（例如抗震设计），垂直灰缝才填满。标准砂浆是热的导体，大量的热可通过灰缝散失掉。有的使用了低导热系数的轻质砂浆，但是就轻质砂浆的导热系数仍然比砖的当量导热系数高，并且轻质砂浆也降低了灰缝的抗剪强度。

也有一些砖能够由薄的灰缝方式（大约 1mm 厚）来砌筑，可以用辊式铺灰器铺设砂浆。这样通过灰缝的热损失就非常有限了。这种类型的铺砌要求砖要有高度精确的几何尺寸（在砖高度方向上约 ±0.3mm），因为不再有可能通过灰缝的厚度来调节砖在高度上出现的变化。通过传统的干燥和焙烧过程要想直接得到如此精确的尺寸是非常困难的，因此在焙烧之后的砖就必须经过打磨。此外，这些可用薄灰缝铺砌的砖在砌筑时比用传统的砂浆铺砌得更快。当然，薄灰缝铺砌要用专用砂浆。

五、榫舌和凹槽连结及砂浆槽

某些砖（或砌块）因在垂直接缝处设置了榫舌和凹槽而具有连锁的特征，当竖向灰缝的砂浆不饱满时，也能改善竖向灰缝的防水性能、隔热保温性能及隔声性能。

某些其他类型的砖（或砌块）在其顶面上设置有垂直孔洞，被称为砂浆槽。这种简单的方式，对抗震建筑来说，砌筑时用灰铲（瓦刀）将砂浆填充到这种孔洞中后，就得到了垂直方向上质量相当好的竖向力学连结。

六、砂浆层的拼接

水平方向的砂浆层是连续的，并覆盖了砖的整个横向宽度。要减少通过砂浆层（灰缝）的热损失，可将砂浆层做成数个平行的条状，使砂浆层成为不连续的，这样就可减少通过砂浆层的热损失，但是这种方法增加了墙体中的机械应力。这种方法称为"砂浆层的拼接"。如果在砖的承重表面上设置凹槽，该种砂浆层的拼接就能通过砖体本身的设计来实现；或使用一可沿墙体滑动的凹槽模板铺设砂浆，砌砖工人就能够铺设出多条平行的砂浆带。

七、操作抓孔

带有水平孔洞的砖，不管其尺寸和质量如何，操作中都是很容易的，砌砖工人能够将他们的手指插入砖的孔洞中，因为水平孔砖的孔洞较大些。

垂直多孔砖的孔洞要小得多，要想容易抓取砖，有效的方法就是设置抓孔。

八、承重外墙和填充外墙

在欧洲使用低密度砖有各种各样的建筑方法。

承重墙体，也就是由墙体直接承受楼板的荷载。这种类型的墙体多见于中欧国家。墙体建造迅速，而且墙体相对是匀质的，但是需要有较好的砌筑技艺、高质量的产品及熟练的砌砖工人。

在地中海周围，常可发现另外一类墙体，即所做的建筑结构是由承重的混凝土梁和柱组成的框架来承受楼板的荷载，砖仅用来填充空间。这些填充性墙体是砌筑在每层楼柱子之间的楼板上，对砖的质量和砌砖工人的技能要求不高，这对建筑物的稳定性没有任何影响。然而，这些墙体的质量通常较低，如具有较低的保温隔热性能，因为有不同的热膨胀系数，在混凝土和砖的结合处可能会出现裂缝；建筑物具有较低的刚度，因为在混凝土柱和填充砖之间其结构不可能全部固化在一起。特别是为了节约投资而减少了柱中的钢筋时，其抗震能力也是低的。

九、不同类型的砖

在市场上存在着不同厚度和规格的烧结砖产品。

十、用于传统墙体的砖

砖的最小厚度由要建造的墙体的长细比来确定。对于承重墙体而言，就必须考虑在墙体上的荷载，因为这类荷载通常是偏心的。在法国，承重墙体的最小厚度是15cm，但是大多数使用的厚度是20cm。最普遍的砖具有的横截面为20cm×20cm，其孔洞为水平方向。

用传统的低密度砖建造的墙体必须有保温隔热措施。

保温隔热层也可做在内墙面上（内保温），即保温隔热复合材料粘贴在内墙面上，并用石膏板覆盖。这种方法是便宜的，但是引发了数种问题：如有若干热桥存在，内部材料没有热惰性，在保温隔热材料后面的冷墙体上会出现冷凝的危险，仅由一薄的粉刷层防护着砖。在法国内保温隔热层的做法是非常普遍的。

保温隔热层做在外墙面上（外保温）有许多优势，如对砖有着高度的防护，没有热桥现象，内部材料有高度的热惰性，但是外保温隔热层的做法成本较高。在德国、瑞士等国家外保温的做法是很普遍的。

在这种类型的墙体中，砖组成了墙体的结构，在墙体的保温隔热性能上砖也提供了某些有限的作用。

十一、用于墙体保温隔热的砖（或砌块）

砖（砌块）本身也能提供墙体有足够的保温隔热性能。在这种情况下，其墙体较厚些（30cm，37cm，50cm厚）。这类产品有其商品名称，例如"波罗通"、"蒙瑙米"、"瑟缪艾色拉"等等，其孔洞通常是垂直方向的。在先前的标准中，这类产品被称为空心砌块。该类产品发展的趋势是朝着不断改善其保温隔热性能，并使其最佳化方向发展。为了减少通过砂浆缝的热损失，就必须对砂浆缝要有所限制，这就导致了该类产品的块体较大、较重。事实上，单个块体的最大质量被限制在一个工人砌筑时能够用双手搬动的水平上。人工砌筑时单块最大质量约在15～20kg，也有使用吊车来砌筑的较大块体的产品，因为块体太重而使用吊车。

十二、隔墙砖（或砌块）

使用较薄的砖来建造室内隔墙或是内衬墙。这些砖的厚度范围在3.5～11cm。这类砖可用石灰和水泥砂浆来砌筑，但是也常使用熟石膏浆体来砌筑，以便凝固得更快些。在法国，这类产品被称为"泥水匠"的砖。因为这类产品薄并有着低的面密度，但其尺寸常常是较大的。这类产品的发展趋势是朝着砌筑简单化的方向发展，如更大的块体，用薄灰缝砌筑，不用砂浆的干铺砌等。

十三、用混凝土填充的砖

在需要有高度隔声要求的地方使用，即用现有的砖（空心砖）当作混凝土墙的模板，在孔洞内灌注混凝土。因此将此类产品称为混凝土或砂浆填充的砖。

十四、配件

砖是一大家族，每种类型的砖都有其与之相关的配件，以便使砌筑容易并确保其性能的连续性。用于保温隔热目的的砖有大量的配件，如用于楼板边缘的衬砖、过梁砖、拐角砖，用于门和窗户的凹槽砖，以及用于混凝土柱的模板砖等。

第二节 低密度砖应用性能的最佳化

一、热阻的最佳化

在砖的设计中就有可能使其热阻最佳化。设计中就必须考虑给定的孔洞率及相应的、所期望的机械强度。

热传递是通过在材料中的传导、在空气中的传导和对流，以及辐射而发生的。我们所希望的是将这些热传递最小化。在标准EN1745中给出了最简单类型砖的热阻值表。

使热传递最小化的方法有：

（1）烧结产品的最佳化。这一可能性在烧结产品的导热系数一章已做了讨论。烧结产品的导热系数能够由改变其成分及降低其密度来减小。然而，这种方法由于力学性能的降低而受到限制。实际上，要想将烧结产品的密度减小到 1400kg/m³ 以下是有困难的。此外，尽管在热传递主要以传导方式出现的简单的砖上降低密度对导热系数有直接的影响，但在有孔洞的砖上不是如此有效，因为在传导的热损失已经有显著降低时，而由于辐射造成的热损失通常已经达到了同样的水平（即传导热损失减少，而辐射热损失增加）。

（2）在产品的孔洞中避免空气的对流。原理上，如果砖内的孔洞尺寸小于 1cm，孔洞内空气的自由对流就停止了。必须采取小心的措施以避免在墙中由于通过砌体的孔洞而造成了强制性的综合循环。在墙上的所有孔洞（电源插座、通过墙的管线等）都要谨慎地堵塞住，以避免任何的循环。

（3）增加在产品孔洞平行于结构墙体平面之间的中间肋壁的数量（即增加与墙面平行的孔洞数量）。在砖内部这些与墙面平行的肋壁有两种作用：一是起着对热辐射的屏蔽作用；二是当砖内不同壁之间的交错连结时，也延长了热传导的路径。增加中间肋壁的数量不改变孔洞率的大小，因此这些肋壁就要做得薄一些，目前的技术水平能够达到这种要求。当前的产品在 30cm 厚（指墙厚）的截面上有 20~30 排中间肋壁。

（4）垂直于墙体平面及平行于热流方向上的肋壁的连结截面最小化，这包括砖中的外部、内部及中间的肋壁在内，要折算其数量和相应的厚度。在平行于墙体平面的方向上的孔洞形状就这样被大大地拉平了。但是这种方法也受到墙体声学性能的限制，因为这些孔洞很容易产生共鸣。

（5）砖内部孔洞的截面形状（长方形、菱形、六边形等）的影响。六边形孔在墙的厚度方向上有着良好的刚度，而也有着很好的隔声效果，但是这种孔形在热流的方向上其中间肋壁有着相当大的表面积，因此从传热的观点上讲，不是理想的形状。设计上菱形与长方形孔的交替排列可使热流的路径达到最大化。人们甚至能够想象出其他更复杂的扁平孔形，也包括更复杂的基本图形的镶嵌孔形。

（6）坐浆面打磨的砖。由于砂浆的保温隔热性能差，因此打磨的砖使用了薄灰缝连接（为了减少通过灰缝的热损失）。

（7）当在垂直灰缝没有被完全填充的情况下，加大砖的高/宽比也能够相对减少砂浆的用量（砖的高度增大，减少灰缝）。

目前普遍使用的产品其热阻值根据产品的不同而在变化，当产品的厚度为 30~50cm 时（指墙厚度），其变化范围为 $2 \sim 3.5 m^2 \cdot K/W$。

二、热惰性

在稳定的温度环境下，很少对墙体进行保温隔热处理，而砖是重质墙体材料，能够提供有用的热惰性指标：

（1）在冬季，不管在温度上有何变化，砖都有很好的稳定温度的能力，而且在短时间内就能存储太阳能。

（2）在夏季，在炎热的天气下，砖的热惰性可消除其峰值温度。

由于砖的热惰性，因为热进入砖体后热波动有了衰减，并产生了相移动。这种衰减和相移动取决于波动的频率，其波动的频率范围为：当热的程度有变化时可能是几分钟，也可能是白天到夜晚循环的一天，也可能是持续数天的炎热天气。从标准 EN ISO 13786《用于建筑构件的热性能等级——热动力学特性》的规定，就能计算墙体的热动力学数据。

在法国标准 RT 2000 热规范中，以各种方式来考虑热惰性：

（1）根据楼板和垂直墙体的类型，简单确定热惯性的类别。重量较低的楼板和砖墙建筑被归类于重质热惯性类别。

（2）在热惯性数值的基础上进行简单的计算。这是对上述方法的改进，其热惯性类别的确定涉及墙和楼板的表面积，以及它们的表面热惯性［$kJ/(m^2·K)$］，而且这些数值是分摊到墙及楼板上的。

（3）使用详细的房屋形状及材料的数据进行详细计算。

在法国标准 RT 2005 中规定，要求做出全部的计算。

三、含水量的最佳化

建筑砖必须能够传递水分，能够使水蒸气通过砖体扩散而得到干燥，但是要限制液态水的渗漏（雨水、冷凝水等）。用与热工特性相似的方法，烧结产品的性能和孔洞的几何形状能够帮助人们找到解决含水量的最佳方法。用热性能最佳化的方法来解决烧结产品的最佳含水量是可能的，虽然至今还没有明显的结论。

正如所见，带有外粉刷的建筑砖可起到部分防护水分的作用，因为砖没有暴露在大风雨中，但是粉刷层并不能阻挡建筑砖仍要吸收少部分水分。

在冬季，暴露的砖有另外一种水分传递的形式。除了由于加热产生的横向热梯度之外，还有一暖流使潮湿的蒸汽通过墙（更冷）从内部向外部转移。因此在墙上某些冷的区域，其相对湿度就有可能达到非常高的程度。当温度低于露点温度时，在砖上就会出现冷凝水。由 CTTB 和 CSTB 所做的水分传递的计算表明，在实际环境下使用"蒙瑙米"（Monomur）砖（砌块）决不会出现任何冷凝水。

在另一种情况下，砖外部的粉刷层随使用时间的推移可能会出现裂缝。这种现象出现后，在下雨时必须不能让水进入墙体中。

防水性试验可在有粉刷层的砖墙片上进行，在墙片粉刷层上做出数条刮痕，深度达到砖的表面，以模拟粉刷层的裂缝。于是，让这一带粉刷层的墙片暴露在流动的水和轻微过压的环境下（模拟风压）。在这种状态下持续 24h 后，检查墙片内表面上是否有可见的水分，同时也要测量进入墙片水的质量。通常，水渗透砖的程度被限制到第一排孔洞处，水不能直接渗透通过墙体，若有的话，也只是在墙脚处发现有非常少量的水。此时，墙片的吸水性就非常高了。

需提及的是在其他条件下，烧结砖暴露在液态水下的状况：

（1）建立在地面下的砖墙。与土地接触的砖墙必须有一外部防护层。根据法国 DTU 技术规范要求，在基础墙上使用防护层的类型是根据所涉及到的使用范围而变化：有通风空间的情况下，出现水分的斑点是允许的，但是在居住范围内是不允许的。

（2）如果没有防潮层时潮气的增高。这种情况存在于较老的建筑物中，但是在有防潮层的新建筑中不允许出现。

四、力学性能的最佳化

砖的力学性能的最佳化包括以下几个方面：

（1）砖的垂直抗压强度的最佳化。这包括烧结质量很好的产品在内，孔洞率要有所限制，以及要有一好的设计，包括在受力方向上要有足够的增强措施。抗压强度取决于砖（砌块）的几何形状，特别是产品的高宽比。

（2）对用于抗震建筑的一些砖来说，也要求侧面水平抗压强度要经受得起由地震引发的剪切应力。

（3）砖的设计必须符合隔声的要求。这一问题将在下节讨论。

(4) 用于砌墙的砖。这就是指在砖与砖之间其荷载必须要以有效的方式进行传递，在其接触点上没有过载，特别是用薄灰缝连结的基础砖或是在连结截面之间有宽的间隙时。因此，在砖的强度和墙可接受的荷载之间就有了一缩减系数。实际上，这一缩减系数也要考虑在外墙上放置的楼板的偏心荷载，以及由于这种偏心荷载而导致的扭矩，也要考虑墙的长细比（墙的高度与宽度比）系数。在法国的建筑标准中规定，单片墙的长细比不允许超过20。

表 7-3 给出了各种不同长细比和材料构成的具有偏心荷载外墙的缩减系数。

如表中所示，一用于外墙的 C40 水平孔空心砖，在墙的长细比为 15 的情况下，绝不能承受比 40 巴（bar）/10 = 4 巴大的荷载。

表 7-3 外承重墙上的荷载缩减系数（偏心荷载）

砖的类型	长细比 <15	长细比 18	长细比 20
多孔砌块，平面砌块或多孔砖	9	10.8	12
水平孔空心砖，有连续铺砌的表面	10	12	13.3
水平孔空心砖，拼接	11	13.2	14.6

承重内墙的缩减系数较低，因其荷载在中心部位。

欧洲规范 6 中采取了不同方法来计算建筑物的力学强度：

(1) 计算砌体上所施加的力时，要考虑所有的因素，不但要考虑在正常工作条件下的力，而且还要考虑在极端情况下出现的力。这些计算包括涉及到的使用环境下的安全系数。在实际使用中，有复杂的计算方法，也有更简单的计算方法，特别是对小型建筑用简单的计算方法。

(2) 将计算得到的这些力（荷载）与墙的力学性能进行比较，然后根据砖和砂浆的力学性能对砌体的抗压强度（MPa）进行评估，按照下式计算：

$$f_k = K \cdot f_b \cdot x \cdot f_m \cdot y \tag{7-1}$$

式中　f_b——砖的平均标准强度，MPa；
　　　f_m——砂浆的强度，MPa；
　　　x、y——系数。

欧洲规范 6 中给出了不同的 K 值，x 和 y 则取决于使用的条件。举例来说，$K = 0.4$，$x = 0.7$，$y = 0.3$ 时是适用于普通砂浆或是轻质砂浆的。

除了上述这些外，欧洲规范 6 中也给出了如何评估墙的剪切强度及横向强度的方法。

五、声学性能的最佳化

砖建筑的声学性能包含着复杂的现象，这同样要涉及到砖本身，而且也要考虑到许多外部的参数，因此要评估砖建筑的声学性能要求懂得所涉及的建筑物及使用的建筑方法的全部知识，以便能做出全面的评价。

法国调整后的规范（新的声学规范，2000 年 1 月 1 日）对隔声提出了要求，例如，关于住宅的隔声：

(1) 冲击声音（声音传播 <58dB）；

(2) 空气传播的室内噪声（在主要房间与相邻的两个房屋之间声音的衰减 >53dB，即隔声 >53dB）；

(3) 空气传播的室外噪声（声音的衰减大于 30dB）。

部分声能可通过砖墙。一小部分也能沿着墙的侧面传播，或是沿着建筑物的其他构件（楼板、天花板、内隔墙等)传播,或是通过细裂缝或裂隙传播。

因而,要达到材料特定的性能,砌筑的质量非常重要。在隔声方面必须遵循一些基本原理,以便避免砌体声学性能毫无必要的变坏现象。

所以,从相邻的墙体或楼板上内隔墙的封闭隔离就很重要,例如用有弹性的密封条封闭。

另外,至关紧要的一点是墙体的气密性。墙体必须是紧密相连的,没有任何可让声能穿过的孔洞或裂缝。粉刷墙体比裸露墙体的隔声性能要好得多,特别是垂直灰缝没有被完全充满的情况下。

对集体住宅来说,隔声是其主要问题。由 CTTB(法国建筑标准组织)制定的一小册子中,按照法国建筑规范给出了包括砖在内的各种建筑在不同情况下解决隔声的方案,也给出了集体住宅和临街住宅的隔声处理方案。这些不同的处理方案是建立在对使用的各种类型的墙的声学性能的计算和所进行的测定的基础上,这种测定和计算也涉及到了墙体特定的几何形状以及所使用的不同类型的砖。

(一)冲击声音的传播

由试验的方法来测定冲击声音的传播,该试验用一标准的敲击设备在试验的墙体上进行标准的撞击。然后在墙的对面测定声音等级,逐次测定每一倍频程。此后这些冲击声音等级被归结到一标称的加权声音等级 L_{nw}。L_{nw} 越低,对冲击声音的隔离就越好。

冲击声音的传播主要由单位面积质量、抗弯刚度和阻尼所决定。

对均匀的重质墙体(单位面积的质量 $m > 150 kg/m^2$)而言,标称的加权冲击声压等级 L_{nw} 如下:

$$L_{nw} = 164 - 35 \log m (dB) \tag{7-2}$$

式中 m——墙体单位面积的质量,kg/m^2。

(二)空气传播噪声的衰减

对空气传播噪声衰减的评价,其试验用的墙放置在两个实验室之间,一个实验室为噪声发生器,而另一个实验室为接收器,逐次测定每一频率下的声音衰减 R(标准 EN ISO 717/1)。测定获得的曲线实例表示在图 7-2 中。

这一曲线能够由单一的加权方法归结出整个的声音衰减指数 R_w(dB)。每一墙体、楼板或是天花板都可以由这一指数来描述其隔声性能,并能容易地在各种墙体、楼板或天花板之间进行比较。

在空气中有噪声传播的情况下,测定其衰减状态时,所获得的 R_w 值越高,其隔声效果就越好。

对实心的、均匀的、厚的墙体来说,其传播声音的衰减也取决于单位面积的质量、墙的刚度及阻尼。

实心墙体的声音衰减曲线 R 是与之相关声音频率的函数,通常包括四个连续的范围,随着频率的增加:

(1)在低频范围内,该曲线遵循理论上的"质量定律":

$$R = 10 \log [(\varphi f m / \rho_0 c_0)^2] \tag{7-3}$$

或
$$R = 20 \log (mf) - 42$$

式中 φ——常数;

f——相关声音的频率;

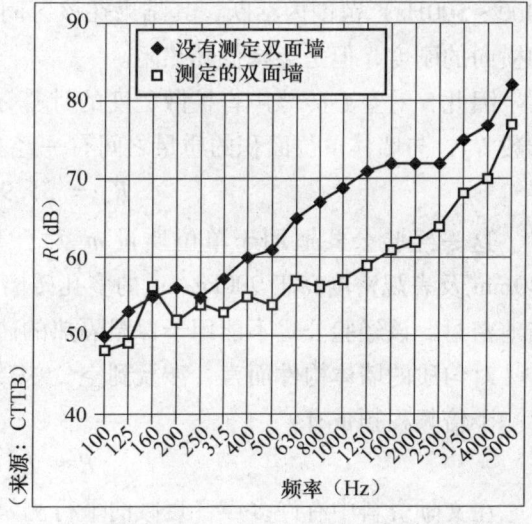

图 7-2 隔墙的声音衰减曲线(双面测定或没有)
(图片来自法国 Michel Kornmann 著
《Clay bricks and rooftiles, Manufacturing and properties》)

m——墙体单位面积的质量，kg/m^2；

ρ_0，c_0——空气的密度及与之相关的声音速度。

当频率每增加一个倍频程或是墙的表面密度加倍时，声音的扩散增加6dB。因此，高音调的声音比低音调的声音更容易被削弱。同样地，用灰泥抹墙或粉刷就能改善墙体的隔声性能，其一因为不再有声音的泄露；其二因为墙的表面密度增高了。

（2）当移动一接近于墙体的临界频率f_c的声音到墙面时，在其结构中的墙体就会像薄膜一样振动。这一频率是：

$$f_c = (c_0/2p)\nu(m/B) \tag{7-4}$$

式中 $B = Eh^3/12(1-\nu^2)$（各向同性墙体的抗弯刚度）；

E和ν是当量模数，h是墙的厚度。

重质砖墙有着相当低的共振频率（125~250Hz）。当与之相关的噪声的频率与墙体的共振频率一样时，与"质量定律"比较在其扩散上就有一种衰减。这就是"重合带"，有一个或两个倍频程宽。

（3）上述这种频率，会达到其扩散再次随频率而增加（每个倍频程约9dB）的区间。墙体的阻尼效果起着主要作用并限制着共振。阻尼效果涉及到墙体所使用的结构方法（砂浆连结或薄灰缝连结；有或没有垂直连结灰缝），以及材料本身（砖和砂浆）。材料的性能通过本身的功耗因素而起作用，具有低玻化程度及低弹性模量的材料其功耗因素无疑要更高一些（烧结砖有此特性）。

（4）最后，在高频率情况下其扩散很少随频率迅速增加，因为在厚的墙体中剪切波达到了较高的程度。

对于用空心构件，例如空心砖建造的墙体，由于某些附加的现象，能够进一步减少声音的扩散：

①墙体（砖）通常不是各向同性的，而是各向异性的，因此在这样的情况下有两个膜共振频率（在墙体平面的两个方向上），其重合带要宽得多。

②在墙的厚度方向上通常其刚度较低，这则通过墙体造成了压力波；这种压力波在高频率（400~500Hz）范围内活跃，其结果在该区间有较低的阻尼比率。空心砖中与外壁垂直的肋条会增加横向的刚度，但是会降低其热阻。

因此，对空心砖墙声音扩散程度的计算还是近乎准确的。考虑到匀质砖砌体的加权声音衰减指数R_w，与墙体单位面积的质量之间有一经验关系式：

$$R_w = 35.9 \log m - 33.2 (dB) \tag{7-5}$$

这一经验公式适用于单位质量m大于$100kg/m^2$的单层实心墙体，同时也适用于厚度小于240mm及表观密度高于$900kg/m^3$的多孔砖墙体，但是规定墙体上所有的裂缝、孔洞和气孔都要适当地密封。该经验公式不能用于保温隔热的砖（砌块）墙。

对匀质的墙体构件而言，涉及到空气中传播噪声的衰减和冲击声音的传递也有一关系式，对每一个倍频程频带有：

$$R + L_n = 43 + 30 \log f \tag{7-6}$$

在文献资料中有许多声音衰减的平行测量结果可以利用。其典型的数据在表7-4中给出。

在欧洲的烧结砖瓦产品标识（CE marking）中规定，必须给出在空气中直接传播声音的隔声程度。正如所见，从原理上讲，隔声是墙体的性能，而不是单一的砖。所幸运的是：欧洲烧结砖瓦产品标记中对声学特性的要求给出了明确的陈述，目前限定在提供表观密度、给出砖的详细形状及单位面积的质量，没有要求要提供声音衰减指数。

表 7-4 烧结材料的空气传播声音的加权衰减指数

类型	R_w(C；C_{tr})	单位面积质量（kg/m²）
多孔砌块 6.5cm×22cm×22cm	57(−1；−4)	305
多孔砌块 6.5cm×22cm×22cm + 聚苯乙烯复合层 + 粉刷层 10+80，1面	59(−2；−4)	316
空心砖，20cm×20cm×50cm，12个孔，一面粉刷砂浆	48(0；−2)	190
空心砖，20cm×20cm，一面石膏板10，另一面复合层10+80	69(−2；−7)	205
隔墙砖5cm，两面均用轻质石膏粉刷，连续墙	33(−1；−1)	60
隔墙砖5cm，两面均用轻质石膏粉刷，不连续墙 Talmisol	35(0；−1)	60
隔墙砖（5cm+7cm），矿棉+隔墙砖3.5cm，两面均粉刷，不连续墙 Talmisol	67(−2；−5)	95

六、烧结产品墙体的防火性能

如前所述，烧结砖暴露在火灾下的特性包括两个不同的方面：

（1）烧结砖对火的反应（它们的易燃性）不需要测定，因为烧结砖已经被归类为 A1"不燃性材料"，也不需要试验。因为烧结砖不能燃烧，也不能以任何方式着火。

（2）烧结材料墙体对火的阻隔，也就是处于火灾状态下，在给定的时间期限内能够维持它们的功能的能力。

已经开发出了用于墙体暴露到火灾情况下的欧洲标准化试验方法[EN 1363-1，第一部分(2000)]。将试验的墙体放置在压力荷载下（在砖是用于承重墙的情况下）或没有压力荷载（不承受任何荷载的隔墙）。在墙的前面放置一炉子，让墙体暴露在标准的热流状态下。有四项评判的标准：

（1）隔热性能 I（没有暴露在火流下墙面的温度上升到 140℃ 的时间）；

（2）着火整体性 E[热气体通过的时间，能在墙的冷端（另一面）点燃一块棉花]；

（3）承重能力 R，即整体结构的持续性，这涉及到墙体的稳定性，在很大程度上取决于施加的荷载；

（4）分离标准 M，即承受水平振动的能力，这是在欧洲标准 EN 1363，部分2（2000）中规定的一个附加标准项。

法国标准规定了获得这些数据的最小周期，然而这则取决于建筑的类型。表 7-5 表示了某些研究报告中在荷载下对各种产品所做试验的结果。结果表明烧结产品墙体有非常好的防火性能。

表 7-5 砖墙的防火性能

墙的类型（线荷载 kN/m）	隔热性能 I(h)	着火整体性 E(h)	承重能力 R(h)	PV 参照标准
多孔砌块 20cm×20cm×57cm(130kN/m)，没有粉刷层	>6	>6	>6	CTICM99-U-135
多孔砌块 20cm×20cm×57cm(130kN/m)，两面粉刷，厚1cm	>6	>6	>6	CTICM99-U-158
多孔砌块 22cm×22cm×6cm(200kN/m)，没有粉刷层	>6	>6	>6	CTICM99-U-505
水平孔隔墙砖 20cm×20cm×6cm(50kN/m)，两面粉刷	1	1	1	CSTB RS01-102

对有相等截面的砖来说，垂直孔砖所承受荷载的能力比水平孔的要好，因为以前所有类型的墙中，砖是承重的。

最近，已经模拟出了这种墙体的试验及墙体性能的退化的模型。

第三节 高密度砖

高密度砖包括：

(1) 用于不防护水分渗漏的外部砌体的所有的砖，无论它们的密度是怎样的；

(2) 具有高的表观干密度（>1000kg/m³）的砖，用来保护砌体。

在标准中给出的高密度砖的实例如图7-3所示。

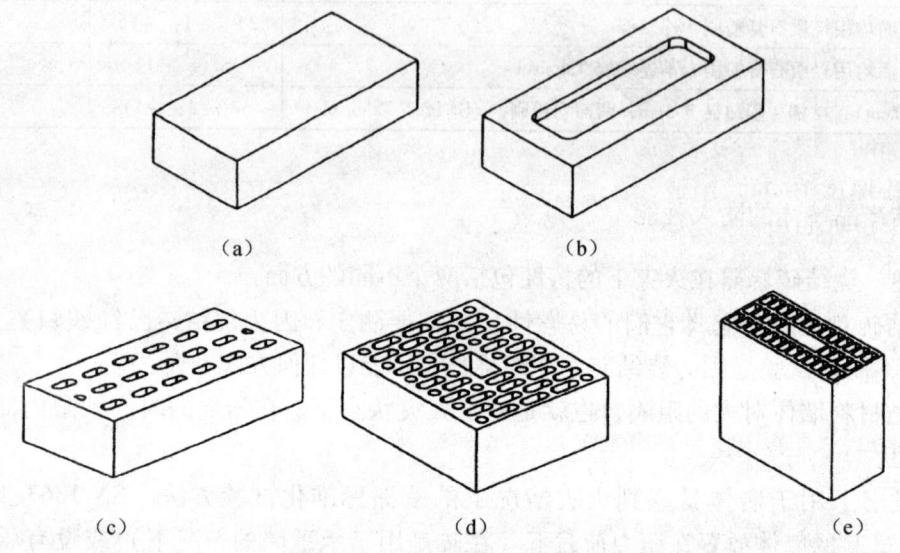

图7-3　HD砖的实例

(a) 实心构件；(b) 凹槽构件；(c) 垂直多孔构件；(d) 垂直多孔构件；(e) 垂直多孔构件

（图片来自法国Michel Kornmann著《Clay bricks and rooftiles, Manufacturing and properties》）

高密度砖通常可见到，因为美学方面的原因，通常其尺寸小。这种类型的砖用一只手铺砌，而另一只手拿着灰铲（瓦刀）协助铺砌。因此这类砖比结构砖（低密度砖）要轻得多。高密度砖有各种类型的产品：

(1) 传统的实心砖有着矩形的平行六面体形状，常见的尺寸为6cm×10.5cm×22cm，其质量在1.8~2.5kg之间变化。常用来建造承重墙体，如用两砖并排砌筑，可得到最终厚度为22cm的墙体。这一厚度的墙体考虑到了内部砂浆缝的厚度（2×10.5cm+1cm=22cm）。

(2) 带有空心或是带"凹槽"的砖。这些凹槽可在压制砖（也有软泥砖）上看到，设置凹槽是为了砖坯容易从模具中脱出。这种类型的砖通常铺砌时空心面（凹槽面）朝下，以便容易正确地摊铺砂浆。

(3) 垂直多孔砖。这些孔改善了干燥和焙烧的性能，同时也减少了所需的原材料的数量，此外也增加了砖的保温隔热性能。

(4) 垂直多孔砌块（为以前的名称，因为"砌块"一词目前不再使用了）。这类产品较宽（20cm×20cm×6cm），能够使用单一产品正好砌筑出整墙的厚度，而不是两层并砌。这类产品的铺砌必须非常小心，因为所有的连结缝必须有好的质量，以便避免雨水的渗漏；反之，用两块砖并排砌筑，能够得到好的结果，砌筑也不必小心谨慎。

一、不同类型的墙体

（一）实体墙

在法国，大多数墙体是实体（单片）的（用实心砖砌筑的22cm厚，及用较大的垂直多孔砖砌筑的20cm厚），带有内部保温隔热层。砌体规范（DTU用于砌体的技术建议）在用于带有保温隔热层墙体的各种建筑方法之间给出了区别（类型Ⅰ，Ⅱa，Ⅱb，Ⅲ，Ⅳ）。这些墙体以不同的方式装配有内保温隔热材料，如保温隔热材料放置墙内侧，在墙和保温隔热材料之间有或没有空气层，以便避免在砖内表面上潮湿的气体通过保温隔热材料的另一面渗出，这则取决于保温隔热材料的可湿性。因此，用装饰砖建造的墙体有类型Ⅱa，Ⅱb或类型Ⅲ。在DTU中陈述了这些能够使用的不同类型墙体的条件。

（二）空心墙（夹芯墙）

使用这些高密度砖也有可能建造出双层墙或称空心墙（夹芯墙）的结构。这种技术被广泛地使用在比利时、英国、德国北部及斯堪的纳维亚半岛（瑞典、挪威、丹麦、冰岛的泛称）地区。双层墙由外部的一层高密度装饰砖墙（最小厚度10cm）和一层承重的砖墙（最小厚度15cm）或混凝土（最小厚度10cm）组成，在里外两层墙体之间有一保温隔热材料层及空气空间层。使用正交的砖来固定里外两层墙的结构。现今，外层墙普遍地是由放置在内墙表面不同点上的连结件与内墙结构连结。这种类型的墙体更昂贵，但是它有许多优点，如完全是防水的，并提供了更好程度的隔声、保温隔热及热惯性。

二、美化的外表

使用高密度砖来美化建筑物的外貌。通常可发现这类产品有许多不同的颜色，具有各种各样的外表及表面装饰。

由机械挤出或挤出后再次整形的机械制造的装饰砖，这类砖在尺寸和形状上是非常规则的；也有被称为"手工模制"的砖，在可见的表面结构上显示出了更大的多样性。

也有在老式的赫夫曼窑（Hoffmann kilns——轮窑）中制造的砖，移动的焙烧在其颜色和形状上产生了许多变化，因为在焙烧温度和气氛上比隧道窑中发现的有更宽的变化。

人们可以在产品目录中选择这类砖，或有时在产品陈列室中选择，在产品陈列室也可能建造了一小段墙，这些能够使建筑师或建筑商得到最终建筑物外貌的一个概念。

这类产品有大量的不同颜色，其范围从黄色到红色及黑色，有许多中间色调。表面装饰方法也有很宽的变化（光滑面的、粗糙面的、砂面的、纹理结构的等）。

在生产期间，产品的颜色和外表装饰通常都是小心地控制着。虽然如此，从一垛产品到另一垛产品也可能有某些轻微的变化。因此，对一装饰面墙体而言，可用的方法是同时安排发运所需的所有的产品包装垛，当砌筑墙时同时使用数个产品包装垛中的砖。

最终墙体的装饰外表取决于砖，也与砂浆缝或是"勾缝"有关，因砂浆缝要占到可见表面面积的20%（有的文献称为25%）。砂浆连结缝的外观取决于所选择的砂浆、它的颜色及砂浆缝的处理。必须进行勾缝，以确保砂浆缝是光滑的和规矩的。

通过组合的方式能够获得各种各样的美化效果：

（1）颜色的选择和砖的外表装饰；

（2）勾缝的类型（普通砂浆缝、薄层灰缝、彩色砂浆缝等）和形状（平灰缝、直角凹进灰缝、曲线凹进灰缝等）；

（3）不同颜色的使用，对需要装饰的墙面，可使用色彩带的方法进行多色彩装饰，在门和窗户周围进行装饰等；

（4）使用其他材料；

（5）砌砖时的凸出或凹进；

（6）使用不同的砌筑形式。

（一）砌筑的形式或连结方式

为了达到强度的目的及为了创造一种装饰效果，按一定的方式对砖砌体的外观进行布置被称为连结的方式。当建造墙体时，可使用砖相互的铺砌做成许多不同的形式，当丁砖的数量增加时也能铺砌。

（1）在大多数普通的连结方式中，砖是顺砖砌筑的，在各层之间使用一半砖使垂直砂浆缝呈交错排列（普通的或是顺砖连结方式）。

（2）四分之一连结方式，在这种方式中垂直砂浆缝仅偏移在砖长度的四分之一（或三分之一）处。这种连结方式产生了一种视觉上的效果，即顺砖在55°~75°的角度上似乎形成了倾斜的线条，这取决于所使用砖的长度与高度比及选择的水平搭接长度。

（3）英国式连结方式，各层间交替使用顺砖和丁砖。

（4）荷兰式连结方式，在每一层中交替使用顺砖和丁砖。这样，在砌体的表面上相互各层间似乎虚构出了一系列的小十字架。

（5）花园墙的连结方式：在每层中使用三个顺砖加一个丁砖。

（6）殖民地的连结方式：每砌三层顺砖后砌一层丁砖。

（7）松散的连结方式：顺砖铺砌在其他顺砖之上，并与其他顺砖呈直线垂直。

（8）法国、苏格兰、美国的野蛮连结方式，如不规则拱形、人字形、交织砌法等。

这些不同的砌筑形式形成了适合建筑师口味的众多效果。

（二）薄灰缝连结的砌体

在最近几年中，也已经看到了砌体有朝着薄灰缝连结方向发展的趋势。能够看到的典型实例是在布鲁塞尔（比利时首都）的黑塞尔露天大型运动场。这与使用经打磨的低密度砖的薄灰缝连结砌体有相当大的差别。高密度砖不是经过表面整修的砖，因此该类砖在厚度上有变化，不能使用所推荐的低密度砖非常薄的灰缝连结方式来砌筑。因此高密度砖砌筑的连结灰缝厚度为3~5mm，而不是传统的10~12mm厚的连结灰缝。有时使用泵来铺设这类灰浆，远胜于使用灰铲铺设。使用薄灰缝连结的墙体外表有了相当大的变化，因为灰缝凹进去了，不再是可见的灰缝。在是空心墙（夹芯墙）的情况下，也没有必要去填充垂直连结灰缝，因为少量渗入的水分能够在墙的底部被排除，墙体能够恢复原有的状态。也可以使用连锁灰缝的方式来砌筑砖。

三、装饰砖的脏污

随时间的延续，墙面就会有脏污。虽然已经做了很少的实验性工作来研究这种变脏的现象，但是已经知晓了烧结装饰砖建造的墙面比用水硬性材料粉刷的墙面脏污要少，因此烧结装饰砖建造的墙有着长得多的使用寿命。

含在空气中的微粒主要由雨水和风而被截留、携带及固定在装饰墙的表面上。脏污的程度根据大气污染的程度、墙面暴露在雨中的程度、主导风向、墙面的粗糙程度及所使用的材料而变化。

雨和湿气在墙的脏污上起着双重的作用：雨水可携带灰尘，而湿气有助于固定灰尘；另一方面，大雨却能够冲刷掉灰尘。

灰尘在墙面上的固定有数种机理起着作用：

（1）机械固定：由于重力作用微粒沉积在粗糙的墙体表面上；

（2）毛细管粘附：正如所知，由于湿气而产生的粘着；

（3）在灰尘和墙面之间的静电吸引。

与其他粉刷墙面比较，装饰砖表面更光滑一些，对灰尘有更好的隔离作用。虽然烧结装饰砖是多孔性的，但不是吸湿性的，以及有较低的热惰性，因此表面干燥得更快。其意思就是说在较短时期内烧结装饰砖截留的灰尘很少。当下雨时,砖墙吸附雨天,但是在大多数情况下,其吸附水分没有达到饱和状态。在雨停了之后,吸附的水分会再次蒸发。所以雨水主要流动的流量受到限制,其残余流动由于灰缝而展开了。

由于这些原因,烧结装饰砖无疑地会保持着更清洁的表面。

(本章文献来自法国 Michel Kornmann 著《Clay bricks and rooftiles, Manufacturing and properties》一书)

第八章　楼板用空心砌块

楼板用空心砌块（Ceiling hollow block）我国过去习惯称之为楼板砖，但是这类产品从其尺寸上讲，都超过了我国现行标准对砖的定义，因而应称为砌块。这类产品的优点在于减少了钢筋混凝土楼板的用钢量和水泥用量，降低了楼板材料的质量，大幅度提高了楼层间的隔声水平，省去了施工中浇筑铸楼板时的模板，施工方便快捷，便于在楼板内穿线设管，降低了建筑造价等。楼板用空心砌块的特点是蠕动、收缩、膨胀等变形极小，因此挠度也非常小，在密度很低的情况下也能承受较高的何载，甚至还可以用于大跨度的面荷载，对多层住宅建筑楼层之间的隔声、隔热保温能起到很好的作用，有利于实现采暖、空调用电的分户计量。从生态学角度讲，用楼板空心砌块减少了混凝土用量，也符合生态学要求。由于采用挤出方法成型，楼板用空心砌块的断面能设计成各种图案及形状，是特别适用于大跨度建筑物的楼板材料，对于薄壳结构也是适用的。

1970 年左右，国内原江苏省昆山县红光砖瓦厂试制成功了楼板砖和模板砖，并建成了试验性建筑物。1975 年在国内又开展研究了《水平孔承重黏土空心砖及预应力配筋黏土空心砖楼板》的研究，并通过技术鉴定。可惜的是这类产品没能传承下来。当时先后试制与生产楼板空心砌块的厂家有原南京红旗砖瓦厂、原南京新宁砖瓦厂、江苏昆山大东砖瓦厂、山西晋中地区砖瓦厂等。图 8-1 表示了 20 世纪 70 年代末到 80 年代初国内试制生产的几中楼板空心砌块。

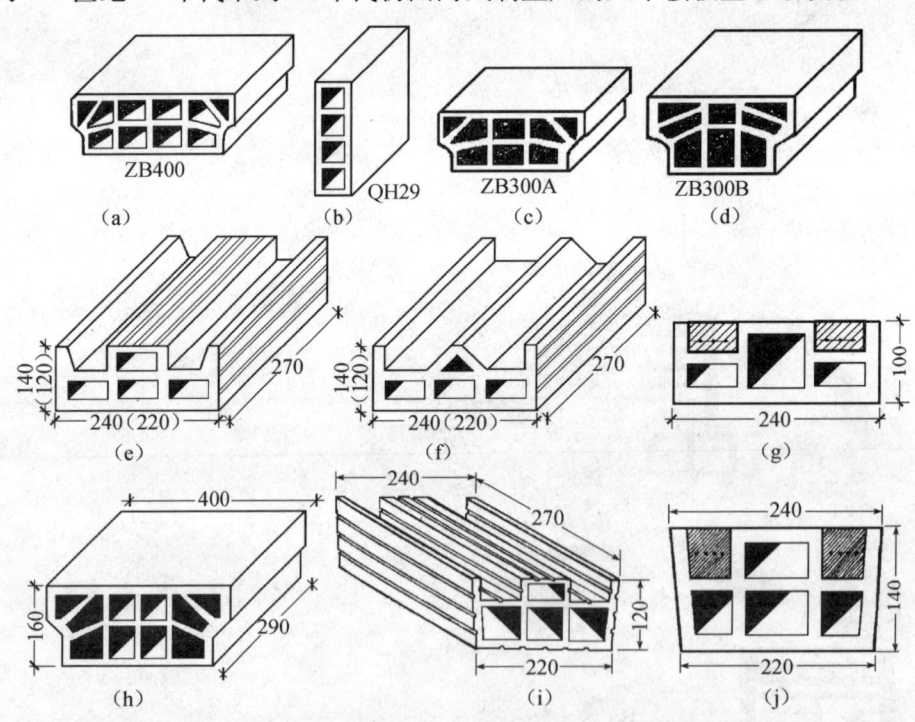

图 8-1　国内曾生产过的几种楼板空心砌块

（a）、（b）、（c）和（d）为原南京红旗砖瓦厂生产的楼板空心砌块，开孔面宽度分别为：400mm，290mm，300mm；（e）和（f）为原江苏昆山大东砖瓦厂生产的 6 孔楼板空心砌块；（g）为原江苏昆山红光砖瓦厂生产的 5 孔楼板空心砌块，孔洞率 50%，单块质量：6kg，密度：900kg/m³；（h）为原南京市新宁砖瓦厂生产的 10 孔楼板空心砌块，孔洞率 49%，单块质量：17.63kg，密度：950kg/m³；（i）为原江苏昆山红光砖瓦厂生产的 6 孔楼板空心砌块，孔洞率 40%，单块质量：9kg，密度：1080kg/m³；（j）为原江苏昆山红光砖瓦厂生产的 6 孔楼板空心砌块，孔洞率 45%，单块质量：10kg，密度：990kg/m³

楼板空心砌块（砖）在西欧已成功地使用了多年，并有着与之相配套的设计、施工规范和标准。此外，用于楼板的各类烧结空心砌块的规格品种达 80 多种，有其专用的商标者也达 60 多个，建筑中对楼板空心砌块的应用非常广泛。非常著名的楼板空心砌块有："胡尔蒂"楼板空心砌块（Hourdi hollow ceiling block）；"凯撒"楼板空心砌块（Kaiser or Emperor ceiling block）；"艾尔"系列楼板空心砌块（Aal—system ceiling block）；"莱比锡"楼板空心砌块（Leipzig ceiling block）；"维多利亚"楼板空心砌块（Victoria ceiling block）等。按楼板空心砌块的不同特性和功能，基本上可分为两大类：一类是楼板空心砌块承受静荷载的，也就是说楼板所受到的静力学荷载由楼板空心砌块和组成楼板的其他构件（如预应力钢筋混凝土梁）共同承担，是一种结构材料，与钢筋混凝土共同使用，如制造钢筋混凝土密肋楼板，或与钢筋混凝土一起预制成装配楼板等；第二类是楼板空心砌块不承受静荷载，即楼板所受到的静力学荷载完全由组成楼板的其他构件来承受，它不用于力的传递，仅需承受施工铺设时所出现的荷载（如人脚踩、浇注混凝土等），而楼板空心砌块在其中仅起填充及保温隔热作用。德国早在 1981 年就颁布了烧结楼板空心砌块的产品标准（DIN 1459——与钢筋混凝土构件共同承受荷载的楼板空心砌块；DIN 1460——非承重填充楼板空心砌块，并已做过多次修订）。

楼板空心砌块是与钢筋混凝土配合使用的，通常使用现浇混凝土将预应力混凝土梁或放置其间的钢筋与空心楼板砌块形成整体的楼板。因此按其制作方法可分为三种情况：①在工厂预制成楼板，即在专门的预制厂内，将钢筋混凝土梁和楼板空心砌块预制成大型楼板，楼板的尺寸可达 $2m \times 6m$ 或更大。也有在施工现场预制在吊装的；②在施工现场直接铺设现浇混凝土；③在工厂先预制好预应力钢筋混凝土小梁，在施工现场架设好预应力钢筋混凝土小梁，然后将楼板空心砌块铺设在这些梁上，再浇灌混凝土使之形成楼板。现按承重和非承重楼板空心砌块分别介绍如下。

第一节 承重楼板空心砌块

承重楼板空心砌块的一个或两个开孔面上做成预留浇灌混凝土的斜面坡脚，在砌筑楼板时使楼板空心砌块之间形成一定的空间，用于铺设钢筋和浇灌混凝土。这种产品又分为在竖向（砌块厚度）上全灌注混凝土和部分灌注混凝土两种。用于配钢筋的楼板空心砌块如图 8-2 所示。

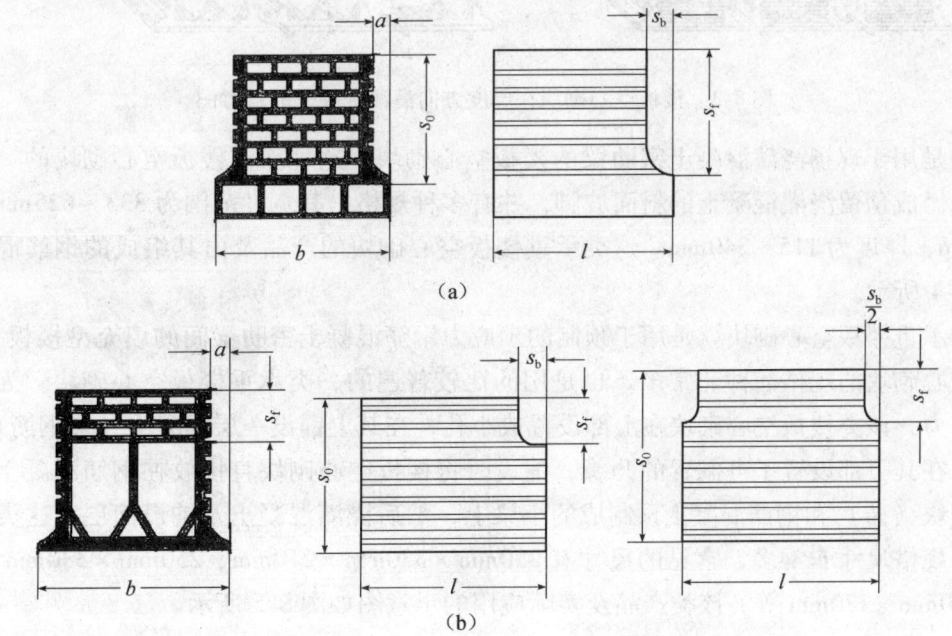

(c)

图 8-2　用于配钢筋、厚度方向灌注混凝土的楼板空心砌块（照片摄于德国艾森砖瓦研究所）

（a）在整个厚度上全灌注混凝土的楼板空心砌块；（b）在厚度上部分灌注混凝土的楼板空心砌块，分为一侧和双侧两种；（c）在整个厚度上全灌注混凝土的楼板空心砌块实物照片

两种楼板空心砌块都可以用于工厂化预制成吊装的楼板，其宽度一般 $b=250mm$，长度一般有 166mm，250mm，333mm，500mm 的等几种系列，厚度的最小尺寸分别为 90mm 和 115mm，最大厚度尺寸为 290mm；其密度的范围在 $600～1200kg/m^3$ 之间；抗压强度在 20～30MPa 之间。一般在楼板空心砌块的两个侧面上要做出能增强与混凝土粘结的凹槽，其凹槽的深度为 2mm，宽度在 10mm 以内，并规定该类楼板空心砌块的外壁厚度至少为 12mm。用于配钢筋、灌注混凝土与楼板空心砌块组成的楼板如图 8-3 所示。

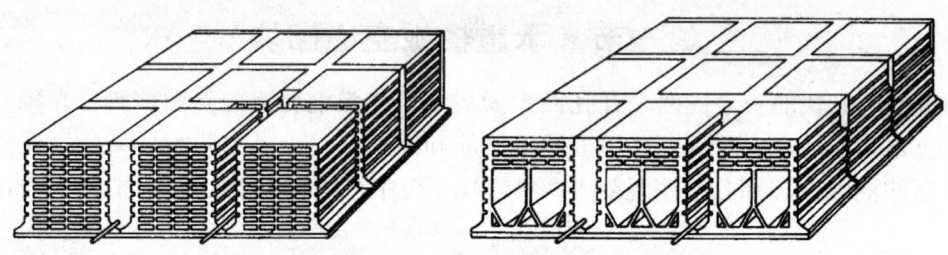

图 8-3　楼板空心砌块在厚度方向灌注混凝土的示意图

另一类是用于现场浇灌混凝土密肋梁的楼板空心砌块，这种承重楼板空心砌块的一个或两个开孔面上也做成预留浇灌混凝土的斜面坡脚，并有多种规格，其宽度范围为 333～625mm，长度为 166～333mm，厚度为 115～340mm。这类承重楼板空心砌块的产品及由其组成的钢筋混凝土密肋楼板如图 8-4 所示。

第三类承重楼板空心砌块就是用于预制的预应力钢筋混凝土密肋梁间的填充型楼板空心砌块。这类楼板空心砌块的规格品种非常多，也是用的比较普遍的一类承重楼板空心砌块。为了能够充分承受压应力，该类楼板空心砌块在上部设置成小孔，在其上铺设一层混凝土（加钢筋），以增强承重能力。在其下部设置了可搁置的凸缘，铺设时将楼板空心砌块直接放在钢筋混凝土梁上，或是由模板砌块（砖）和钢筋混凝土预制成的小梁上，然后浇灌混凝土及铺设面层。这类承重的楼板空心砌块规格尺寸非常多，常见的尺寸有 250mm×330mm×210mm、250mm×330mm×170mm、250mm×480mm×170mm 等。该类产品及实际应用的示意图如图 8-5 所示。

第八章 楼板用空心砌块

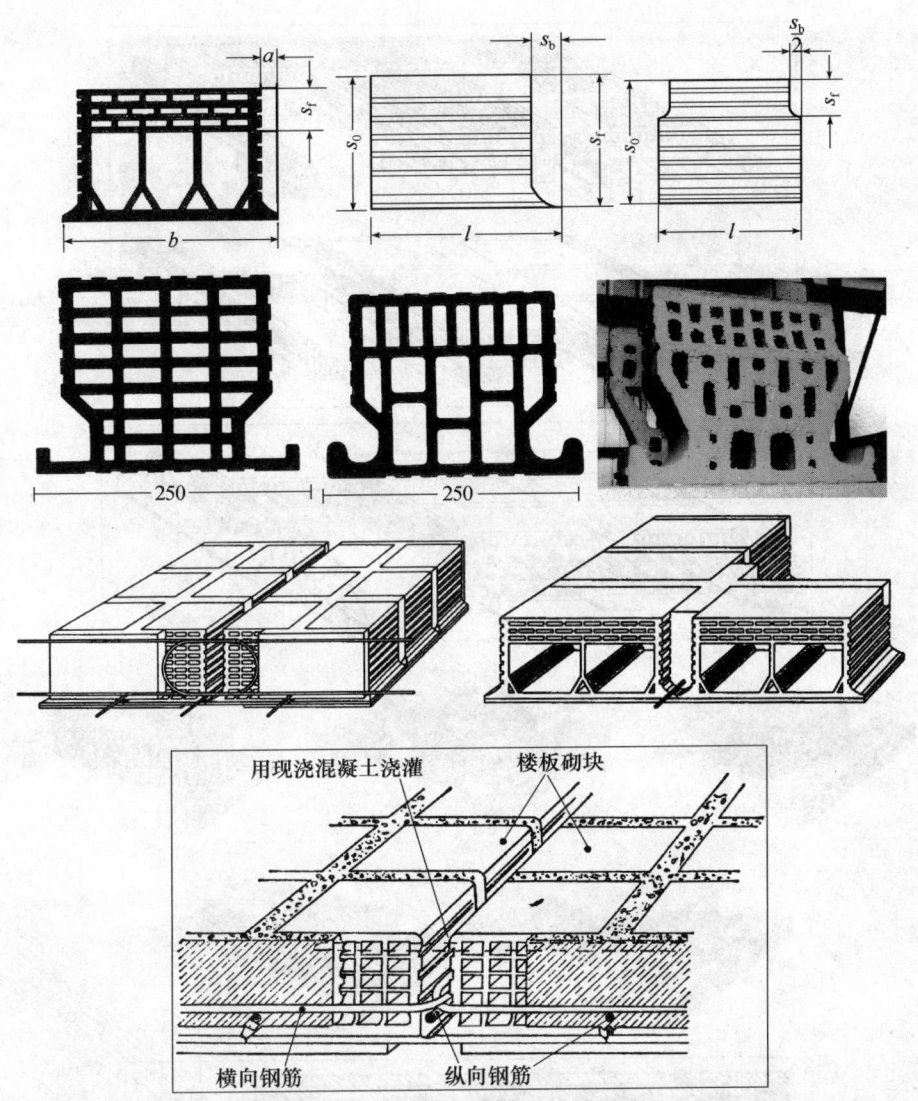

图 8-4 现浇钢筋混凝土及承重楼板空心砌块组成的密肋楼板（照片摄于德国艾森砖瓦研究所）

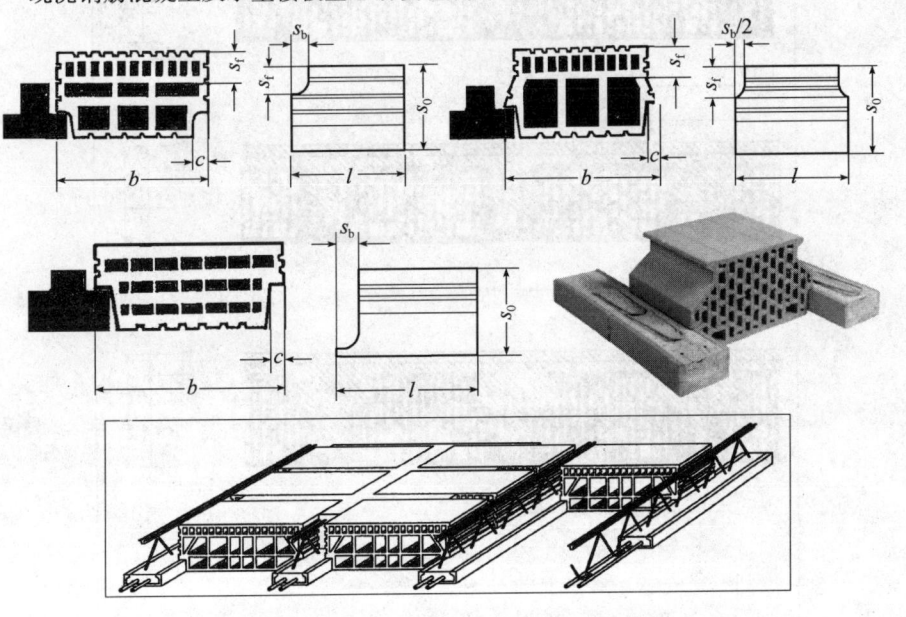

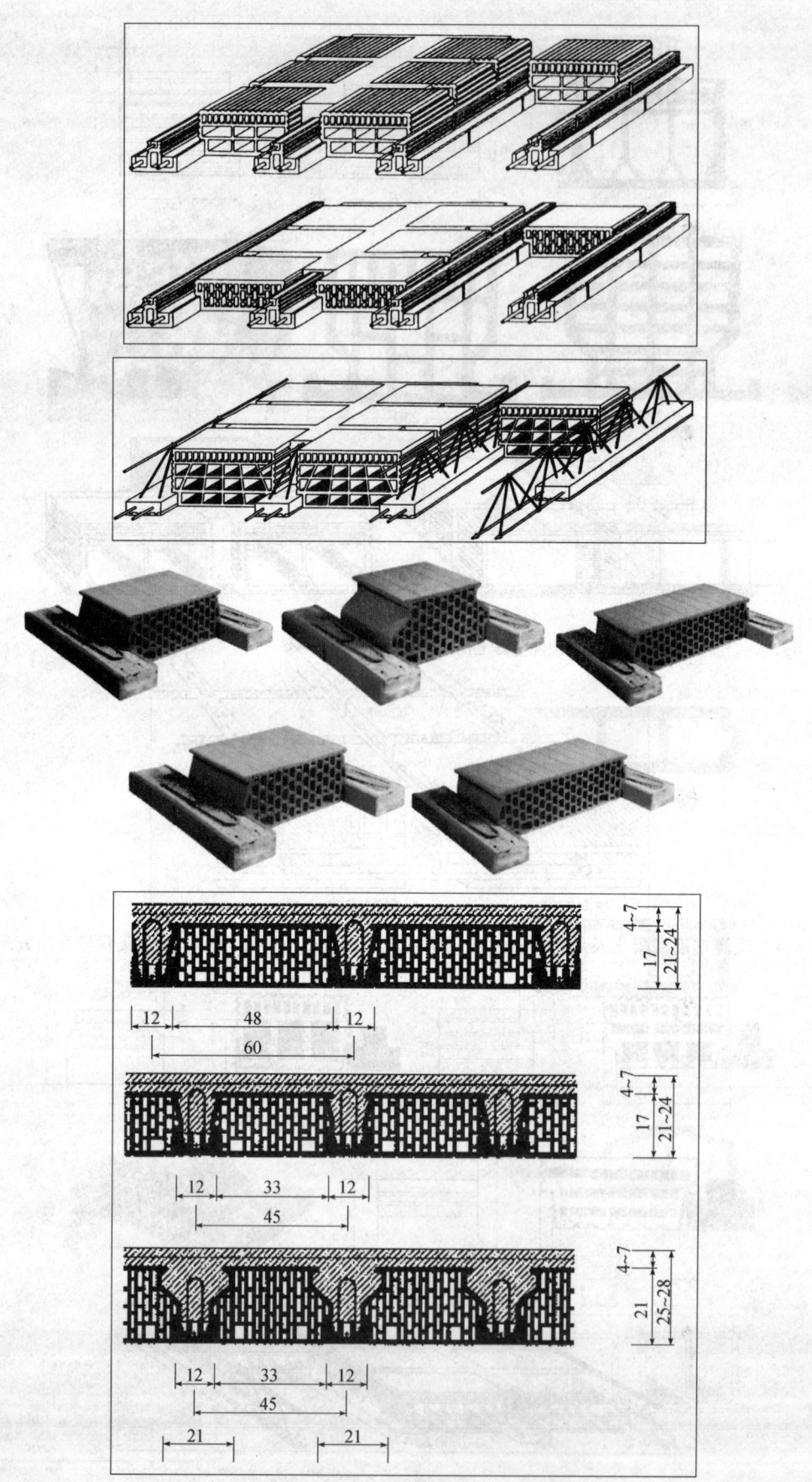

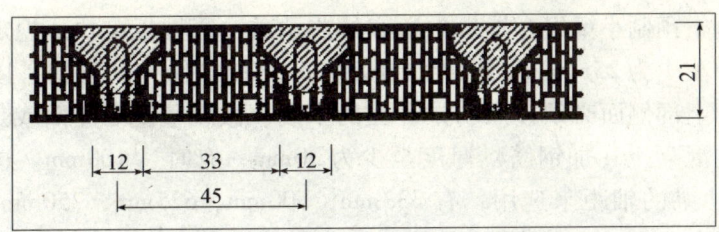

图 8-5　搁置在钢筋混凝土预制小梁上的承重楼板空心砌块（照片来自 Wienerberger 产品宣传样本）

第二节　非承重楼板空心砌块

非承重楼板空心砌块的孔洞率一般都比较高，用于钢筋混凝土肋梁楼板或预制钢筋混凝土肋梁楼板之间的填充材料。非承重楼板空心砌块也可以用于现场浇灌混凝土（加钢筋）楼板。这类非承重楼板空心砌块的外壁厚度（t_a）至少为9mm，内肋厚度（t_i）至少为7mm。孔洞的设置原则为：当厚度 $s<100$mm 时为单排孔；当厚度 $s>100$mm 时为双排孔，单个孔的宽度不超过60mm。在保证最小外壁厚度的情况下，在砌块表面应设置挂灰槽。这类砌块如图8-6所示。

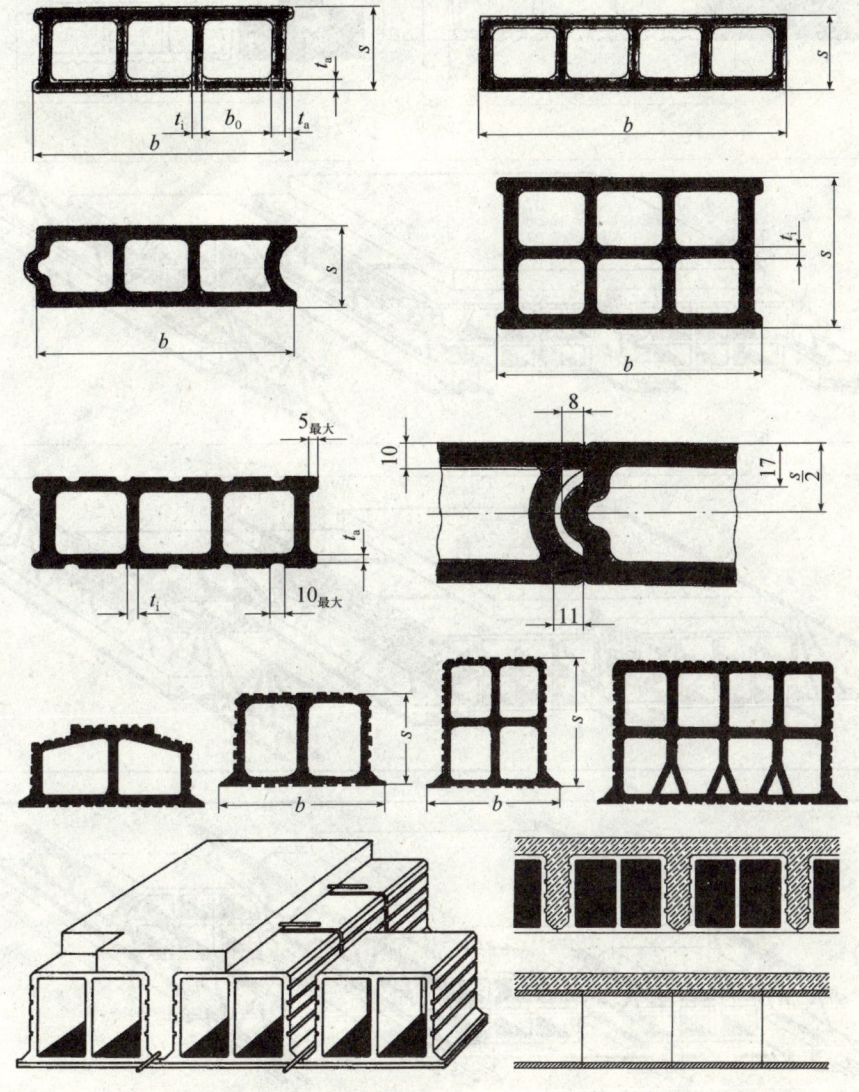

图 8-6　用于现浇混凝土楼板的非承重填充楼板空心砌块

用于与钢筋混凝土预制小梁组合楼板中填充的非承重空心楼板砌块，规定了这类楼板空心砌块在肋梁上的支撑面至少为 25mm 宽，也就是说砌块下部的凸缘与肋梁的搭接宽度至少为 25mm。另外空心砌块支撑面上部侧面必须按照肋梁种类的不同，做成垂直的侧面或是倾斜的。在非承重楼板空心砌块上部的混凝土（加钢筋）厚度至少为 30mm，有时达 100mm。这类非承重楼板空心砌块的宽度一般按肋梁的轴距来选用，有 333mm，500mm，625mm，750mm；长度为 250mm 或 333mm；厚度最小值为 115mm，其他厚度以 25mm 为间隔递增。其密度一般为 600~800kg/m³。非承重楼板空心砌块产品及应用示意图如图 8-7 所示。

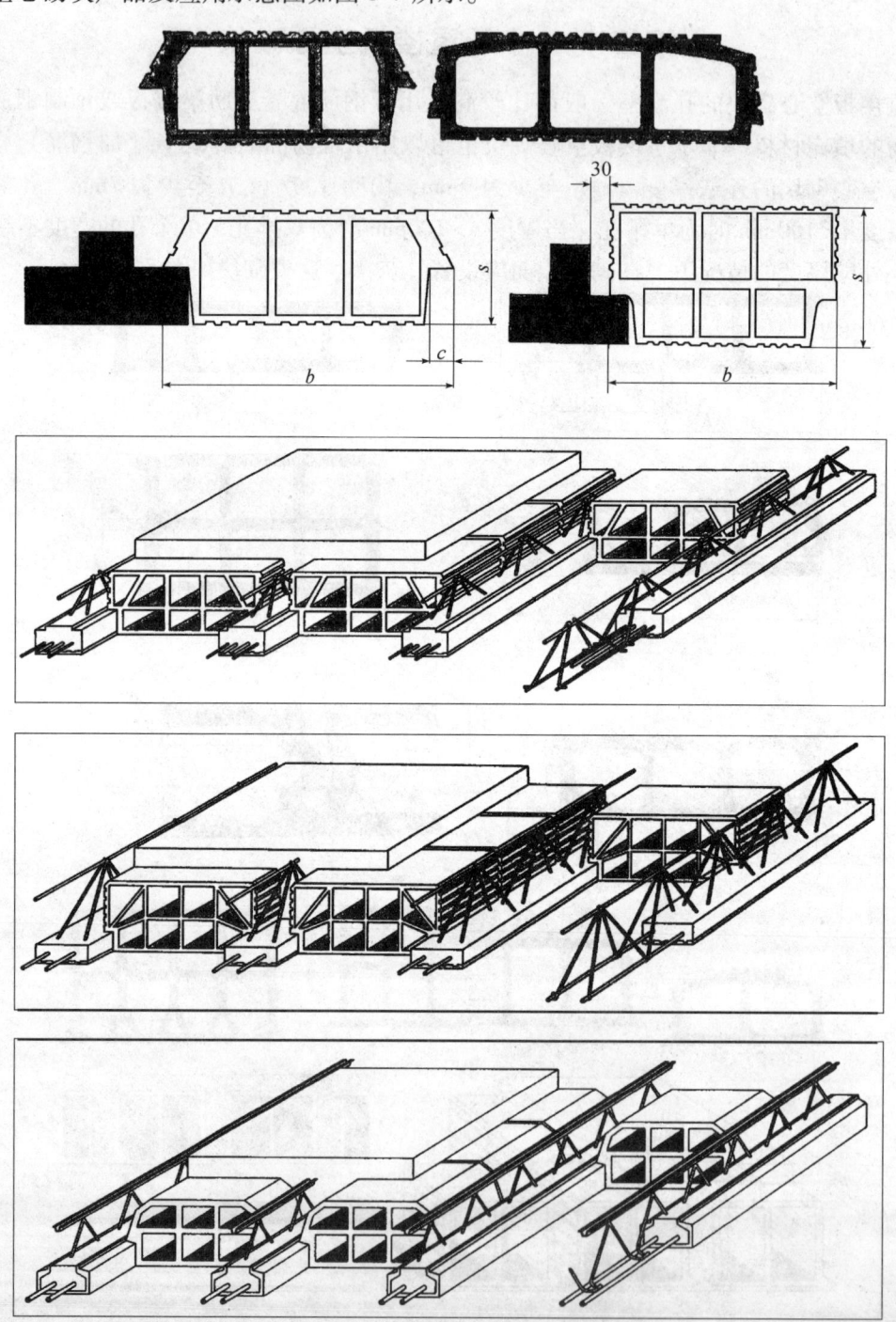

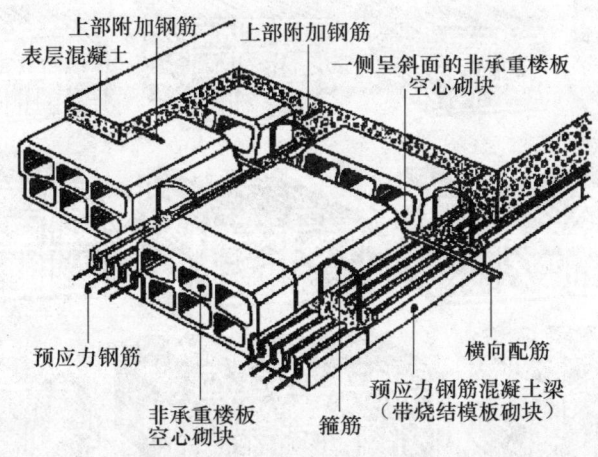

图8-7 用于钢筋混凝土预制小梁和非承重填充砌块组成的楼板系列中的楼板空心砌块

在西欧还有一种可以称为空心梁的楼板空心砌块,该种砌块在其下部中间设置有一开口的孔槽,专门用于放置钢筋混凝土梁。这种楼板空心砌块宽度为:200mm,长度为250mm,高度有120mm和160mm,图8-8为这种空心梁楼板砌块的形式及用法示意。

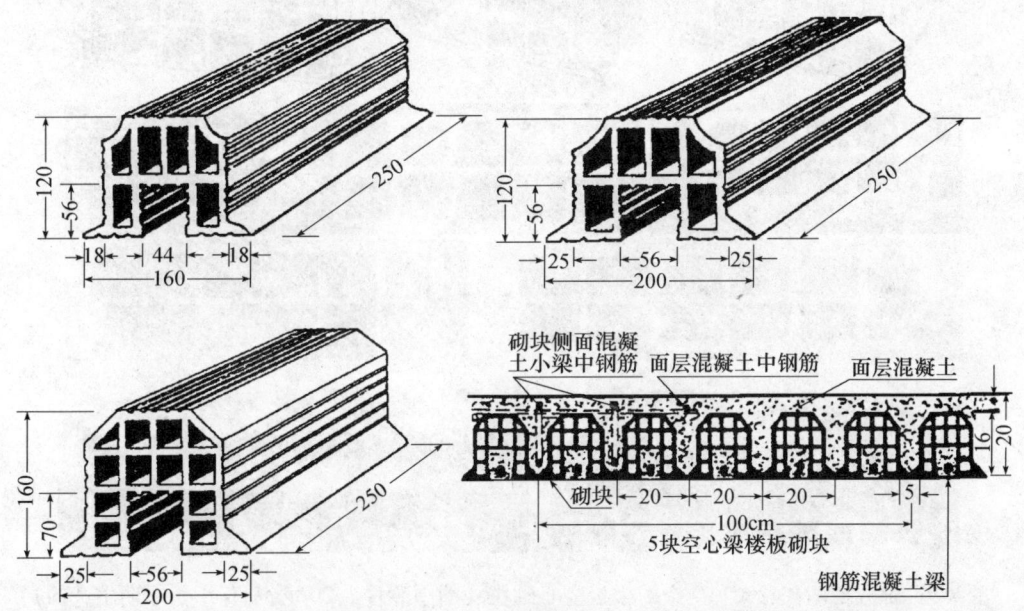

图8-8 空心梁楼板砌块的形式及用法示意

在西欧,楼板空心砌块的使用非常普遍,也出现有各种各样的楼板空心砌块,图8-9仅表示了一少部分德国和意大利生产的楼板空心砌块。

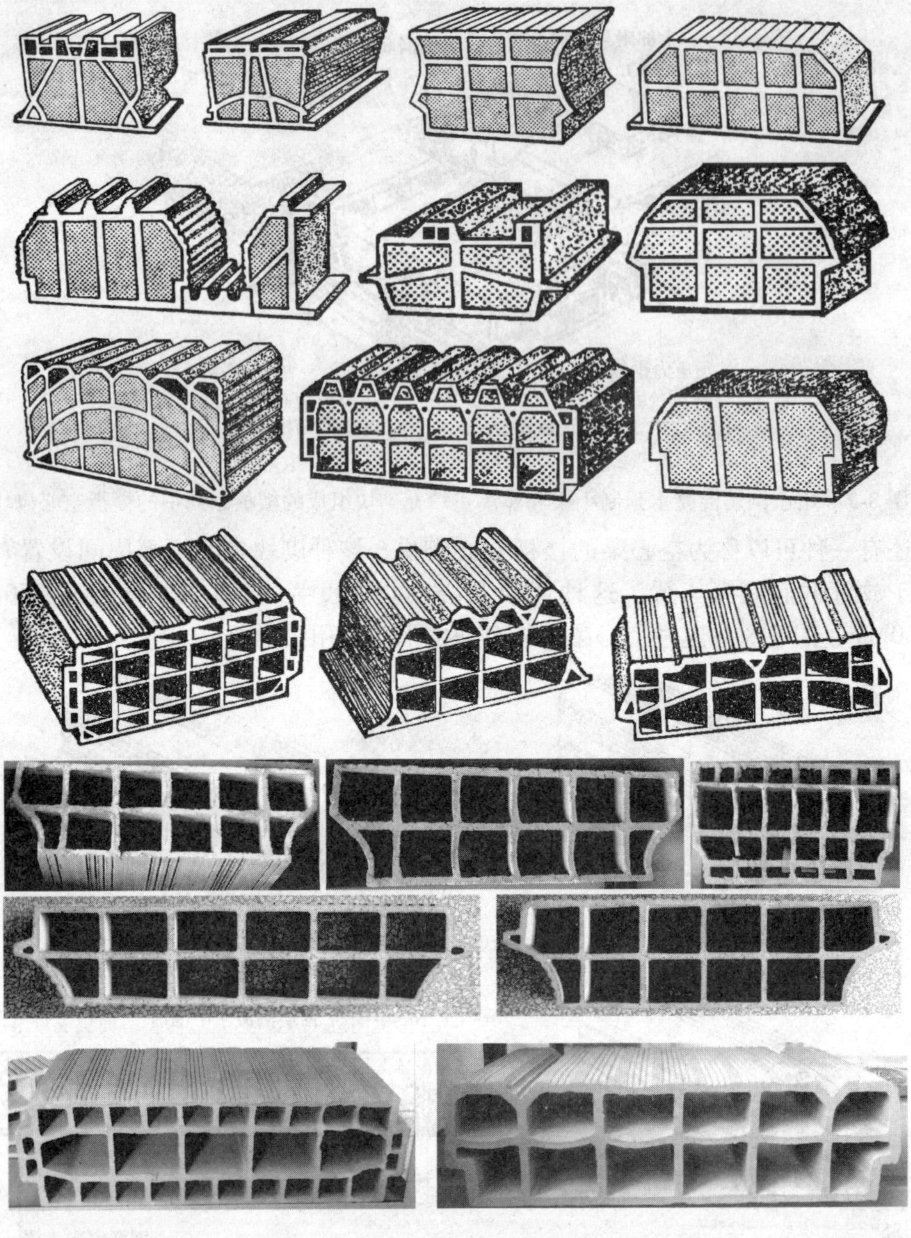

图 8-9　部分德国和意大利生产的楼板空心砌块（图中照片为 20 世纪 80 年代中期生产的）

很多楼板空心砌块是在工厂中或是施工现场预制成整块的楼板，然后吊装。图 8-10 为预制好的由楼板空心砌块和预应力钢筋混凝土组成的楼板。

图 8-10　用楼板空心砌块预制的楼板（照片来自德国 Keller 公司及维也纳山公司产品宣传样本）

不同类型及厚度的楼板空心砌块所组合而成的楼板，其保温隔热性能有一定的差别，但均比混凝土空心楼板好得多。这种性能就为住宅建筑的分户热计量创造了很好的条件。表8-1给出了4种不同形式的楼板空心砌块及在不同厚度情况下的楼板传热阻数据。

表8-1 不同形式的楼板空心砌块及在不同厚度情况下的楼板传热阻

不同类型的楼板空心砌块（砖）组成的楼板	楼板空心砌块厚度 d(mm)	楼板传热阻（$m^2 \cdot K/W$）
(图示：300×5，带 d)	115 140 165	0.15 0.16 0.18
(图示：300×5，带 d)	190 225 240 265 290	0.24 0.26 0.28 0.30 0.32
(图示：250×4，带 d)	115 140 165 190 225 240 265 290	0.15 0.18 0.21 0.24 0.27 0.30 0.33 0.34
(图示：250×4，带 d)	115 140 165 190 225 240 265 290	0.13 0.16 0.19 0.22 0.25 0.28 0.31 0.34

注：资料来自德国艾森砖瓦研究所。

第三节 欧洲共同体新标准中对烧结楼板砌块的分类及应用

在楼板上铺设楼板砌块是根据先前的欧洲标准法规 ENV 13670-1 混凝土结构实施规范部分1：一般规则进行，或是根据各国的规范进行。

近期，在各种带有预制的混凝土楼板梁的楼板系统中使用的烧结楼板砌块，将必须满足欧洲标准 EN 15037-1 和 EN 15037-3 的要求，该标准在2006年年底前还处于调查阶段。标准-1涉及一般的用混凝土楼板梁和楼板砌块的楼板，而标准-3则明确地涉及到烧结楼板砌块。

建筑中的楼板通常由一系列平行的、在工厂预制的钢筋混凝土或是预应力钢筋混凝土楼板梁及在梁之间填充楼板砌块组成的（图8-11）。

楼板使由现场浇灌的混凝土带条结合混凝土楼板梁和楼板砌块而形成，现场浇灌的混凝土带条既是受压面又是混凝土楼板梁和楼板砌块之间的简单楔紧填充物。烧结楼板砌块所具有的一些优点超过了其他与之竞争的产品。

与混凝土相比，烧结楼板砌块具有增强了力学性能的再现性，由于质量轻（举例来说，是14kg与21kg的比较）而容易铺设，用于楼板有较低的自重，其干燥的表面使粉刷层的粘附力增强，与砖墙的性能一致。

与膨胀聚苯乙烯比较，烧结楼板砌块具有热惰性好，在火灾发生时是安全的，强度高，在现场铺设期间的安全性好及有很好的外观。

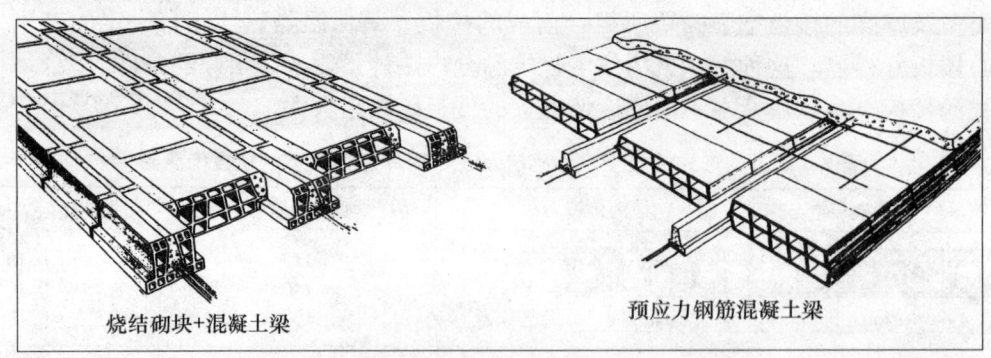

图 8-11　用混凝土楼板梁和楼板砌块制作的楼板

（图片来自法国 Michel Kornmann 著《Clay bricks and rooftiles, Manufacturing and properties》）

烧结楼板砌块具有非常大的市场，特别是在西班牙（500 万 t/年）和意大利（2005 年为 350 万 t）。由于其他材料的强烈竞争，例如与混凝土楼板砌块及上述的各种塑料楼板砌块（膨胀聚苯乙烯）的竞争，烧结楼板砌块在法国的市场有显著的收缩。

在工厂中预制的混凝土楼板梁，其钢筋能够形成一网格，下部钢筋埋入混凝土中（图 8-12）。也可以使用预应力钢筋混凝土楼板梁，特别是用于大跨度或较大荷载的建筑。

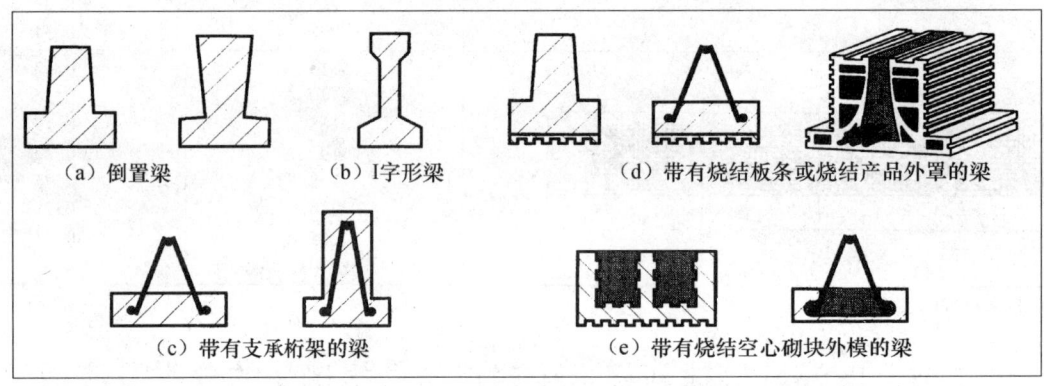

图 8-12　用于烧结楼板砌块的混凝土楼板梁

（图片来自法国 Michel Kornmann 著《Clay bricks and rooftiles, Manufacturing and properties》）

这些不同类型的混凝土楼板梁在其下边可以贴上烧结砖板条，甚至也可以有烧结的空心砌块外罩，用来限制在粉刷天花板时出现变色痕迹的危险（在混凝土楼板梁和烧结楼板砌块之间的颜色变化）。

在铺设期间，混凝土楼板梁在要求的横距上彼此平行放置。之后，接连地铺设烧结楼板砌块，楼板砌块的肩部搁置在混凝土楼板梁的边棱上。在纵向上的楼板砌块的孔洞平行于楼板梁。

在每一跨距（两混凝土楼板梁之间）的每一末端，可以使用孔洞垂直于楼板梁的横向楼板砌块。因为砌块的孔洞是交叉放置的，就很容易切割出所需的砌块长度。此外，这样放置的砌块孔洞防止了浇灌的混凝土进入楼板砌块内。

铺设楼板的最后操作是浇灌混凝土，以填充在楼板砌块和混凝土楼板梁之间的空隙。在某些情况下，也在楼板砌块之上浇注数公分厚的混凝土作为受压面。

可使用的各种烧结楼板砌块有：

（1）非承重的楼板砌块（非承重砌块 NR），只是简单用来当作模板，在楼板的力学强度上不起任何作用。某些砌块是完全暴露的。

(2) 半承重楼板砌块（半承重砌块 SR），将荷载传递到混凝土楼板梁上起部分作用（图 8-13）。

(3) 承重楼板砌块（承重砌块 R），在一定情况，楼板砌块的上部表面担当着受压板的作用（图 8-13）。

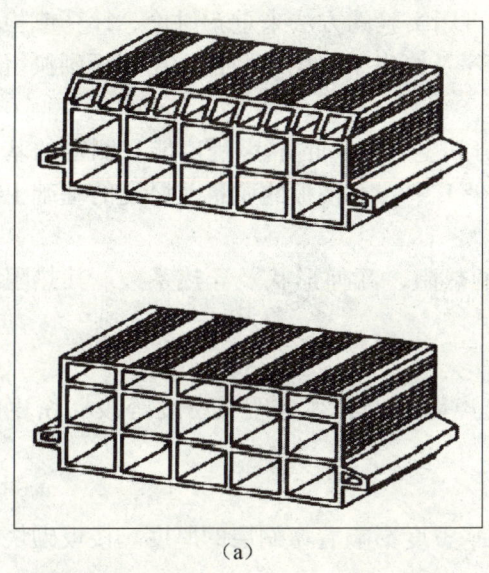
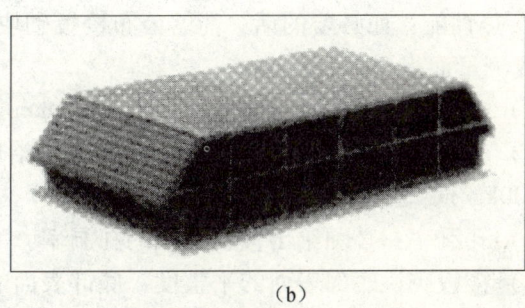

(a)　　　　　　　　　　　　　　　(b)

图 8-13　楼板砌块实例（图片来自法国 Michel Kornmann 著《Clay bricks and rooftiles, Manufacturing and properties》）

(a) 承重楼板砌块 R；(b) 半承重楼板砌块 SR

楼板砌块的主要性能有：

(1) 楼板砌块的几何形状和尺寸必须与混凝土楼板梁的几何形状相适应。为了使砌块的铺设容易，其几何形状必须是稳定的，其宽度、长度及高度的允许公差在 ±10mm 之内。其他尺寸的允许公差必须在 ±5mm 之内。在给定的一批次产品中，其允许公差在公称尺寸的 ±2.5% 之内为较好。

(2) 楼板砌块经由它们的肩部搁置在混凝土楼板梁上。因此楼板砌块的肩部尺寸的精确程度及其力学强度对安全性来讲是非常重要的。楼板砌块的肩部宽度必须考虑到它们的几何形状和装配的误差，以确保其肩部不能从混凝土楼板梁上滑落下来。楼板砌块其肩部的最小宽度是 15～20mm±3mm，这则取决于其类别（类别 A 和 B）。如有必要时，需指定楼板砌块肩部的挺直度（偏差小于 4mm）。

(3) SR 型和 R 型楼板砌块的顶部要承受机械荷载，因而必须要有一定的厚度 [30mm（A）或 50mm（B）]。

(4) 外观质量：表面上必须没有可见的裂纹或剥落。

(5) 临界冲击荷载和抗弯荷载：在楼板砌块的冲击和抗弯试验中的破坏荷载必须满足表 8-2 中要求的最小值。制造商可标明较高的数值。

表 8-2　楼板砌块的最小抗冲击荷载和抗弯荷载

产品的类型	抗冲击和抗弯荷载（5%分位点）(kN)
非承重楼板砌块（NR）	1.5
半承重楼板砌块（SR）	2.0
承重楼板砌块（R）	2.5

(6) 纵向抗压强度:对 SR 和 R 类型的楼板砌块来说,如果要考虑楼板的计算中时,所试验的及制造商所声明的楼板砌块纵向抗压强度要高于 20MPa。

(7) 防火能力及火灾中的反应:烧结楼板砌块不是可燃性物质(反应类别 A1,不需要任何试验)。对用楼板砌块制作的相应的楼板的防火能力,可用实验的方法来重新讨论、计算或检验。欧洲标准 EN 15037-1 的附录 K 陈述了一简化的计算程序及给出了一图表数值:由楼板砌块组成的楼板防火时间为 30min。

(8) 声学性能:如必要的话,楼板砌块对冲击声和室外噪声的隔声程度能在测定的基础上给出声明、计算或是评估。欧洲标准 EN 15037-1 的附录 L 中,在楼板的质量及厚度的基础上对这两种声音给出了评估的数据。

(9) 热性能:如必要的话,能够公布楼板砌块的热阻、几何形状及导热系数。其热阻值是通过计算或测量而得到的。

(10) 在湿状态下的常规膨胀:每米 <0.6mm。

(11) 表观密度:楼板砌块的表观密度必须给出声明,也必须标明其密度等级(密度等级在 400~1500kg/m³ 之间,密度等级差为 100kg/m³)。

(12) 孔洞率:必须给出楼板砌块的孔洞率。

(13) 楼板砌块底部表面的平整度:底部表面的平整度影响着粉刷层的厚度。楼板砌块底部表面的不平整度必须不能超过 5mm。

(14) 抗冻性:楼板砌块的抗冻性能够用对砖同样的方法来评估,在一些国家中对楼板砌块的应用有这样的要求。

两种类型的楼板所具有的性能的实例列于表 8-3 中。

表 8-3 由混凝土楼板梁和楼板砌块组成的楼板的典型性能

结构的类型	SR 型楼板砌块厚 18cm + 混凝土面层 3cm	R 型楼板砌块厚 21cm,没有混凝土面层
质量(kg/m²)	290	260
混凝土的数量(L/m²)	50	30
平均导热系数 [W/(m·K)]	0.61	0.58
R_w(冲击声)(dB)	55	53
$L_{n,w}$(室外噪声)(dB)	50	51

因为楼板砌块在结构的安全性上起着作用,用于涉及 CE 标识一致性保证的制度是 2+,这包括了由申报主体对规定型式的检验及工厂生产控制的检查。现有三种不同的 CE 标识方法,因而就有三套要求的数据和标签,这取决于该产品是否有销售的价值,而不控制其用途,或是作为楼板的一部分。

(本节文献来自法国 Michel Kornmann 著《Clay bricks and rooftiles, Manufacturing and properties》一书)

第九章　铺路砖及广场砖

第一节　国内铺路砖及广场砖发展概况

烧结铺路砖（Paving brick or clinker）及广场砖（Square tile or brick），在国内已有生产及实际应用工程。烧结铺路砖及广场砖耐久性好、抗折强度高，使用中物理性能稳定、防滑功能优异、外观典雅和谐、美观大方，特别是经高温烧结后，这类产品在其化学性能上呈中性，不会影响使用场地及周围的地下水源、土壤性质，具有一定的水渗透性，且使用寿命终结后，完全可回收利用，具有良好的生态功能。其他一些高碱性非烧结铺路砖和广场砖无法达到这些特有的性能。

国内目前尚无这类产品的标准，已有的几个生产厂家参照美国标准或德国标准在组织生产。需要指出的是国内某些生产厂家，对国外铺路砖、特殊工程砖（如下水道砖）和装饰砖的标准了解不够，对一些性能指标混用一起，如用装饰砖的性能指标来代替铺路砖指标，因此我国应尽快制定相关的铺路砖（广场砖）标准。国内生产的铺路砖和广场砖尺寸有230mm×115mm×53mm，200mm×100mm×53mm，240mm×115mm×53mm，240mm×90mm×50mm，180mm×90mm×50mm，200mm×100mm×50mm，210mm×100mm×60mm，240mm×110mm×75mm，230mm×113mm×50mm等规格尺寸。在有冻融出现的环境下，一般要求产品的抗压强度>60MPa，抗折强度>13.5MPa，吸水率<7%。国内生产的部分铺路砖和广场砖及实际应用工程如图9-1所示。

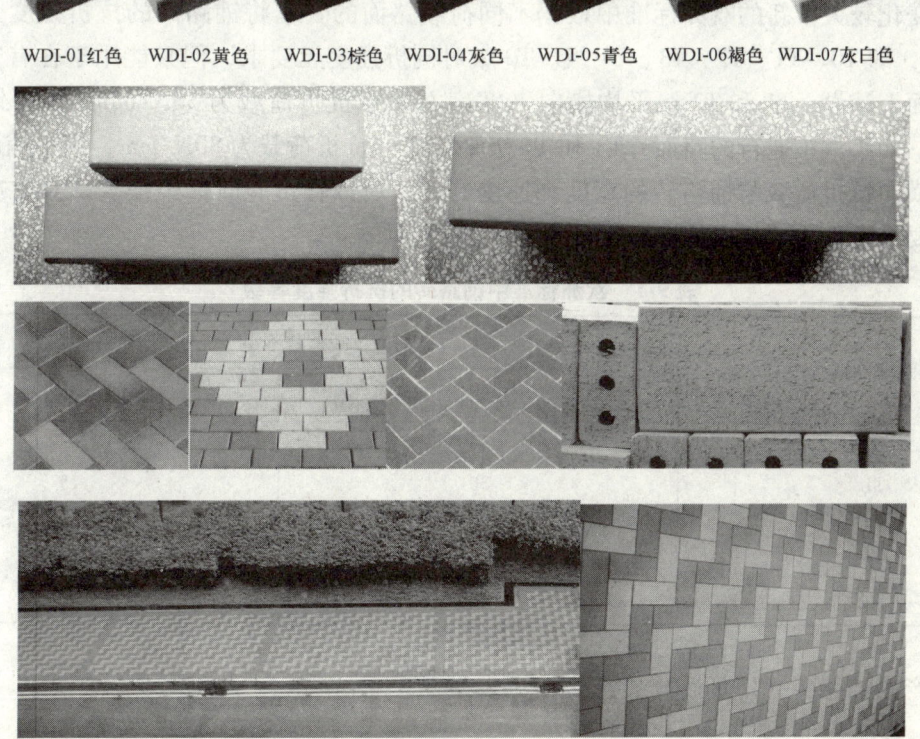

WDI-01红色　WDI-02黄色　WDI-03棕色　WDI-04灰色　WDI-05青色　WDI-06褐色　WDI-07灰白色

图 9-1　国内生产的部分铺路砖和广场砖及实际应用工程（第 1～4 幅照片来自双鸭山东方工业公司产品宣传样本；第 6、7 幅图片为香港新机场外人行道使用的铺路砖；其他两幅照片来自秦皇岛晨砮建材公司）

第二节　西欧及北美铺路砖及广场砖的性能指标和应用方法

欧洲统一标准 DIN EN1344（Clay Pavers-Requirements and Test Methods）铺路砖与德国原标准 DIN18503 的规定基本一致。德国原标准 DIN18503 规定这类砖是用于交通路面，其性能必须满足稳定坚固、可靠耐用，因此规定产品的平均密度必须达 $2000kg/m^3$ 以上，单块最小值 $1900 kg/m^3$，吸水率最大不得超过 6%，平均最小抗压强度为 $80N/mm^2$，单块最小值 $70 N/mm^2$，平均最小抗折强度为 $10N/mm^2$，单块最小值 $8 N/mm^2$。此外，该类产品必须能够经受得住反复磨擦，有高度的耐磨性能，磨损量最大为 $20cm^3/50cm^2$；能抵抗冻害以及酸、碱及盐类物质的侵蚀。对铺路砖的尺寸误差规定：在长度和宽度方向，尺寸误差为 ±3%，但最大误差限定为 ±6mm；厚度方向，尺寸误差为 ±3%，最大误差限定为 ±2mm。而在欧洲统一标准 DIN EN 1344 中对铺路砖的铺设方法（砂垫层与砂浆层）、强度、抗冻性、耐磨性、防滑性（SRT）等做出了更多的规定。如在强度上的规定要求变化较大，新的欧洲标准中根据不同荷载路面的要求将铺路砖的抗折强度分为五个等级（表 9-1），即 T0、T1、T2、T3、T4 级。T0 级对抗折强度无要求，但只能用于在有坚实承重基础层的砂浆面上铺设；T1 和 T2 级平均横向（宽度方向）抗折荷载为 30N/mm，用于铺设低交通负荷的路面，如小汽车通行的路面；T3 和 T4 级平均横向抗折荷载为 80N/mm，用于铺设货车通行的路面。因横向抗折荷载与铺路砖的宽度和厚度有关，所以在试验时需经换算。对有冻融要求的使用范围，要求能承受 100 次的冻融循环（单面冻融）。

表 9-1　欧洲标准中铺路砖的抗折强度等级

强度等级	横向抗折荷载不小于（N/mm）	
	平均值	单块最小值
T0	—	—
T1	30	15
T2	30	24
T3	80	50
T4	80	64

德国生产的铺路砖（广场砖）常见规格见表 9-2。

表 9-2　德国常见铺路砖规格　　　　　　　　　　　　　　　　　　　　　mm

长	宽	高（厚）	备注
300	150	62，71，80	最小厚度62
240	78	52，62，71	厚度可变
200	78	52，62，71	厚度可变
240	118	45，52，62，71，80	厚度可变
200	100	45，52，62,71，80	厚度可变
200	150	45，52，62，71，80	厚度可变
200	200	45，52，62，71	厚度可变
240	118	52	可分为60方形8块
180	118	52	可分为60方形6块
240	60	60	可分为60方形4块
300	120	62	异形

注：表中数据来自德国 ABC-Pflastermlinker 公司产品宣传样本。

西欧生产的铺路砖非常讲究，有的除对可见平面上（朝上面）的四个棱边倒角外，制造精致的铺路砖在竖向的四个棱边上也倒角［图9-2（a）］。为了防止铺设的砖松动，有的还带有防止松动的相互自锁条［图9-2（b）］。

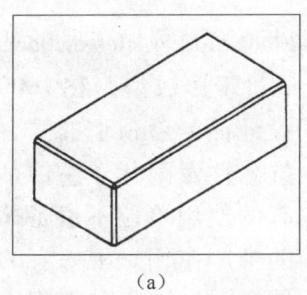
(a)

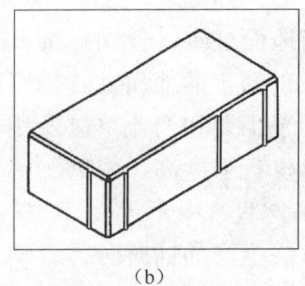
(b)

图 9-2　德国生产的横、竖棱边倒角及带有防止松动自锁条的铺路砖（广场砖）

为了能让雨水渗入地下，一般用砂子作为垫层。德国铺路砖的铺设方法实例见图9-4。

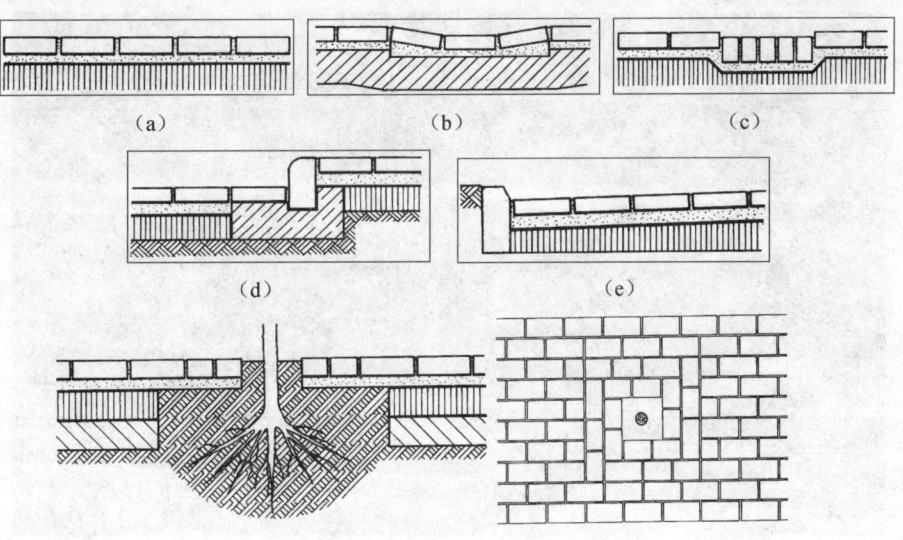

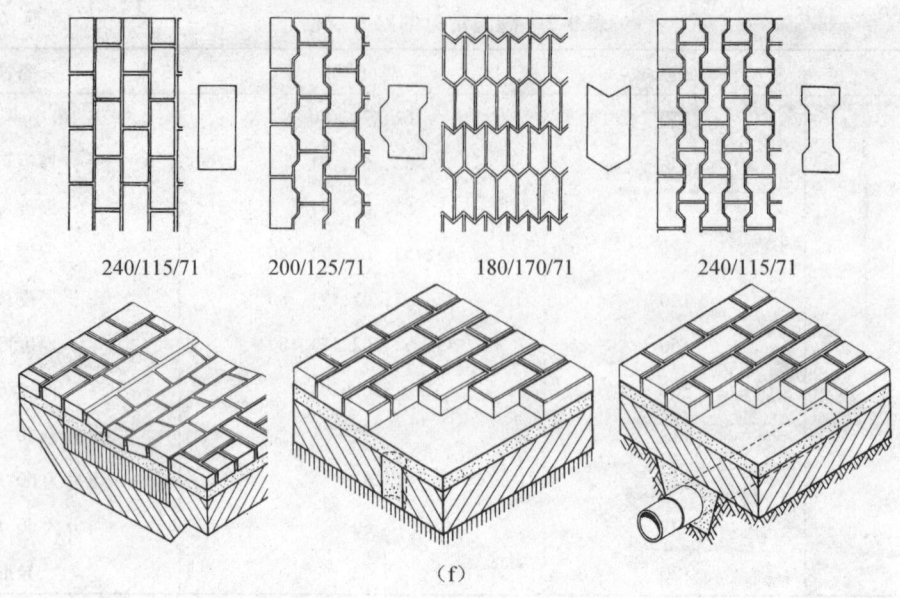

图 9-3　德国铺路砖的铺设方法举例（图片来自德国砖瓦标准）

（a）用砂子平面铺设，带有 8~10mm 宽的接缝，用于承受负荷小的花园道路，或用合适的砂浆铺设；（b）大面积铺设时铺成水槽的实例，在水槽范围内铺设的砖需用砂浆（1:3）铺设底层；（c）从平铺转变到竖铺形成水槽，用砂浆及混凝土铺设水槽效果更好；（d）与高的路面一起形成路沿及水槽；（e）与天然石材路沿石一起形成排水道；（f）树坑铺设，在靠近树坑的地方用砂子铺设垫层

需指出的是，铺地面缸砖（德国标准 DIN 18158-Floor clinker tiles or floor quarries）与铺路砖或广场砖是有严格区别的，铺地面缸砖是用制砖黏土通过干压成型，在 1000℃ 以上的温度下烧成。这类产品主要用于工业和商业单位及用在室外铺设地面、屋顶上的露台和人行道。铺地面缸砖必须结构致密、抗折强度高、耐磨、耐侯性好、抗冻性及耐化学腐蚀剂好，平均抗弯强度最小为 $20N/mm^2$，平均吸水率不得大于 3%。因国内有的使用单位不清楚德国的标准，用这一标准来评价用挤出方法生产的铺路砖，影响了铺路砖的推广应用。国内有的文章中将铺路砖与铺地砖混在一起，也是容易产生歧义的，因铺路砖的性能与铺地面砖有很大的区别。德国著名的铺路砖生产公司——ABC 公司（ABC-Pflasterklinker）生产的铺路砖、广场砖的产品及应用效果如图 9-4 所示。

第九章 铺路砖及广场砖

图 9-4　德国 ABC-Pflasterklinker 生产的铺路砖样品及铺设效果
（照片摄于德国该公司生产现场及来自该公司的产品样本）

美国铺路砖的标准《人行道和轻便车道铺路砖标准》（ASTM C902-92，Standard Specification for Pedestrian and Light Traffic Paving Brick）中首先对该类产品的用途及范围进行了划分，按气候及使用场所划分如下：

SX 级：用于室外，在被水饱和后，能够经受规定的冻融循环次数；

MX 级：用于室外不出现冻融环境的铺路砖；

NX 级：用于室内或用于无冻融的条件下。

按交通流量及磨损程度划分：

Ⅰ级：用于汽车流量大、磨损量较大地方的铺路砖，如用于停车场、人行道、车行道及公共建筑物的进出口等；

Ⅱ级：用于中等磨损程度地方的铺路砖，如用于居民区和马路侧面人行道、饭店及仓库的地面等；

Ⅲ级：用于磨损程度较小条件下的铺路砖，如用于私人家庭的车库地面、庭院等。

针对不同级别及使用场所，其性能指标要求也不同，如对抗压强度、吸水率和饱和系数及其磨损量的要求分别见表 9-3 ~ 表 9-5。

表 9-3　美国铺路砖的抗压强度指标

等级	最小抗压强度　磅/平方英寸（MPa）	
	5 块平均值	单块最小值
SX 级	8000（55.2）	7000（48.3）
MX 级	3000（20.7）	2500（17.2）
NX 级	3000（20.7）	2500（17.2）

表 9-4　美国铺路砖的吸水率和饱和系数指标

等级	24h 冷水吸水率（最大 %）		饱和系数（最大 %）	
	5 块平均值	单块最小值	5 块平均值	单块最小值
SX 级	8	11	0.78	0.80
MX 级	14	17	不限	不限
NX 级	不限	不限	不限	不限

表 9-5　美国铺路砖的磨损量指标

等级	磨损指数（最大值）	体积磨损量（cm^3/cm^2　最大）
Ⅰ级	0.11	1.7
Ⅱ级	0.25	2.7
Ⅲ级	0.50	4.0

磨损指数 = 吸水率×100/抗压强度（磅/平方英寸）

体积磨损量按照 ASTM C418 的试验方法进行测定。

另外，该标准中对铺路砖的尺寸误差及掉角掉边等都进行了具体规定。该标准的规定是最低的要求，实际生产和工程应用中的指标都高于这些要求。

我国虽说在铺路砖及广场砖的生产上有了很大进展，某些产品也达到了西欧、北美的产品质量，但是在使用方法上还存在着一定的缺憾。如没有充分考虑到这类产品的渗水功能（生态功能），很多情况下用水泥砂浆将砖砌成了不透水的硬化层，阻止了雨水渗入地下。实际上正确的铺设方法是：先将要铺设的场地清理好，用砖渣或其他可透水的材料做好压实的底层（约 100mm），在底层上铺约 25mm 厚的粗砂垫层，然后再铺设砖，砖铺好后用振动器再次压实，最后竖向缝隙用砂子填充。美国广场、庭院、花园用铺路砖的铺设方法如图 9-5 所示。美国生产的部分铺路砖、广场砖实物样品及应用效果如图 9-6 所示。

图9-5 美国广场、庭院、花园用铺路砖的铺设方法（照片来自美国砖研究中心资料）

图9-6 美国生产的部分铺路砖、广场砖及应用效果（照片来自美国砖研究中心资料）

第十章　烧结装饰板及遮阳条

烧结装饰板是最近几年迅速发展起来的一种新型烧结材料，主要是用于建筑物的室内、外墙体的装饰。它具有保温隔热、隔声（吸声）、不反光、经久耐用、自洁能力强、永不褪色、保护建筑物墙体、延长既有建筑物使用寿命、使用寿命终结后全部可回收利用等功能，完全可以取代玻璃、铝合金、石材等幕墙材料。这类烧结产品最先是在西欧的烧结屋面瓦厂出现的，因此在西欧曾有过很多不同的名称（如 Cladding tile，Cladding panel，Brick façade，Bricks façade panels，Terracotta curtain-wall façade 等）。在中国的几家西欧公司的销售代理处，又将这类产品译成了陶板、陶土板、砖陶板、外挂陶板、干挂陶板、幕墙陶板、幕墙挂板等。本文中为了叙述的方便和统一，将这类产品统称为烧结装饰板。

近几年内，烧结装饰板产品的发展非常快，其中以德国的阿格通（维也纳山集团公司，ArGeTon）公司、科利雅通（Creaton）公司、法国的特利尔（Terreal Terracotta）公司为代表，将其产品几乎销售到了全球范围内，在中国就有数家代理商在经销该公司的产品。我国现已引进了两条烧结装饰板生产线，其中一条年产量 70 万 ~ 80 万 m^2（江苏宜兴新嘉理公司），生产线上装备有两台机器人，生产的产品尺寸可达 1200mm × 400mm，从而使我国烧结装饰板的生产进入了世界先进行列。用烧结装饰板装饰的建筑物在国内的大城市及北京奥运会工程，已达到了数百万平方米，预计这类产品在国内将会有非常大的发展市场。

烧结装饰板产品有两大类，一类是不带孔洞的单层板，另一类是带有孔洞的空心板。这两类产品的示意图如图 10-1 所示。

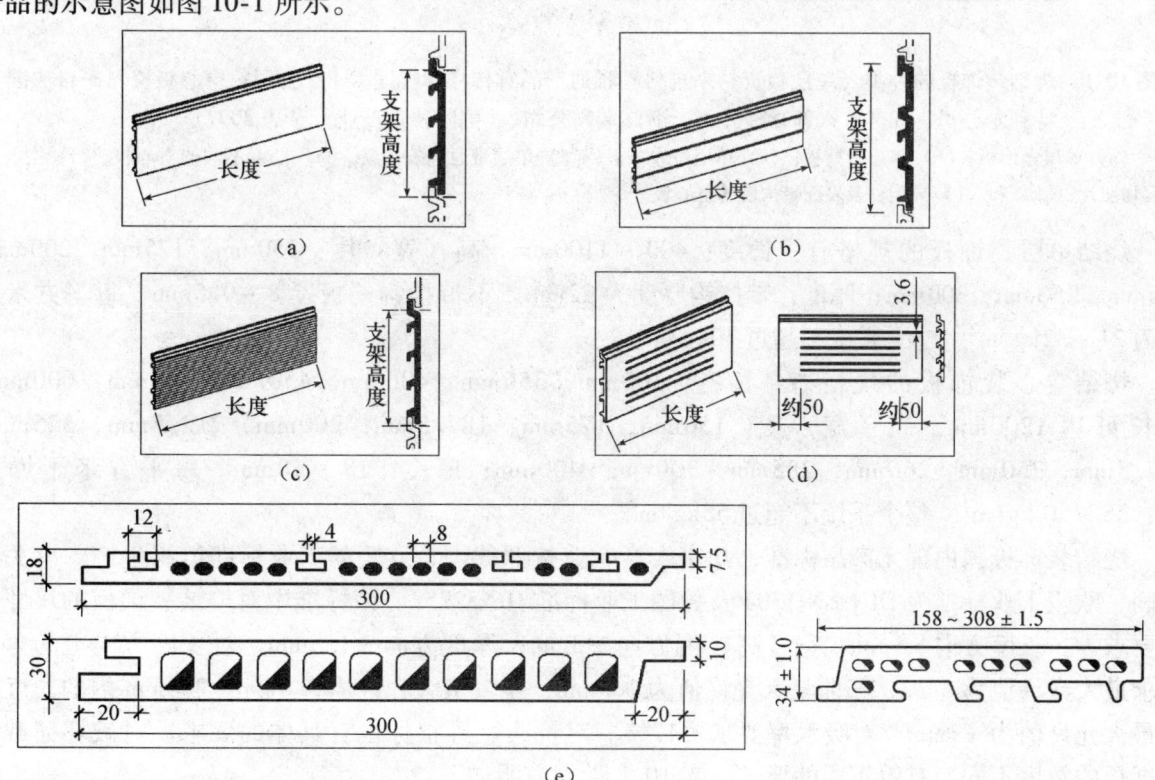

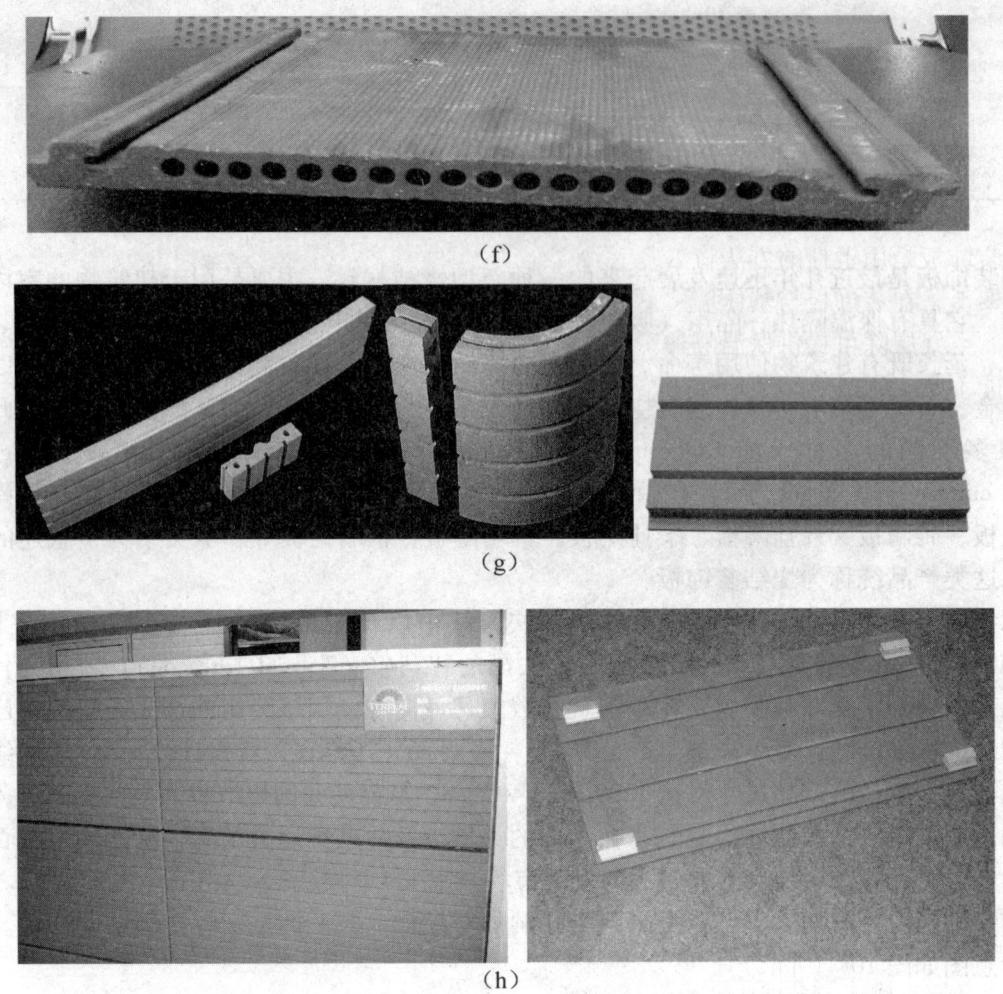

图 10-1 烧结装饰板的种类（单层板资料来自科利雅通产品宣传样本德国 Keller 公司；空心板资料来自法国特利尔公司、江苏宜兴新嘉理公司、浙江瑞高公司、《国际砖瓦工业》杂志 2007）

(a) 单层光面板；(b) 单层带槽板；(c) 单层带线条板；(d) 单层带通气条孔板；(e) 厚度不同的空心板；(f) 空心板的实物照片；(g) 和 (h) 异型件及表面带沟槽的空心板

烧结单层装饰板的规格有：长度：400～1100mm，高（宽）度：150mm，175mm，200mm，225mm，250mm，300mm；厚度：带挂钩厚度为22mm，不带挂钩的板厚8～9.5mm。每平方米质量为21～32kg/m^2，整个系统不超过40kg/m^2。

烧结空心装饰板的规格有：长度：300mm，350mm，400mm，450mm，500mm，600mm，最长可达1200mm；高（宽）度：150mm，175mm，187.5mm，200mm，212.5mm，225mm，237.5mm，250mm，260mm，285mm，300mm，400mm；厚度：18～30mm。每平方米干燥质量：25～50 kg/m^2，整个系统不超过55kg/m^2。

烧结装饰板国内现无产品标准，几家生产企业按照德国、欧盟的工业标准组织生产。有关的德国、欧盟工业标准为 DIN EN 1304 及德国工业标准 DIN52252。该标准中对烧结装饰板的尺寸偏差要求为：长度方向±1mm；宽（高）度方向±3mm；厚度方向±1.5mm。对长度方向上的弯曲要求最大允许值为3mm，扭曲最大允许值为1.5mm，挠度最大允许值为4mm，200mm 内的角度偏差最大允许值为±1mm。对吸水率要求≤12%。对抗冻性等指标也有具体的要求。对破坏荷载是根据板的宽度不同而有着不同的要求，表10-1举例说明如下。

表10-1 烧结装饰板要求的最小破坏荷载举例

板宽度	250mm	225mm	200mm	175mm
正面破坏荷载	≥2.46kN	≥1.07kN	≥0.7kN	≥0.7kN
反面破坏荷载	≥4.88kN	≥1.34kN	≥1.27kN	≥1.27kN

烧结装饰板是用干挂的方法将其挂在固定于墙体上的龙骨条上，即将烧结装饰板挂在龙骨上或是金属架上，在装饰板与基体墙之间可加入保温隔热材料，并设有空气层，以提高墙体的保温隔热性能。空气层除可提供保温隔热的功能外，还能够保护保温隔热材料不受潮，可长期有效地保持其性能不变。通过烧结装饰板后面保温隔热材料层厚度的调节，可以将外建筑物外墙的传热系数控制在所要求的范围内，因而使用这种烧结装饰板的外墙结构，实际上形成了一种外墙的保温隔热体系，烧结装饰板的外墙安装使用方法如图10-2的示意图。

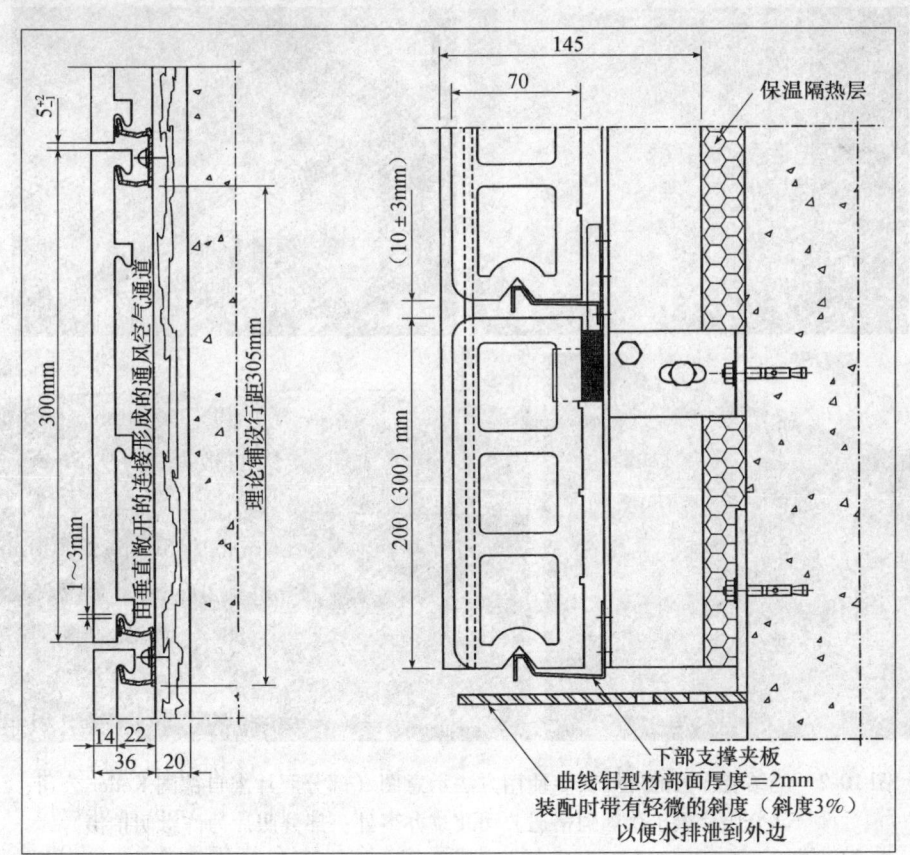

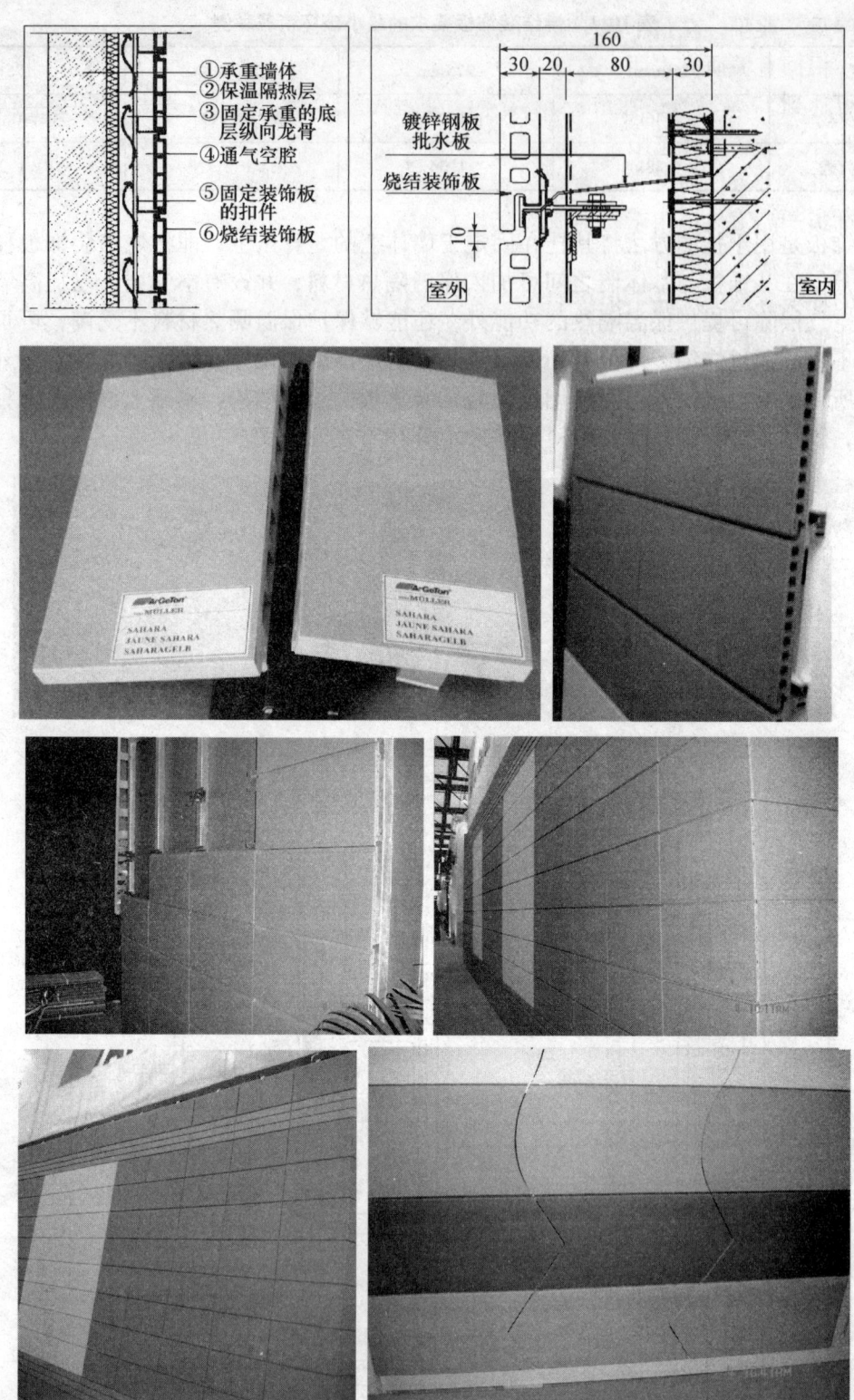

图 10-2 烧结装饰板的外墙安装使用方法示意图（部分照片来自德国 Keller 公司；
部分照片摄于德国阿格通公司北京办事处；部分照片为许彦明拍摄）

烧结装饰板最初是用来做幕墙，现在已发展到了用作遮阳板或遮阳百叶窗等。这种形式不仅充分利用了烧结材料耐久性优越，使用中可长期保持尺寸稳定的性能，而且随着使用时间的延续，其色彩更加厚重、典雅，在整个建筑物使用期内维修费用最少，而且还具备有可完全回收利用的生态学特征。根据有关研究表明：夏热冬冷地区，在节能65%的居住建筑中，活动遮阳条板对节能的贡献率可达到17~23%；在节能65%的公共建筑中，活动遮阳条板对节能的贡献率可达到18~20%。此外，烧结的外遮阳条板的耐久性、耐候性极好，在使用寿命终结后，完全能够回收利用，不会给环境带来任何有害的影响。图10-3表示了部分遮阳板条产品及实际应用情况。

烧结装饰板产品不仅可用于新的节能建筑，而且对既有建筑的节能改造具有重要的意义。烧结装饰板用于既有建筑物的节能改造工程，不但可以延长建筑物的使用寿命，而且可与大自然形成和谐美丽的环境。这类产品不但可以用在室外，而且还可用在室内装修上。在室内装饰上，烧结装饰板还能够做成具有吸声形式的板材。图10-4表示了部分烧结装饰板的实际应用效果。

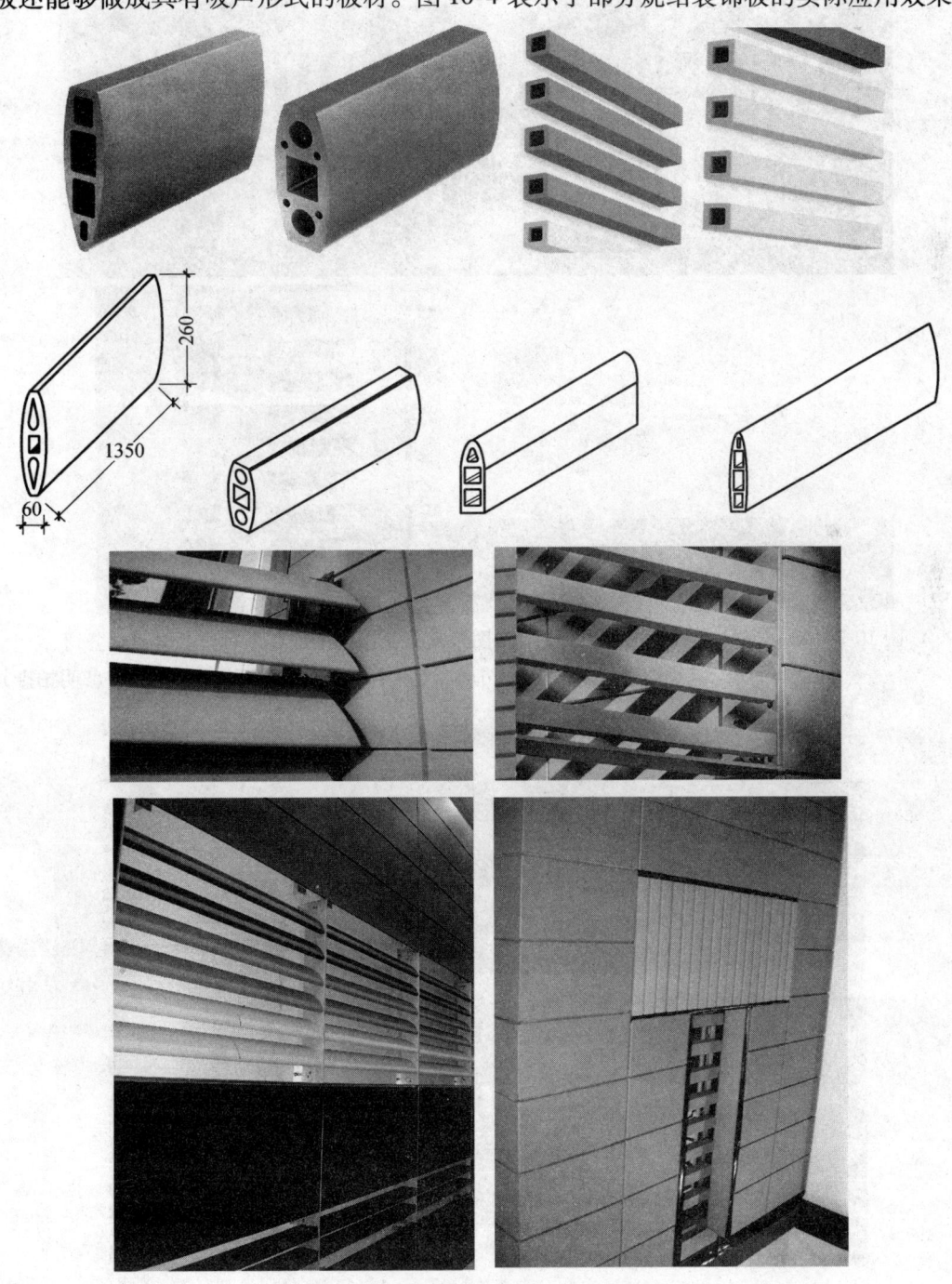

图 10-3　部分遮阳板条产品及实际应用（图片来自德国阿格通、科利雅通 Keller 公司、德国 ABC KLINKER GRUPPE 公司产品宣传样本及 2008 年成都展览会许彦明拍摄）

图10-4 部分烧结装饰板的室内、室外实际应用效果（图片来自德国阿格通、Keller公司、法国特利尔、江苏宜兴新嘉理、浙江瑞高公司产品宣传样本；最后一幅照片为黄昏时摄于法国巴黎）

归纳来讲，烧结装饰板及其干挂结构体系有如下优点：

（1）用天然的陶土原料，经高温烧成，无辐射、无污染，完全可以用于室内装饰；

（2）抗冻性能优异，经久耐用，可长期保持使用期内尺寸的稳定性，完全可以达到与建筑物同寿命；

（3）陶质产品外表，光彩柔和，质感淳厚，不反光，能够非常好地消除城市光污染；

（4）陶质产品，永不褪色，美观大方，日久砺新，装饰功能强；

（5）自洁能力强，吸水率低，可长期保持其装饰效果；

（6）结构安全可靠，有着优良的抗风、雨荷载能力，有非常好的抗外来物体冲击的能力，该结构体系也有着非常好的抗震能力；

（7）耐火性能极好，因系高温烧结，本身不燃，无论在室内外意外事故发生时，不会释放出任何有害物质；

（8）保温隔热，隔声降噪。因烧结装饰板与空气层、保温隔热材料层一起组成了外墙体上有效的保温隔热系统，完全可将外墙的传热系数控制在所要求的范围内，同时也构成了对外界噪声的有效防护；

（9）安装、维护方便快捷，可单块更换，烧结装饰板也可随意切割；

（10）陶质产品的色彩自然和谐，可有效改变建筑面貌及城市环境。

第十一章 烧结屋面瓦

烧结屋面瓦（Fired roofing tile）是用于建筑物屋面覆盖及装饰的烧结瓦类产品，常用于屋面防水层及屋顶、墙面的装饰。烧结屋面瓦有各种各样的形式，按照生产方式的不同可分为挤出瓦、挤出压制（模压）成型瓦（西式瓦）、半干压瓦、还原气氛烧成的青瓦等；受不同国家、民族、宗教信仰、历史传统文化、地域文化等的影响，也出现了大量不同的形式的瓦，如中国瓦（小青瓦，亦称蝴蝶瓦）、美国式的连锁瓦、西欧式的连锁瓦、西班牙瓦、荷兰瓦、埃及瓦、韩国瓦、日本瓦、德国瓦、瑞士瓦、罗马瓦、教堂瓦，等等；按其形状又有牛舌瓦、鱼鳞瓦、竹节瓦、平瓦、波形瓦、槽形瓦、菱形瓦、花边瓦、S-形瓦等；按其使用的功能又有脊瓦、配瓦、板瓦、屋面天沟瓦、太阳能屋面瓦、连锁瓦、通风瓦、装饰瓦（垂兽、仙人、鸱尾、戗兽）、筒瓦、防雪瓦等；还有根据表面状态不同，又可分为上釉瓦（含表面经加工处理形成装饰薄膜层——化妆土）和不上釉的瓦。在上釉瓦中又可分为中国传统式的琉璃瓦及近些年来引进线生产的"西式瓦"等。从现在能够统计到的资料看，各种不同瓦的（含古代和现代）名称已达760余种。

第一节 国内烧结屋面瓦的分类

国家现行标准GB/T 21149—2007《烧结瓦》根据形状将烧结瓦分为平瓦、脊瓦、三曲瓦、双筒瓦、鱼鳞瓦、牛舌瓦、板瓦、筒瓦、滴水瓦、沟头瓦、J形瓦、S形瓦、波形瓦和其他异形瓦及其配件共13类。图11-1表示了这些常见的瓦形。

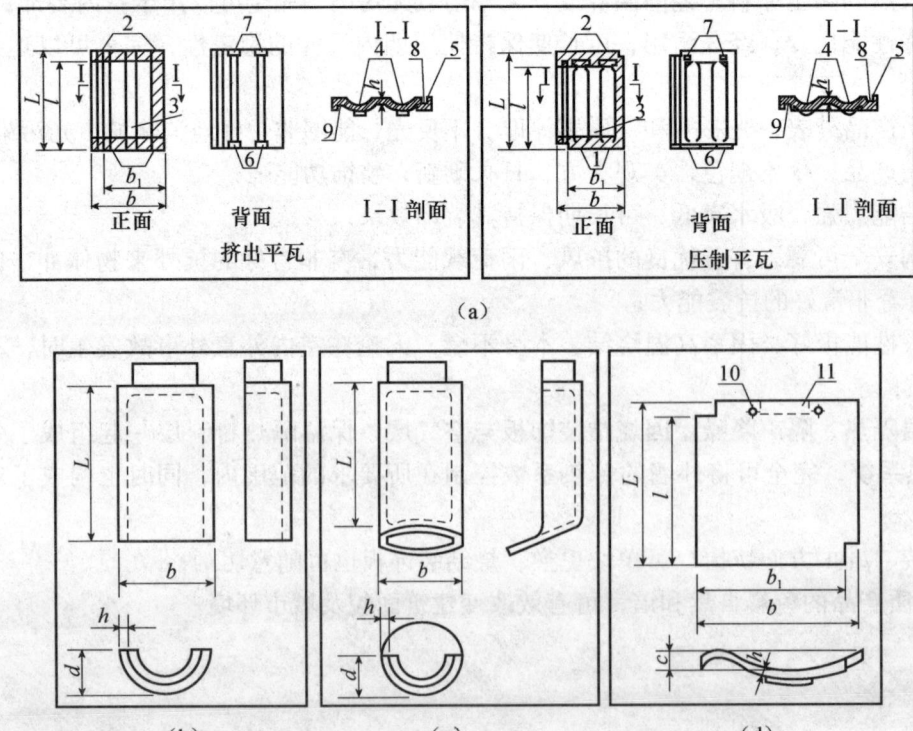

第十一章 烧结屋面瓦

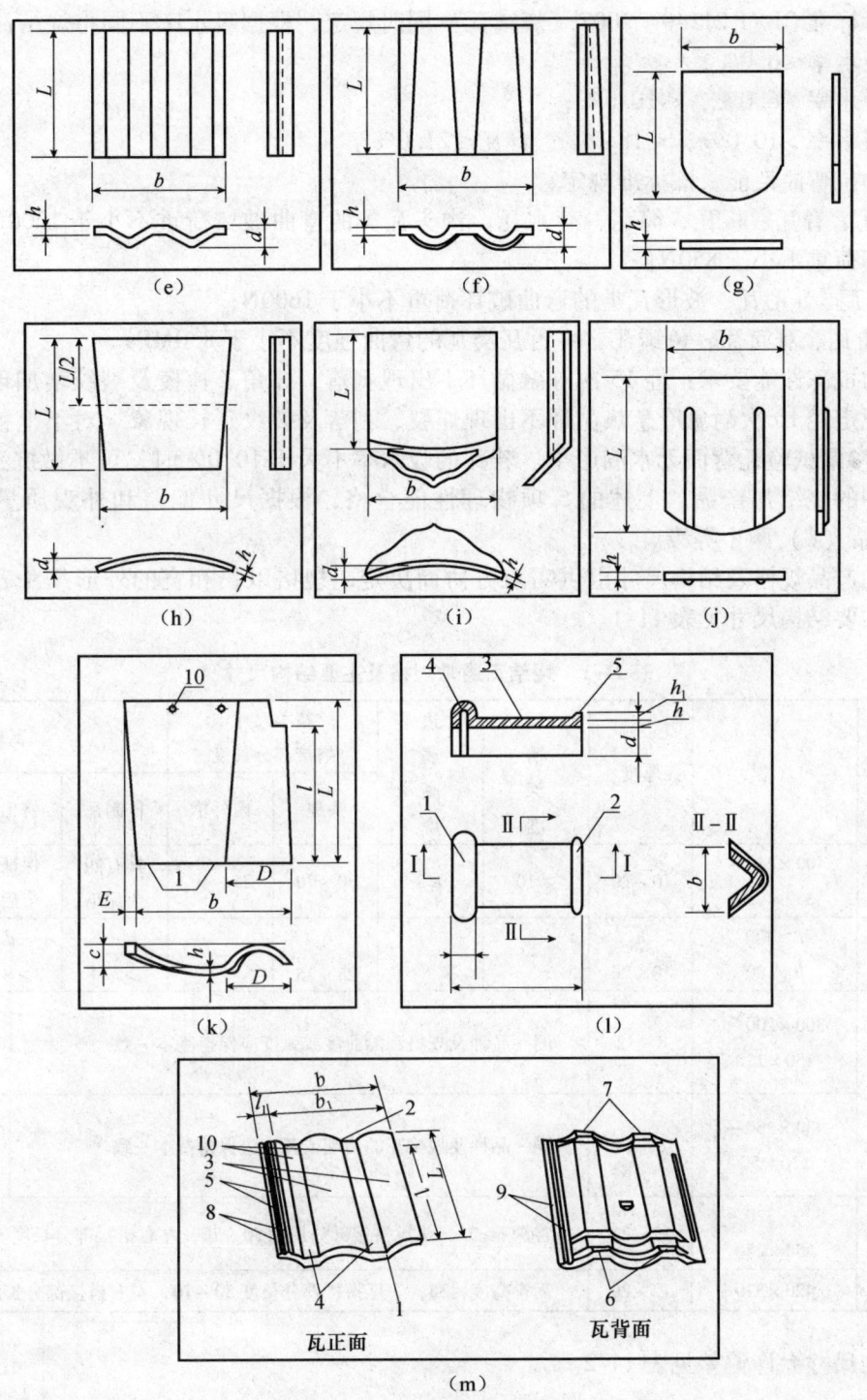

图 11-1 烧结瓦产品的类别

(a) 平瓦类；(b) 筒瓦类；(c) 沟头瓦类；(d) J 形瓦类；(e) 三曲瓦类；(f) 双筒瓦类；(g) 鱼鳞瓦类；(h) 板瓦类；(i) 滴水瓦类；(j) 牛舌瓦类；(k) S 形瓦类；(l) 脊瓦类；(m) 波形瓦类

注：图 11-1 中数字及英文字母含义的说明：

数字：1—瓦头；2—瓦尾；3—瓦脊；4—瓦槽；5—边筋；6—前爪；7—后爪；8—外槽；9—内槽；10—钉孔或钢丝孔；11—挂钩

英文字母：$L(l)$—（有效）长度；$b(b_1)$—（有效）宽度；h—厚度；d—曲线或弧度；c—谷深；D—峰宽；E—开度；l_1—内外槽搭接部分长度；h_1—边筋高度

国家现行标准 GB/T 21149—2007《烧结瓦》同时规定，根据吸水率不同将烧结瓦分为三类：

Ⅰ类：吸水率≤6.0%；

Ⅱ类：吸水率>6.0%，≤10.0%；

Ⅲ类：吸水率>10.0%，≤18.0%；青瓦≤21.0%。

烧结瓦的抗弯曲性能，该标准规定：

（1）平瓦、脊瓦、板瓦、筒瓦、滴水瓦、沟头瓦类的弯曲破坏荷重不小于1200N；其中青瓦类的弯曲破坏荷重不小于850N；

（2）J形瓦、S形瓦、波形瓦类的弯曲破坏荷重不小于1600N；

（3）三曲瓦、双筒瓦、鱼鳞瓦、牛舌瓦类瓦的弯曲强度不小于8.0MPa。

烧结瓦的抗冻性能要求：经15次冻融循环不出现剥落、掉角、掉棱及裂纹增加现象。对上釉瓦类产品，规定经10次耐急冷急热循环不出现炸裂、剥落及裂纹延长现象。对不上釉瓦有抗渗性要求，经3h渗漏试验瓦背面无水滴产生。若瓦的吸水率不大于10.0%时，可不做抗渗性试验。

相同品种的烧结瓦产品，上述的5项物理性能合格，根据尺寸偏差和外观质量分为优等品（A）和合格品（C）两个等级。

烧结瓦的产品规格及结构尺寸由供需双方协商决定，规格以长和宽的外形尺寸表示。烧结瓦通常规格及主要结构尺寸见表11-1。

表11-1 烧结瓦通常规格及主要结构尺寸 mm

产品类别	规格	厚度	瓦槽深度	边筋高度	基本尺寸 搭接部分长度		瓦爪		
					头尾	内外槽	压制瓦	挤出瓦	后爪有效高度
平瓦	400×240~360×220	10~20	≥10	≥3	50~70	25~40	具有四个瓦爪	保证两个后爪	≥5
脊瓦	L≥300 b≥180	h 10~20	—		l_1 25~35		d >b/4	d >b/4	h_1 ≥5
三曲瓦、双筒瓦、鱼鳞瓦、牛舌瓦	300×200~150×150	8~12	同一品种及规格瓦的曲度或弧度应保持基本一致						
板瓦、筒瓦、滴水瓦、沟头瓦	430×350~110×50	8~16	同一品种及规格瓦的曲度或弧度应保持基本一致						
J形瓦、S形瓦	320×320~250×250	12~20	谷深c≥35，头尾搭接部分长度50~70，左右搭接部分长度30~50						
波形瓦	420×330	12~20	瓦脊高度≤35，头尾搭接部分长度50~70，左右搭接部分长度25~40						

烧结瓦的尺寸允许偏差见表11-2。

表11-2 烧结瓦的尺寸允许偏差 mm

外形尺寸范围	优等品	合格品
L(b)≥350	±4	±6
250≤L(b)<350	±3	±5
200≤L(b)<250	±2	±4
L(b)<200	±1	±3

烧结瓦的最大允许变形值见表11-3。

表11-3　烧结瓦的最大允许变形值　　　　　　　　　　　　　　　　　　　　　　　mm

产品类别		优等品	合格品
平瓦、波形瓦		≤3	≤4
三曲瓦、双筒瓦、鱼鳞瓦、牛舌瓦		≤2	≤3
脊瓦、板瓦、筒瓦、滴水瓦、沟头瓦、J形瓦、S形瓦	最大外形尺寸:		
	$L(b) \geqslant 350$	≤6	≤8
	$250 \leqslant L(b) < 350$	≤5	≤7
	$L(b) < 250$	≤4	≤6

为了增加屋面的抗渗漏性，使其密不透水，因此任何一种瓦在使用时都必须是一排搭接在另一排上。例如我国传统的小青瓦，重叠搭接的面积超过了50%。现代的屋面瓦借助于前后瓦爪和内、外导水槽进行彼此之间的搭接或连锁，有效利用面积大幅度提高。设置这些内外导水槽的主要目的就是有侧向风下雨时能够有效地阻止雨水进入瓦后，造成屋顶漏水。所规定的瓦的前后搭接长度其主要目的也是为了防止在刮正面风时雨水进入瓦后形成屋顶漏水的问题。除了防止雨水进入外，这些导水槽及前后瓦爪也起着一定的支撑作用，在瓦背面一定的范围内形成了空腔，这在雨后非常有利于瓦的脱水干燥。在有些瓦的头端和侧面设置了两道导水槽，能够有效地起到防止风带入雨水的作用，因为在导水槽与另一个瓦的前瓦爪和相临的另外一个瓦侧面下的内槽搭接之间都形成了空间，无论是侧向或正向风在进入导水槽后，就会出现明显地减压，雨水被滞留下来并能顺导水槽及时排走。

第二节　西欧屋面瓦的常见种类

西欧烧结瓦的品种很多且形状各异，色彩丰富多变，有烧结后形成的自然色调，也有施加化妆土或上釉的。但总体说来生产方式为直接挤出的（如平瓦和波形瓦）和预先挤成泥片再模压的（如改进型平瓦、平面带波瓦、平面连锁瓦）两种。西欧常见烧结瓦的种类如图11-2所示。

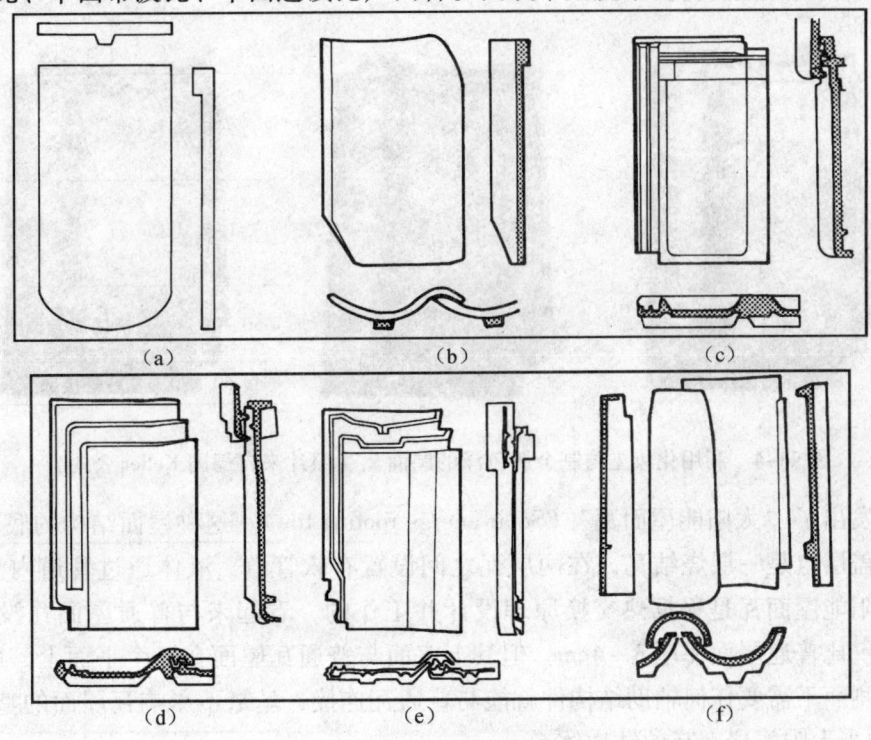

图11-2　西欧常见烧结瓦的种类
(a) 平瓦；(b) 波形瓦；(c) 改进型平瓦；(d) 平面带波瓦；(e) 平面连锁瓦；(f) 欧洲南部的仰俯（凹凸）瓦（也称西班牙瓦）

德国烧结屋面瓦的生产在世界上首屈一指，不但品种多，其使用功能也在不断地扩展，并向大尺寸屋面瓦的方向发展。例如，原来传统的烧结瓦覆盖每平方米屋面用瓦 14~16 块/m²，大型的屋面瓦用 8~9 块/m²，而最近几年某些工厂生产的瓦只用 5.5 块/m²。图 11-3 表示了现代大型烧结屋面瓦与原传统瓦的比较。

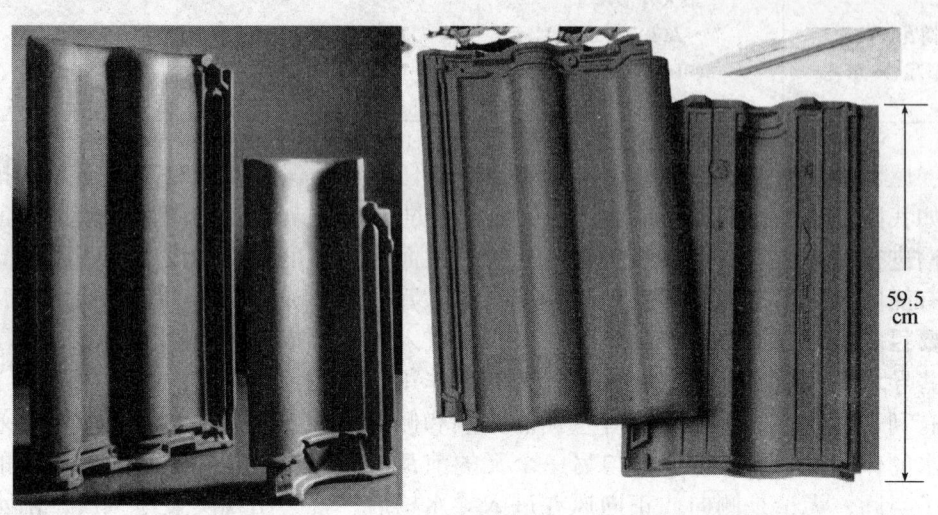

图 11-3　西欧现代大型烧结屋面瓦与原传统瓦的比较（照片来自德国 Keller 公司）

在西欧，烧结屋面瓦除了向大型化方面发展外，在其表面装饰上也是想尽了办法，例如通过配料来改变成品瓦的颜色；在坯体表面施加化妆土改变外观色彩；在坯体上面施加釉料来增多花色品种，提高抗渗性能等。最近几年已发展到了利用化妆土仿造金属色彩的表面。图 11-4 表示的为仿制金属色泽表面的屋面瓦。

图 11-4　利用化妆土仿制金属色泽的屋面瓦（照片来自德国 Keller 公司）

德国还开发出了"太阳能屋面瓦"（Solar energy roofing tile）。这种屋面结构的底部是一层烧结瓦，上部的覆盖层也是一层烧结瓦，在两层瓦之间设置有软管道，液体通过管道内流动，同时被加热。这种太阳能屋面瓦是根据热交换原理设计并工作的，看起来与普通屋面瓦没有什么区别。太阳能屋面瓦仅比普通屋面瓦厚 3~4cm，但其上表面与普通瓦屋面在一个平面上，所以太阳能屋面瓦的上部和侧面不需要任何辅助结构件就能与普通瓦连接，丝毫不影响瓦屋面的整体美观效果。图 11-5 表示的为太阳能屋面瓦的结构体系。

第十一章 烧结屋面瓦

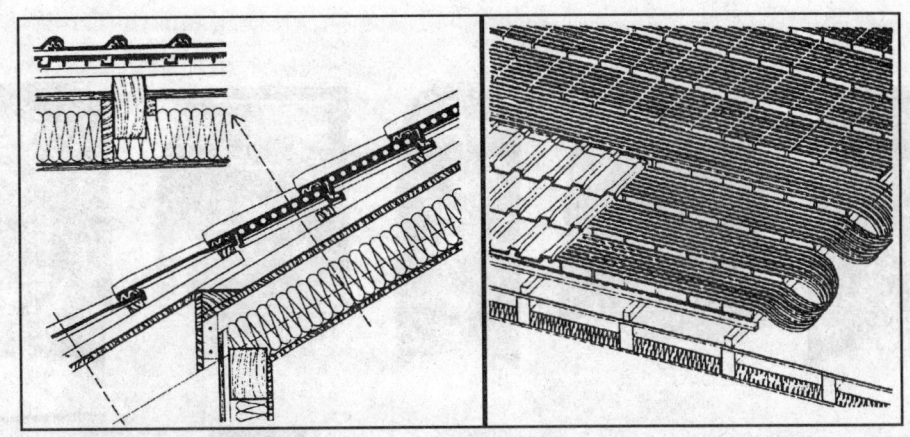

图 11-5　太阳能屋面瓦结构体系示意图（图片来自德国《砖瓦词典》）

在欧洲生产的烧结瓦不但用于屋面，而且也用于某些墙体的防水和装饰。对屋面瓦配件的功能、装饰效果等方面，做得非常细致精巧，有专用于屋顶通气的瓦，也有用于屋顶穿线（电视天线、网络专线等）的瓦等。在屋脊用的装饰瓦上有各种吉祥物造型。图 11-6 表示了德国生产的部分烧结屋面瓦的配件、异形瓦及装饰瓦。

图 11-6　德国生产的部分烧结屋面瓦配件、异形瓦及装饰瓦（图片来自德国克利亚通公司）

烧结屋面瓦是一大类产品，其研究和发展还在不断地深入，产品的种类还在逐年增多。国内自 20 世纪 90 年代始，已引进了数条装饰瓦（行业内称西式瓦）生产线，为了更好地了解国外烧结瓦的生产情况，图 11-7 给出了部分德国、法国及我国广州嘉泰公司生产的烧结瓦照片。

第十一章 烧结屋面瓦

图 11-7　德国、法国及我国广州嘉泰公司生产的部分烧结屋面瓦（部分照片摄于德国克利亚通公司及 2008 年成都展览会许彦明摄；部分照片来自广州嘉泰产品样本；部分图片来自德国《砖瓦词典》一书）

现代烧结屋面瓦是美化建筑物的重要手段，也是解决屋面漏雨、建筑物顶盖保温隔热的重要措施。图 11-8 为广州嘉泰公司部分屋面瓦工程的应用效果。

图 11-8　广州嘉泰公司部分烧结屋面瓦工程应用效果（图片来自广州嘉泰公司产品样本）

德国 ABC-KLINKER GRUPPE 公司的部分烧结屋面瓦应用的效果如图 11-9 所示。

图 11-9 德国 ABC-KLINKER GRUPPE 公司的部分烧结屋面瓦实际应用效果
（照片来自德国 ABC-KLINKER GRUPPE 公司产品样本）

第三节　欧洲共同体新标准中对烧结屋面瓦的分类及应用要求

在欧洲共同体国家中，烧结屋面瓦的制造是根据标准 EN 1304 "用于不连续铺设的烧结屋面瓦，产品的定义及规范"为基础的。下面以法国生产的烧结屋面瓦为主进行简要介绍。

屋顶有各种各样的形式，如：

（1）平屋顶。平屋顶施工很复杂，并且相关的防水耐久性能也较差，但是平屋顶使室内可利用空间达到了最大化。

（2）斜屋顶。斜屋顶除了其美观的外貌外，还有屋顶处理方法简单，且确保了持久的防水性的优点。

所以，大多数独立住宅建筑具有斜屋顶，而建立在市区内的集体住宅建筑，其设计需求受到最大的限制及要求最小的投资，因此通常具有平屋顶。

斜屋顶能够由大型构件组成，或是由小型不连续的构件组成：

（1）由大型构件组成的屋顶轻而且防水性能非常好，但是它们总是不能很好地经受得住温度的变化，温度变化的结果形成了很高程度的膨胀，常常由于疲劳而导致了损坏。大型构件有大的表面面积从而使其对疾风很敏感。而且，外力（风和雪产生了相当大的荷载）总是不能允许屋顶桁架按屋顶质量成比例地减轻（即屋顶质量减轻，而支持屋顶的三角形桁架不能减轻）。

（2）由小型不连续构件组成的屋顶较重一些，而且需要有陡峭的坡度，但是这种斜屋顶更耐久，以及从美学观点看令人更愉快。

在由小构件建造的屋顶所使用的材料中，与混凝土瓦、石板瓦、沥青屋面板、木质屋面板及石材屋面构件比，烧结屋面瓦的形状是最显著的。

下面将描述不同类型的烧结屋面瓦。

一、平瓦（Plain tiles）

扁平的平瓦是由扁平的烧结产品构成的构件，在背面带有一个或两个凸起的瓦钉，以便使其能固定在适当的位置上，在其顶部有一个或两个钉孔（图 11-10）。这类瓦的大多数沿着它们的长度方向带有轻微的弧形，从头到尾显示出了优雅、清洁的外观。

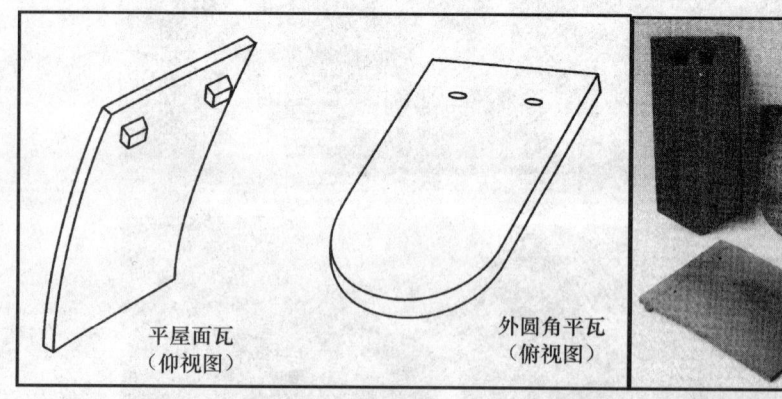 

图 11-10　平瓦实例（图片来自法国 Michel Kornmann 著
《Clay bricks and rooftiles, Manufacturing and properties》）

这类瓦出现于公元 11 世纪的比利时和法国北部。这类瓦在其形状上通常是矩形的，但是某些样式在其下部边沿是圆形的（外圆角瓦）或是切割成斜角的（箭头形瓦）。

具有特殊形状或者拱形（弧形）的瓦能够用于特定的结构：

(1) 用于圆形塔屋顶的锥形塔瓦；

(2) 在长度上在一定范围内可任意变化的可变尺寸的瓦，以为了仿造古老瓦的种类。

瓦的尺寸随所在的国家而变化。在法国销售的最普遍的规格之一是 17cm×27cm 的瓦。在英国，普遍的尺寸为 16.5cm×26.5cm，这一尺寸是以 1477 年由国王爱德华兹四世制定的标准化尺寸为基础的。在法国西南部使用着大尺寸的瓦（20cm×30cm），而其他地区仅在集体住宅建筑中使用大尺寸的瓦（27cm×35cm，31cm×40cm）。

扁平的瓦通常铺设在平行于屋脊的钉牢的板条上。扁平瓦的铺设是从屋脊到屋檐交叠式的铺设，搭接的长度约为瓦长度的 2/3，在瓦的侧边，比照相邻的各排用半个瓦的宽度压接，以便确保在所有边沿上都能防水。因此，在屋顶的每一点，通常就有三个瓦重叠的厚度，瓦的有效表面利用率约为 33%。此外，扁平瓦铺设的屋顶的坡度必须是陡峭的，以便确实保证屋顶的防水性能。与建筑物的横截面比较，瓦的总表面面积显著地增大了。

在表 11-4 中总结了平瓦的某些特征。

表 11-4　平瓦的典型特征

长度	(cm)	23~43
宽度	(cm)	13~26
厚度	(mm)	9~16
每片瓦的质量	(kg)	09~1.8
每 1m² 的数量		26~80
有效利用面积的百分比（%）		约 33%
每 1m² 的质量	(kg)	65~75
产品的价格	（欧元/m²）	25~45
铺设的最小坡度		39°
铺设新瓦的价格	（欧元/m²）	38~55

表 11-4 中所示价格是由法国瓦的制造商提供的，不是所必需的实际市场价格。在"铺设新瓦的价格"项下精确地包含着什么内容，没有用任何真实准确的事例来定义。必须将这些数据看作只是用于大概比较的目的。

扁平瓦在法国的诺曼底（Normandy）、法兰西—孔德（Franche-Comté）、法国中部、阿尔萨斯（Alsace）地区是普遍应用的。

二、阴阳面弧形瓦（仰俯瓦）

阴阳弧形瓦，是一类略带锥形的弧形烧结屋面构件，在法国、意大利和西班牙已经使用了非常长的时间。这种形状的瓦能适应于用同样的产品来铺设屋面下部流水的通道（阴面瓦）和在两个相邻的通道之上的遮盖（阳面瓦）。这类瓦有着不同的名称：如阴阳面弧形瓦（over and under tiles）、仰俯瓦（pan and cover tiles）、桶形瓦（barrel tiles）、传教瓦（mission tiles）、僧侣和尼姑瓦（monk and nun tiles）……

这类瓦是从希腊和罗马的弧形瓦发展而来的，当时在底下的阴面瓦带有平的底面称为"特久拉"（Tegulae），在上部半圆形的阳面瓦称为"克纳利"（Canali）。

仰俯瓦铺设在一连续的平面上,或在垂直于屋脊的椽之间铺设,或在平行于屋脊的板条上铺设(图11-11)。在这种情况下,使用在底瓦下部一端带有一个或两个瓦钉的瓦,以便使其钩在板条上。

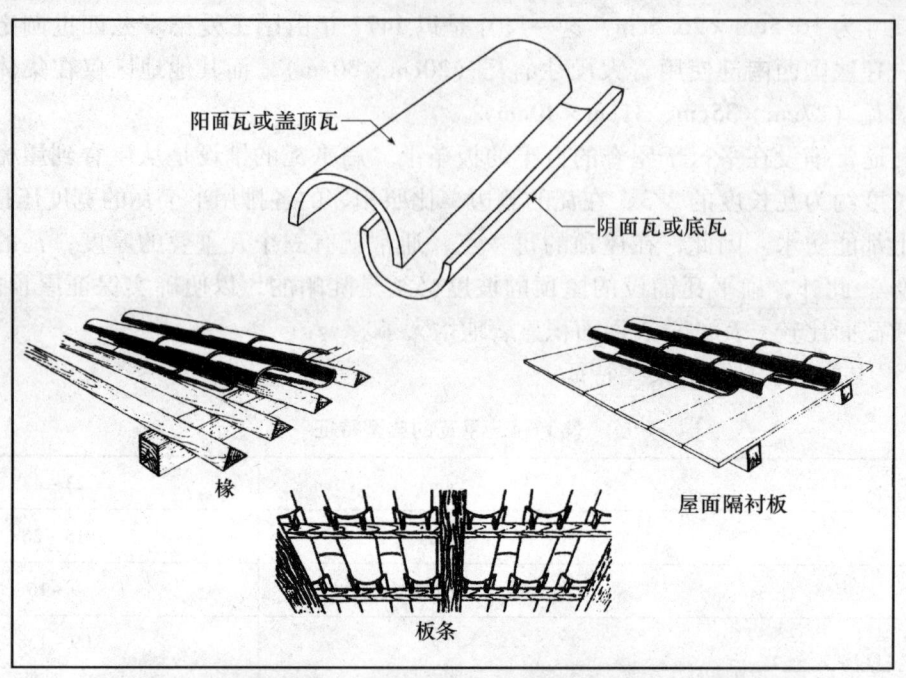

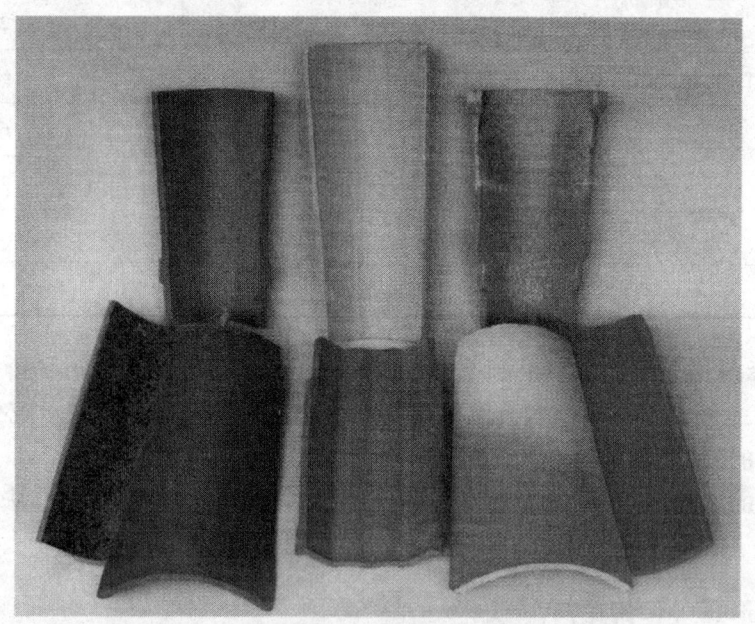

图11-11 带有支撑的阴阳面弧形瓦示意图

(图片来自法国 Michel Kornmann 著《Clay bricks and rooftiles, Manufacturing and properties》)

连接的瓦也存在着要防止盖瓦从底瓦上滑落的问题。

也有带轻微弧形的仰俯瓦,以及带有更大曲率的瓦(桶形瓦)。这些瓦以各种长度在被使用着。

最小的搭接长度则取决于使用的场合及屋顶的坡度,其搭接尺寸在 12~17cm 之间变化。这类瓦某些典型的特性表示在表 11-5 中。

表 11-5　阴阳面弧形瓦的性能

长度	(cm)	25～60
宽度（大边）	(cm)	16～22
宽度（窄边）	(cm)	14～17
厚度	(mm)	10～12
单块瓦的质量	(kg)	1.3～2.8
每 1m² 的数量（阴瓦＋阳瓦）		20～40
有效使用面积的百分比	(%)	约 50%
每 1m² 质量	(kg)	40～60
产品价格	(欧元/m²)	13～15
铺设新瓦的价格	(欧元/m²)	30～40

这类瓦用于具有平缓坡度的屋顶，其应用最普遍的地区主要发现在法国的南部［莱茵河流域（Rhône valley）、地中海盆地］及西南部［宛迪（Vendée）、查仁特（Charente）、阿奎泰纳（Aquitaine）］，还有在西班牙和意大利。

三、连锁瓦

这种瓦是由吉拉东尼（Gilardoni）兄弟在阿尔萨斯（Alsace——法国东北部一地名）于 1841 年发明的。使用这种瓦的屋顶不仅是由瓦的搭接构成屋面防水，而是由适宜的瓦舌和凹槽（水槽）紧密地连锁形成整个防水系统。从原理上讲，这样的搭接（在上部和下部的瓦排之间，及在同一排的瓦之间）长度可达到最小化，因而减轻了这种屋面瓦（图 11-12）的质量。

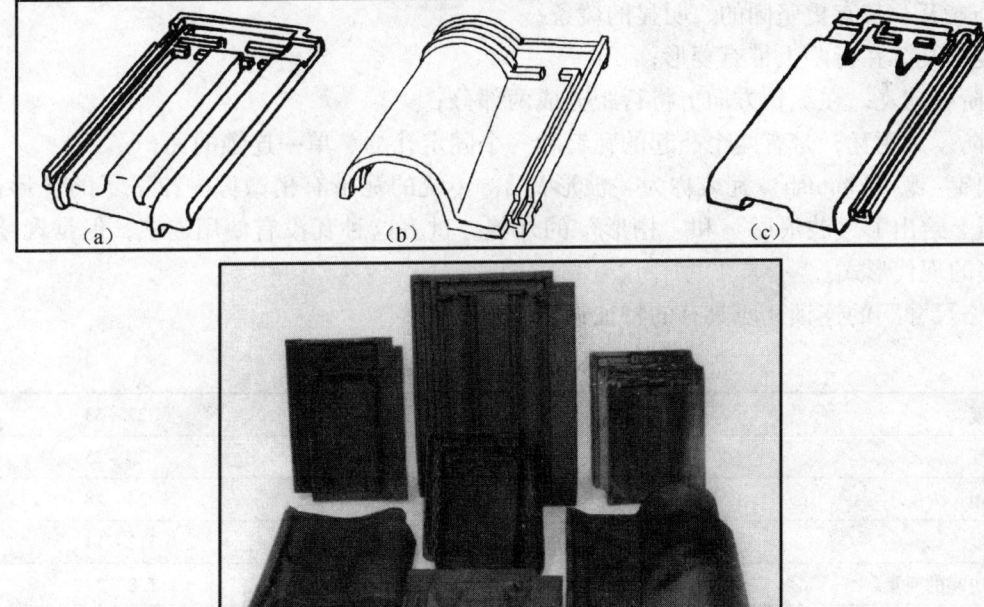

图 11-12　连锁屋面瓦实例

(a)、(b) 为连锁屋面瓦或称定型的行距屋面瓦；(c) 为平面行距的屋面瓦

（图片来自法国 Michel Kornmann 著《Clay bricks and rooftiles, Manufacturing and properties》）

这类瓦有两种连锁系统，一种是在同一排中在两个瓦之间长度方向上（边沿连锁）；另一种是在连续层列中的瓦之间横向上（头部连锁）。连锁系统可以是单一的、双层的、多层的（带有一道或多道凹槽）。

这些瓦要求有非常平的铺设表面及要求制造得相当精确，以便能够容易地连锁在一起。

行距或暴露的长度，即在瓦铺设后可见的部分，也就是从下一层向上的瓦不被覆盖的部分。行距也是在固定板条之间的间隙长度。

被称为开放型行距的瓦没有横向连锁系统。因此这种瓦要求有较大的搭接长度，但是铺设起来更容易。所以开放型行距瓦的行距是可变的。由于这种瓦的灵活性，因而非常适合于修缮使用。

这些瓦可以有平面的或是定型的行距。

使用了数种术语来精确地描述这类瓦：

（1）"大规格尺寸"的瓦（每 $1m^2$ 最多 15 块瓦）或"小规格尺寸"的瓦（每 $1m^2$ 大于 15 块瓦）；

（2）明显的曲线瓦和轻微的曲线瓦，有着更多的"法国南方"风貌，并且其机械强度也更高；

（3）罗马型瓦，是明显的带有一平底面的曲线瓦，看起来像仰俯瓦，但是有连锁的凹槽，不管其名称如何，它们也属于连锁瓦；

（4）双曲罗马型瓦，类似于罗马瓦，但是带有一曲线形底面；

（5）带有平面行距的连锁瓦；

（6）棱条瓦，即带有中部凸起的、与瓦连接的棱条；

（7）槽形瓦，像棱条瓦，但是在中部棱条边沿处的槽带有倒圆角；

（8）凸棱瓦，带有更坚固的、明显的棱条；

（9）菱形瓦，在行距上带有菱形；

（10）阶梯状瓦，在纵长方向上将行距分成两部分；

（11）防暴风雨瓦，带有两个凸起的瓦钉和一个固定孔的、单一连锁的瓦；

（12）佛兰德（Flemish）瓦或称为"波形瓦"，传统的瓦带有稍微像一拉平了的 S 形横截面，铺设在屋顶上给出了"波浪形"和"槽形"的外貌。过去这种瓦没有使用连锁，但是现今已被做成了带连锁的现代形式。

"小规格尺寸"的连锁瓦所具有的特征见表 11-6。

表 11-6　小规格尺寸连锁瓦的性能

长度	（cm）	27～33
宽度	（cm）	20～25
行距	（cm）	24～28
厚度	（mm）	12～14
单块瓦的质量	（kg）	1.8～2.1
每 $1m^2$ 的数量		15～25
有效使用面积的百分比	（%）	约 60%
每 $1m^2$ 质量	（kg）	40～55
产品价格	（欧元/m^2）	13～17

小规格尺寸的瓦通常要比大尺寸的瓦稍微贵一些，这也考虑到了铺设的成本，但是这类瓦的外貌更传统些。这类瓦也能更好地适应复杂的、不规则屋顶形状的铺设。

"大规格尺寸"连锁瓦的特征性能给出在表11-7中。

表11-7 大规格尺寸连锁瓦的性能

长度	(cm)	40~50
宽度	(cm)	25~35
可见部分长度	(cm)	33~38
厚度	(mm)	12~14
单块瓦的质量	(kg)	2.8~5.3
每1m^2的数量		7~15
有效使用面积的百分比	(%)	约70%
每1m^2质量	(kg)	37~45
产品价格	(欧元/m^2)	10~12
铺设新瓦的价格	(欧元/m^2)	19~28

连锁瓦的铺设使用"间断"连接（从一层列到下一层列，用半个瓦的宽度使瓦列偏移）或使用成直线的连接（从一层列到下一层列，瓦是精确地叠压在一起）。带有开放型行距的瓦必须用间断连接方式铺设。瓦是铺设在木质板条上或是金属角条（角钢）上。

此外，在瓦产品的"家族"中，有通常标准范围内的瓦，也有一定数量的配件及附件，以为了使瓦的铺设更容易和更快捷，同时也为了瓦屋顶是完全防水的，尤其是在屋顶的特定位置上，如：

（1）屋脊和斜脊瓦；
（2）脊瓦下面铺设的衬瓦；
（3）檐口配件瓦及在檐口瓦下的衬瓦；
（4）山墙或山墙檐口瓦及独立山墙的斜角瓦；
（5）用于行列偏移和交错接缝的半瓦及一个半瓦；
（6）管线环口瓦，带有一圆柱形孔洞的瓦，能够穿过管子，铺设导线或是安放信号灯；
（7）通风瓦；
（8）装饰屋面构件。

四、瓦的性能

在屋顶上铺设的瓦必须具备多种性能：

（1）不渗透性，涉及烧结产品的性能在有关章节中已经详细地考察过了。在标准中，瓦的不渗透性被分为两种类别：

类别1，按照试验程序1，不渗透性系数<0.5cm^3/cm^2；
类别2，按照同样的试验程序，不渗透性系数<0.8cm^3/cm^2。

（2）铺设的难易程度，这涉及产品制造的可重复性、尺寸容许公差、规则性、垂直度和平整度（翘曲、扭曲或呈弧形的瓦，尺寸变化大的瓦要使其连锁是困难的），要同时考虑瓦的尺寸和质量，必须限定在确保铺设屋顶工人容易操作。适当配件的存在和使用也可使铺设工作容易，而且还能改善最终铺设效果的可靠性。

（3）低成本，屋顶的成本包括瓦的成本、其他材料的成本（板条、吊钩和压板、钉子、钢板条、椽子衬板、防水板、屋面衬垫材料、屋顶排水沟、砂浆、粘合剂和密封剂等），还有铺设的劳动力成本（屋顶桁架的制作、钉板条、特定点的处理、瓦的铺设等）。

(4) 瓦的力学性能，其力学性能要保证屋顶上铺设工人的工作需要及以后的修理中没有损坏。这些性能的特征是瓦的横向抗弯强度，横向抗弯强度取决于瓦烧结后的性能及瓦的几何形状，特别是瓦的惯性力矩。由石灰质黏土制造的较陡的曲线瓦总是有着较高的抗弯强度。根据瓦的类型，标准规定了最小抗弯强度的强制性指标，这与在瓦和试验条件之间的荷载传递有关（根据 EN 538 规定，施加荷载点的定位通常是在瓦的瓦爪与下缘之间距离的 2/3 处）。由于平瓦的搭接程度较高，因此对平瓦的抗弯强度要求也较低。此外，用平瓦铺设的屋顶坡度对屋顶铺设工人来说，要在上面行走通常是太陡了。

标准中对瓦的弯曲强度要求见表 11-8。

表 11-8　各类瓦的最小弯曲强度

瓦类型	最小弯曲荷载（NF EN 1304）(N)
平瓦	600
罗马瓦	1000
平面连锁瓦	900
棱条连锁瓦	1200

(5) 美学方面：屋顶的表面在建筑物的可见表面中占有较大的比例，特别是独立住宅的屋顶占有一半建筑的表面。对住宅而言，一个完美的屋顶是其装饰美的主要来源。除了瓦的类型和尺寸给出了美学上的样式外，在其他因素中，还有瓦的颜色和表面样式。能够发现许多具有同样色调的不同颜色或是含有数种不同色调的颜色，如：黄色、粉红色、红色、褐色、赭色、灰色、黑色、蓝色、绿色等；在最终产品上能以各种形式表现出，如：天然色彩面、化装土装饰面、砂裹面、上釉面、彩饰面、烟熏面、火焰侵蚀痕迹面、风蚀面等；制造商由于创造出新的颜色及新的装饰，也由于开发出了新的样式而开发出了许多具有美学外貌的瓦［例如，在表面上以各种各样的小晶为特色的依莫利斯（Imerys）钻石瓦］，以及新的形状［例如特利亚尔（Terreal）Z 形瓦，具有菱形的外貌］。当从一现实距离观察瓦时，不应当只陈列瓦的缺陷，贬低瓦的美学质量。因此，在标准中规定某些瓦的表面外貌特征不能认为是缺陷，如：在坯体上的褶皱、刮擦痕迹、由于运输中磨擦的斑点和痕迹、细裂纹、分层、色调上轻微的差别、泛霜等。另一方面，坡损、破裂、或是掉了瓦爪的情况是不能接受的。

(6) 没有危险物质的释放。

(7) 下雨时的防水性，涉及的漏洞可能会出现在屋顶上瓦的连接处及搭接处。防水性取决于瓦本身，也取决于屋顶及所使用的场所。

(8) 抗风能力，这取决于瓦本身，也取决于屋顶及所使用的场所。

(9) 耐久性和抗冻性。

(10) 防火性能。

(本节文献来自法国 Michel Kornmann 著《Clay bricks and rooftiles, Manufacturing and properties》一书)

第十二章　仿古砖瓦及砖雕

仿古砖瓦产品及现代砖雕虽说在行业内所占比例很小，但随着仿古建筑的发展及原有古建筑修缮工程的增加，在最近几年也得到了一定程度的发展。在北京、天津（蓟县）、河北、陕西（西安、富平等）、江苏（苏州、常熟等）、浙江（嘉善）、安徽（安庆）、甘肃（临夏）、成都（大邑）、湖南、山东、山西、云南、福建等地还保留有少部分传统的还原气氛烧制的生产方式，生产着传统的青砖青瓦及琉璃砖瓦，某些地方还保留着传统的砖雕技艺。特别是苏州陆墓御窑村，将失传70多年的"金砖"生产方法复活，所制造的金砖不但用于了北京故宫的修缮，而且还出口到了国外。我国独有的砖雕艺术也已开始复苏，例如在甘肃临夏、西安、广州、苏州、天津等地都有专业的砖雕队伍或专业人员。在仿古砖瓦的制造中值得一提的是原上海浦南砖瓦厂，在1984年就生产过420mm×420mm×55mm的大青砖，还生产过1125mm×1125mm×120mm的特大青砖。

图12-1分别选自苏州陆墓御窑砖瓦厂、北京西六建材公司、北京房山宏图古建砖瓦厂、西安献民古建砖瓦厂、陕西富平乔山陶艺公司、天津蓟县四合居古建砖瓦厂等家的产品。

（仿古饿脊瓦）

图 12-1　某砖瓦厂的产品

这些仿古砖瓦产品及砖雕在一定程度上讲，是在传承我国的历史文化。仿古砖瓦产品中包括普通青砖、普通青瓦、滴水瓦、筒瓦、沟头瓦（带瓦当的筒瓦）、鸱尾（正吻）、垂兽、仙人、走兽、青方砖（铺地砖）、"金砖"、正脊压顶空心花砖、琉璃砖瓦及构件等。砖雕包括影壁、门窗、墙面、屋顶等砖雕作品。特别是湖南灵渠水街镇上高 5m，长 6.8m 的双面人物砖雕影壁，数百人物个个活灵活现；广东番禺宝墨园的砖雕长 22.38m，高 5.83m，面积 130.48m^2，壁厚 1.08m，前后壁合计面积达 260.96m^2 的大型影壁。前壁为"百花吐艳百鸟和鸣"图，后壁雕刻为"兰亭序"，精雕细刻大小不同、动态各异的鸟类 600 多只、花卉与植物各 50 多个品种，灵活运用了浅浮雕、高浮雕、圆雕、通雕、透雕等工艺，达到层次多、立体感强的艺术效果，细观玲珑剔透，远看画图气势恢宏。此巨型砖雕艺术影壁作品，屹立于广州番禺宝墨园内，被确认其为"世界最大的砖雕作品"。西安在多个清真寺的修缮过程中，充分利用了砖雕耐久性非常好的特点，大量采用了砖雕艺术作品来装饰，其雕工的精细，令人叹服。图 12-2 是部分仿古砖瓦产品及现代砖雕艺术作品。

(a)

(e)

(f)

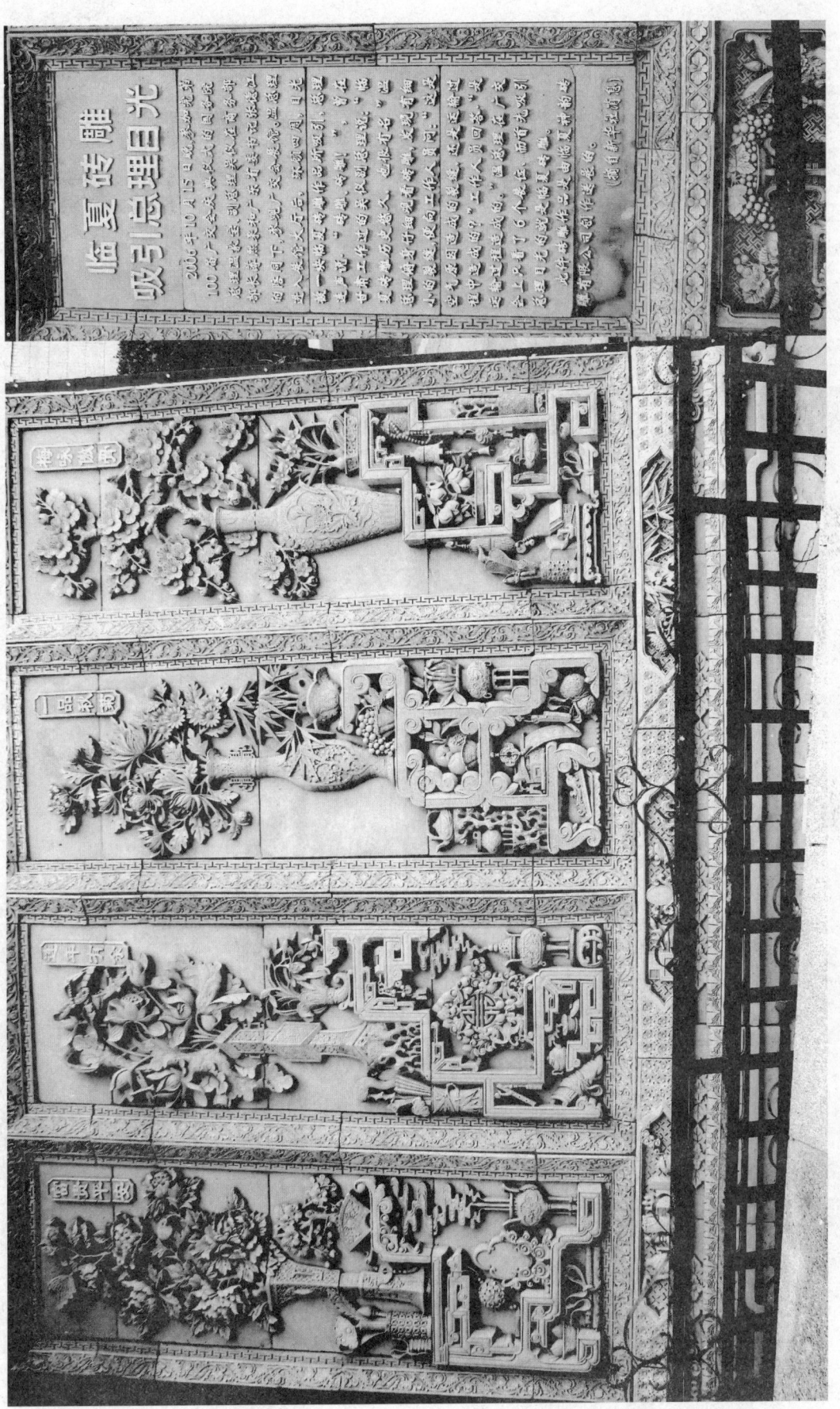

(h)

图 12-2 部分仿古砖瓦产品及现代砖雕艺术作品

(a) 湖南灵渠水街镇砖雕影壁, 梁嘉琪摄 (b) 湖南灵渠水街镇砖雕影壁细部; (c) 西安新修清真寺墀头砖雕;
(d) 广东番禺宝墨园"百花吐艳百鸟和鸣"砖雕局部; (e) 西安新修清真寺门楣砖雕;
(f), (g) 和 (h) 为甘肃临夏现代砖雕; (i) 山西襄汾现代砖雕"女娲造人"

第十三章 其他烧结砖瓦产品

第一节 劈离砖

劈离砖（Split brick or tile）的生产最先起始于德国，已有40多年历史。所谓"劈离"就是在挤出成型时将两块（片）或更多坯体之间用筋条连接在一起，在干燥后或是焙烧后再劈开。这样做的目的是方便了生产过程中对坯体的干燥、焙烧及转运等工序的操作，更重要的是产量得到了成倍提高。劈离砖分上釉和不上釉的两类产品，现在大多数生产厂家是以不上釉的产品为主。

劈离砖开始生产初期的产品仅用于一般建筑，如半砖（配砖）的生产等，其后发展到了装饰外墙表面、装饰内墙表面、铺室内地面、铺室外庭院、花园林地的轻便道路、铺设人行便道、地下通道、汽车站台、游泳池、食品加工厂的室内地面等，也可用在预制墙板的外装饰面上，即在预制时就镶嵌在墙板上。因为劈离砖是用挤出成型方法生产的，其背面的挂灰槽能够非常容易地做成"燕尾槽"形式，且有粗糙的劈离条面，所以与水泥砂浆的粘结性能大幅度提高；另外，由于劈离砖所用生产原材料来源广泛易得，其颜色丰富多彩，外观质朴厚重，典雅大方，用途广泛，装饰功能强，所以得到了很快的发展。不上釉劈离砖的重要性能之一就是能够传递水分，并能够有效地抵抗暴雨的袭击，而且在雨后整个外墙面都能够向外排出水分。这种性能增大了墙面装饰层的稳定性，而且与水泥砂浆粘接强度高、外表颜色柔和，不反光等特点，比起压制法生产的上釉外墙砖来讲，更具竞争力。劈离砖多为坯体整体着色，自洁能力强，耐久性能高。

我国将用挤出方法生产的劈离砖归于现行标准 GB/T 4100—2006《陶瓷砖》范围内，并确定名为挤压砖（Extruded tiles），其定义是"挤压砖是将可塑性坯料经过挤压机挤出成型，在将所成型的泥条按砖的预定尺寸进行切割"并说明了"这些产品分为精细的或普通的，主要是有它们的性能来决定的；挤压砖的习惯术语是用来描述劈离砖和方砖的，通常分别是指双挤压砖和单挤压砖，方砖仅指吸水率不超过6%的挤压砖"。在该标准中从产品的吸水上对烧结的陶瓷类砖进行了分类：

瓷质砖（porcelain tiles）： 吸水率不超过0.5%；
炻瓷砖（stoneware porcelain tiles）： 吸水率大于0.5%，不超过3%；
细炻砖（fine stoneware tiles）： 吸水率大于3%，不超过6%；
炻质砖（stoneware tiles）： 吸水率大于6%，不超过10%；
陶质砖（fine earthenware tiles）： 吸水率大于10%。

国家现行标准 GB/T 4100—2006《陶瓷砖》中按成型方法和吸水率对产品进行了分类（该分类与产品的使用无关），将劈离砖划归于挤压砖（A）类，共分为4大类，其中含6小类：

AⅠ类： 吸水率≤3%；
AⅡa类：又分为AⅡa1类和AⅡa2类： 吸水率大于3%，小于6%；
AⅡb类：又分为AⅡb1类和AⅡb2类： 吸水率大于6%，小于10%；
AⅢ类： 吸水率＞10%。

根据劈离砖的物理性能，又将其分为精细和普通的两种。对无釉劈离砖的耐磨损体积的规定见表 13-1。对劈离砖的强度要求见表 13-2。此外对劈离砖的尺寸偏差及表面质量、线性热膨胀系数、抗热震性、抗冻性、湿膨胀系数、抗冲击性、耐污染性、抗化学腐蚀性等给出了规定。

表 13-1 挤出无釉陶瓷砖的耐磨损体积

类别	AⅠ	AⅡa1	AⅡa2	AⅡb1	AⅡb2	AⅢ
耐磨损体积（mm³）	≤275	≤393	≤541	≤649	≤1062	≤2365

表 13-2 挤出陶瓷砖的强度

类别		AⅠ	AⅡa1	AⅡa2	AⅡb1	AⅡb2	AⅢ
破坏强度（N）	厚度≥7.5mm	≥1100	≥950	≥800	≥900	≥750	≥600
	厚度<7.5mm	≥600	≥600	≥600			
断裂模数（N/mm²）(MPa) 不适用于破坏强度≥3000N 的砖		平均≥23	平均≥20	平均≥13	平均≥17.5	平均≥9	平均≥8
		单值≥18	单值≥18	单值≥11	单值≥15	单值≥8	单值≥7

我国目前已有劈离砖生产线多条，生产的产品常见规格有 240mm×60mm×12mm，240mm×53mm×12mm，215mm×60mm×14mm，240mm×60mm×11mm，230mm×50mm×11mm，200mm×80mm×20mm（铺地面），200mm×100mm×15mm，200mm×200mm×20mm 等。各地因所用原材料的不同，产品的颜色也有很大的差别。根据不同的需求，产表表面可做成粗糙的拉毛面、砂面、辊压纹理面、琢毛面、光面等。还有使用不同颜色的坯体原料，通过挤出方法生产的仿木纹结构的劈离砖产品等。国内生产的部分劈离砖样品如图 13-1 所示。

图 13-1 国内生产的部分劈离砖样品

德国生产的劈离砖规格品种很多，并对有抗冻性要求的使用场所，要求劈离砖的吸水率小于 6%；用于有耐酸碱要求的地方，其吸水率不得大于 3%。德国劈离砖的用途更多，大致分为贴墙面(室内外、包括墙体的转角)、楼梯台阶踏步、窗台内外台面等。德国的劈离砖规格一般为:长190~290mm,宽8~20mm,高40~113mm。图13-2表示了德国生产的部分劈离砖及用途。

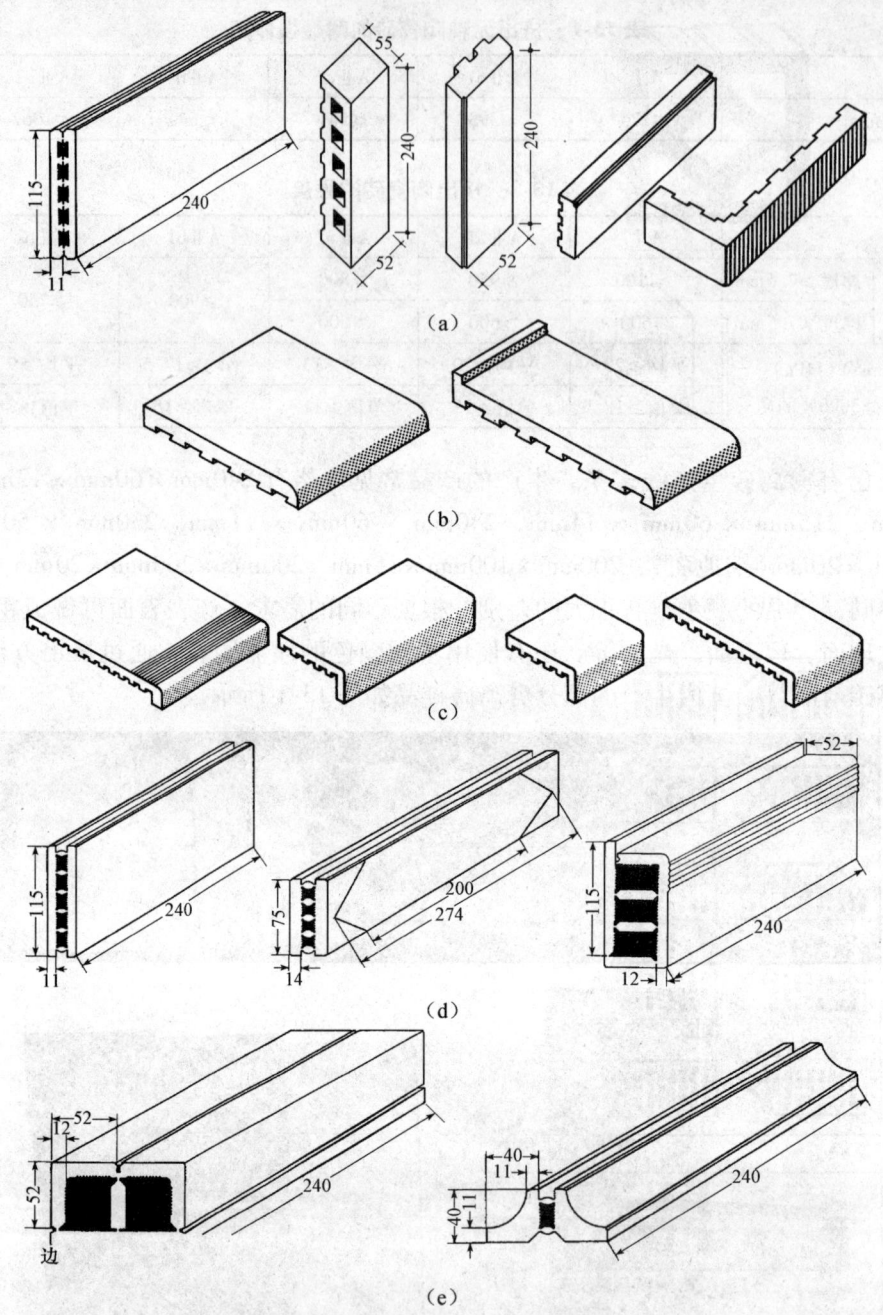

图13-2 德国生产的部分劈离砖及用途
(a)贴(内外)墙砖;(b)内外窗台台面砖;(c)台阶踏步砖;(d),(e)为生产参考尺寸

第二节 异型砖

烧结砖瓦行业内另一类产品就是各种异型砖。异型砖是根据建筑物造型或地面景观不同的造型及需要而制造的各种形状的砖。如砌筑各种墙体转角用砖、窗门框用砖、花坛用砖、圆弧墙面用砖、拱形用砖、窗户外部泛水砖等。我国在20世纪70年代到80年代中期有的烧结砖瓦厂也专

门生产过窗门框用多孔或空心砖（图 13-3），其规格有：216mm×105mm×90mm，190mm×190mm×90mm，240mm×115mm×90mm，190mm×190mm×140mm，190mm×190mm×190mm 等。

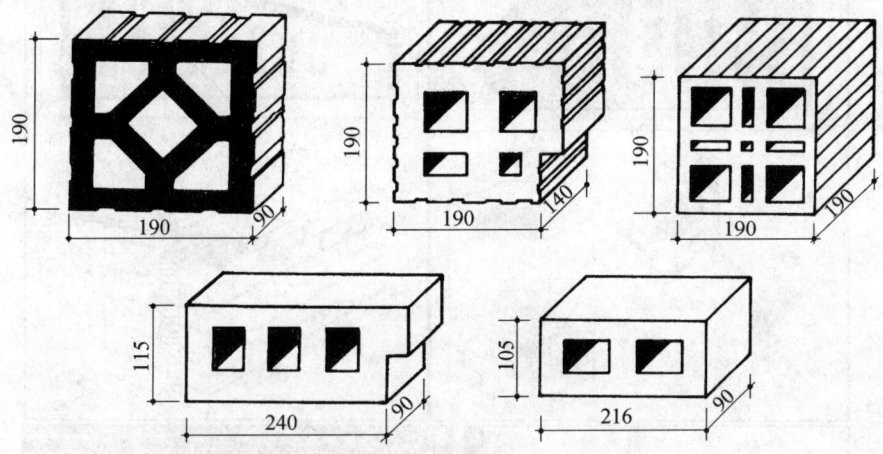

图 13-3　国内生产及使用过的窗门框砖

西欧各国生产的异型砖多种多样，可满足各种建筑物造型的需要。图 13-4 表示了德国生产的部分异型砖及在建筑和景观造型中的应用。

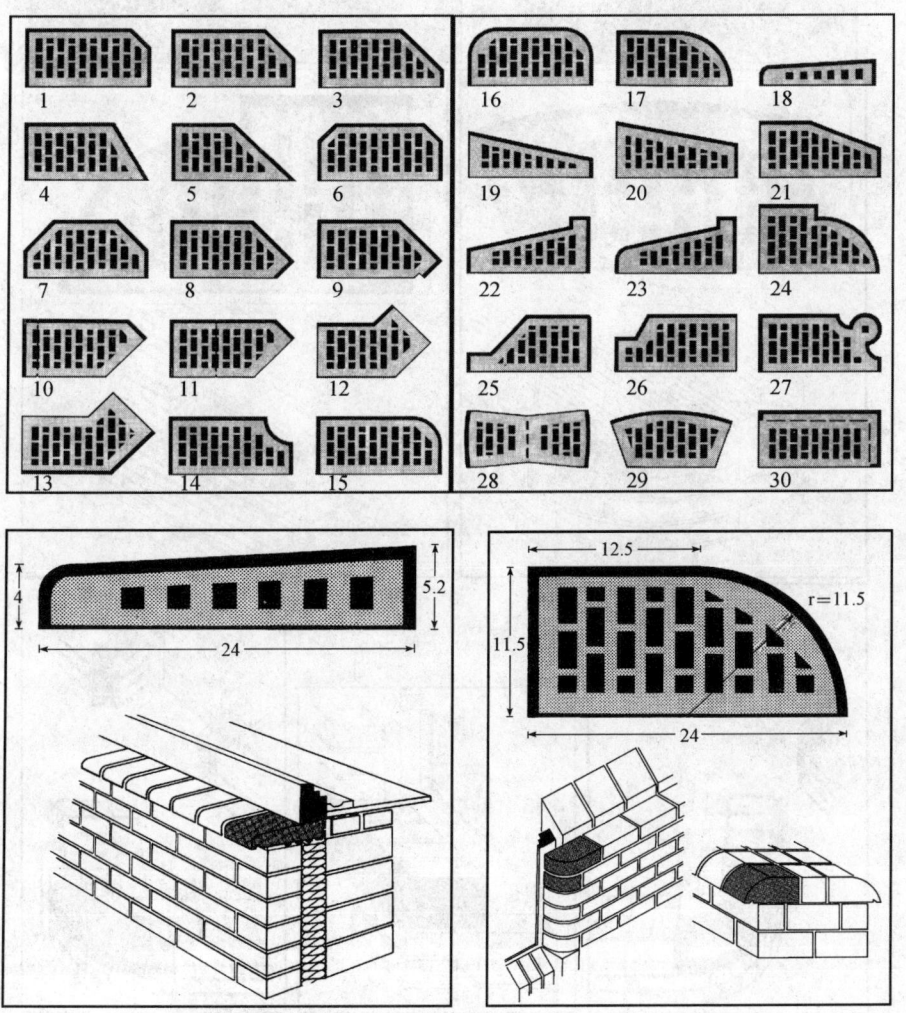

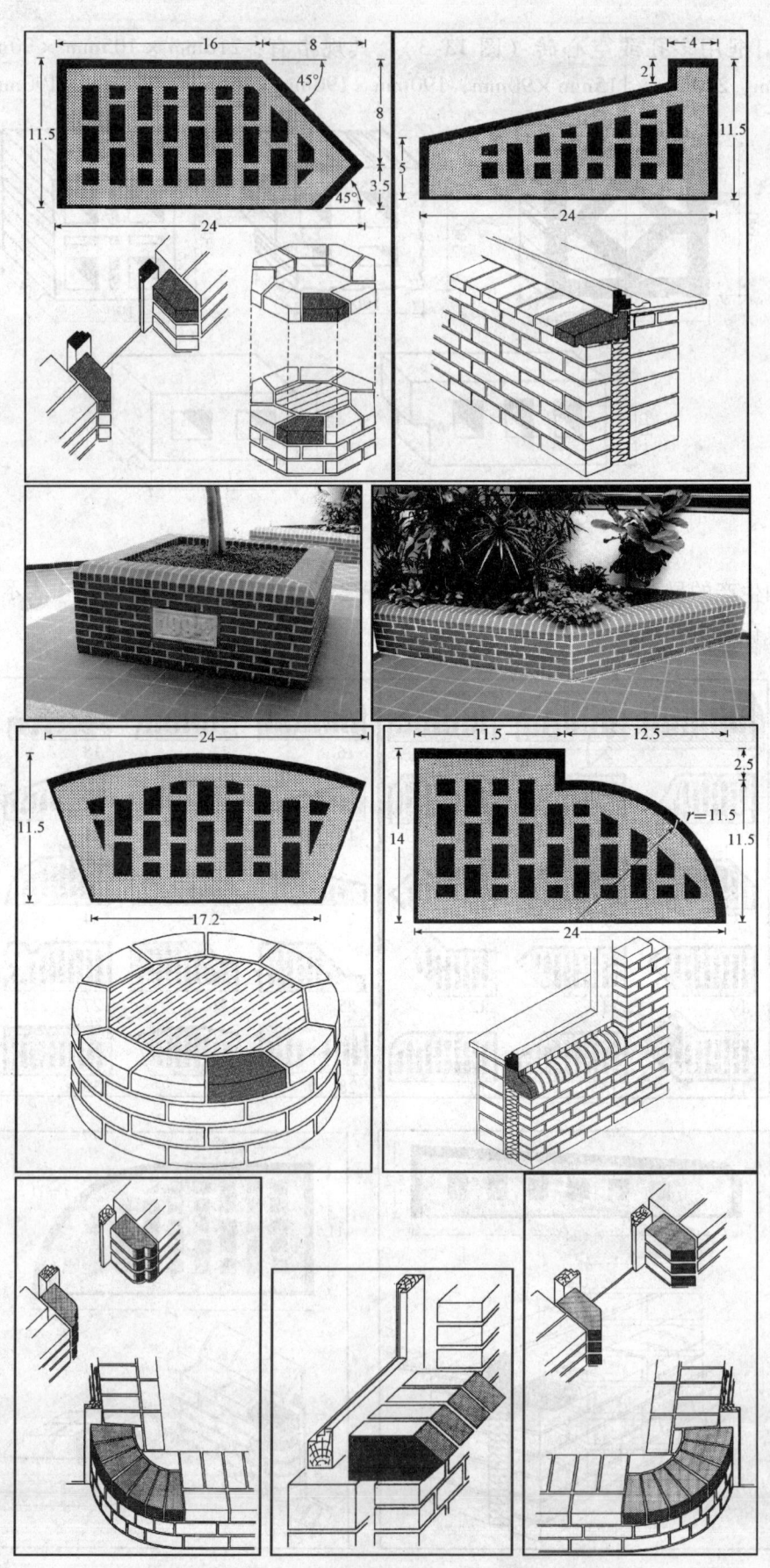

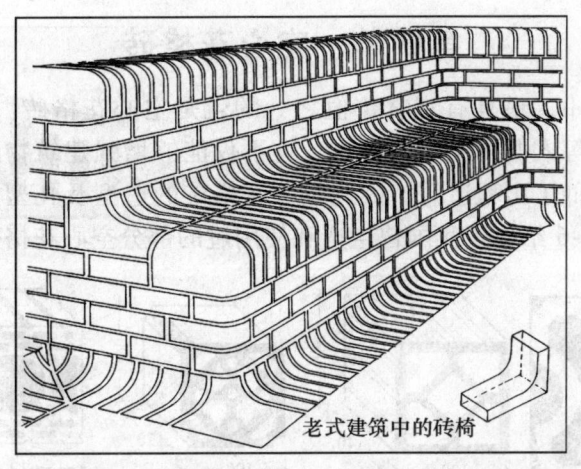

图 13-4　德国生产的部分异型砖及在建筑和景观造型中的应用

照片摄于 Keller 公司

第三节　围墙盖顶砖

在异型砖类别中还有一类产品就是围墙盖顶砖。围墙盖顶砖除了使围墙得到保护外，更重要的是增强了围墙的可观赏性。图 13-5 表示了西欧生产的部分围墙盖顶砖及其应用的图例。

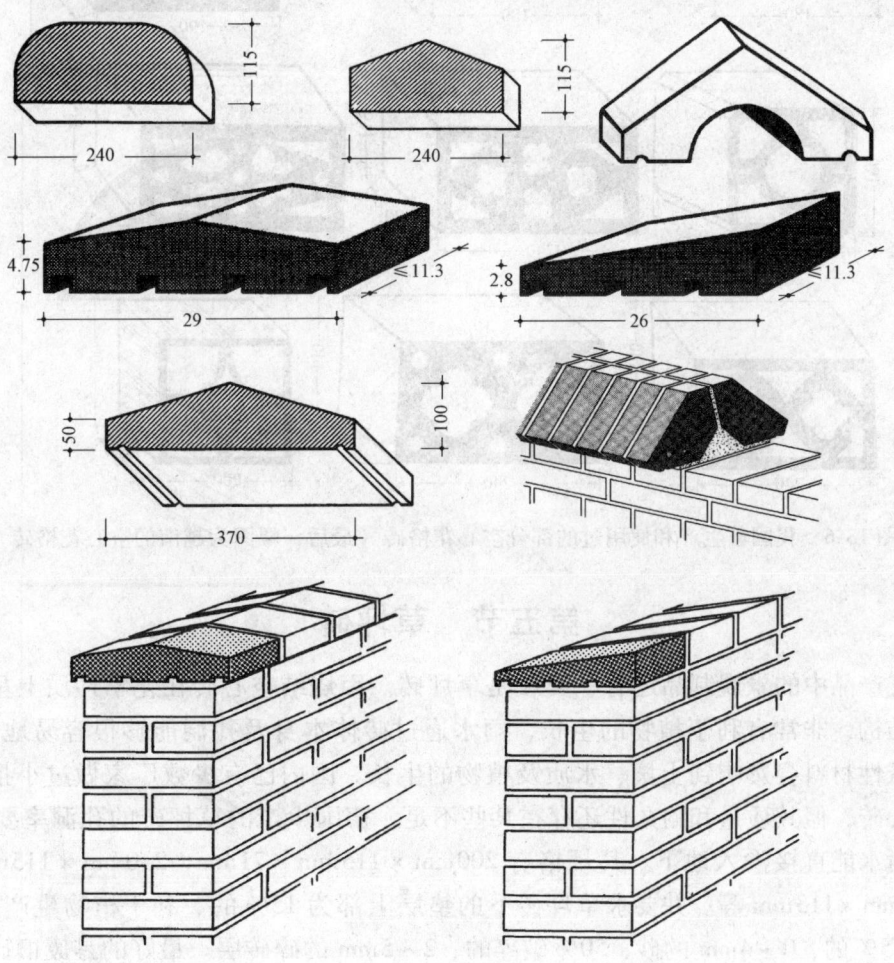

图 13-5　西欧生产的部分围墙盖顶砖及其应用的图例

第四节 空心花格砖

在景观烧结砖瓦制品中，最具有观赏价值之一的就是空心花格砖。空心花格砖常用于围墙、窗格、屏风、门厅、护栏等人们可见到的地方，这不仅能够增强建筑物的艺术效果，而且可以节约木材、钢筋、水泥，降低了工程造假。因此空心花格砖的造型及孔型设计更是多不胜数，仅我国就有十多种形式。图13-6给出了我国曾生产和使用过的部分空心花格砖。

图13-6 我国曾生产和使用过的部分空心花格砖（最后一幅图为越南的空心花格砖）

第五节 草坪砖

烧结砖瓦产品中的景观制品还有一类就是草坪砖。因烧结空心砖在化学性质上呈中性，且本身为多微孔结构，非常有利于植物的生长，雨水通过砖体本身及孔洞能够很容易地渗入到地下，不像其他高碱性材料会影响到土壤、水质及植物的生长。国内已有少数厂家做过小批量的用于草坪的烧结空心砖，但其质量和耐久性还存在某些不足。德国生产的草坪砖的孔洞率要求为30% ~ 45%，以便雨水能直接渗入地下。其规格有200mm×115mm×71mm，240mm×115mm×113mm，295mm×140mm×113mm等。并要求草坪砖下的垫层上部为15%的、利于植物生产的混合料层，下部依次为35%的、0~4mm的砂，50%破碎的、2~5mm的碎砖层。最好的是废旧砖瓦破碎后的粉砂及碎块。图13-7给出了国内天津建工集团及德国生产的草坪空心砖及应用的实例。

图 13-7 国内及德国生产的草坪空心砖及应用的实例
（照片摄于四川某公司；图片来自德国 ABC KLINKER GRUPPE 公司产品样本及汪福生著《欧派砖景》）

除上述砖的景观制品外，国内有的生产铺路砖的厂家还用先挤出成泥坯，在压制成盲道砖。盲道砖的表面基本为突起乳钉或圆弧条两种形式。

其他类型的烧结砖瓦制品的规格种类比较多，如用于预制墙板的空心砌块和空心砖、吸声砖、模板砖（隔断热桥）、高速公路边的音障墙用空心砖、窗门洞用预制过梁空心砖、墙壁用穿线空心砖、厨房及卫生间用通风管道用空心砖、工程砖、烟囱砖等,下面分类给予介绍。

第六节 预制墙板空心砌块和空心砖

我国在 1975 年就研制成功了振动成型砖墙板,并在西安建成了生产线,也成功地应用在建筑物上。但是当时由于条件所限,国内还没有真空挤出成型机,生产的空心砖密度较大,而且也没有成熟的建筑设计及应用规范,使这一震动成型砖墙板技术没能坚持下来。原南京新宁砖瓦厂在 1978 年试制成功了预制空心砖墙板,当时所选定的预制墙板空心砖的尺寸为:290mm×290mm×115mm,290mm×290mm×150mm,290mm×290mm×90mm,孔洞结构形式为蜂窝状,孔洞率 33.38%(按现行国家标准还称不上空心砖),密度分别为:1175kg/m³,1085kg/m³。这类预制空心砖墙板也成功地应用到了建筑上,如原南京新宁砖瓦厂用这类预制空心砖墙板建成了六层住宅,共用了 18 种内墙板、18 种外墙板和 4 种分室内隔墙板。内墙为承重墙,采用了 290mm×290mm×115mm 的空心砖墙板,外墙考虑到保温隔热,采用了 290mm×290mm×150mm 的空心砖墙板,分室隔墙采用了 290mm×290mm×90mm 的空心砖墙板。原南京新宁砖瓦厂生产的预制墙板空心砖的形式如图 13-8。

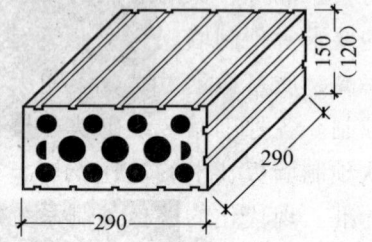

图 13-8 原南京新宁砖瓦厂生产的预制墙板空心砖

预制砖墙板在西欧已经有了 40 多年的历史,德国早在 40 年前就在砖瓦工业的标准中就制定了预制砖建筑构件(楼板)的标准——DIN 1053 第四部分——砌体——预制砖构件建筑。该标准规定了用烧结砖预制建筑构件的装配式施工和结构设计的有关事项,包括了烧结砖或砌块和砂浆或混凝土结合制造的墙板、楼板或天花板在内。在预制板中的烧结砖或砌块有全部或部分承重的功能。在砖或砌块本身带有的凸缘或凹槽内铺设钢筋(并埋入混凝土或砂浆中)来承受拉应力。按制造方法可分为浇注砖或砌块墙板、组合制作墙板及砌筑墙板,其中前两种板是在预制厂中用水平模板模具生产的;后一种是在预制现场在提升装置或支架上垂直向上砌筑而成。该标准规定了用于结构设计的预制砖墙板的最小抗压应力。表 13-3 给出了浇注砖墙板及组合制作砖墙板的设计标准的压应力数据。

表 13-3 浇注预制墙板和组合预制墙板的允许抗压应力

强度等级		有效断面的压应力
砖或砌块	混凝土	(MN/m²)
6(75)	8[1]	0.7
	10[1]	1.0
	15	1.2
12(160)	8[1]	1.0
	10[1]	1.5
	15	2.0
18(225)	10[1]	2.5
	15	3.0
24(300)	15[1]	3.5
	25	4.0[2]
38(450)	35	5.0[2]

1) 仅适用于轻质混凝土;2) 仅用于大跨度的墙板。

预制砖墙板不但可使房屋建造时间更快，同时也大幅度简化了施工现场的作业，节约了时间和施工的成本。现代预制砖墙板的方法也在不断的发展和进步，西欧的砖瓦行业的预制建筑构件包括有用各种空心砌块和空心砖预制的墙板，用楼板空心砌块预制的楼板、天花板、隔墙板等。这些预制建筑构件多年来的生产经验证明的确有着非常好的效益。西欧预制砖墙板的发展近几年来呈现出逐年增加的趋势，有关烧结砖瓦机械设备制造公司最新又开发出了预制砖墙板的全自动化设备及生产线。利用烧结砖或砌块制造的建筑构件适应于从地下室到屋顶的所有砌体。预制的墙板已从单层的发展到了双层墙体结构（即夹芯墙），并完全能满足现代建筑对防火、隔声、保温隔热的要求。预制墙（楼）板也能很好地保证了墙体的质量，达到节能建筑的要求。预制墙（楼）板对建筑设计方案没有任何影响，而且工厂化生产墙（楼）板，生产效率高，质量稳定可靠，不受天气变化的影响，现在西欧的预制砖墙板生产线可以做到全自动化控制。各种砌墙砖或砌块、楼板用空心砌块都可以用来作为预制建筑构件的基本材料。由于西欧预制墙板技术的快速发展，德国在 2004 年重新修订了 DIN 1053-4《预制组合墙板》的质量标准。现代化的墙板预制系统包括了建筑的设计、墙（楼）板的设计与制造、墙（楼）板的专用运输及安装、验收等。图 13-9 表示了德国现代预制砖墙板厂的一角及预制砖墙板的应用建筑实例。

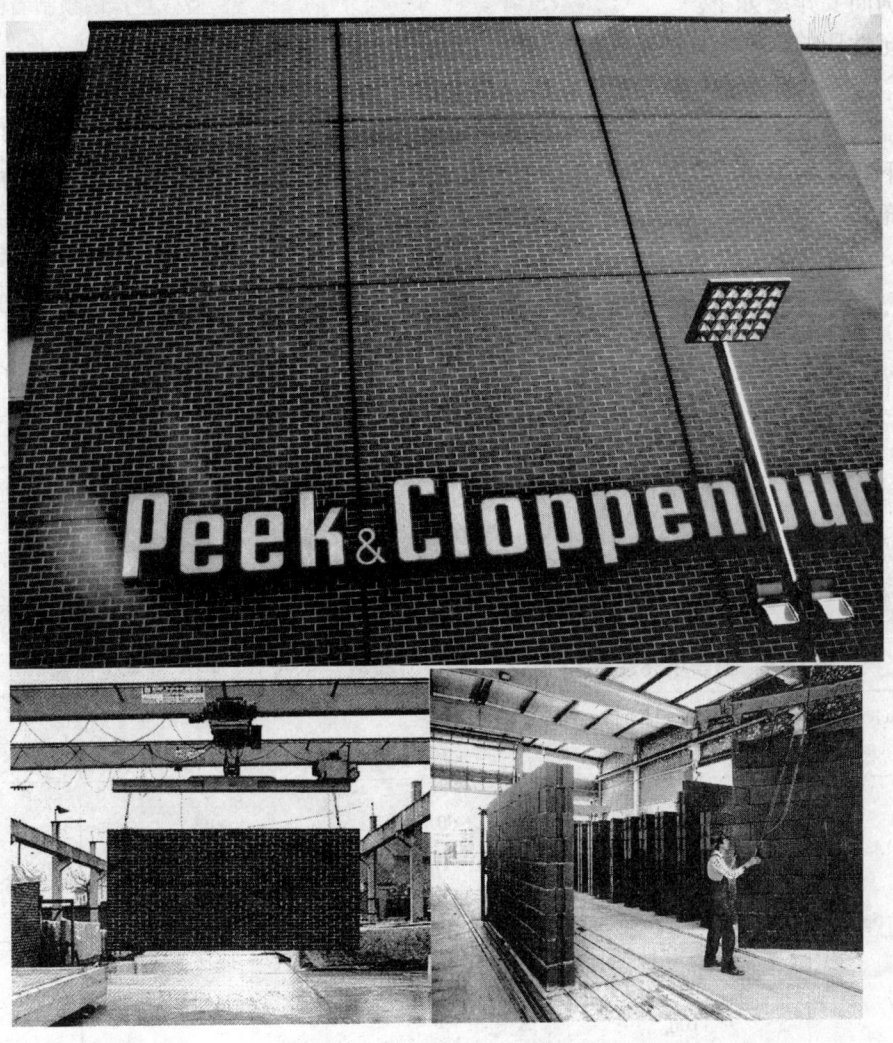

图 13-9 德国现代预制砖墙板厂的一角及预制砖墙板的应用工程实例
（照片摄于德国明斯特市及来自 Keller 公司）

德国生产的专用于制造预制墙板的烧结空心砌块（条板）或空心砖，德国标准 DIN 278 对其分类进行了规定，如用于填充性质的、具有长方形断面的烧结空心砌块（条板）；用于预制组合墙板的空心砌块；用于浇注方法预制墙板的空心砌块或砖；用于预制轻质隔墙板的空心砌块等四类产品，现分别简要介绍如下。

用于填充性质的、具有长方形断面的烧结空心砌块（条板），其外壁厚度（f_a）最小为 9mm，内壁厚度（f_i）最小为 7mm[图 13-10(a)]。其孔洞设计的原则是：当产品的厚度小于 100mm 时，设置一排孔；当厚度大于 100mm 时设置两排孔，两排孔之间要有连结的内肋 [图 13-10(b)]。上述两种情况下，孔的宽度（b_0）都不得大于 60mm。该类空心砌块（条板）如图 13-10 所示。这类空心砌块（条板）的尺寸、密度及单位质量见表 13-4。对这类空心砌块（条板）的允许最小破坏荷载见表 13-5。

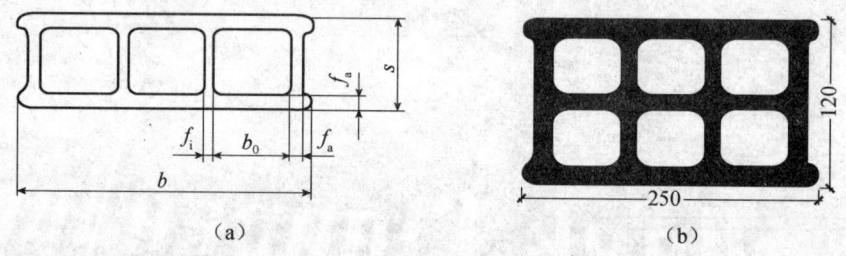

图 13-10 德国生产的填充性质的烧结空心砌块（条板）
(a) 单排孔；(b) 双排孔

表 13-4 德国填充性质的烧结空心砌块（条板）的尺寸、密度及单位质量

宽度（mm） ±3%	长度（mm） 0~1.5%	厚度 +3%	单位最大质量 （kg/m²）	密度等级
200 250	500 600 700 800	60 70 80	48 53 64	0.8
	900 1000 1100	100 120	92 100	1.0

表13-5　德国填充性质的烧结空心砌块（条板）允许的最小破坏荷载

长度 L(mm)	宽度 b(mm)								
	200					250			
	厚度 s(mm)								
	60	70	80	100	120	60	70	80	100
	最小破坏荷载（kN）								
700	5.6	6.6	8.5	11.6	15.6	7.0	8.2	10.6	14.5
800	5.0	6.0	7.8	10.8	14.8	6.2	7.5	9.7	13.5
900	4.4	5.2	7.0	9.8	13.8	5.5	6.5	8.7	12.0
1000	4.0	4.8	6.5	9.4	13.4	5.0	6.0	8.1	11.8
1100	3.7	4.6	—	—	—	4.8	5.7	—	—

对用于预制组合墙板的空心砌块规定：外壁（f_a）厚度最小为8mm，当在产品的断面上只有一个单内壁时，内壁（f_i）厚度最小为8mm［图13-11（a）］；当在产品断面上有两个或以上是，内壁厚度最小为5mm［图13-11（b）］。这类用于预制组合墙板的空心砌块如图13-11所示。这类砌块的尺寸见表13-6。

表13-6　德国用于预制组合墙板的空心砌块的尺寸　　　　　　　　　　　　　　　　　　mm

宽度（b） ±3%	长度（l） ±1.5%	厚度（s） ±3%
200~313	250 330	80 100 120 140

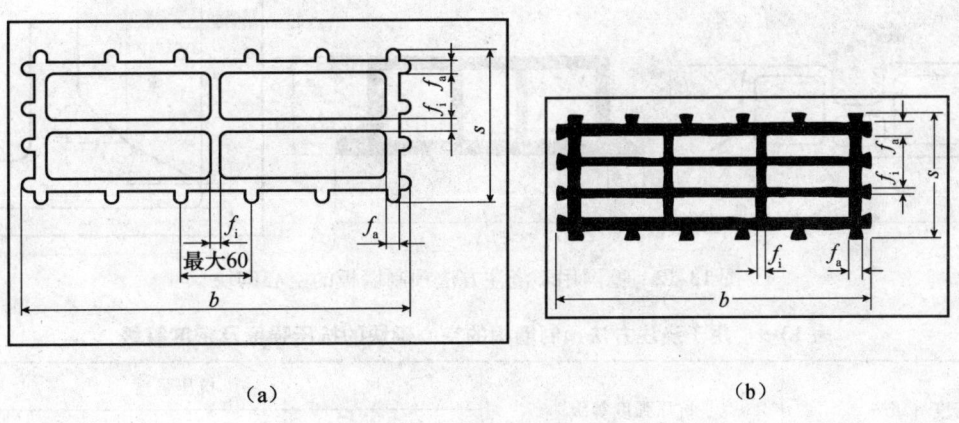

图13-11　用于预制组合墙板的空心砌块
(a) 单内壁；(b) 多内壁

用于预制组合墙板的空心砌块的单块质量和密度等级规定见表13-7。用于预制组合墙板的空心砌块的抗压强度要求见表13-8。

表 13-7　德国用于预制组合墙板的空心砌块的单块质量及密度等级

厚度 s(mm) ±3%	长度 l(mm) ±1.5%	单块重（kg/块）宽度为313mm时	密度等级（t/m³）
80	250	7.5	1.2
	330	10.0	
100	250	8.0	1
	330	10.5	
120	250	9.5	1
	330	12.5	
140	250	9.0	0.8
	330	12.0	

表 13-8　德国用于预制组合墙板的空心砌块的抗压强度

抗压强度等级	抗压强度	
	平均值（N/mm²）	单块最小值（N/mm²）
6	7.5	6.0
12.5	16.0	12.5
18	22.5	18.0
24	30.0	24.0
38	45.0	38.0

用于浇注方法预制墙板的空心砌块或砖结构上与楼板空心砌块相似，在侧面设置有坡脚，用于浇注混凝土及放置钢筋。该类空心砌块如图 13-12 所示。对这类空心砌块的密度等级及抗压强度规定见表 13-9。

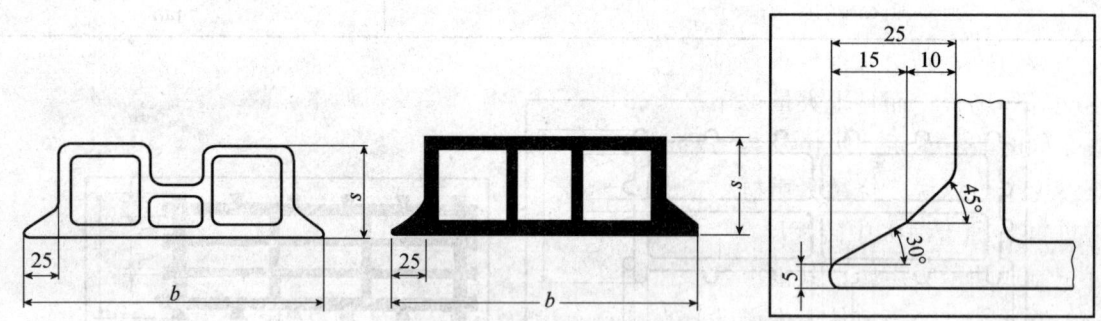

图 13-12　德国用于浇注方法预制墙板的空心砌块

表 13-9　用于浇注方法预制墙板的空心砌块的抗压强度及密度等级

密度等级	抗压强度等级	抗压强度	
		平均值（N/mm²）	单块最小值（N/mm²）
0.8	6	7.5	6.0
1	12.5	16.0	12.5
1.2	18	22.5	18.0

用于预制轻质隔墙板的空心砌块（条板）如图13-13所示，并规定对该类对空心砌块（条板）的抗压强度必须是垂直于孔洞方向上的强度，其平均值不得小于2.5N/mm²。这类空心砌块的厚度、单位面积质量及密度等级的规定见表13-10。

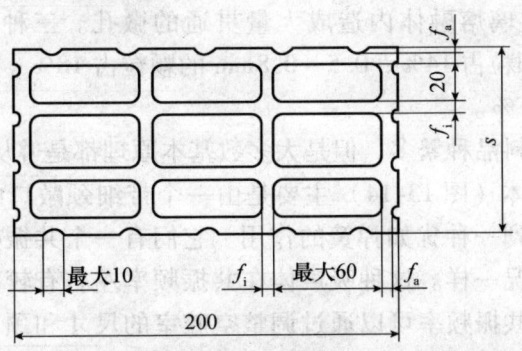

图13-13　德国预制轻质隔墙板的空心砌块（条板）

表13-10　德国用于预制轻质隔墙板的空心砌块（条板）的单位面积质量及密度等级

厚度s(mm)	干燥质量（kg/m²）	密度等级
100	90	0.8
120	107	
100	109	1.0
120	130	

第七节　吸声（音）砖、砌块和装饰板

随着社会经济的发展，高速公路不断增加，汽车使用量的快速增长，公用建筑的数量上升，吸声材料则愈来愈显重要。烧结吸声砖或砌块比其他类型的吸声材料更具优势，如耐久性、结构形状的易得性、漂亮的色彩等，赋予了烧结吸声材料不但有非常好的物理特性，而且更具艺术特性。烧结吸声砖、砌块或条板现在不仅用于了大型会议厅、教堂、体育馆、游泳池、戏剧院、食堂、话吧等等场合，而且也大量被用在了高速公路、城市主要交通干道旁的声障墙。烧结吸声砖的优点是同时兼有承重、吸声及装饰的功能，烧结的吸声材料已成为了建筑物的一部分及陆地上的景观，完全可以说，烧结吸声材料在我国具有非常好的发展前景。

1971年，原上海大中砖瓦厂在上海建筑科学研究所和上海同济大学声学研究室等单位大力支持下，试制成功了吸声砖，其消声效果达到了70%~80%，于1972年投入小批量生产。吸声砖具有大量的连通孔，当声波从表面微孔进入到材料内部时，激发了微孔内部空气分子的振动，由于磨擦阻力和黏滞阻力的作用，使声能转化成热能，而达到吸声的目的。这种吸声砖强度较高，具有耐化学腐蚀、高度的耐水性及耐火度、可承重等特点，对高频噪声的吸声系数可达50%以上，不仅可以用于工矿企业的一般消声场合，尤其是适合于在高温、高速气流排放、中高频工业噪声和潮湿的环境下使用。这些产品先后在上海几十家军工、科研、企业单位使用，取得了良好的效果。

当年所生产的吸声砖规格有：380mm×240mm×80mm，380mm×215mm×158mm，380mm×240mm×120mm，360mm×180mm×90mm，360mm×180mm×50mm等。

该种吸声砖是烧结黏土砖瓦颗粒和水玻璃、碳酸钙为原料，混合料成型后，经干燥、焙烧而成的块状多孔材料。烧结砖瓦颗粒是骨料，吸声砖中的大量连通孔主要由不同粒径的骨料在焙烧过程中形成。砖骨料应选用正火砖或过火砖,经破碎形成骨料;水玻璃为粘结剂,同时在高温下水玻璃脱水也能产生一定量的微孔。当年试制吸声砖时使用的水玻璃为模数2.4、浓度为51度(波美)的钠水玻璃;碳酸钙粉为气孔激发剂,用量在1%左右。碳酸钙在高温下分解释放出二氧化碳气体,在坯体中的水玻璃熔融体内造成大量贯通的微孔。三种原料的配合比为:砖骨料:77%(其中0.5mm以下的颗粒占14%;0.5~0.8mm的颗粒占18%;0.8~2mm的颗粒占45%);水玻璃:22%;碳酸钙粉:1%。

发达国家的烧结吸声材料品种繁多,但是大多数基本原理都是遵从海尔姆赫尔茨(Helmholtz)原理的。海尔姆赫尔茨共振体(图13-14)主要是由一个带细颈敞口的空腔室组成,空腔室内的空气对于细颈口处的空气起到一种犹如弹簧的作用。它们有一个共振频率,就如在一个空瓶的瓶口上平着吹气时所出现的情况一样。这种吸声体在共振频率左右有较高的吸声作用,而对其他频率则吸收的能力较低。这一共振频率可以通过调整空腔室的尺寸和颈口的大小来选择。这种特性又能通过在颈口处设置多孔塞或在空腔室内填入一些松散的纤维质材料来改变。通过这些改变能够获得两方面的效果,既加宽了有效吸收的频带范围,同时又降低了吸声系数的峰值。在颈口处加多孔塞的方法吸声效果比较理想,但这却有损于吸声材料的外观,因此常采用在空腔室内填充纤维材料的方法。海尔姆赫尔茨吸声体对低频范围内的声音吸收最有效,也最适用。

还有一些经过修改的吸声体形式。一种是具有一条长缝,在其后有一个拉长的空腔室;另一种是一块具有小孔的多孔板,或是有一长缝隔了一个空腔室与硬质底板相对,空腔室内稍微填充一点阻尼性材料。这种类型的吸声与多孔吸声体不同,后者由于纯外观原因用一薄板覆盖,这层薄板的孔洞率比较高,孔洞也较大。美国的烧结砖瓦厂家利用海尔姆赫尔茨共振体原理,早在20世纪70年代后期就开发出了一种烧结吸声砖,该种砖的典型规格是:长215mm,厚65mm,宽度100~160mm,空腔室容积为100~120cm³。因海尔姆赫尔茨吸声体只适应于某一狭窄的频带范围,它取决于空腔室及颈口的尺寸。通过改变空腔室及颈口的设计,可以改变吸声的共振频率,因此,在215mm×65mm的标准模式内可以生产不同尺寸的砖,由几种仅在内部构造上有所改变的砖,就能砌筑成有效吸收一系列频率的吸声墙。这种类型的吸声砖的优点是同时兼有承重、吸声及装饰的功能。图13-15是这种吸声砖的示意图。

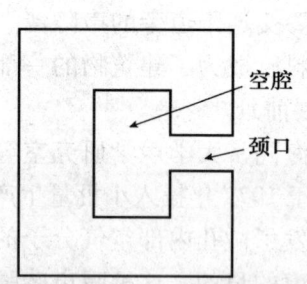
图13-14 海尔姆赫尔茨共振体

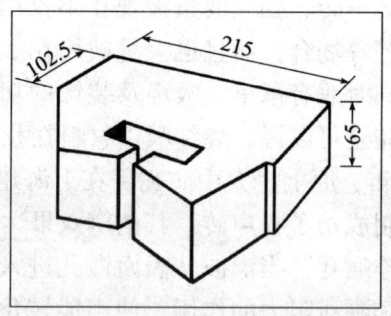
图13-15 美国的烧结吸声砖

"SCR"吸声砌块起源于美国,它是海尔姆赫尔茨吸声体的一种修改形式,并将烧结材料的耐久性和艺术效果与吸声功能结合在一起。实际上它是由两个孔洞(空腔室)组成的烧结空心砌块,在空心砌块的一个表面上可按某种图案打小孔,小孔的排列可以均匀一致,也可以任意排列布置。这些小孔与第一个大孔洞垂直连通,并在该大孔洞内填充纤维材料。该种烧结吸声砌块(图13-16)的吸声系数可达0.6~0.65。

还有一种修改型的海尔姆赫尔茨吸声体的烧结砌块,称为缝隙式烧结吸声砌块,由其构成的吸声墙体外形独特,具有很强的装饰效果。该种烧结吸声砌块如图13-17所示。

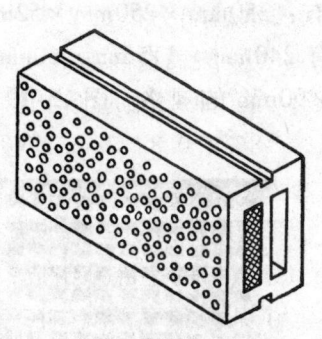 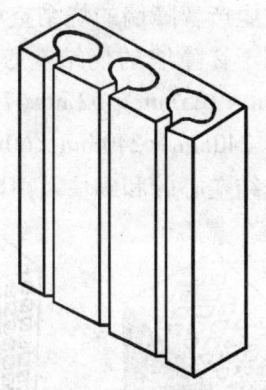

图 13-16　"SCR"吸声空心砌块　　　　　图 13-17　缝隙式烧结吸声砌块

实际上由烧结实心砖砌成蜂窝墙，或将多孔砖的孔洞朝外砌筑成墙，或是采用意大利风格的装饰花格空心砌块砌成墙，只要在其后面设置吸声材料层，同样可具有很好的吸声作用。这些吸声墙体的示意图如图 13-18 所示。

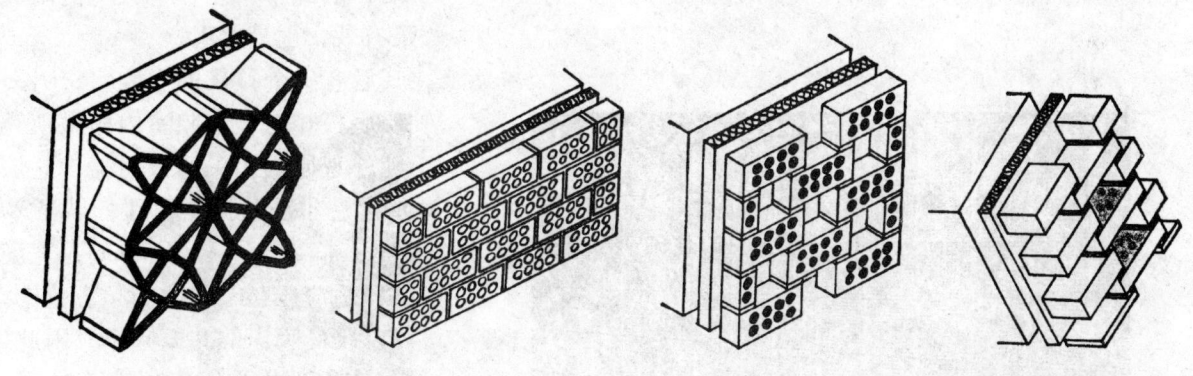

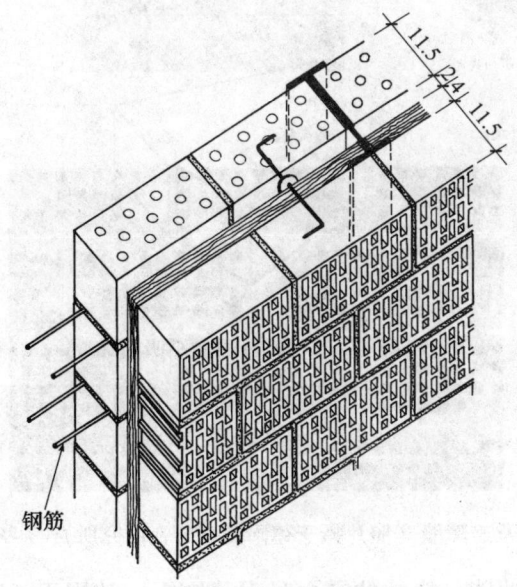 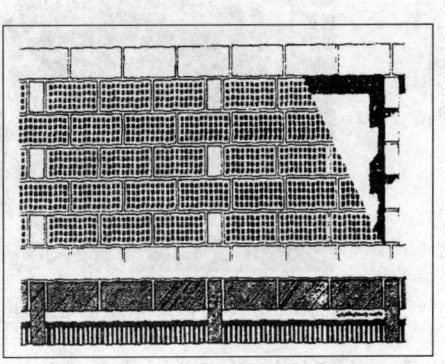

图 13-18　用烧结实心砖、多孔砖、花格砖直接砌筑的吸声墙体

西欧还专门生产音障墙的烧结空心砖及砌块，用于高速公路旁的及城市主要交通要道的声障墙建设。该种用于音障墙的烧结空心砖或砌块的常见尺寸有：250mm×250mm×52mm（71mm 或 113mm），250mm×125mm×52mm（71mm 或 113mm）；也有 240mm×115mm×60mm，240mm×115mm×90mm，240mm×240mm×60mm，240mm×115mm×90mm 的规格。图 13-19 为德国生产的声障墙专用烧结空心砖和砌块及声障墙。

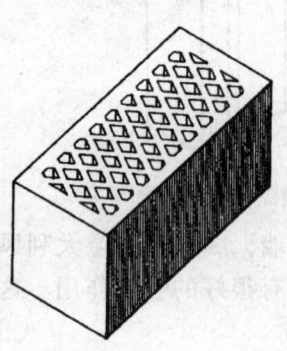
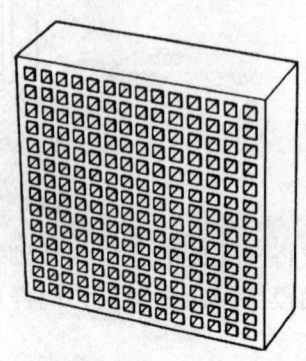

图 13-19　德国生产的声障墙专用烧结空心砌块及声障墙（照片摄于德国艾森砖瓦研究所）

此外，由于烧结吸音材料优秀的耐久性及装饰功能，烧结的空心吸声装饰板也被用于了室内。图 13-20 表示这种吸声装饰板及在室内的应用。

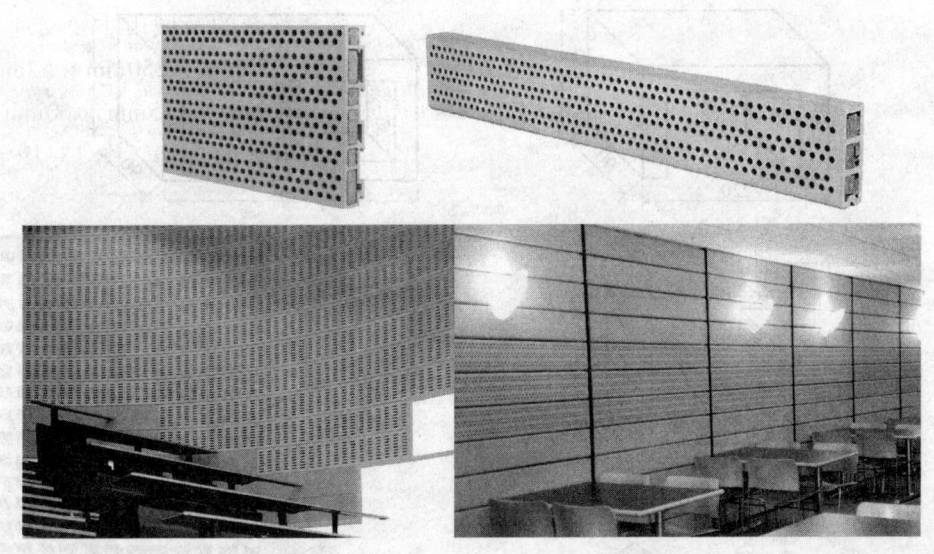

图 13-20　吸声装饰板及在室内的应用（图片来自法国特利尔公司产品样本）

上述的烧结吸声砖、砌块或装饰板是由于磨擦阻力和黏滞阻力的作用，使声能转变为热能而产生吸声的效果。另外还有一种方法就是在烧结的大孔洞率砌块的孔洞中灌注混凝土，增大墙体的密度用来隔声，或是用烧结程度高、密度大的实心砖来做隔声墙体。这种烧结实心砖的密度要求在 1600~2200kg/m³，抗压强度要求 ≥12N/mm²。实际中使用较多的是在烧结的大孔洞砌块中灌注混凝土。这种烧结空心砌块的孔洞率较高，一般都在 53%~54%。这种在大孔洞中灌注混凝土的、用于隔声墙的烧结空心砌块如图 13-21 所示。

图 13-21　用于隔声墙的、在大孔洞中灌注混凝土的烧结空心砌块（照片来自维也纳山公司产品样本）

第八节　模板空心砖及空心砌块

模板空心砖和空心砌块是根据建筑物梁（圈梁、窗门楣过梁等）、柱（抗震构造柱、墙芯柱等）的需要，在空心砖和空心砌块预设的槽或孔洞内，放置水平或垂直钢筋，浇灌混凝土后成为受力建筑构件。这样做的优点是不但节约了浇灌时用的模板，而且更重要的是隔断了建筑物上纯用钢筋混凝土做梁、柱的"热桥"，可消除建筑物内梁、柱处的冬季墙面结露，发霉等问题。国内曾生产和使用过的部分模板空心砖和空心砌块如图 13-22 所示。

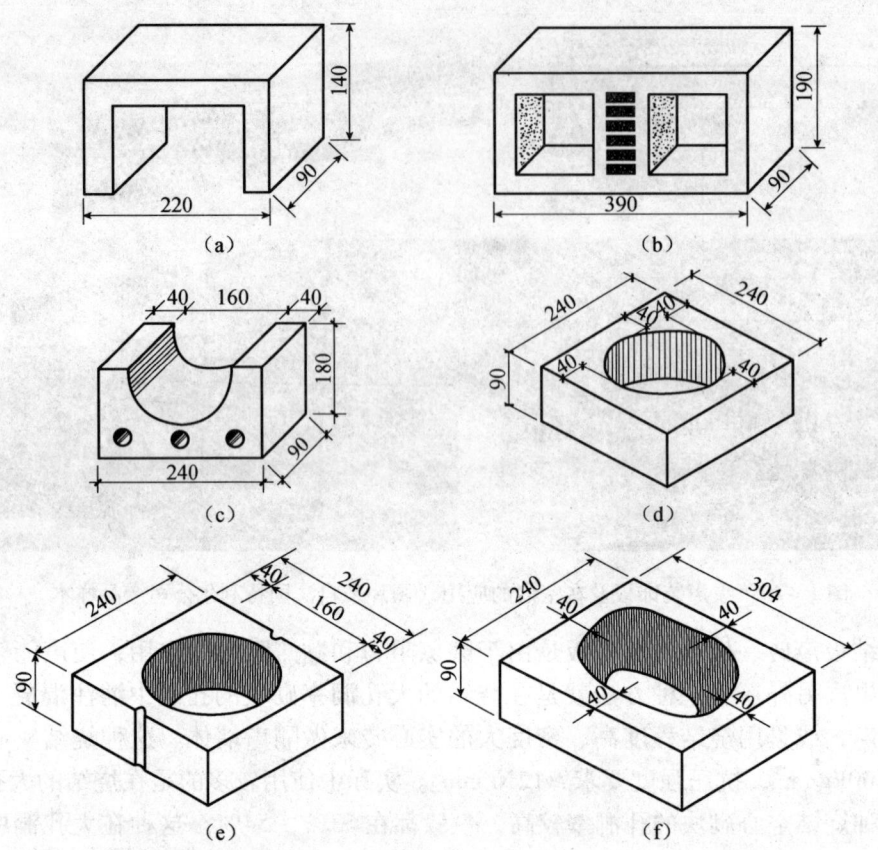

图 13-22 国内曾生产和使用过的部分模板空心砖和空心砌块

（a）江苏昆山原红光砖瓦厂生产的圈梁模板砌块；（b）原南京新宁砖瓦厂生产的墙芯柱模板空心砌块，孔洞率44%，密度：1000kg/m³，单块重：6.67kg；（c）原陕西实验砖瓦厂生产的抗震构造柱用模板空心砖，孔洞率35.32%，单块重5.17kg；（d）原陕西实验砖瓦厂生产的抗震构造柱用模板空心砖，孔洞率35.11%，单块重5.67kg；（e）原陕西实验砖瓦厂生产的抗震构造柱用模板空心砖，孔洞率35.32%，单块重5.17kg；（f）原陕西实验砖瓦厂生产的抗震构造柱用模板空心砖，孔洞率40.87%，单块重6.64kg

西欧生产的模板空心砖和空心砌块的种类非常多，使用最多的是U形模板空心砌块和L形模板空心砌块。德国有关标准中规定了U形模板空心砖和砌块的抗压强度≥6N/mm²，密度等级为0.8（800kg/m³）。图13-23是德国生产的U形模板空心砌块图例，表13-11是该U形模板空心砌块的规定尺寸。

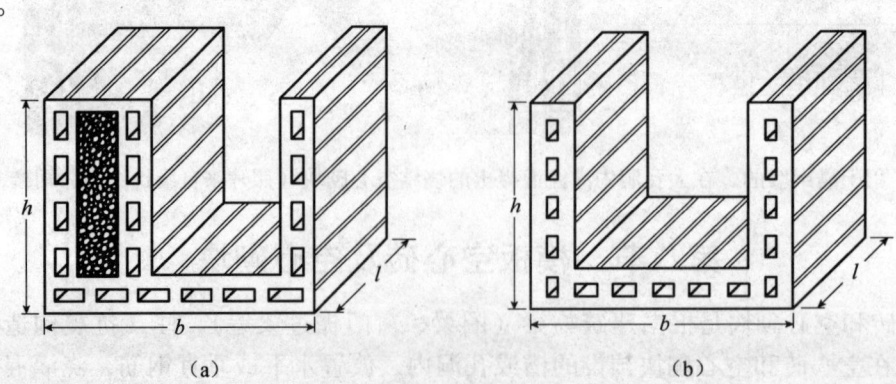

图 13-23 U形模板空心砌块图例

（a）要求外墙有较高保温隔热性能时，用于完全隔断圈梁钢筋混凝土热桥的模板空心砌块，左侧孔洞内已填充了保温隔热材料，如在300mm和365mm厚度的墙上使用；（b）也有隔断热桥作用的常规用途的模板空心砌块

表 13-11　U-形模板空心砌块的规定尺寸　　　　　　　　　　　　　　　　　　　　mm

外形尺寸			钢筋混凝土梁断面尺寸		单块质量
宽度 b	高度 h	长度 L	宽度	高度	(kg/块)
175	238	240	100	200	8
240	238	240	160	200	9
300	238	240	210/220(130)	190/200(190)	10
365	238	240	250/270/280(190)	180/200(190)	10/11

L形模板空心砌块常用于较厚的外墙与楼板或圈梁的结合部位，要求外墙有较高的保温隔热性能，密度等级为 0.8(800kg/m³)。L形模板空心砌块的图例如图 13-24 所示，在图 13-24 中可看到左侧孔洞中填充了高保温隔热性能的材料，这也是为了隔断热桥。L形模板空心砌块的规定尺寸见表 13-12。

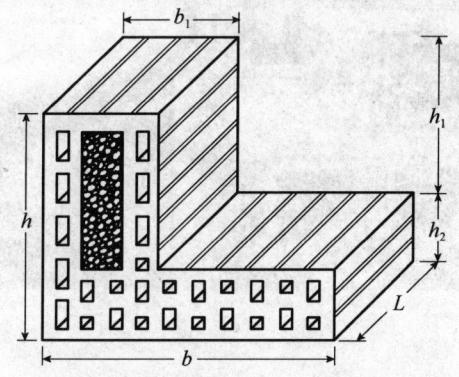

图 13-24　L形模板空心砌块的图例

表 13-12　L形模板空心砌块的规定尺寸　　　　　　　　　　　　　　　　　　　　mm

宽度 b	高度 h_1	高度 h	长度 L	高度 h_2	宽度 b_1	单块质量 (kg/块)
300	160	240	240	80	120	12
300	180	240	240	60	120	12
365	160	240	240	80	120	13
365	180	240	240	60	120	13

西欧还有柱子专用的模板砖，但是这种柱子专用的模板砖使用并不普遍，更多的使用方法是在砖或砌块上设置浇灌混凝土及插入钢筋的孔或水平槽，这种孔或水平槽的规定及使用方法的图例如图 13-25 所示。

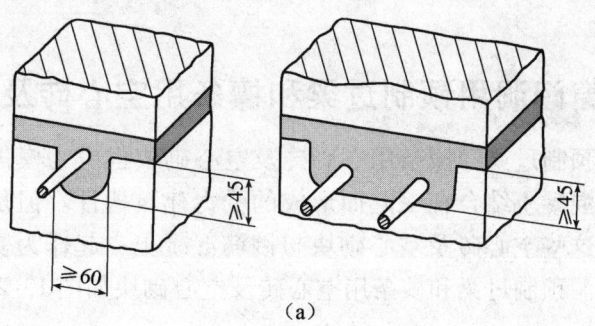

(a)

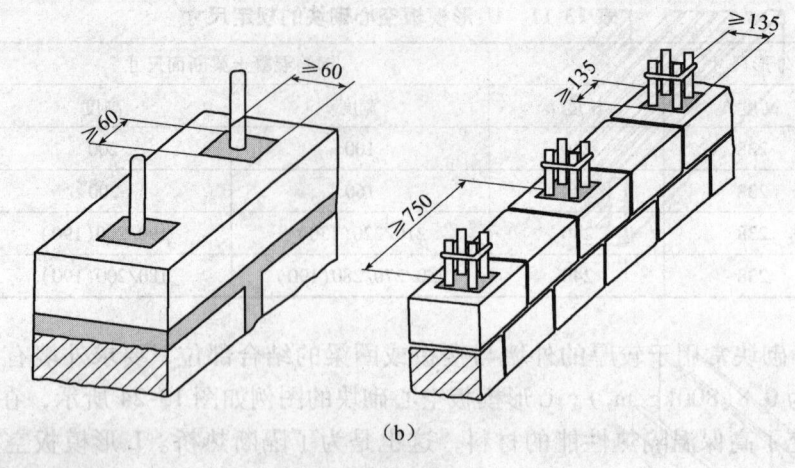

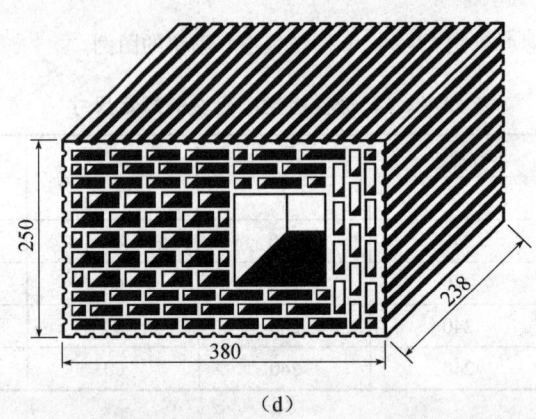

图 13-25 在砖或砌块上设置灌注混凝土及插入钢筋的孔、槽（照片摄于维也纳山公司）

(a) 设置铺设钢筋和灌注混凝土的水平槽；(b) 设置竖向灌注混凝土和插入钢筋的孔洞；(c) 奥地利维也纳山公司生产的圈梁与柱子同时浇灌混凝土的空心砌块，照片摄于奥地利维也纳市维也纳山公司的砌块生产工厂；(d) 德国 83 孔的构造柱模板砌块

第九节　窗门洞用预制过梁和檩条用空心砖及空心砌块

严格说来，窗门洞用预制过梁和檩条用空心砖及空心砌块也应为模板，因这些用途的空心砖及空心砌块也是要与钢筋混凝土结合在一起而形成的受力建筑构件。但是这与模板用空心砖及空心砌块所不同的一点为：这些空心砖及空心砌块与钢筋混凝土一起作为受力构件而承受荷载。国内曾生产和使用过的窗门洞预制过梁和檩条用空心砖及空心砌块如图 13-26 所示。

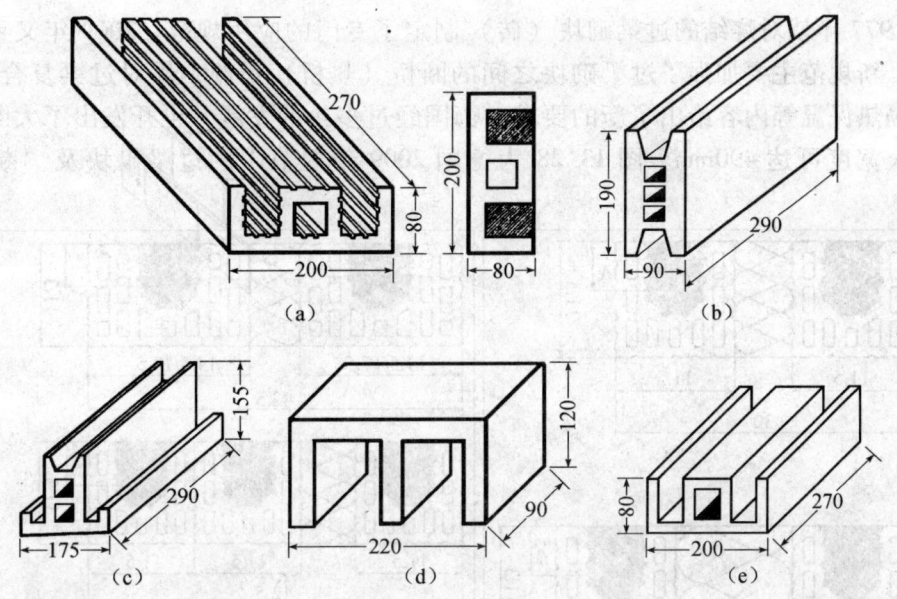

图 13-26　国内曾生产和使用过的窗门洞预制过梁和檩条用空心砖及空心砌块

（a）窗门洞预制过梁或檩条用空心砖，孔洞率40%，密度1080kg/m³，单块重5.25kg，产地：江苏昆山；（b）檩条用空心砌块，孔洞率35%，密度1160kg/m³，单块重5.75kg，产地：原南京新宁砖瓦厂；（c）檩条用空心砌块，孔洞率15%，密度1500kg/m³，单块重11.8kg，产地：原南京新宁砖瓦厂；（d）窗门预制过梁用空心砌块，产地：江苏昆山；（e）窗门洞预制过梁或檩条用空心砖，产地：江苏昆山

西欧用于窗门洞用预制过梁的空心砖及空心砌块一般都是在生产厂家预制成可用规格的过梁后根据用户需要随砖或砌块一起出售。图 13-27 所示为奥地利维也纳山公司位于维也纳市郊的烧结保温隔热空心砌块生产厂预制好的各种窗门洞过梁及楼板空心砌块的搁置预应力小梁。

图 13-27　预制好的各种窗门洞过梁及楼板空心砌块的搁置预应力小梁

（部分图片来自 Wienerberger 公司产品样本；照片摄于维也纳山公司烧结空心砌块生产工厂）

德国于1977年就对烧结的过梁砌块（砖）制定了专门的应用规范。2009年又重新对该规范进行了修订，新规范主要加强了过梁砌块之间的断桥（热桥）措施，并对过梁复合砌块的预制、承载能力、隔热保温等内容给出了新的要求。德国经过多年的发展，也开发出了大断面的过梁砌块，断面最大宽度可达490mm。图13-28为德国2009新规范中的过梁砌块及"断桥"构造示意图。

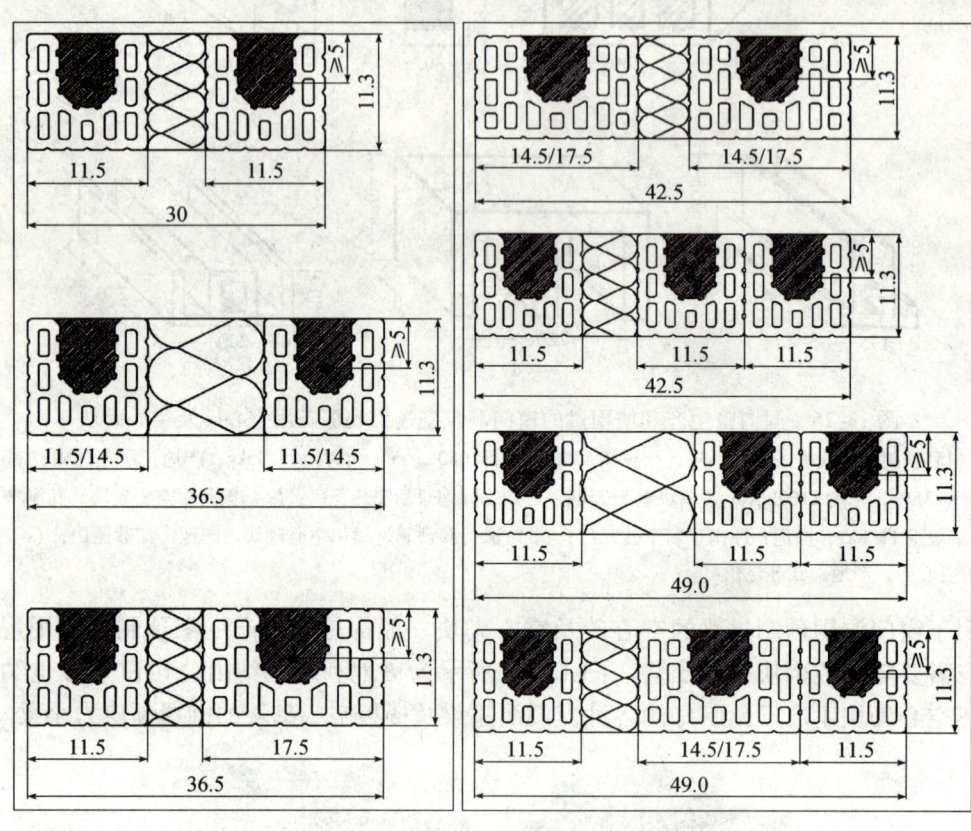

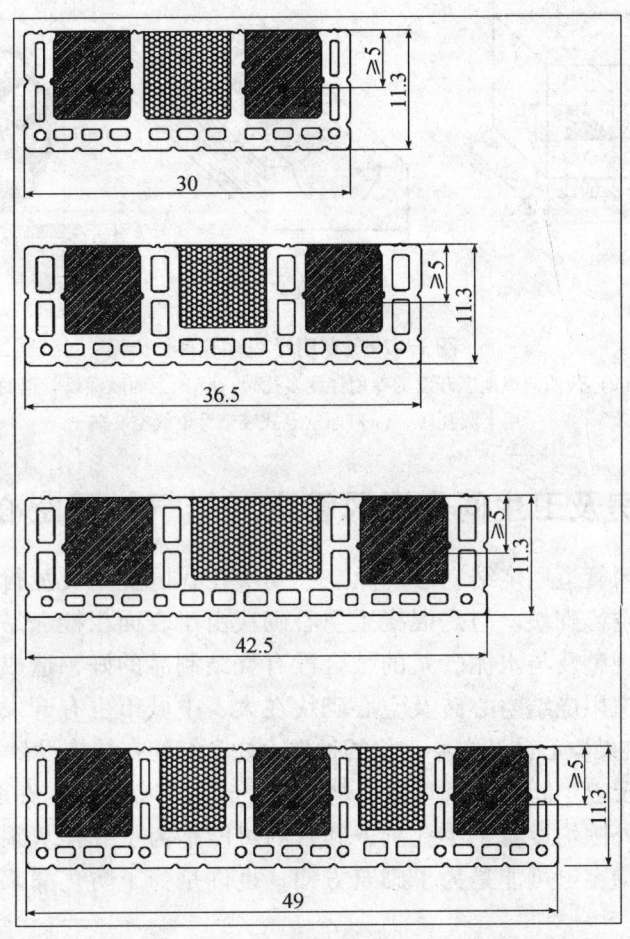

图 13-28 过梁砌块及"断桥"构造示意图
(图片来自德国 Keller 公司；照片摄于奥地利维也纳山公司砌块生产工厂)

第十节 墙壁用穿线用多孔砖及空心砖

国内一些地区在推广应用多孔砖及空心砖的过程中，因建设施工单位安装电线及水管时，常遇到在多孔砖和空心砖墙体上开槽困难，特别是空心砖墙体，所以开发出了墙体专用的穿线砖。专用穿线砖的形式及管道铺设专用半圆孔砖如图 13-29 所示。

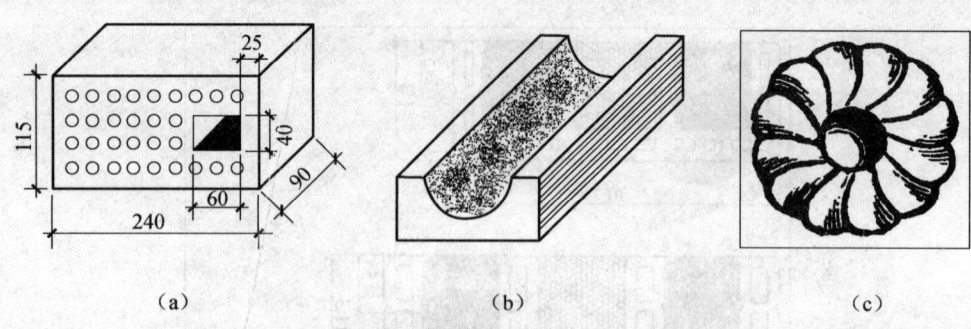

图 13-29 专用穿线多孔砖

(a) 陕西宝鸡地区开发的专用穿线多孔砖；(b) 为西欧铺设管道的
专用半圆孔砖；(c) 西欧老式墙壁穿电线空心砖

第十一节 厨房及卫生间用通风管道（排气）用空心砖及空心砌块

厨房及卫生间用通风管道用烧结空心砖及空心砌块在我国烧结砖瓦行业内还未被开发，建筑中大量使用的是混凝土空心砌块。但是混凝土空心砌块由于表面粗糙、易刮灰尘，且由于目前手工制作为多，形状的不规整及与水泥砂浆的结合没有烧结制品的好，造成密封不好等缺陷。因此厨房及卫生间用通风管道用烧结空心砖及空心砌块在大、中城市也有开发生产的必要。西欧厨房及卫生间用通风管道用烧结空心砖及空心砌块的种类不烧，有的在结构设计上也非常讲究，图13-30表示了西欧常用的厨房及卫生间用通风管道用烧结空心砖及空心砌块。在图 13-30(a) 和 (b) 中所示通风管道砌块，其外围均设置了小孔洞，其目的可能是为了好挂灰浆，还有其隔断热桥的效果也会更好。中间的内壁突出可能是为了砌筑方便，也许是为了防止漏浆，更重要的是为了防止烟气的泄露。

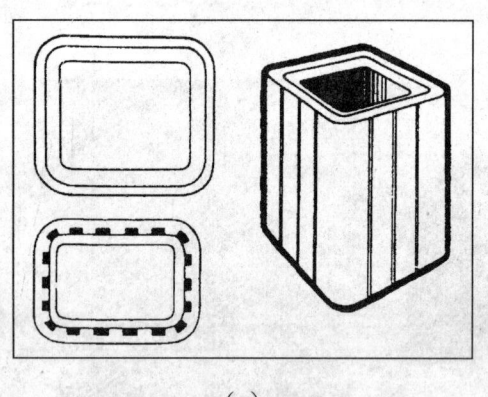

(a)

(b)

(c)

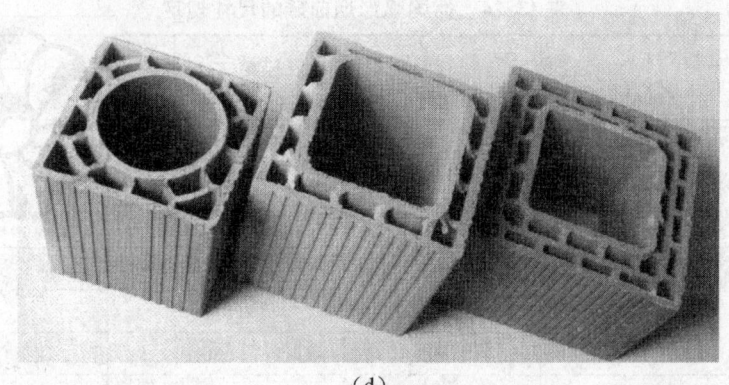

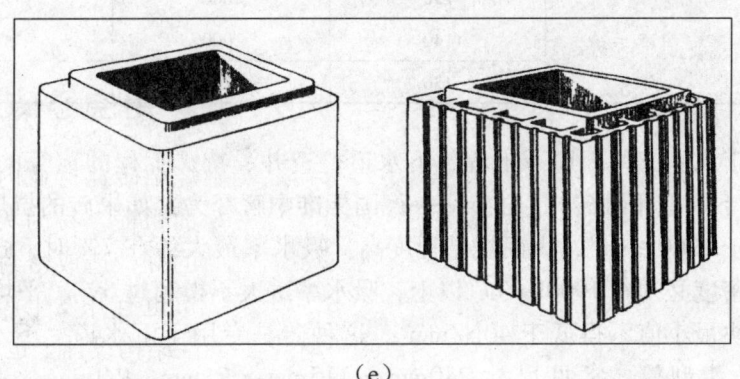

图 13-30　西欧常用的厨房及卫生间用通风管道（排气）用烧结空心砖及空心砌块
（a）通风管道砌块图例；（b）实物照片；（c）老式通风管道砖；（d）和（e）法国生产的烟道砌块
（图片来自法国Michel Kornmann 著《Clay bricks and rooftiles, Manufacturing and properties》）

第十二节　烟囱砖及工程砖

所谓的工程砖就是强度比较高，抗冻性及其他耐久性指标也要求比较高的、用于特殊场合（如下水道、室外烟囱砖等）的烧结砖。国内对工程砖还没有明确的定义，因此仅介绍西欧烧结工程砖的概念。西欧有关标准规定工程砖的抗压强度最小不得低于 28（相当于 MU28）的强度等级，砖体本身的密度不得低于 1900kg/m³。例如德国标准 DIN1057《烟囱砖》中规定，用于烟囱的砖孔洞率必须小于或等于 15%。烟囱砖一般两端为弧形，便于砌筑内外的圆形烟囱。德国的弧形烟囱砖如图 13-31 所示；对弧形烟囱砖的抗压强度、密度等级的规定及对弧形烟囱砖尺寸的规定分别见表 13-13 及表 13-14。

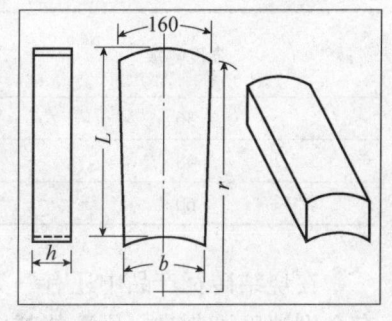

图 13-31　德国的弧形烟囱砖

表 13-13　德国弧形烟囱砖的抗压强度等级、密度的规定

砖的类别	抗压强度等级（N/mm²）	密度（kg/m³）
弧形实心砖	12	1800~2000
	20	
	28	
	36	
弧形缸砖	28	2000
	36	

表 13-14　德国弧形烟囱砖的尺寸规定

h (mm)	L (mm)	b (mm)	r(半径) (mm)	适用的烟囱外围半径 (mm)
71	240	140	2000	1400～4500
		120	1000	800～1400
		100	700	600～800
	175	145	2000	1200～5000
		125	850	700～1300
		105	550	500～700
90	115	150	2000	1000～5000
		140	1000	800～2100
		130	650	500～800

工程砖是专用于水利工程、地下工程、下水道检查井、特殊工程的顶等的高性能砖。例如德国标准 DIN 4051《下水道用缸砖》（缸砖——德国标准中解释为：如果砖的抗压强度等级达到 28，砖本身的密度不低于 1900kg/m³，表面烧结程度高，吸水率最大约在 7% 时，这种砖即称为缸砖）中规定：这种砖的密度必须在 1900kg/m³ 以上，吸水率最大不得超过 6%，平均抗压强度不得低于 45N/mm²，其中单块最小值不得低于 40N/mm²。这种砖是专用于下水道、下水道竖井及检查井，其规格有标准型、薄型等，常见尺寸 240mm×115mm×71mm，240mm×115mm×67/56mm，240mm×115mm×67/46mm，250mm×120mm×65mm，250mm×120mm×75/55mm，240mm×115mm×52mm，240mm×55mm×71mm 等。其异型砖（大小头）和半砖用于下水道的拱顶，或用于拱脚。用于下水道工程的砖必须耐磨、耐酸碱及抗冻。德国标准 DIN105 第三部分专门对高强度砖和缸砖给出了规定，高强度砖和缸砖的平均抗压强度不得低于 45N/mm²。对高强度砖和缸砖的泛霜盐类物质含量的要求比其他类砖更高。高强度砖和缸砖的抗压强度等级见表 13-15。

表 13-15　德国高强度砖和缸砖的抗压强度等级

强度等级	抗压强度（N/mm²）	
	平均值	单块最小值
36	45.0	36.0
48	60.0	48.0
60	75.0	60.0

在烧结砖瓦产品中还有一类产品为是将空心砖或砌块的生产方式用来生产排水管道。国内仅有个别地区试制过，用于盐碱地的排水（盐碱）。国外将污水管产品划为烧结砖瓦行业，在西欧及北美的砖瓦工艺书籍中都提到了烧结污水管。

第二篇
烧结砖瓦产品与可持续发展建筑的对话

第十四章 引　言

　　可持续发展建筑，又叫"生态建筑"、"绿色建筑"。尽管叫法不一，但它是建立在环境经济学、生态经济学理念下的一种经济建筑形式。是在新世纪人类社会摆脱"黑色文明"阴影，发展"生态经济"、保护生物生存环境、创建以"绿色文明"为特征、实现人类社会可持续发展的一个重要组成部分。18世纪人类社会从农耕时代向工业大生产时代突进，的确创造了丰富的物质文明。但这种创造多以掠夺资源、牺牲环境为代价，满足一部分人无节制的非理性欲望为特征，这必然产生同大自然的矛盾冲突，打乱了生态平衡，削弱了生态环境的自我修复能力，加剧了温室效应、臭氧空洞、厄尔尼诺现象、沙尘暴等环境灾难，绿色环境脱变为黑色环境。生态失衡问题已经成为威胁人类健康存续的首要问题。因此，人们开始认识到：要维系自身永远健康存续发展，必须从大环境与小环境中寻求均衡，用深义建筑文化的科学理念在大环境中彰显广义建筑文化；用理性的建筑活动拚弃"黑色文明"，创建可持续发展的"绿色文明"时代。就我国占世界人口四分之一、自然资源紧缺、特别是水资源很少的发展中大国而言，在实施可持续发展战略，建设资源节约型、环境友好型、社会和谐、人民小康型社会的发展阶段，对于"可持续发展建筑"的研究与探索是历史的必然。同时具有现实的紧迫性，又具有可持续发展的前瞻性。

　　建筑物自古以来是人类生存"四大基元"（衣、食、住、行）中维护自身生产和物质再生产最基本的重要物质条件。既与思想文化有着紧密的联系，又与社会、科学、技术、经济发展相互依存又相互制约。往往是在依存中发展，在制约中创新，彰显出时代科学技术、经济文化水平和时代特征。自有人类活动便有了建筑，可以追溯到一万年甚至更早的历史，建筑文化的出现，昭示着人类逐渐步入文明时代。在世界古文明的诞生地，几乎都存在平行发展的规律，都有一个漫长的、从半地穴式茅茨土阶→传统建筑→近代建筑→节能和利用太阳能建筑→节能、节地建筑→可持续发展建筑（生态建筑）的进化过程。并且，这个进化过程基本上都随着人们对外部自然界的认识逐渐加深，思想文化素质的提高，建筑技艺不断升华，社会经济不断发展诸因素的相互作用或新资源的发现，新技术、新材料的发明，以及政治、经济、战争、资源、环境变化等因素引发出一次次的改良与创新向前发展的结果。因此，中世纪以后的建筑，滞后性多于前瞻性，多有从感性应对走向理性思维的过程特征。例如：古希腊人把石头看作"永恒"，企图用石头这种单一材料建设规模庞大的三维四度空间。然而，在建造中，因石头材料本身有制约建筑结构和工程施工的一些方面，便采用了称为"人工石头"的烧结砖替代天然石材，做成了砖拱券，既能承受上层巨石结构传递的巨大重力，又能获得建筑底层的拱形空间，古建筑中的罗马大剧院便是一例。对于大屋顶的建造，公元120年至124年埃特鲁斯坎人统治意大利时期，哈德良皇帝在罗马兴建万神殿奉祀诸神，罗马工匠采用了那波利的天然火山灰掺上浮石等轻质天然材料，发明了轻质"火山灰混凝土"，浇筑了直径和顶高同为43.3米的半球体中空万神庙穹隆大屋顶，创造了奇迹。当火山灰材料枯竭了，拜占庭时期的圣索菲亚大教堂的建造中，大穹顶的建筑制式受到材料的制约，工匠们又采用中东砖砌拱的传统技术构筑砖砌小穹顶，使砖成为混凝土的代用品，由于吸收了古罗马文化的一些建筑元素，成就了"拜占庭建筑文化"。后来又衍生出"哥特式建筑文化"，定格为：别开生面的西方传统建筑制式。

中国古代建筑的发展，也有同样的规律。自夏商周三代烧结砖瓦在建筑上的逐步应用，标志着茅茨土阶的结束，木构架传统建筑的兴起，西周时期便有了规制。"这种结构法与欧洲古典派建筑的结构法，在演变的程序上，互异其倾向。……屋顶的特殊轮廓为中国建筑外形上显著的特征，屋檐支出的深远则又为其特点之一。为求这檐部的支出，用多层木承托，便在中国构架中发生了一个重要的斗拱部分；这斗拱本身的进展，且代表了中国各时代建筑演变的大部分历程……而且后来还成了中国建筑独有的一种制度。"（梁思成《清式营造例则·绪论》）。从而东西方两个文化背景不同的世界同时开启了砖建筑的先河。当我们仔细分析东西方传统建筑流变，虽然有过同样的演变历程，但是，由于观念意识形态的不同和文化差异，正如梁思成、林徽音所云：中西古典建筑的"结构方法在演变程序上，互异其倾向"的。诸如：中国建筑是以木构架为主的结构方式（抬梁式、穿斗式、井干式），这些形式，能使建筑物布局灵活，其隔断、门窗部位少受限制，平面布局能多样；西方建筑，是砖石建筑，承重和围护构件都以石材为主，使平面受到一定限制，希腊建筑采用柱梁式结构（如雅典的帕提农神庙），因无法解决石材抗拉强度的缺陷，使跨度开间较小，又增加了地基的压力。到后来，罗马人在公元前4世纪开创了砖、石拱券技术和火山灰、浮石轻骨料混凝土技术，把拱券旋转360°成为穹隆，巧妙地变受拉为受压，成功地解决了跨度问题，但又使基础和地基重力加大，给吊装、运输增加了难度，中世纪同时期又演化成肋架拱，抹角拱和帆拱技术在索菲亚大教堂的大穹顶获得成功，发展了拜占庭建筑文化。哥特时代从四分肋架拱、六分肋架拱、尖券星形肋拱，使拱顶达到了登峰造极的地步。中国的砖石拱券自有城池就有拱券城门和黄土高原上的窑洞民居等，可以追溯到夏商时期，有三四千年的历史。特别是中国石拱桥建筑，在世界上堪称一绝。然而，中国砖穹隆技术，在《文选》中晋人陆机诗《挽歌》中就有"磅礴立四极，穹庐放苍天"诗句。说明中国的穹隆建筑制式或与罗马人同步，早在秦汉时期就出现了。中国的穹隆，指四面砌墙的方形房屋的屋顶用泥土夯筑或砖、石镶砌，做成半球形，上圆下空，天圆地方的建筑空间。甘肃省管家坡出土的三号东汉墓就是用小砖砌筑的穹隆式建筑。唐代穹隆用于地面屋顶，其规模更大，而且还有用夯土做成的大穹隆。目前保存尚为完好的新疆高昌城"里佛寺"大穹隆建筑就是用夯土做成。该穹隆顶直径达20米，室内有效面积达280平方米，可容纳300多人集会。到了宋代又有新的发展，大多数做成尖角式穹隆顶用于伊斯兰教礼拜寺建筑，如泉州的石结构建筑清净寺（该寺石穹隆已坍塌）、杭州的凤凰寺、广州的麒麟寺、扬州的仙鹤寺等砖石结构或砖结构穹隆仍完好如初。明代峨嵋山万年寺文殊菩萨殿的砖穹隆建筑也甚为精巧。因此，穹隆西来说是没有依据的无稽之谈。中国在五千多年前的大地湾文化时期就发明了木构架建筑技术，木材的抗拉能力强的优点，构架节点和地基处理上不存在石头建筑那样的"肥梁胖柱深基础"，木构架建筑不仅没有复杂的地基处理，而且还能使抗倾复能力大大加强，做到"墙倒屋不塌"。虽然，穹隆有坚固耐久、容积大、节约桁架材料的优点，但建造上又受深基础厚墙体和窗小光微的制约和局限，给人以黑暗而冰冷感觉，不适宜居住而被淡化了。中国木构架建筑在屋面外形的处理上，特别是屋顶的建筑制式采用了庑殿式，西方采用尖（圆）拱券顶，导致东西方建筑在结构演变程序上的互异倾向。

在世界建筑发展史上看，建筑材料的发展，推动建筑的进步；建筑的进步，又作用于建筑材料的创新。历史上中西建筑虽然有结构互异倾向，但在建筑材料的发展上，东西方同样有三次较为明显的材料革命。第一次革命是"天然混凝土"的发明，其主要成分是天然火山灰、加入石灰和浮石轻质骨料，在公元前2世纪由罗马人发明并用于穹顶浇筑；中国的"天然混凝土"比西方早得多，据1978~1982年在甘肃省秦安县邵店村对大地湾文化和仰韶文化遗址发掘，"大地湾文化的房址为圆形半地穴式。……仰韶文化早期属半坡类型，房址为半地穴式，中期与庙底沟相似，部分房屋居住面和四壁涂抹红色，彩陶发达，晚期房屋多系地面起建。其中:901号房为一大型建筑,占地290平方米,为已发现的中国新石器时代最大房址。门前宽阔场地上另有柱洞及础石等遗迹。该屋以木构架承重,开中国传统木构架建筑的先河。居住面所用人工胶结材料,已近似现代水泥。……据碳14测定并经校正,大地湾文化遗存的年代约为公元前5850—前5400年;仰韶文化遗存约为公元前4050—前2950年。遗存中还有少量马家窑文化遗存。"(《考古学辞典·大地湾遗址》)。大地湾遗存的硬质地面,从剖面观察,地表下用砂子和石粒混合后作基础,上面铺着类似水泥的物质和红陶轻骨料配成的混凝土。经研究人员用碳14测定,证实此处系5000年前遗物。而制造这种地面的"水泥",其成分竟基本与现代硅酸盐水泥类似。这种"水泥"地面通过物理检验,每平方厘米抗压强度为100公斤。说明中国"天然混凝土"的发明要比古罗马早三千年以上。图14-1为甘肃大地湾遗址5000年前使用的水硬性材料地面。

图14-1 甘肃大地湾遗址5000年前使用的水硬性材料地面
(照片摄于甘肃秦安大地湾遗址)

第二次建筑材料革命是在工业革命之后,1756年,英国人约翰·斯密顿发明了一种能把水中碎石团聚并凝结起来的材料用于加固康瓦尔海岸外的灯塔,英国人约瑟夫·阿斯普经过多年潜心研究,将石灰和黏土经高温处理,然后加入少量石膏一并细磨,获得了一种新的粉状建筑材料被称为"波特兰水泥",大规模地用于泰晤士河隧道工程。接着便产生了钢筋混凝土。第三次革命是钢、铝纯金属结构材料成为超高层,大跨度建筑骨架。中国建筑由于木构架建筑技术成熟很早,几千年一贯制,而且强调屋顶的变化以增强建筑外形的流动感和形体美感及强调屋顶覆盖材料和围护结构材料的美学功能,因此,材料的改革与创新都围绕占建筑材料主体的木材、砖瓦、石材应用上的改良与创新。主要有短木材斗拱发明与不断改进,特别是烧结砖瓦在商周、秦汉、魏晋、唐宋时期的几次创新,使中国的琉璃、砖雕、瓦器融建筑构件和建筑艺术装饰于一体的精美产品。

中外建筑在结构程序上的互异倾向,除上述原因外,意识形态和文化背景差异可以说是决定性的原因。在古籍《黄帝内经素问》《礼记·礼运》《韩非子·五蠹》《鹖冠子·备知》中,我们可以看到上古时期人们的生活场景:"往古之人居禽兽之间,动作以避寒,阴居以避暑";"昔者先王,未有宫室,冬则居营窟,夏则居橧巢,未有火化,食草木之实,鸟兽之肉,饮其血,茹其毛,未有麻丝,衣其羽皮";"上古之世,人民少而禽兽众,人民不胜禽兽虫蛇";"汤汤洪水方割,荡荡怀山襄陵,浩浩滔天";"山无径迹,泽无桥梁,不相往来"。生活之艰辛迫使古人对外部自然世界和自身生存繁衍关系深化认识与探索。首先发明火,为保存火种才能吃上熟食减少疾病,要趋避兽害就必须尝试挖沟、建房。在一系列长期生活、生产劳动实践中开始了对自然世界奥秘的认识与探索，寻求着能主宰命运的秩序，便产生了思想。早期中国古人思想所谋求的秩序，一是以"天"为中心，四方围绕着"天"运转的秩序；二是以"王"为中心的人间群居聚落秩序。在建立秩序中，环境问题始终是联结天人之间的纽带。1976年在商代妇好墓中出土的"玉琮"和近年出土的新石器时期的"石琮"，特别是1986年浙江良渚文化大玉琮的发现与确认，证实早在公元前三千多年前为中国人形象思维的"玉琮时代"，为我们推测距今五千多年前中国古人蒙发着"天圆地方"、"天人合一"的思想文化框架提供了依据。"太极、八卦，阴阳五行，四方位、八象限"的学说则派生出"堪舆学"（或"风水学"），又成为中国古人在建筑相地、择址上对气候、地质、地理、生态、环境、景观等因素进行综合评价的依据。决定建筑基址、布局、朝向、中轴、门道、装饰制式，以图建筑使用过程中"负阴抱阳，背山面水阴阳互生和五行相生、相须、相使，生克制化，趋吉避凶，永久安宁"。说明远古时期的中国人对天、地、人"三才"（即大生态，小环境，人居室）的认识与思维是系统而精湛的。"天人合一"的自然观，至今仍被世界建筑科学界所推崇和继承。从生态环境认识、从砖瓦发明乃至混凝土发明源头意义上讲，这些人类文明优秀成果无疑是中华民族对世界民族的一大文化贡献，是值得骄傲和努力传承的。

然而，在工业革命一个相当长的历史时期，由于资本主义经济在大机器生产方式的作用下，英、美、德和东方日本各国工业革命取得非凡成就，19世纪末、20世纪初，自由竞争的资本主义向垄断资本主义过渡，资本扩张转化为资源掠夺，造就了"黑色文明"时代。大量丧失土地和生产资料的农民无产者大量涌入城市，住房建筑成为城市建设的一个热点，在客观条件下，经济发达的资本主义国家的房屋建筑确实出现"只重视建筑的终结而忽视环境"的现象。随着科学技术和工业经济的高度发展，人类消费非理性欲的不断膨胀，导致人们经济活动与生态环境的协调关系遭到重创，构成了经济再生产和自然再生产之间的矛盾冲突。加上在消费意识上，人们总把"自然界当成排放垃圾的无底坑"，使人口、资源、生态环境失衡而发生区域性、部门性的"公害"事件。20世纪60年代暴发了能源危机、资源危机和城市病危机。在建筑经济领域，人们虽采取太阳能建筑、节能建筑、节地建筑形式和缓了能源、建设用地不足的矛盾取得了较好的效果，但是，这也只是一种应对方式，还不可能从根本上长久地、持续稳定地、协调人类经济活动与自然生态环境之间的相互平衡关系，从整体上消除人类社会前进中可能出现的障碍，特别是集生产资料和生活资料于一体的建筑材料，在再生产中带来经济效益的同时也会带来生态环境不同程度的污染和危害。须知，人类是社会的主体，人类的一切经济活动从来都是和环境密切相连，经济再生产过程和自然再生产过程紧密相连的特征是：经济再生产过程，一方面不断地从自然界索取进行物质资料生产的各种要素；另一方面又不断地将其生产和生活耗费的排泄物投入自然环境中。这种"投入"和"产出"关系，决定着社会发展的前途和人类命运。住宅是人类最基本的生存生产活动空间，它涵盖人类生产和生活的一切方面。诸如：安全耐久、趋利避害、清洁卫生、健康长寿、经济适用、艺术文化、废物转化、环境和谐等诸多方面。因此，世界"三大危机"的严峻背景给人们敲响了警钟。20世纪60年代，美籍意大利建筑师保罗·索勒瑞提出"生态建筑学"的新理念，引起建筑学界、经济学界的广泛关注；1963年，V. 奥戈亚在《设计结合气候：地方主义的生物气候研究》中提出"建筑设计与地域气候相协调"的理论；1969年，美国风景建筑师麦克哈格在《设计结合自然》一书中就建筑、自然、社会协调发展作了详细论述，探索了建造"生态建筑"的有效途径和方法。既后，美国经济学家肯尼斯·鲍尔丁（Kenneth E. Bouling）《生态经济学》"宇宙飞船经济观"中关于"人类赖以生存的地球，只不过是茫茫太空中一个小小飞船。人口、经济不断增长，终将使这个小飞船内有限资源开发完；人们所生产和消费所排出的废物终将使飞船舱内完全污染"。因此，必须建立既不会使资源枯竭，又不会造成污染的、能循环使用各种物质的"循环经济",以代替过去的"单程经济"的观点,在全世界引起巨大反响。许多自然科学家和经济学家乃至建筑学家开始了生态问题的研究和探索。一个以"绿色建筑"推进"绿色文明"的战役首先在世界建筑学界打响。70年代石油危机爆发后,工业发达国家开始注重了建筑节能的研究,太阳能、地热、风能等节能围护结构的新技术应运而生。80年代,节能建筑体系日趋完善,并在英、德等发达国家广为应用。但是,由于建筑的密闭性提高之后,随之而来的室内负效应问题逐渐显现其小空间环境的危害,90年代后,"绿色建筑"理论研究和建筑实践走入正轨。1991年,布兰达·威尔和罗伯特·威尔合著的《绿色建筑:为可持续发展而设计》一书问世,提出了综合考虑能源、气候、材料、住户、区域环境整体设计观。阿莫里·B·洛温斯撰文《东西方的融合:为可持续发展建筑而进行整体设计》指出:"绿色建筑不仅关注的是物质创造,而且还包括经济、文化交流和精神等方面"的新论点,逐步把传统的"建筑学"同"生态学"、"环境学"和"生态经济学"有机地联系在一起,由单一的建筑个体,单纯的技术层面上升到涵盖生态、环境、人文、经济诸方面关系,具有综合性、整体性、系统性多学科交叉特点的边缘科学。绿色建筑的理念在世界建筑、建材行业及科技人员的支持下又向"生态建筑"、"可持续发展建筑"理念和科学、技术的深化。可见,生态建筑是一个不断发展的理念,不断深化的期望值,若把它禁锢在一种模式之中,那么它的生命也就停滞了。1992年,国际建筑协会(ULA)召开"生态建筑会"(Eco-Logical Architecture Conference)强调生态平衡在建筑中绝对必要性。1993年,国际建筑师第十八次大会发表了《芝加哥宣言》,号召全世界建筑师把"环境和社会可持续发展性列入建筑师职业及其责任的核心"。1999年国际建筑师协会第二十届世界建筑师大会又发布了《北京宪章》,明确要求:"将可持续发展作为建筑师和工程师在新世纪中的工作准则"。

1992年,在里约热内卢召开了有170多国首脑参加的全球最高级会议——"世界环发大会"(Earth Summit),讨论人类社会可持续发展问题,通过了《全球21世纪议程》为全球范围推进可持续发展战略提供了行动纲领。从此,在建筑学领域,以"生态建筑"(或称"可持续发展建筑""绿色建筑")为研究对象,全世界迅速掀起了史无前例的"绿色革命"。在这场绿色革命演进过程中,早在1988年国际科学讨论会上首次提出了"绿色建材"的概念(即是既能满足材料性能要求,又不破坏生态环境,有较长的使用寿命,可以回收再利用,而且还能改进环境的"可持续发展"材料)。实际上,"可持续发展"一词在300年以前就提出了,当时是针对森林的可持续发展利用。第一个欧洲可持续发展战略是2001年提出的,在2006年修订通过。现今可持续发展的概念已被用到了市场的竞争方面。既而,各国纷纷制定了"绿色建材"的性能标准。日本、英国等发达国家出现了"绿色高性能混凝土"(Green High Performance Concrete 简称GHPC)的新概念,并致力于这种新材料的开发与应用。日本新建的世界最长的悬索大桥——明石跨海大桥,总长3910米,中跨为1990米,在两个锚墩中使用了40万立方米HPC,预期使用寿命为100年;连接英法两国之间的海底隧道(HPC)要求其使用200年。法国最近又开发出一种称为RPC的超高性能混凝土(Ultra High Performance Concrete),其中活性细粒混凝土强度可达800MPa,利用这种超高性能混凝土材料,采用新的结构和构件制成的型材,据说可以代替某些金属材料。此外,健康型的壁纸、涂料、地毯、复合地板、管道纤维强化石膏板、乳胶漆等新型建材已在世界流行。在尊重传统建筑、改造传统建筑、创新现代建筑、研究新型建筑材料同时,欧美发达国家的环保、建筑管理部门和建筑、建材行业加强了相互沟通,对于绵延几千年而且久经大气环境考验的烧结砖瓦建筑构件制品,强化了研制与创新,欧美发达国家始终走在前列。其可持续发展能力被先知觉派的学者专家、后现代建筑学家和意大利国家环保官方机构所认同,甚至美国航天局曾在一份报告中明确指出:"今后在月球上建人类庇护所,必须使用烧结砖"。西欧的一位"新知觉"类学术权威人士讲到"现在所谓的新型墙体材料均在模仿着烧结砖的功能，但只能模仿砖的一种或数种功能，而不能模仿其全部性能"。烧结砖性能上的不可模仿性，使得砖瓦建筑创造出了辉煌的史绩，并将决定着它的将来。德国著名的砖瓦界学者 F·汉德尔说："砖是唯一的最佳综合物理、生物、建筑和美学性能的建筑材料。假如几千年以来还没有砖这种材料，我们今天必定还会发明它"。欧洲砖瓦制造者联合会主席曾讲到："质量优良的烧结新型建材产品是建筑材料中的'十项全能选手'，要像描述'十项全能体育选手'一样去宣传自己的产品"。意大利砖瓦协会主席在 2004 年讲："要利用一切宣传手段来告诉民众烧结新型建材产品建筑的优点"。意大利环境部与意大利砖瓦工业协会在 2005 年签订了支持烧结新型建材产品工业发展的协议，实际上也是表明了意大利政府的意愿。意大利环境部部长在公开会议上发表演讲，并明确提出："要向公众宣传烧砖瓦的优点……"世界著名建筑学家马里欧·伯塔（Mario Botta）教授提出："砖的和谐＝环境！"在西欧、北美、韩国、日本等发达国家，"有钱人"住的是砖瓦房屋，因砖瓦建筑物可提供舒适的居住环境，并始终保持着一种和谐的美。这就是为什么欧洲现今五分之三以上的新建筑仍然采用烧结砖瓦产品的原因。烧陶制品被专家学者公认为是可持续发展建筑绝好的建筑构件材料。

"人类的历史，就是从必然王国向自由王国发展的历史永远不会完结"。"在生产斗争和科学实验范围内，人类总是不断约发展的，自然界也总是不断发展的，永远不会停止在一个水平上"（《毛泽东著作选读本》第 845 页）。尽管烧结砖瓦本身具备建筑上有其他材料不能替代的、极为广泛的使用价值，但是从生态观念出发，还存在着一些对环境的负面影响。因此，西方先进发达国家特别是奥地利、德国、英国、意大利、荷兰等国则在"生态经济学"的观念下，对产品生产与保护环境的关系，产品功能属性与建筑属性的关系，生产系统同社会工农业生产的关系，生产与稳定劳动就业的关系，以及改善生产环境劳动保护关系进行全方位的研究与实践，取得若干优秀成果。在国外文献资料中选择一些解决当前困扰砖瓦工业所面临的共性问题和可借鉴的思路、方法作一番简要介绍。

产品生产和保护环境的关系：传统砖瓦制品是以黏土为原料经过烧结而成。其中原料的采集就须耗费土地；焙烧过程排放的烟气中含有一定数量的粉尘、氟化物、氯化物、硫化物、二氧化碳、一氧化碳；固体排放物中主要是砖灰砂（渣），这些势必对环境造成一定的危害，这便是制约烧结砖瓦可持续发展的瓶颈。我国现在的烧结砖瓦生产中使用各种工业固体废料的情况越来越多，如煤矸石、粉煤灰及各种工业尾矿等；还有的使用着含硫量较高的劣质煤炭作为燃料，使得所排放的烟气中携带的有害物质及温室气体有增无减。这确实是现在的烧结砖瓦生产企业面临的新挑战之一。

但是上述问题在发达国家及亚洲的韩国、日本、我国的台湾等都得到了非常满意地解决。一方面是使用烟气净化技术，将烟气中的有害物质，如硫化物、氟化物及粉尘等截留下来；另一方面是使用替代燃料，如清洁能源、再生能源（生物燃料）、石油焦炭等，以及产品的合理化设计等措施来进一步减少温室气体的排放量。在我国烧结砖瓦厂已成功地使用了烟气净化技术设备。图 14-2（a）为国内某煤矸石烧结空心砖生产线正在使用中的烟气净化设备；图 14-2（b）为西欧砖瓦厂使用的烟气净化设备。也在少部分生产高档烧结装饰砖瓦的企业中使用了清洁能源如发生炉煤气或是天然气。

西欧砖瓦行业普遍采用炼油残渣（石油焦炭）等工业废料和清洁燃料焙烧砖瓦，大幅度减少了有害物质的排放同时由于在原料中加入了含有碳的工业废料中及熔剂性矿物，使焙烧过程达到最佳化。可再生能源在烧结砖瓦行业已得到了成功使用，如利用生活垃圾、农作物废料、有机工业废渣、食品工业废料等产生的沼气，用于砖瓦行业的窑炉焙烧。

图 14-2　烧结砖瓦厂使用的烟气净化设备
(a) 和 (b) 国内某煤矸石烧结空心砖生产线正在使用中的烟气净化设备，照片摄于山西阳泉南庄煤矿；
(c) 西欧砖瓦厂使用的烟气净化设备

　　本篇为"新型绿色砖瓦与可持续发展建筑对话"的篇章，专门探讨生态建筑与绿色砖瓦的相互关系，是本书就中国砖瓦发展历史、世界砖瓦在工业革命以后两百多年发展过程的检索和砖瓦在生态建筑变化发展中，依据建筑实践和科学实验成果所得出的其"可持续发展能力"的综合评价。使人们能够比较深刻地了解它的历史、现在和未来。集中反映烧结砖瓦在人类创造文明过程中对历史、现实和未来恒久的贡献。因此，集中书写它优秀的材料性质就完全必要。当然，随着历史文化向前推进，科学、技术在材料学上的创新与发展，各种新型建筑材料层出不穷。然而，就世界新型墙体屋面材料发展趋势看，至今还没有哪一种材料能全面替代烧结砖瓦的多种物理化学性质、美学性质，以及使用中的多功能属性。同时也还未见哪一种材料像砖瓦那样有数百年甚至数千年无害的寿命期和可以回收重复利用的、具有"资源型产品"的生态价值；在制造上也没有哪种新材料有它能广泛地利用工农业生产排泄废物用作原料和燃料以及增塑剂、微孔成型剂、助熔剂、作色剂，增进制品本身质量和外观自然的美学性质，成为"生态经济学"、"环境经济学"、"生态建筑学"等新兴边缘科学的研究对象。

第十五章　可持续发展建筑

第一节　可持续发展建筑的一般概念

可持续发展建筑（又称"绿色建筑"或"生态建筑"）。它不能同太阳能建筑，节能、节地建筑混为一个概念，而是这些建筑理性思维的延伸，包含着这些建筑的所有特性。是建立在"生态学"和"环境学"理论基础上、创建一种高度和谐的人居环境系统工程，使之在融入自然生态、人文思想和艺术品位三大要素持续发挥，正确处理好与生态、环境输入和输出物质的良性循环及能量的良性转换，达到人与人、人与自然环境和谐相处又可持续发展的一种社会生活文化器物形态。目前世界上关于"生态建筑"的概念定论，始于20世纪60年代初期由美籍意大利建筑师保罗·索勒瑞提出来的。他将"生态学"与"建筑学"的观念结合在一起，提出了"生态建筑"的新概念，影响了当今世界，也被人们称之曰"绿色建筑"或"可持续发展建筑"。20世纪70~80年代其观点被认同，相继传到英、法、德、意、日、澳、加拿大等国并得到很好的推崇与发展。我国积30年改革开放的发展经验，根据国情和集地球生物圈的负责精神，在实施可持续发展战略中提出了"以人为本，全面协调，可持续发展"的科学发展观。针对世界范围资源战略、经济发展战略，适时对经济社会科学发展及国策调整，制定了建设资源节约型、环境友好型、社会和谐型的可持续发展目标，并步入建设生态文明、资源节约高效的快车道。建设和谐自然、修复环境、适宜人居的健康建筑。但是，应该看到：可持续发展建筑不是人为的教条，也不是落臼的俗套，而是一个完整的绿色科学体系。早在20世纪60年代，毛泽东主席在《农业发展纲要四十条》中曾经指出："在山上、平地和水面，要大种其万紫千红的观赏植物，实行大地园林化。""我国城乡都要园林化，自然面貌改变过来，到处像公园。"揭示了人居环境持续发展规律。说生态建筑是完整的科学体系，是因为它在建造上已经有了"建造上要切实保证有限资源高效利用回收，使输入和输出的物质、能量良性循环和转换、无限循环，并且减少建筑材料和尽量减少一次投入，延长建筑寿命；使用能源消耗减少、淡水资源重复使用、生活垃圾能源转换和使用期维修费用降低；环境上亲和自然，在一定地域内，维护生物（植物、动物、微生物）群体特性与环境（土壤、水分、大气、阳光、温度等）之间、生物与生物之间相互作用，并产生能量转换和物质循环，以有机生命生长、发育、运动为前提，又能保证人居空间舒适、安全、健康、愉悦"的定义域。同时继续承载着人类社会发展中历史、哲学、科学、技术、文化、艺术及其经济多侧面、多层次共生共存的生态关系。当前，西方许多经济学家把自然生态和社会经济相联系，不仅从物质生产和社会经济结构和经济运行机制上进行广泛的研究，而且还主张通过社会性的管理体制来调节它与经济的和自然的关系。当然，这种应对性的生态经济理论由于受资产阶级利益和阶级立场的局限，不可能从根本上解决资本主义生产关系，但是他们用社会管理体制来强化对一切社会生产的科学管理，力求用"循环经济"理念探索向大自然的索取又向大自然无害化的排泄、在建筑材料的生产和建筑应用上已经取得了一些具有前瞻性的成果是可以研究和借鉴的。国际上对于"生态建筑"的定义域，通常有九条准则。即：

（1）建筑物的自然环境　要有洁净的空气、水源与土壤，不致受到不良自然环境的危害，也不易受严重灾害的袭击；

(2) 建筑物的资源利用　要有效地使用水、能源。也就是说，要使能源和资源的利用达到最高程度，消耗降到最低程度。建筑物的门窗、屋顶，应采用高保温隔热构造，充分利用太阳能，良好的采光系统，气密性良好的通风系统，特别是夏季保证有良好的自然通风条件；

(3) 建筑物的施工建设　在施工中应尽量减少噪声，注意粉尘排放，运输遗撒，建筑垃圾要合理处理；

(4) 建筑材料的选择　尽可能用可重复使用材料，并积极利用工农业废物料，室内装修，应选择无环境污染的油漆、地毯、胶合板、涂料及胶粘剂；

(5) 建筑物的废物排放　要减少污染排放，生活水可实行分类多次重复使用，粪便实行灭菌、脱水处理，生产农家肥或发酵综合利用；

(6) 建筑物的周边环境　尽量保持和开辟绿地，周围种植树木，改善景观，保持生态平衡；

(7) 建筑物附近的人文景观或古代遗址要积极保护，新老建筑相得益彰，相映成趣，以增加人文气息；

(8) 建筑物的费用选择　建筑造价、运行费用经济合理，使用合适的技术，使运行费用降低，使造价得到节约；

(9) 建筑使用终结被拆除　构件、材料能方便回收，可重复使用。

据此，人们便把"可持续发展建筑"概括为：资源有效利用建筑（Resource Efficient Buildings）；Reduce；Renewable；Recycle；Reuse。也有人把它归纳为"4R建筑"。即Reduce（减少建筑材料），Renewable（可利用再生材料），Recycle（利用回收材料，设置废弃物回收系统），Reuse（在结构允许的条件下，重新使用旧材料）的建筑。就建筑本身建造而言，在国际上要求当代的建筑思想者和建筑建造者在设计、建造当代建筑时，对百年以后建筑寿命终结时（欧洲各国要求建筑的服务期要从70年提高到100年以上），能使可重复使用回收材料数量上的增多，品种上尽量单一，回收上尽量方便，处理恢复材料性质尽量简单等"四条原则"。从而，建筑师们在建筑材料的选择使用上必须遵循建筑设计形体艺术、结构、施工规范的前提下，尽量选择服务寿命长，耐久性好，多功能又利于回收，可重复使用的材料［特别是构成庞大建筑体积（容积）的墙体屋面楼地面材料］。

建筑材料的回收和再利用，我国有"宁可修，不可丢"的传统习惯，古代从损毁建筑上拆下来的砖瓦、木材、石料等大宗材料基本上都得到很好的应用。就是当代旧城改造中拆下的砖瓦、门窗、钢材也都派上了用场。但是也应该看到：建筑和建材行业是我国经济建设中以产品数量称著于世的两大行业，也是对生态环境最有敏感性影响的行业之一，从范围上讲，具有十分的广泛影响力。随着我国经济建设持续稳定快速发展，城市化步伐加快，城镇化建设和新农村建设普遍开展，其中的混凝土材料、非烧结墙体屋面楼地面废渣仍是一个庞大的数字，多数堆积于城市周边湮没农田、污染环境逐渐成为公害，长此下去必将出现灾难性的后果。众所周知，当代建筑废料绝大多数是由无机材料或烧制材料构成的，在自然条件下是很难消解的，堆放这些废料必然要占据大量土地，并会对周边的土壤、水源、植被造成污染，这是一个带有世界共性的问题。因此，建筑设计师在建筑设计中既要讲求选用材料的功能性，又要注意它的预后性，并坚持废料再加工而尽其用的原则，把建筑废弃材料作为一种资源利用，真正做到资源开发全程性的可持续发展（这是因为构成建筑的若干材料中，绝大多数是由无机材料（原料）经过再生产形成的商品，当它失去使用价值之后，绝大多数又会形成一种可以再生为商品的物质形态，完全可以开发生产成为新的商品）。目前，我国建筑废旧物资回收系统并没有形成，但欧洲方式是一种可以借鉴的方式。据英国、德国、奥地利、荷兰等西欧国家对大量的旧建筑物（50年以上、80年以上、100年以上的民用和工业建筑）在拆除现场的测量、计算记录结果表明，根据建筑物结构形式不同，单位体积平均产生的废料数量在 375~401kg/m³ 之间；根据德国、荷兰对 20 多个固定或移动的建筑废料回收工厂（站）对回收的 50 多种建筑废料构成组分统计表明（体积比）：

  回收分离出的混凝土和天然石料占：23%~25%；

  回收分离出的各类烧结砖占：50%；

  回收分离出的灰砂砖占：2%~4%；

  回收分离出的其他无机材料，如轻质砖、轻质混凝土、加气混凝土、抹灰材料、砂浆、多微孔矿渣、浮石等占：23%~25%；

  其他外来物，如玻璃、非金属矿渣、块状石膏、木材、纸张、植物等占：<1%。

  虽然我国目前还没有发表确切的每年产生建筑废料的数据，但参照国外实际测算据估算，我国年产生的建筑废料有数亿吨之多。为了对我国建筑废料年可能出现的数量给出一个粗略的、概念上的估计，首先将道路、桥梁、水利设施更新时出现的废料排除在外，仅对住宅建筑物使用寿命终结（或是用途改变需拆迁）时所产生的建筑废料进行估算。根据以上测定分析数据可知，烧结砖在回收的建筑物废料中要占 50%（由于我国建筑结构与西欧有差异，建筑物废料中的烧结砖比例要高于 50%），假如现在一座城市年建筑用砖量为 100 亿标块时，建筑物使用寿命终结时可能出现的建筑物废料估算数量将会达到 5000 万吨/年。如果按建筑物废料的表观密度 1.3t/m³，堆积高度按 5 米计，堆放这 5000 万吨的建筑废料则需占地 1155 亩。以此从社会建筑消费推算，从 1982~2007 年的 25 年间，我国共消费烧结砖 93000 亿块，如果将这批建筑进行服务寿命期动态分析，那么在 25 年后，随着服务 50 年设计年限的到期拆除，那么每年产生的建筑废物将达到 21 亿吨/年左右，其中烧结砖瓦材料约占到 10 多亿吨，从目前旧城改造中拆迁状况看，烧结砖可重复使用率多在 65%~70% 之间（经过简单现场除灰浆处，又用于砌筑），那么每年仍有 10 亿吨建筑废料需要处理。从循环经济的概念出发，要在资源经济和环境经济以及建筑经济的交汇点上将建筑废物作为一种可再生利用的资源去认识去研究去开发，使可持续发展定义域中各项资源、环境和物质转换成为可持续发展的可能，并做到生态建筑的"全息化"。

  本节之所以用如此大的篇幅谈建筑材料，目的是通过国外绿色建筑发展趋势的介绍，无论是建筑材料的生产，无论是建筑材料的选择，也无论是任何形式的建造，都必须从审慎地利用好资源，有效地节约能源，有效地保护环境，并且重视废旧材料同样是资源的观念，只有这样，建筑与生态环境才会做到能量转换中的平衡与和谐，人类社会可持续发展才会得到保证。

第二节　可持续发展建筑是生态体系的重要平衡点

  建筑，既是人类生存、生产活动的重要场所，又是人们劳作之余享受精神文化的温馨港湾。当今的人们提到绿色建筑时，总是与花草树木绿色植物相联系，总以为庭院种种花，植植树，屋顶绿化，外墙披挂攀缘藤草，便是绿色建筑了。固然谈到了问题的一部分，然而对其真谛产生了以偏概全的认识，一些建筑设计工程师们也只偏重于：绿地指标、建筑容积率等作为唯一的评价手段，完全忽视了科学规划中大环境（自然生态环境）同小环境（人工景观生态环境）的血肉联系和相互依存、相互作用的层次递进、控制与保证诸多关系以及社会经济、政府管理职能监察等因素的影响力的研究。从而产生对绿色建筑的片面性误解、误导和误用，达不到以最小的资源消耗，谋求宜居、和谐、继承优秀文化传统又可持续发展的自然环境和人文环境的目标。从这个意义上讲，建筑是科学生态体系中的重要平衡点，对于人类来说，有如一口双刃剑，要么在创造中发展，要么在误闯中自我毁灭。如：越来越多的城市盲目扩容，贪大求洋赶时髦和相互攀比，五花八门的"圈地运动"，导致土地浪费、水资源、大气污染、高楼林立、交通拥挤、怪病丛生，使人们在重重生态危机中等待着"太阳慢慢地熄灭"。20 世纪中叶，就是在上述背景下，西方社会出现过上层市民纷纷迁往农村寻求新的"避难所"的现象。当今的人们，不能重演这种历史的悲剧。

生态环境学和生态建筑学几乎共同认为：在人类发展历史长河中，经过数百年对资源环境的掠夺与洗劫，人类外环境除地球上人迹罕见的零星区域外，已不再是过去的自然生态系统了。它已经或正在被能维持高级生命的人工复合生态系统所替代。对原生系统的修复，在生态建筑学界，无论是美国马尔什（G. P. March）发起的"城市公园运动"，西班牙工程师索里亚·伊·马塔（Ar-turo soyia Y Mata）用绿带延伸规划法创造"线状城市"使居民"回到自然中去"的主张，英国社会活动家霍华德（Ebnezer Howard）倡导的"田园城市"；也无论是芬兰建筑师 E. 沙里宁提出的"有机疏散"理论，霍华德的追随者雷蒙·恩温"卫星城镇"理论以及众多学者提出的"邻里单位细胞"、"广亩城市"、"雷德伯恩体系"等，其共同点是解决建筑与生态平衡问题，探讨合理规划设计人工环境，创造整体有序、协调共生、良性循环的生态系统，延续人类的生存与发展，从根本上扩展了建筑科学的深层内涵，这种理念就是生态建筑理念。或叫"整体协调，循环再生，持续发展"建筑理念。通行有五条原则，分述如下：

（1）整体有序原则：所谓整体有序，是指自然、经济、社会三者高度统一和远近效益关联的发展与前瞻。涵盖三个方面的内容，首先是以珍惜自然资源为根本，保护环境、修复生态为目标，全面节约为重点，切实保障环境输入和输出，能量转换的均衡稳定，为持续发展永续提供必备的物质保障；其次，运用法律法规和一切经济管理手段约束人类消耗自然资源的规模、水平与效率，做到消耗最小、效率最高、综合效益最大；第三是保持社会人文生态系统的完整性、丰富性、和谐性与自然生态的亲和性，使历史文化艺术的传承与弘扬在建筑中得以充分表达，彰显民族性和地域性的多姿多彩。

（2）永续利用原则：对再生资源保持消费量低于生长量，并不断培育产能，做到长流水不断线。这里讲的再生资源有两种含义：一种是清洁能源，包括风能、太阳能、水电能和沼气能；另一种是工农业废渣和生活垃圾。对后一种资源应当及时地全面地进行能量转化。

（3）循环利用原则：对非再生资源，节约利用、回收利用、循环利用以延长使用期限。

（4）反馈平衡原则：在发展和利用中动态平稳，保持生态平衡。

（5）有偿使用原则：加强社会管理，倡导道德消费，同时强化经济杠杆的调控作用和政策法规的导向和监督功能。

由于生态建筑具有社会整体性、生态科学系统性和生态平衡性的特点，它必须在涵盖城乡时空序列中优化配置，在融入自然山水中得到升华；同时在建筑自身构成的序列中，能够实现小环境的集约和集成；在大环境中彰显各自不同的鲜明个性与地域特色，使大环境保持盎然生机。基于如此，生态建筑则在科学规划基础上形成系统的技术路线。即如国家一级注册建筑师继续教育指定用书《绿色建筑》所列示的："以科学的规划为依据，为绿色建筑提供前端的约束，并指导绿色建筑的选址；对绿色建筑的各个体系进行集成；对绿色建筑的适宜技术进行选型与集成，满足不同生态区域、不同经济条件的具体技术要求；绿色建筑的施工管理。"

从以上的简要论述中，我们似乎可以觉察到：人、建筑、环境、生态之间共同套叠于一个同心圆中的四个圆，围天地而运转，应四时而吐纳，各成系统又相互促进又相互制约。人是同心圆中心的小圆，是最核心的部分；建筑是人的外围包裹是次圆部分；环境是建筑的外围空间是三圆部分；生态是外圆，是统揽全局的大系统。人处于中心，受三层保护和物质供养，是最大的受惠者。然而人类消费活动不可避免地排泄废气、废物，如不有节制、有处理地回馈环境与生态，必然打乱平衡而成为生态环境的破坏者。这就是朴素的自然观，也是"天人合一"自然观的来历。按照庄子的哲学主张，天即人，人即天，天必须与人相合。他在《太师宗》一书中说："庸讵知吾所谓天之非人乎？所谓人之非天乎？"就明明白白地告诉人们，所谓"天"就是人类赖以生存的自然界，把"人"作为自然界的一因子，依附着天地自然有规律的运转。这就是庄子说的"常道"，他在《太师宗》中说："道""无为无形，自本自根"；"莫知其始，莫之其终"。虽然人们看不清"道"（规律）是什么样子，也不知道从什么时候开始，到什么时候结束。但"天循常道人则生，天逆常道人则死"是不可抗拒的永恒定律。在"道为天下裂"的春秋时代，人类从禁锢思想的"周礼"中解放出来，改良了劳动工具（特别是铁器的应用），提高了劳动生产力，发展了社会生产，但在庄子的眼里，看到人欲对自然生态的破坏和导致贫富、死生、存亡、贤与不肖等道德的沦落，便在《德充符》中发出"日夜相代乎前"的忧天思想和"彼亦一是非，此亦一是非"的无奈心情。尽管后世人们把庄子哲学思想视为"唯心论"范畴，但他并未否定事物的客观存在，他在《德充符》中指出："肝胆，楚越也，自其同者视之，万物旨一也。"他提出的这种"道通为一"的论断，不正是相对论的观点吗？因此，人类活动中只有非理性和理性平衡，社会才能起飞，资源和环境也才会实现平衡发展。

第三节 可持续发展建筑规划设计及构造中遵循的五大关系

建筑物的环境质量是人们生活质量高低的决定性因素（The quality of the built environment is a decisive component of the quality of life. 引自德国《建筑结构总质量标准评价》一文）。建筑物为人们提供了生活、工作、学习等各种社会活动的场所，因而追求建筑物所提供的、合理的、舒适的、健康的环境质量是现今社会发展的一种进步。但是建筑工业的发展又涉及能源、资源、交通、生态环境、经济发展水平等许多方面。

自人类从洞穴走出，告别巢居和穴居时代起，建筑活动便成为人类最重要的生存活动之一。从群居到部落，从部落演化为乡村和城市，形成了地球上分布最广、规模最大、又最为集中、影响面最宽的人工环境。随着人类生产力的不断提高，人口密度的不断增高，在过去相当长的历史时期内，人类社会的不断发展，几乎无节制地消耗着地球上宝贵的资源和能源。特别是近两百年的"工业黑色文明"对不可再生自然资源和化石能源的大量掠夺性的开采与消耗，造成了大生态属性的改变和人居环境的污染，大气环境遭到严重的破坏，导致全球变暖，灾害丛生。直到20世纪下半叶，人们才在大自然的惩罚中醒悟。逐步认识到：资源短缺、环境恶化、人口膨胀三大危机已经威胁人类生存与社会发展。如不彻底改变这种状况，地球上若干生物的消亡过程将波及人类自身。进入21世纪，建设生态、节约资源、保护环境、可持续发展便成为人类共同的主题，生态（绿色）建筑的理念便成为世界各国共同信守的行为准则。根据绿色建筑的理念，绿色建筑的规划设计及构造，必须兼顾"五大关系"，即：建筑与环境，建筑与人文，建筑与经济，建筑与资源、能源，建筑与材料等五大关系。简述如下：

（1）建筑与环境：建筑与环境是建筑规划设计中突出建筑构造物在自然环境中的主体地位，并规范建筑内部空间能与外部环境相互协调沟通，融入自然，共生共荣，则是绿色建筑规划选址与构筑建造的原则。这是因为建筑在大环境中是维系人类生存与发展的生命保障系统。必须具备资源、环境持续而稳定的物质和非物质供给保障，通过建设行为，追求人与自然安全、健康、和谐共生共荣，达到宜居生存和满足物质和精神两个层面的享受为目的。因此，健筑与环境自古就息息相关，环境（所谓"风水宝地"）便成为建筑规划建造的核心价值取向。在中国最早出现的《黄帝宅经》和《阳宅十书》对于建筑与环境、建筑构造就有许多趋"吉"避"凶"的讲究。如"宅以形势为身体，以泉水为血脉，以土地为皮肉，以草木为毛发，以舍屋为衣服，以门户为冠带，若得如斯，是为俨雅，乃为上吉。"；"地善即苗茂，宅吉则人荣"。这就说明有居住就离不开相地择址。周成王欲建洛邑，在"丰"择址，便是信史记载。我们的祖先在生活实践中，经过漫长的农业实践和生活实践，积累了有关天气、物候、水文、地质、山脉、土壤等气象、水文、地理知识。战国前后出现了《山海经》和《禹贡》两本专著，皆以山为纲，对广大地域就其位置、山系、水系、动植物、矿产资源乃至人文风土进行归纳总结。汉代的《水经》及郦道元的《水经注》更促进了风水文化的发展，并形成了以后"堪舆学"中在选择建筑环境时，依从由"宏"（即从宏观山水体系的来龙去脉，）到"微"（即微观地形、土壤、植被、水文、风向和小气候作用等），建立起一套独特而完整的综合评价系统。从这个系统中，我们还可以看到，它不仅注意到了生态环境的物质条件质量，而且，还注意自然山水景观形象美的内涵，使建筑融入多景致之中，彰显鲜明的人文气息。如西汉时，晁错主张在边地建城应"相其阴阳之和，尝其水泉之味，审其土地之宜，观其草木之饶，然后营邑立城"（《汉书·晁错传》）。把建筑融入自然整体，把建筑主体形象地比喻为人身，水系滋血脉、土壤荣肌肤、草木华毛发、屋舍避风寒、门户如冠带，使建筑充满了生机与灵性，发展了中国特有的建筑风水文化、景观文化和山水文化。中国古人对建筑环境的相地与择基，在庞大的风水观念系统中虽然鱼龙混杂，瑕瑜互见，但作为一种文化（有人说是科学，也有人斥之为迷信。笔者以为两者多有偏颇。把它作为一种文化看待，是有益的），古人对建筑环境选择的独到见解，以现代建筑环境科学和审美学的观点去审视，仍然具有科学性、美学性和完整性。坐北朝南（阴阳五行中坐阴朝阳），可以取得良好的日照；背山临水，可以阻挡冬季寒风，前面临水不仅可以接纳夏季凉风和吸纳负氧离子，改善小气候；草木繁茂，证明土壤肥沃，少病虫害等。这种积阴阳之和，四方八限五行相生之兆，在中国古建筑、古城池、古村落选址上强调山水文化和景观文化是屡见不鲜的。特别是中国都城或南方城镇的园林建造，引江河以成大湖，造瀛台以建水榭，缩龙成寸以观山海，对于城市或小区气候无疑会起到自然生态的吐纳和调节。南北朝时期宋文帝刘裕对建康北湖（即今南京市玄武湖）的改造扩建就是一个很好的例子。《资治通鉴·卷一百二十四》载："帝筑北堤，立玄武湖，筑景阳山于华林园"。公元420年刘裕立宋，当了南朝皇帝，环建康石头城、东府、西州、越城、丹阳等城镇逐渐连成一片，商业繁茂，人口密集，是当时中国拥有二百万人口、人兴物阜的大城市。健康的城市规划，讲求依山傍水顺应自然的"形胜"思想。东吴时，玄武湖称"桑泊"，是一处筑堤雍水、柳拂桑茂的湖面。宋文帝将桑泊湖之北堤往南延筑至城东七里白溏，雍畜山水、通江涌波，不仅造就了一番风景，而且城市中心有水天一色的大湖成为古城池的湿呼吸系统，使城市空气清馨湿润，对小气候的调节发挥了很好的作用。此举，对当时和以后的士大夫宅旁垒山造池，把人工建筑与人工环境相协调的景观思想影响很大。唐宋后，中国以造园术为标志的景观文化发展很快，出现了许多造园艺术家，唐代有王维、白居易等。王维在陕西蓝田辋川口凿石为路，打通峡谷营建"辋川别业"，白居易在庐山营建的"草堂"都是唐代有名的山峦别墅。有着建筑是诗，环境如画，自然天成的韵味。正如宋代词人黄公度在《满庭芳》词中对园林小景的一番感受："一径叉分，三亭鼎峙，小园别是清幽。曲栏低槛，春色四时留。怪石参差卧虎，长松偃蹇拿虬。携筇晚，风来万里，冷憾一天秋……"。从这些事例不难看出，中国古人对建筑与环境的认识有其独到之处。

（2）建筑与人文：建筑是一种深义文化，又是一种富含人性的艺术。无论是古代建筑还是现代建筑，既有时代的标签，又有地域风貌和民族特色。在自然环境中凸显出人文环境的鲜活，并且有其恒久的代表性。可以明晰地看到一个区域、一座城市或一个村落的历史文化发展脉络。它与人类智慧、思想、哲学、美学紧紧相连，具有历史性、传承性和人文性。没有文化内涵的建筑区域可以说是没有生命的"死海"。因此，除自然生态、经济生态之外，社会人文也是一项不可缺失的生态。现以唐代诗圣杜甫在唐肃宗二年（公元759年）来到四川成都选择了背靠成都，命近锦江，坐落百花潭北、万里桥边的高地上用白茅盖了一座可以俯瞰青葱景色的浣花草堂，经两三个月竣工。杜甫以"堂成"为题写下了一首感怀诗。云："背郭堂成荫白茅，缘江路熟俯青郊。

桤林碍日吟风叶，笼竹和烟滴露梢。暂止飞鸟将数子，频来语燕定新巢。旁人错比杨雄宅，懒惰无心作《解嘲》"。这首诗既描写了草堂的位置和视野，又描写了在避难流离中安定下来的宁静，尾联借景喻人，写到了杨雄，杜甫的浣花草堂与杨雄的住宅——"草玄堂"在地理位置上一东一西，有地缘上的联系，杜杨二人之间在个性上也有差别。杨闭门著书（即《周易·太玄》）并自作《嘲解》张扬自己。而杜甫只把草堂聊作"语燕新巢"的避祸之所，而想到的是：人民大众不应"茅屋为秋风所破"，而企望"安得广厦千万间，令天下寒士尽开颜"。这样，杜甫草堂自然就因帖上了"文字标题"而鲜活了起来，体现了它的人文价值。国内如此，国外同然。例如意大利首都——罗马古城风貌便是处理好建筑与人文关系的绝佳典范。张颂甲老先生考察游历罗马后很有感触地说："罗马是当今世界上熔古代文化和现代文化于一炉的现代文明城市。古老的台伯河穿城而过，碧波粼粼，伟岸葱葱，秀色可餐；闻名遐迩的圣彼得大教堂、斗兽竞技场、法尔内西纳别墅、君士坦丁凯旋门与星罗棋布的古建筑和造型别致又古色古香的博物馆、美术馆、历经风雨的无名雕塑，使人在现代化的长廊里追溯着历史的圣迹。幽深莫测的古街老巷同现代化宽敞整洁车水马龙的街道似乎十分融洽与和谐。偌大一座现代化大都会竟见不到时髦的摩天大厦，比比皆是的中世纪建筑在现代化的喧嚣声中仍顽强地维护着历史的永恒，也使几乎同等高度的现代建筑显得是那样端庄与协调，给人以'永恒之城'的感觉。"据说，罗马政府规定在罗马城区不允许修建现代化高楼大厦，其高大建筑都移到城外新区，古城旧房改造，亦要依旧修旧如旧，让人们在历史沉淀中去寻求历史文化脉络的梳理和记忆。然而，在我国近30年大拆大建的旧城改造过程中，不少文物古迹，毁于一旦，造成难以弥补的损失，虽然采取一定的复旧还原，但也多是不伦不类的僵死的东西，呆滞而无生气。须知：建筑是"流动的史诗，凝固的音乐"。因此，正确处理建筑与人文环境的关系，是绿色建筑必须尊崇的重要原则。

（3）建筑与经济的关系：绿色建筑设计、建造是一个复杂的系统工程问题，涉及多学科、多技术领域和社会组织体系。既有高科技水平的展示，又有历史经验的传承。但都必须推崇节约原则、高效原则和节地、造地原则。追求以较小的经济投入达到坚固、耐久、舒适、健康，满足功能的条件下减少使用中能耗、水耗经济支出。因此可以说它是"低投入，高效益，长寿命，可再生"的一种新型的可持续发展建筑制式。虽然它可以反映出人类科学技术发展的高端水平，但也并非只有高端技术才能实现绿色建筑的功能、效率和品质。适宜的构造技术、能满足绿色建筑要求的传统地方性材料及地域特色的建造经验，同样是绿色建筑发展的重要途径。唯技术论、唯高投资论，都不是绿色建筑追求的方向。而适宜的建筑成本、适宜大众的健康消费，才是绿色建筑的经济原则。建筑是商品，倘若不处理好它与经济的关系，它将得不到持续有效的发展。有人在20世纪说过："原子能再好，但它永远进不了家庭"。当然，这话有失偏颇，虽然一些家庭现已用上了"核电"，但用廉价传统方式实现同高科技同等的经济效益，仍然是应该提倡的。

（4）建筑与资源、能源的关系：这里讲的绿色建筑与资源的关系，主要讲的城市（或特定的区域）的绿色建筑的生态体系设计，以解决"城市生态"资源（包括自然资源和社会公共资源）、能源节约问题。前面我们讲过，人、建筑、环境和生态是同心圆中四个层次关系构成生态的总体框架，由自然生态因子（气候、空气、土壤、水、生物种群及微生物等）的自然生产和消费，构成物质能量的循环，维系着生态系统的运行平衡。建筑是游走于生态系统中的载人"飞船"，承载着最大的消费群，既消耗外部系统巨大的物质能量，又排泄着巨大的废物，随着"飞船"承载密度的增大，必然会弱化外部供给的物质（土地、水、植物、动物、乃至矿产资源和能源）和增加对外部环境的垃圾排放，导致生态失衡。我国是世界上人口最多、人均资源占有量最少的发展中国家，随着小康目标的迅速实现，新世纪以来每年城乡建成的房屋面积达16~20亿平方米，超过所有发达国家的年建筑面积的总和。而这些建筑的97%是高能耗建筑，同时增加了建筑材料的物流量（先进发达国家建筑材料物流量，据西欧公布的数字，大约是社会物流量的40%~50%，我国可能要大于这个数字）和对自然资源及能源的巨大消耗，仅建筑总能耗一项，世界各国的建筑能耗（建材生产能耗、建造能耗和建筑使用中的采暖空调照明等民生能耗之和）占社会总能耗的30%~40%。用发展眼光看，同发达国家相比，虽然我国建筑能耗中的民生能耗目前比国外要小，但今后可能因建筑不节能而超过国外的民生能耗。从而在我国推行节能建筑是十分紧迫的问题，更具有建设资源节约型、环境友好型社会的现实意义和深远的可持续发展意义。应该看到，绿色建筑的规划设计，既不是脱离自然生态用技术堆砌或拼凑出的雕梁画栋，也不是在常规建筑上粘贴时髦的标签，而是与生态平衡、资源节约、能源节约与环境优化紧紧相连，有利于环境修复的生态系统工程。是集社会科学、生态科学、环境科学和人文科学之大成者。在规划设计和建造中处理绿色建筑与资源（请注意：城市是人类活动高度集中频繁流动、大量消耗资源和能源、同时产生大量污染物质和废弃能量的场所）关系，才有可能保持其环境自身净化能力，有效防止物理性污染（声、光、热、辐射等），化学性污染（有机物和无机物），生物性污染（霉素、病菌）以及大气、水体、土壤、固体废弃物污染等。

（5）建筑与建材的关系：建筑材料是构成建筑的基础，建筑材料种类繁多（据统计有76大类1800多个品种），规格复杂。大约三分之二的建筑成本支出都在建筑材料上。墙体屋面结构材料占90%，以钢材、水泥、木材、砖瓦、玻璃五大材为主。每年五大材在房屋建筑的消耗量占全国消耗量的比例是相当大的。钢材占25%，水泥占70%，木材占40%，砖瓦（指烧结砖瓦）占70%，玻璃占70%。按每年城乡房屋竣工面积18亿平方米估算，五大建筑材料的总方量约为10亿立方米，折标称质量，约为20亿吨左右。建筑材料的高能耗生产（钢材58GJ/t，混凝土8GJ/t，砖瓦6GJ/t，木材1GJ/t，玻璃24GJ/t）增加了我国建筑能耗在全国社会总能耗的比重（大约为25%~30%）。据西欧中部的奥地利、瑞士、德国三个国家的统计资料表明：在经济建设中，总的材料流量中的三分之一是建筑中使用的建筑材料。在我国经济建设中总的材料流量中建筑材料的流量是远远要大于西欧中部这三个发达国家的比例。每年仅我国各种建筑材料运输的一次性能源消耗就非常大。绿色建材产品（就目前市场上所宣传的某些绿色建材产品而言）不等于是绿色（或生态）建筑。因为建材产品是服务于建筑的中间形体的商品，只有各种性能优异的建材产品通过合理的、科学的建筑及结构设计，使之结合成为一有机的整体建筑物，它们的使用价值（或综合功能）才能真正体现出来。因此，绿色建筑是我们所追求的最终目的。因此，绿色建筑对建筑材料的选择及对材料绿色程度的全面价值评估是非常重要的。我们讲的"绿色建材"，是指日本学者山本良一教授1990年在"未来科学技术学会"上提出并得到国际公认的"Environment Conscious Materials"（简写为"Eco-materials"环境材料）的绿色概念。即："有意识的从科学高度审视材料的环境负担，研究材料与环境的相互影响、相互作用和定量评价材料生命周期对环境的影响，并以此为指导进行具有环境协调性的新型材料的设计、研究和开发。基于这种思想开发出来的新型材料和传统材料新工艺被称为'环境材料'。"由此"可以认为环境材料（理念）是一种全新的指导性理念，（它）所追求的不仅仅是材料具有优异的使用性能，而且要求材料在制造、使用、废弃直到再生的整个寿命期中必须具备与生态环境的协调共存性、舒适性，因此，实质上赋予了传统结构材料、功能材料以特别优异的环境协调性"（引自《绿色建筑》教材，第四章第一节"绿色建筑与绿色材料"）。从这段引文可以看出，构造绿色建筑的材料，是一种全新的有道德良知、有环境意识、有可持续发展能力的新型材料。21世纪后世界建筑材料的发展方向应朝着"环境材料"（又称"绿色建材"）方向迈进。

第四节　可持续发展建筑揭开了建材发展历史的新阶段

现代建筑思想，已经不再是单纯的住人盒子或住人机器的生活服务空间的建造。而是融入生态环境整体，协调社会、文化、环境的相互关系，综合自然科学和社会科学中多学科交叉、处理好人类社会发展与环境变化复杂关系，强调建筑的每一层次、每一局部与自然环境不可分割并整体有序、协调共生，从而具有新生环境自然属性为特点的新观念。随着"绿色革命"的深入开展，人工建筑在世界上的称谓有多种，有"绿色建筑"、"健康建筑"、"生态建筑"、"可持续发展建筑"等。笔者认为：从建筑文化的概念上讲，这些都充满着广义建筑文化、狭义建筑文化、深义建筑文化中"天人合一"的思想倾向。"绿色建筑"是相对建筑与环境的关系而言；"健康建筑"是相对建筑与人体生命健康而言；"生态建筑"是相对人类建筑活动对生态平衡而言。虽然叫法不同、称谓各异，但有着一个共同的目标，只是层次上各有侧重而已。其共同点在于：在广义上维护大气环境生物圈生态的自我修复能力做到生态平衡；狭义上维护居住环境安全；深义上运用"大科学"理念和成果创造人工生态环境，使一切资源（包括自然资源和再生资源）有序、有效循环利用，做到人类社会的经济、文化、全面协调和可持续发展，使当代人和后代人都能享受较高的物质和精神文化。因此，它们所追求的目标是一致的。

所谓"绿色建筑"，是指广义建筑，它包括一切建筑构造形式，是建立在"大科学"理念对作用于人类的所有外界影响力与力量的总和（包括自然界为人类提供的阳光、空气、水、土地以及大量的生物和矿物资源等人类赖以生存的基础）所构成的生物和非生物因子的客观环境，以及生物活动对环境的影响力和环境整体、环境系统相互联系又相互制约中物质能量交换关系的人工环境体系。绿色建筑强调整体中的群体观念和系统观念，既承认科学的客观性又承认科学知识、技术的系统进化，在生产与社会发展中，除了强调科学技术是第一生产力之观念外，还强调社会经济与上层建筑方面，充分肯定知识经济的价值。从而"绿色建筑"是现代和未来建筑的一种广义建筑物质文化形态。

21世纪是人类由"黑色文明"向"绿色文明"过渡的新时期。在"绿色革命风暴"席卷下，在《全球21世纪议程》行动纲领推动下，"可持续发展"成为21世纪的主旋律，揭开了人类文明发展的新篇章，带来了人类社会各领域、各层次的深刻变革。"建筑"是人类社会最为古老的行业，从最初的遮风避雨，抵御恶劣自然环境的掩蔽所到今天四季如春的智能化建筑，人们在营造"百年大计"，享受现代文明的同时，也带来了人类与自然隔离及建筑活动以至"不道德消费"对环境的影响和破坏。于是，学者们提出"绿色建筑"（或称"生态建筑"、"可持续建筑"）的概念，使绿色建筑与自然共生，实现经济与人口，资源与环境的协调发展。在全社会环保意识不断增强的前提下，今天的人们除了对煤气、电器、房屋结构房屋建筑、装饰装修用材方面可能出现的隐患日益重视外，对一些慢性危害人体健康的东西的认识也在加强。因此，当今用户消费中的经济意识和自我保护意识已不单注重建筑的质量和材料的低廉，也注重材料的消耗、民生消耗对环境和能源的影响；不单注重单体建筑制式，也关注小区环境；不单注重结构安全耐久，也关注室内空气自然清馨和庭院绿化等。总之，人们已经认识到"绿色"与生命健康息息相关。从而"绿色建筑"这种特殊商品正成为建筑师和消费者追求的目标。各国政府也加强了绿色建筑和绿色建材的政策导向。我国已出台或即将出台与绿色建筑有关标准和规范，包括JGJ 26—1995《民用建筑节能设计标准》、GBJ 121—1988《建筑隔声评价标准》、JBJ 11—1982《住宅隔声标准》、50189—1993《旅游旅馆建筑热工与空气调节节能设计标准》、DBJT 01238—1998《外墙外保温施工技术规程》、50189—1993《天然石材产品放射防护分类标准》、《北京市绿色家装工程验收规范》（试行）等。建筑构件材料方面，建设部、国家建材局联合发布了《关于在住宅建设中淘汰落后产品的通知》（建住房[1999]295号），《通知》规定：从2000年6月1日起，在新建住宅中，淘汰砂模铸铁管，推广应用硬聚乙烯（UPVC）塑料排水管和符合《排水用柔性接口铸铁管及管件》（GB/T 12772—1999）的柔性接口机制铸铁排水管。禁止使用冷镀锌钢管，推广使用铝塑复合管、交联聚乙烯管等，积极推广采用新型建筑结构体系及与之相配套的新型墙体材料。在建筑施工方面，根据新修订的《中华人民共和国大气污染防治法》有关规定，国家环保总局、建设部于 2001 年 6 月 7 日联合发出《关于有效防治城市扬尘污染的通知》，一方面要求各级行政主管部门对施工扬尘和其他扬尘污染防治进行监督管理，另一方面要求防止建筑、拆迁和市政等施工单位现场的扬尘污染。采取综合措施，积极实施"黄土不露天"工程。

我国的可持续发展建筑是从推广建筑节能开始的。早在 1992 年起，我国先后在北京、河北、辽宁、甘肃、宁夏等地开展了八个城市的节能试点工程和试点小区建设。1999 年又先后组织了 20 个试点工程与试点小区，一些地区也开展了不同类型的建筑节能试点，带动了城乡节能建筑和一批建设农业生态园的健康发展。例如：张家港生态农村建设，特别是金华市政府在 20 世纪 90 年代初，在《关于贯彻（国务院关于进一步加强环境保护工作的决定）的几点意见》提出，"要积极提倡并逐步扩大以生态观点为指导的生态农业，生态建筑等方面的试点"，并与各县（市、区）签订生态建筑试点目标责任书，分别在农村和城市建成了包括城市生态公厕、生态住宅、生态综合楼、生态农户、生态庭院和生态建筑与生态农业综合体等示范工程。在节约用水和提高饮用水质量、通过屋顶种植节约用地、使用沼气节约能源、改善环境、延长建筑使用寿命、降低建筑造价都取得了较好的综合环境效益。在张家港和金华市生态建筑和生态农业综合体中广泛采用立体种植和立体养殖方面，鸡粪作营养添加剂养猪，猪粪、人粪、杂草、秸秆制作沼气为生活能源，沼液返回农田和屋顶供肥的密闭循环，使人与自然和谐共生达到生态平衡。

综上所述，烧结砖瓦产品（不是指个体、乡镇砖瓦厂生产的性能低劣的产品，而是赋予了新的功能和内涵的产品），就其建筑物提供的居住环境而言，是现代建筑不可缺少的一种建筑材料，但是现在的烧结砖瓦产品的生产又存在着影响可持续发展的社会问题。怎样有效地、合理地使用工业废渣替代黏土原料来生产烧结砖瓦产品，就成为当务之急。虽说在工业废渣的综合利用方面，作出了各种积极的贡献，也取得了在建材生产上的成功，但是建材产品是为建筑而服务的，建材产品是一种中间形体的产品，这种建筑材料在建筑物上的使用功能如何，才能体现出其最终目的。所以建材产品的研究必须要有超前性。翻开一部复杂的建筑史，无论是古典前建筑、古典建筑、前现代建筑，也无论是现代建筑阶段，无一例外的证明了建材与建筑是骨肉的关系。建材产品的超前性才能促使建筑的飞跃发展，如钢筋混凝土的发明，推动了高层、大跨度建筑的发展。建筑对于人类的生存、生活、再生产、发展是永恒的主题。主题是永恒的，然而内容是多变的。几百年的工业革命完成了传统建筑向前现代到现代建筑的过渡；另一方面在其过渡中又暴露了许多人与自然的矛盾，从而推动了建材与建筑的新发展。诸如：由于能源危机推动了太阳能建筑、节能建筑的发展；人口的膨胀、吃饭的需要与住房产生了矛盾而推动了节地、节能建筑和利用工业废渣生产建材的发展；城市化的发展、绿地减少、大气污染、生态恶化、"城市病"蔓延，又推动建筑朝着"生态建筑"和"智能建筑"的方向发展等。纵观近三十年间建筑发展的变化，说明了两个基本问题：一是建筑变化的加速性（如住宅产业化新的建筑体系不断出现等）；二是建筑的尾随性（既受到社会经济发展的影响）。同时我们也得到了这样的启示：建材产品的研究必须具有超前性，也就是说建材产品的生产应该有对建筑对象的适应性。如果说利用工业废渣生产建材产品不进行超前的系统研究，不具备有建筑应用上的适应性，迟早也会被建筑市场所抛弃，如粉煤灰蒸养砖、蒸养砌块、蒸养大板的发展过程就有力地证明了这一论点。

可持续发展建筑推动绿色建材在国内外发展，发达国家对可持续发展建筑的探索，基本上与我国同步。由于传统建筑和建材工业是国民经济中非常重要的基础性工业，是天然资源消耗最高、对生态破坏最大、污染大气最为广泛、最为严重的行业之一。早在 20 世纪 60～80 年代"绿色建筑"和"绿色建材"就成为"绿色建筑学"的主要研究对象，同时在 1988 年国际材料科学研究会上首次提出了"绿色建材"的新概念。即：寻求既能满足材料性能的要求，又不破坏境，而且还能改造环境的"可持续发展"材料。从而便形成了新型的、传统的建筑材料同"绿色建筑"的

"对话"热潮，以自身优势在建筑时尚中一决高下，同时接受自然环境的严格检验。在说古论今对话中，烧结砖瓦经过近百年的革新改良，以全新面貌出现在人们面前，集现代科学性、传统淳朴性、天生自然性于一体，与西方"洋建筑"展开建造"可持续发展建筑"亲密对话与深层交流，以其多功能材料性质和建造房屋中能够满足最简便、最经济、最能适应房屋变化又具有同其他材料的亲和性及同环境和谐性、最具有坚固、安全、舒适、愉悦、耐天候、能用较少的原材料和能源及广泛的工农业废物（如治污废泥、制糖废渣、烟草废渣、造纸废液废渣、粉煤灰、炉渣、煤矸石及含黏土尾矿等）、制造出保温隔热、隔声防火、调节室内温度、湿度美轮美奂的产品，建造具有良好功能和坚固墙体（至少100年以上功能不变，无须维修，并可回收重复使用）或坡屋面结构的全能优势，在西方世界欧美大陆又创造着现代辉煌（西欧各国开发出上千种"烧结环境材料"被公认为"十项全能"，欧共体制定统一标准，鼓励生产和应用）。我国已在多方面取得新的成果。拉动了世界传统建筑材料的革新。例如：日本秩父小野田水泥公司，利用城市垃圾灰和下水道污泥为主要原料（原料70%为废弃物。其中：城市垃圾灰占40%~50%，另外20%~30%为补充石灰石原料），不仅节约了资源，减少了能耗和CO_2排放量，而且大大降低了废弃物处理负荷；我国对工业废渣磷石膏替代石灰石生产水泥并联产硫酸，延伸磷化工产业链走循环经济道路，已有被称为"鲁北化工模式"的成功范例；我国制砖行业对大宗工业废渣粉煤灰、煤矸石等开发利用，部分或全部替代黏土原料生产轻质高强的烧结墙材制品，已有几十年的经验积累，取得了明显的综合环境效益。此外，各种新型玻璃材料（着色玻璃、不反光玻璃、保温玻璃、中空玻璃、热反射玻璃、电磁屏蔽玻璃、光电转换玻璃等），各种夹芯板材，EVE轻质复合板材层出不穷。绿色建筑理念推动着"环境材料"向广度和深度方向发展。所谓广度，是指建材工业的发展必须走保护环境，节约资源和能源，服从"绿色建筑"的需要，不但要控制环境污染和生态破坏，还要处理好同自然生态和社会人文历史的发展关系；所谓深度，是指建材工业必须服从国家可持续发展战略规划，在建设资源节约型、环境友好型和谐社会中，加快现代工业化步伐，加速工农业废弃物、生活垃圾、建筑垃圾资源的研究开发深度，走循环经济道路，推动绿色建筑向质量型、效益型方向发展。应该清醒地认识到，建材工业不仅是国民经济的重要部门，而且是绿色建筑的支撑体系。再美好的建筑设计都必须要选用绿色建筑材料来完成。倘无结构性的绿色材料、装饰性的美学材料、健康性的微环境材料，再玄妙的住宅设计也是不能实现的。从人类社会可持续发展而言，发展绿色建筑材料不仅有人文意义，而且还具有经济意义。"环境材料的研究开发、生产应用、建筑与建材技术密切结合，相互影响又相互推进，是21世纪建筑品位提升的主流。

建筑是由若干建筑材料经过规划、设计、施工建造、能满足人类生活舒适、安全健康、传宗接代的三维立体空间。建材与建筑互为因果相得益彰，在发展中又相互影响、相互促进，经历着由简单到复杂，由粗犷到精美的演进过程。人类在千百年来的建筑实践活动，传统建筑材料（砖瓦灰砂石、木材、水泥、玻璃和金属材料）仍然肩负着建筑的重任，显示出重要的历史地位。对久经考验的传统建筑材料的功能改造，技术工艺创新，是发展"绿色建材"最简捷的途径。

"绿色砖瓦"是构建"绿色建筑"最基本的"环境材料"，是"绿色建筑"的灵魂。其基本概念是：有较长的生命周期，生产时耗费自然资源最少，能源消费较低，三废（废气、废水、废渣）排放最小，产品质地优良，无毒无害，节能节地，亲和环境，使用有效，能满足安全、舒适、健康（指"五防"功能——防火、防水、防潮、防噪声、防辐射，能净化、美化环境），能回收重复使用并在回收中又对环境负荷影响很小，具有较强的可持续发展能力的建筑材料，称之为"绿色环境建筑材料"。

从上文介绍的主要绿色建材来看，在绿色建筑环境材料发展的过程中，成效最为显著、研发投入最小、推广使用面积最大、速度最快、最为经济节约的，莫过于传统材料制造工艺的改良和创新。如上面介绍的新型烧结砖瓦、绿色水泥、环境混凝土、建筑玻璃、秸秆墙板等。然而，在我国当前发展新型绿色建材材料过程中，有两种倾向是不可取的，第一种倾向是不加分析地否定传统材料，特别是对经过几千年来不断发展与革新的烧陶建材制品，有的人们坐在屋里蒸食哀梨，还编造出了许多说辞，引起了专家学者的担忧。记得1992年2月11日《中国建设报》发表了原城乡建设环境保护部副部长萧桐同志（时任中国建筑业联合会会长）《说"秦砖汉瓦"》的文章，他说："对砖的宣传要公道，有人说烧砖破坏了多少多少耕地，笔者对这个账很怀疑。先不说它是否破坏了那么多耕地，那么不烧砖又有什么办法去代替它呢？房子总是要建的，难道打土坯、打土墙也不用土吗？全部用钢筋混凝土、用新材料去改造城镇和农村，当前办得到吗？"他说："新材料代替传统材料是必然的，但代替有个过程，应顺乎自然，一是它的性能必须高于传统材料；二是价格便宜；三是使用方便。没有这三点，没有优于传统材料的功能，不可能代替传统的东西。"他指出："在发展新材料的同时，应当重视提高传统材料的质量，在相当一个时期内，砖瓦是淘汰不了的。工业先进国家，仍在研究砖瓦质量的提高，扩大它的用途，我们也应当吸取这个经验。"萧老的这些见解是发自于长期调查研究和赴国外考察得出的具有科学预见性的结论。他卸任后，作为建设部特约顾问，先后深入云南、四川、山东、江苏、安徽、山西六省的若干市、县和村镇实地调查研究，通过纵向、横向两方面对比研究的卓文见解，至今仍有指导意义。著名文化大家余秋雨先生说："秦砖汉瓦是一种文化沉淀的指代"。"秦砖汉瓦"本身就是中华民族的一种特有的历史文化现象，难道我们现今不应该继续发扬光大吗？须知，只有是民族的，才是世界的。第二种倾向是习惯于大轰大嗡和想当然的思维模式。即：将一些被实践已经证明落后并自然淘汰的建材产品，又重新贴上时髦的标签，冒充"绿色建材"，给人一种"免烧"制品等于绿色的误导。例如：媒体对"免烧砖机"广告宣传，一是技术来源不清，二是所谓能用工业废渣压制"免烧砖""既节能又利废"，被判定为"绿色产品"，使人们对绿色建材产品的概念含混不清。其实，这种工艺是早已退出市场的水泥实心砖的翻版，只不过改用粉煤灰等工业废渣作骨料替代山砂，用水泥作胶凝材料经自然或热养护而成的墙材产品。姑且不谈这种产品易使墙体开裂缺乏耐久性而导致建筑安全隐患，科学检测证明："免烧砖"掺入工业废渣数量越多，其放射性对人体危害越大。不仅浪费水泥生产的石灰石资源（注：石灰石资源是我国存量很少的不可再生资源）、黏土资源和能源，而且还会引发了诸多社会问题，成为社会不安定因素。其中，我国"短命建筑"拆除造成的浪费可以说创世界之最。据胡明玉、燕庆宁、翟琳璐、张世杰、魏博文著文称："从调查我国近年来短命建筑的典型案例入手，详细分析了短命建筑对资源、能源的浪费及环境的污染。据建设部提供的2003年我国城镇拆除房屋面积，计算得出这些短命建筑浪费资金1858.3亿元，浪费水泥3220万吨，钢材966万吨，原煤1183万吨。其中：浪费的水泥、钢材均占我国2003年建筑房屋所需水泥、钢材的8.9%，并增加了4669吨CO_2排放量，占全国当年建筑用能所排放的CO_2总量的22%"。据了解，我国建筑的"短命"现象，是一个极为普遍的问题。虽然我国《民用建筑设计通则》规定，重要建筑和高层建筑主体结构的耐久年限为100年，一般性建筑为50～100年，而实际住宅的平均寿命却仅仅30年，一些城市的"短命"建筑有的在10～20年甚至不到10就短了命。固然导致"短命建筑"原因甚多，但墙材选用不当是一个主要原因。到过上海不下四十次的法国凡尔赛建筑学院院长尼古拉米之林在上海接受采访时说："实现可持续发展应是重新定义建筑的一个机会，选材合理、经济、节能，将成为一个好建筑必不可少的指标"。因此，在发展新型材料中，上述两种倾向都是片面而不科学的。其实，在国家大力开展墙体材料革新与推广建筑节能系统工程二十多年来，我国砖瓦工业正由传统工业模式向现代工业过渡并跨越式的快速发展，大规模生产线逐年增多，利用各种工业固态废料、页岩、江河湖泊淤泥建设的大型烧结砖生产线数量不断增加，年产5000万块标砖以上的生产线已发展到数百条；装备水平不断提升，近几年建设的大型生产线均装备了计算机自动测控系统。在引进的烧结装饰陶板生产线上还第一次采用机器人作业，标志着我国烧结装饰陶板生产已进入了世界先进行列；2009 年国内研制生产的码坯机器人也首次使用在了煤矸石烧结空心砖生产线上；机械设备制造水平不断提升，大直径的 750mm 真空挤出机已在国内问世，为研发大型挤出保温隔热砌块生产提供了装备保证，出口国外的砖瓦机械设备技术含量及档次也不断提高；欧美大型托拉斯，如美国斯蒂尔公司、意大利考斯迈克公司分别在江苏常熟独资、在山东潍坊合资建设自动化、智能化砖瓦机械制造；我国新型砖瓦应用范围不断扩大，用清水墙砖设计、建造的"夹芯墙"结构体系取得了突破，逐步取代"外墙外挂式保温体系"；具有生态功能的烧结铺地砖、景观劈离砖应用也逐渐增多；高保温隔热性能的烧结砌块引进生产线正在建设中；砖瓦工业结构调整初见成效，集团化、集约化经营方式逐渐显示其领军地位，如"中国节能建筑材料投资总公司"在国内已投资近 10 亿元人民币建设了 10 余条大型砖瓦生产线；我国砖瓦产业结构正在发生根本性变化。年产 5000～8000 万块标砖的特大型企业逐年递增，3000～5000 万块标砖的大型企业占烧结砖企业总数的 8%，年产 2000～3000 万标砖的中型企业占 25%，成为中国制砖工业的主体力量。砖瓦企业总数缩小，产能提高，产量增加，质量提高，出口增长。可以预言：作为人类文明最优秀成果之一的中国烧结砖瓦，在我国实施可持续发展战略、建设资源节约型和环境友好型社会过程中，是支撑绿色建筑发展不可缺少和任何新型墙材不可完全替代的重要力量，它将在国家建设部颁发实施的《绿色建筑评价标准》指定的六大指标体系中去审视材料的生产、应用和环境实效，并沿着循环经济的轨道，在现代工业持续发展过程中对环境减荷、生态修复以及弘扬民族文化和绿色建筑艺术发挥更大的作用。图 15-1 表示的是我国近几年来建设的大型烧结煤矸石、页岩空心砖生产线的局部照片。

第十五章 可持续发展建筑

图15-1 国内大型烧结空心砖生产线局部（照片摄于天津国环和山西阳泉南庄煤矿）

国内烧结砖瓦生产线上使用的机器人如图 15-2 所示。

图 15-2　国内砖瓦机械设备制造公司研制的机器人及在砖瓦生产线上使用的机器人
（照片来自淄博功力机械制造有限公司和新嘉理（江苏宜兴）陶瓷有限公司）

国内有的企业已研制成功了挤出大型保温隔热砌块的挤出设备，并取得了阶段性成果。图 15-3 为我国自行研制的保温隔热砌块。

图 15-3　我国自行研制的 80 孔和 126 孔保温隔热砌块（照片来自山东淄博功力机械制造有限公司）

第五节　可持续发展建筑的评价内容

2006年3月7日国家原建设部和国家质量监督检验检疫总局联合发布了国家标准GB/T 50378—2006《绿色建筑评价标准》，并要求于2006年6月1日起实施。该标准中将建筑物分为"住宅建筑"和"公共建筑"两个类别，评价项目分别为：节地与室外环境、节能与能源利用、节水与水资源利用、节材与材料资源利用、室内环境质量、运营管理共六类大项。其中，在"节材与材料资源利用"项下，对住宅建筑而言的规定如下：

控制项

（1）建筑材料中有害物质含量符合现行国家标准GB 18580~GB 18588和《建筑材料放射性核素限量》GB 6566的要求。

（2）建筑造型要素简约，无大量装饰性构件。

一般项

（3）施工现场500公里以内生产的建筑材料质量占建筑材料总质量的70%以上。

（4）现浇混凝土采用预拌混凝土。

（5）建筑结构材料合理采用高性能混凝土、高强度钢。

（6）将建筑施工、旧建筑拆除和场地清理时产生的固体废弃物分类处理，并将其中可再生利用材料、可再循环材料回收再利用。

（7）在建筑设计选材是考虑使用材料的可再循环使用性能。在保证安全和不污染环境的情况下，可再循环材料使用质量占所用建筑材料总质量的10%以上。

（8）土建与装饰工程一体化设计施工，不破坏和拆除已有的建筑构件及设施。

（9）在保证性能的前提下，使用以废弃物为原料生产的建筑材料，其用量占同类建筑材料的比例不低于30%。

优选项

（10）采用资源消耗和环境影响小的建筑结构体系。

（11）可再利用建筑材料的使用率大于5%。

对公共建筑而言，仅将第三条中的70%改为了60%。

在该标准的条文说明中，对装饰装修材料进行了详细阐述，但对墙体屋面材料的解释很含混。如该说明中讲到："目前我国建筑结构材料仍以烧结实心黏土砖及混凝土为主。烧结黏土砖以消耗大量土地资源而被国家列为禁止和限制使用的产品。在今后相当长时间内，我国建筑结构形式主要为钢筋混凝土结构。我国现阶段大力提倡和推广使用预拌混凝土……""在绿色建筑中应采用耐久性和节材效果好的建筑结构材料。高性能混凝土、高强度钢等结构材料在耐久性和节材方面具有明显优势。""建筑中可再循环材料包含两部分内容，一是使用的材料本身就是可再循环材料；二是建筑拆除时能够被再循环利用的材料。可再循环材料主要包括：金属材料（钢材、铜）、玻璃、铝合金型材、石膏制品、木材等。""目前我国住宅建筑结构体系主要有砖-混凝土预制板混合结构、现浇混凝土框架剪力墙结构和混凝土框架结构。近年来，轻钢结构也有一定发展。就全国范围而言，砖-混凝土预制板混合结构仍占主要地位，约占整个建筑结构体系的70%左右。目前我国钢结构建筑所占的比重还不到5%。绿色建筑应从节约资源和环境保护的要求出发，在保证安全、耐久的前提下，尽量选用资源消耗和环境影响小的建筑结构体系，主要包括钢结构体系、砌体结构体系及木结构体系。砖混结构、钢筋混凝土结构体系所用材料在生产过程中大量使用黏土、石灰石等不可再生资源，对资源的消耗极大，同时会排放大量二氧化碳等污染物。"

从上述的规定和条文说明文字，可明显地感觉到在该标准中完全忽略了能够对绿色建筑起到重要作用的新型烧结砖瓦产品。新型烧结砖瓦产品本身就是可再循环材料，这是被世界上大多数国家所公认的事实。其中也有受到不公正宣传的影响，概念上存在着对烧结建筑制品认识的含混不清。在一定程度上对绿色建筑应该使用的材料造成了误解。利用工业固体废料制造建筑材料是很好的愿望，但是如果用工业固体废料制造出的产品不符合建筑应用的要求，其结果只能是"短命建筑"的增多，是将一吨工业固体废料在短期内变成了数吨不可回收利用的建筑废料（不能认为只要是用了工业废料，就是新型墙体材料。如很多性能上有缺陷的"免烧砖、废渣砖、建筑垃圾再生砖"等）。实际上，烧结砖瓦产品的耐久性、抵御大自然的侵蚀能力等是世界上公认的。对绿色建筑评价的标准应该建立在所使用的材料首先是绿色建材的基础上。"在今后相当长时间内，我国建筑结构形式主要为钢筋混凝土结构。"那么广大农村建筑该为何种结构形式？"高性能混凝土、高强度钢"都是生产中耗能非常大的产品，这种建筑的经济性又从何谈起？实际上水泥生产及混凝土所用材料是不可再生资源，而黏土是不可枯竭的资源，这也是国际上及国内有识之士的共同认识与资源划分的准则。黏土（Clay）、土壤（Soil）、土地（Field or Ground）、农田（Farmland or Cropland）不是等同的概念，烧结砖瓦使用的黏土质土壤并不一定就等于农田。而陶瓷行业、耐火材料行业使用的才是黏土（高级黏土）。水泥行业也使用黏土。使用各种工业固体废料、页岩、江河湖海淤泥、城市水处理淤泥等制造的新型烧结砖瓦产品，如空心砖、空心砌块等也应纳入到绿色建筑选材的范围内。何况还有混凝土的总能耗是高过烧结砖的。大量使用混凝土和钢材，其实对环境造成的负面影响远远大于烧结砖瓦。新型烧结建筑制品完全可以建造出现代概念上的绿色建筑，这在西欧、北美等发达国家是早已被证明了的事实。

鉴于此情况，对可持续发展建筑的评价项目，根据国外现已发表的文献资料，可总结有以下内容：

（一）自然资源的保护

自然资源的保护主要是保护一次性原材料、能源、水及土地。在建筑物的建设和使用期（整个服务寿命期）应尽可能经济的使用这些自然资源。为达此目的，拟建建筑物须有下列要求：

（1）需要有长期的使用寿命及最低的能耗；

（2）在建筑材料的使用上要经济；

（3）在建筑物服务寿命结束后，所使用的材料可回收，重新利用。

1. 能源

用于建筑物的能量消耗中40%的能量是用于房屋空间的加热（采暖）和热水，因此房屋的空间加热有着最大的和最持久的节能潜力。用于建筑物的总能耗是包括所有使用的建筑材料和构件、建设中的运输机械和施工机械的能耗，通常也包含建筑物使用期的能耗。因此要保持在建设期和使用期建筑物的能耗尽可能的低，在建筑物的设计中最好采用下列措施：

（1）尽量减少建筑材料的使用量（烧结空心砖的孔洞率可达50%左右）；

（2）所使用的建筑材料有长期的使用寿命（烧结砖瓦产品的使用寿命可达200年以上）；

（3）确实保证所使用的材料在使用寿命结束后可回收利用（烧结砖瓦产品可100%回收利用）；

（4）尽量避免使用高能耗生产的材料（烧结砖的生产能耗比混凝土的低）。

在表15-1中给出了在建筑中使用最频繁的建筑材料的总能耗值。

表 15-1　典型建筑材料的总能耗值

材料名称	密度 （kg/m³）	可回收的能 （MJ/m³）	不可回收的能 （MJ/m³）	总能耗 （MJ/m³）
砌墙空心砖	700	39.2	2485	2524.2
钢筋混凝土	2400	104.9	5160	5264.9
EPS	20	28	1900	1928
矿棉	80	34.4	1360	1394.4

建筑物建设的能耗（含所用各种建筑材料的生产能耗及运输、施工期间的能耗）与建筑物预计使用期的综合能耗分开考虑。在建筑物使用期间的能源消耗是由采暖、加热水、通风、照明，以及含夏季空调在内的电气设备所构成。在建筑物使用期间可由以下措施节约能耗：

（1）减少传递过程中的热损失（这包含有建筑物外表面的最小化，即紧凑的建筑物形状；最佳隔热保温性能的外围护结构；同时也包含外围护结构上采光部分窗户的隔热保温性能，并在其结构中没有热桥现象）。

（2）减少通风系统的热损失（建筑物围护结构的密封程度）。

（3）自然界能源的利用（如太阳能的利用、地热能的利用等）。

（4）废热的回收利用（通风、热水、设备及居住者）。

（5）高效率设备的采用。

可从以下几个方面来减少建筑物使用期间的能源消耗：

（1）建筑物外表面的最小化。这一措施在设计的起始阶段就应考虑，也就是说建筑物的外表面面积与建筑物的体积的比率应尽可能的低。建筑物要有紧凑的外形。

（2）建筑物外围护结构上隔热保温性能的改善（烧结自保温外墙空心砌块）。

（3）减少外墙体结构上的热桥现象。随着隔热保温层厚度的增加，墙体总的热损失量确实是降低了，但是在热传递过程中热损失的比例上，热桥所占的百分比却增大了，在一定程度上热桥的影响在热损失中占有主导作用。所以要逐步降低热桥的热损失（烧结的断桥空心砌块）。

（4）建筑物的密闭性能。减少建筑物的渗漏也是节约能源的重要措施。在建筑构件的联结点上，如外墙与楼板、天花板、构造柱、楼板梁、门窗与墙等处应使用没有渗漏的外围护结构；墙与楼梯、与屋顶斜坡的联结是结构上易于出现渗漏的弱点处，因为这些结构边沿处的膨胀与收缩，可使外围护结构和屋顶保温层出现渗漏；门窗的密闭性；起伏幕墙形式的建筑应在幕墙装配前就应将墙体密封；在外墙部分的山墙、构造柱处应采用防风措施。总之，建筑物的密闭性除设计因素外，与材料的选择和施工质量关系极大。烧结砖瓦产品有着可长期保持其尺寸稳定性的特征，遇水有微膨胀的特性，因此能增强建筑物的密闭性能。

2. 土地

在建筑设计时首先需要考虑拟用地区的生态保护（文物、动物、树木等）。对砖瓦工业来讲，必须通过法律手段使其长期占用的大量土地复耕，使砖瓦工业占用可耕地的情况减少到最小。

3. 节约用水

（二）建筑材料的选用

设计中对建筑材料的选用方面应遵循生态学原则，所用建筑材料不但要有良好的使用功能和耐久性，而且要符合如下原则：

（1）所用建筑材料的生产能耗最小（烧结砖的生产能耗比混凝土的低）；

(2) 生产中有害物质的扩散最小或没有（烧结砖瓦产品生产过程中产生的粉尘、烟气中的有害气体等均可做到有效地控制）；

(3) 对使用期可能释放的有害物质的判断上认为是安全（烧结砖瓦产品在整个使用期或在意外灾害发生期间，不会释放出任何有害气体）；

(4) 对任一建设项目所需材料的流动量应尽可能保持在最低水平上，即使用最少的材料，以减少材料流动过程中对能源的消耗和对环境的污染（烧结砖瓦厂的分散程度很高，距离施工现场的距离都较短）；

(5) 所用建筑材料要有长期可保持其性能的稳定性，即有长期稳定的服务寿命。长期的使用寿命也意味着资源和能源的节约（烧结砖瓦产品的耐久性非常好）；

(6) 所用建筑材料能够容易地在服务寿命终结后被分离，以便回收利用。尽可能地采用有高重复利用可能的材料；在一幢建筑物上尽量避免使用太多种类的材料或是使用太多的复合材料，给以后材料的分离带来不便。装修材料和保温隔热材料与主体材料的分离要容易，装修材料的分离不能损坏结构。可持续发展建筑设计体系的标志之一就是所用建筑材料的分离和回收；例如在建筑构件的连接采用螺栓、承插式结构、夹具式结构，尽量避免焊接或难分离的结构形式。以现在的技术水平而言，烧结砖瓦产品容易分离和回收再利用。

（三）环境污染的最小化

1. 温室气体和有害气体的扩散

许多建筑材料的生产和建筑物使用期间的燃料及电力消耗显著地影响到了生态的平衡，污染了环境。但是目前国际上还没有一定量的标准方法能对其在生态平衡的影响上进行评价。目前西欧采取的评价方法是将所有可挥发的有害气体换算为相等质量的 CO_2 气体进性评价，也就是对地球温室气体（GWP）的评价（GWP = Globing Warming Potential）。这些气体包括 CO_2，CFC-R11，C_2H_4，SO_2，PO_4^{3-}。CO_2 使地球变暖（GWP），CFC-R11 使大气臭氧层破坏（ODP），C_2H_4 可在地面上的对流层形成臭氧（POCP），SO_2 易于形成酸雨使土壤酸化（AP），PO_4^{3-} 使土壤过度肥沃（NP）等。这些气体在各种建筑材料的生产中和建筑物使用期内均会释放出来。对各种建筑材料的生产可由每公斤产品释放多少这些气体来评价；对建筑物建设时用建筑物的表面积与体积的比（A/V，体形系数）与相应的 CO_2 的量来评价。为了使建筑物有良好的室内环境，要尽量避免使用含有聚异氰酸盐（PIR）、聚氨基甲酸酯（PUR）的材料。另外 PVC 和含有卤素的材料也应避免使用，因为这些材料维修费用高，并且在火灾的情况下是非常有害的。

2. 固体废料

固体废料包括建材生产、建设过程、使用过程及建筑物拆除重建的固体废料。特别是在使用过程中固体废料的分离、收集。在住宅的厨房内应有 0.5 平方米的面积用于固体废料的分离。分离收集的固体废料（如纸、玻璃、金属、塑料、生活废料），应实行向居住者购买的政策。

3. 废水和排放

4. 交通负荷

（四）使用者的满意程度

1. 居室空气质量

(1) 新建建筑物主体适当的干燥时间。这是指特定地区的建筑物建设起后，不采用专门的加热方法能够使其在适当的时间内干燥。一般说来，每种砌体结构在建设时都从砂浆中直接吸收水分。此处判定的标准是：所吸收的水分从材料中排出的速度。因为砖建筑物有着轻微的蒸汽扩散阻力，所以干燥得也非常快，平均干燥周期一般在 6~12 个月之间，这则取决于不同的地区和季节。而其他有些建筑材料常常这一干燥过程要持续数年。因此在设计中根据选用的材料和不同地区要说明干燥的时间。砖砌体的吸水速度和排水速度几乎是相同的,并且烧结砖瓦产品不属于吸湿性的材料,所以干燥很快,能为提前入住提供时间的保证。

(2) 建筑物墙体中的平衡水分(Equilibrium moisture)。建筑物墙体中的平衡水分是指干燥后留在墙体的水分与大气中水分之间的平衡。对砖砌体来讲,这一平衡水分仅占其体积的0.3%~0.7%。与其他建筑材料相比,这是一非常低的数值。正是因为这一非常低的数值,对居住在砖建筑中的人们提供了舒服、健康的环境。砖砌体的吸水速度和排水速度几乎是相同的,因此它可以调节居室内小环境的湿度,这就是常说的"呼吸"作用。另外,砖砌体这一非常低的平衡含水量,对节能来说同样非常重要。因为建筑材料含水量的增大而会使其隔热保温性能变差(或恶化)。从这个意义上讲,砖本身就是非常好的"隔热体"。

(3) 居室内的CO_2气体浓度。如果建筑物围护结构的密封程度非常好($n_{50}=0.8h^{-1}$),室内通风仅由相对较低的机械通风($0.3h^{-1}=$),那么在室内的CO_2浓度就会高(大于300ppm),在这种情况下计算证明在室内空气中的CO_2浓度不会高于800~1000ppm。

(4) 在室内空气中的污染物。这包括暴露在室内空气中的玻璃纤维、矿物纤维产品,因暴露在空气中的纤维物质会在室内空气中飘浮,人们就有可能吸入肺中。因此这类产品在可持续发展建筑中的正确使用方法是永久性的保持其不与室内空气接触;另一类室内空气中的污染物是可挥发的有机物质(VOC)和(H)FCKW、生物剂、塑化剂、甲醛等。

(5) 氡气(放射性物质)。氡气最主要的来源是地下,其通过基础向上的渗漏。在下列条件下可能会出现较高的氡气危险:

1) 铀-镭浓度较高的区域(如花岗岩、地斑岩、长石矿);
2) 具有地质缺陷的区域,如凹陷区、地裂区、早期火山活动区;
3) 多孔地层结构和高地下水位的区域。
4) 建筑材料也可能将氡气带入室内。对相应的建筑材料而言是测定其放射性指标,我国也有相应的标准。一般来说,通常的建筑材料不会引起特别严重的室内氡气污染,但是对以煤矸石、粉煤灰、尾矿为主要原材料的产品一定要测定其放射性指标。对建筑材料放射性指标的限定值各国的规定也不一样,例如美国环境保护局的规定为:室内氡气的浓度小于$150Bq/m^3$;而瑞士在新建的建筑物中法定的限制值为:小于$70Bq/m^3$。解决室内氡气污染的措施是加强通风和建筑物的密封。

(6) 通风系统的改善。

2. 热环境质量

热环境质量(既舒适的环境)是由室内空气温度、墙体表面温度、室内空气湿度及气流速度的基本特征值构成:

室内空气温度:夏季:22~25℃
　　　　　　　冬季:18~22℃
室内空气湿度:35%~70%(绝对湿度应小于12g/kg)
室内气流速度:小于0.15m/s
墙体表面温度:同空气温度

(以上数据摘录自《可持续发展建筑的挑战》一文)。

这些参数可根据人们在室内的活动、所穿衣服多少、年龄、性别、在室内停留的时间长短及在室内人员的多少来改变。在冬季室内热环境质量易于受到影响的因素有:

(1) 玻璃的面积较大,并有着高的K-值[$K=1.6W/(m^2·K)$],此时由于在内部玻璃表面上有冷空气的影响;

（2）由于过多的干空气并交换的速度较高；

（3）由于过多的湿空气并有较强的湿气来源，且空气交换率较低。砖砌体建筑的吸湿性能和吸湿速度对此有很好的调节作用。

在夏季室内热环境质量易于受到影响的因素是由于对太阳光不适当的防护，或是墙体（屋顶）蓄热量不充分而引起过热及热持续的时间较长，此时的空调是对建筑构件进行冷却。砖砌体建筑良好的蓄热性能可克服这种缺陷。

3. 视觉质量

西欧、北美通过多年可持续发展建筑的实际实施情况分析表明，早期建成的可持续发展建筑的外观效果一般较差，但是近年大量使用烧结砖瓦产品的可持续发展建筑克服了视觉效果差的缺陷。这是因为烧结砖瓦产品优秀的外观质量本身就能给人们以愉悦，另外还有与周围自然界的和谐。实际上，国内的经验也证明高质量的烧结砖瓦建筑，对一个城市、一个村镇建筑面貌的改善起着至关重要的作用，例如大连、青岛等城市和长江三角洲地区的农房建筑。

4. 噪声与声学性能

在居住区的基本噪声水平在 20~25dB 的范围内。在住宅建筑的设计中要考虑家用电气的噪声防护。砖建筑体系是理想的隔声结构体系。

5. 建筑物的自动化水平

6. 住宅建筑中的电子生物学装置

（五）建筑物的耐久性

1. 适应性（灵活性）

适应性即在使用中可改变其用途。砖建筑物有着很长的使用周期，至少有 80~100 年。在这样长的使用周期内，其建筑物的用途发生改变是非常可能的，这种在用途上的改变，理想的方法就是在设计阶段要充分考虑到，并留有余地，在后来的用途改变时在结构上不进行改变。承重砖砌体结构，只要设计合理，将会为这种在用途上的改变提供方便的条件，因为这种结构体系可长期保持稳定的、较高的承载能力。

2. 安全性

（1）自然灾害。暴雨、洪水（100 年/500 年一遇）；泥石流、雪崩、滑坡；地震及地质的不稳定性；高电压系统等不安全因素在设计或规划时就应考虑到。

（2）在防止犯罪活动方面的安全性。预警系统的设置。

（3）防火性能。在耐久性上防火安全性是非常重要的。砖是不燃的建筑材料，在欧洲将其作为最高等级的防火建筑材料——A1。因此砖砌体是非常理想的、合适的能用于生活区域、大楼的进入口、楼梯的建筑构件。在工业建筑和商业建筑中，砖建筑构件可提供暴燃区域安全的防火隔离墙。

（4）关于偶然事故防范方面的安全性。

3. 建筑物的使用和维修（烧结砖瓦产品在使用期内很少或没有维修）。

（六）设计质量

1. 全方位的设计

在设计项目的所有方面必须有详细的说明和陈述，特别是在能源消耗量、资源的保护、环境污染、舒适程度、适应性等方面要达到的目标的陈述。其中也包括各学科之间的配合，施工队伍的培训等。

如西欧现在流行的设计概念之一就是被动节能房屋（passive house，该名称的来源是在过渡期间或在冬季使建筑被动的利用太阳光）。被动节能房屋的名称来自于非常高标准的隔热保温性能，带有热回收装置的生活空间的通风控制，极好的气密性，太阳能的被动使用及紧凑的结构，根本就没有传统的供热系统。加热要求小于 $15kW/(m^2 \cdot 年)$，热损失要求不大于 $10W/m^2$。用人工制冷的方式是特别不符合生态学原理的。从目前地球变暖的形势来看，即是性能很好的被动式节能住宅建筑，使用"有控制"的通风，也比不上建筑物在夏季的夜间的自然冷却通风。加热所需能量达到最低水平的建筑技术就是被称作"被动式节能住宅建筑技术"（passive house technology），也就是加热能低于耗 $15kW \cdot h/(m^2 \cdot 年)$。在德国绝大多数被动式节能住宅建筑是用烧结砖建造的。这种类型的建筑使用太阳能，并允许进行能量的转换。被动式节能住宅建筑名称的来源事实是在过渡期间或是在冬季使建筑被动的利用太阳光。这样面临南面的窗户就要大一些，然而，就必须有合适的、有防护太阳光的有效措施。生态建筑，在其设计原理上就是不对称的，建筑物的南边与北边不同，东边与西边不同。所以要设计生态建筑，建筑师必须要认真对待这种设计上不同方向上的不同处理。

2. 质量证书

在建设项目完成后，必须有独立的专门检验机构根据质量和环境管理机构的规定给出质量证明书。该质量证明书中应包括能源的消耗量、生活和生态质量等指标。并且该质量证明书也应像产品说明书一样发给建筑的使用者。

（七）所处位置的影响

1. 基础设施和环境
2. 直接环境的污染程度

第十六章　国际上对烧结砖瓦产品与可持续发展建筑的研究成果

国际上，特别是欧洲对砖瓦建筑有着较为深入的研究。以下结合欧洲国家，如德国、奥地利、英国、比利时等国及美国对烧结砖瓦产品在可持续发展建筑中应用与评价的研究结果，作一简要评述。

2005年在日本东京的"世界可持续发展建筑大会"上，欧洲砖瓦制造者联合会（TBE）宣称："烧结砖建筑是最具有可持续发展的建筑"。2008年秋季，在澳大利亚墨尔本召开的"世界可持续发展建筑大会"上，又进一步将已成功建设的烧结砖建筑实例在大会上进行展示，认为烧结砖瓦建筑就是可持续发展建筑。2009年摩纳哥"世界可持续发展建筑大会"上，欧洲砖瓦制造者联合会的多数成员公司参加了会议，展示自己的产品成果。大会一致公认"烧结砖瓦是可持续发展建筑的绿色产品"。法国的烧结砖瓦技术中心［Technical Center for Bricks and roof Tiles（CTTB）］在2009年更名为自然（天然）建筑材料技术中心［Technical Center of Natural Building Materials（CTMNC in French）］。虽然貌似名称的简单更换，但其实质性的内涵是不言而喻的。

第一节　欧洲和北美国家的砖瓦建筑大奖

在可持续发展的绿色浪潮中，自20世纪中期开始，北美和欧洲每两年一度的优秀砖建筑大奖的评选活动已进行了多届，掀起了绿色砖建筑风潮，成为这些地区国家优秀砖建筑评奖活动的热点项目，令世界建筑学界所关注。

为了促进烧结砖瓦可持续发展建筑的健康发展，美国在有关团体的组织下，每两年举办一次砖瓦建筑大奖。自从1989年开始，以烧结砖为特征的砖建筑奖已经成为了国家建筑奖中最引人注目的活动之一。该奖项一个很重要的特点是当某一砖瓦建筑获得奖励时，该建筑所使用的砖瓦生产公司也同时获得奖励。当代美国许多绿色建筑将烧结砖体应用得惟妙惟肖，形象地展现了艺术性和实用性完美统一的三维建筑空间。在2006年，来自美国、加拿大申请的项目，经评审团多次独立地审查及分类，有五个砖建筑项目和三个陆地景观砖建筑赢得了大奖。这些获奖项目在美学及功能设计上，充分发挥了其烧结砖的技术优势和设计创造力，经受了挑战。图16-1～图16-6为美国2006年获砖建筑大奖作品。现将2006年美国获奖砖建筑所表达出的艺术文化思想简介如下：

图16-1　美国纽约长岛的天主教堂——古希腊传统教堂的复活（照片来自美国国家砖研究中心）

从这座简约明快的教堂建筑（图16-1）来看，虽然它没有中世纪坎皮奥设计的意大利佛罗伦萨主教堂那样宏伟和张扬，但仍隐藏着古希腊和中世纪"文艺复兴"时期的某种追忆。穹隆在蓝天白云下召唤着那已经消失了的幽灵，在恬淡幽静的绿色环境里回味着往昔的城市繁荣。烧结砖在宗教建筑中以它的天然古朴折射出古老而自然和它的发源地温顺而谦恭的优秀道德文化传统的真实，也反映出长岛地区社团信众对"爱神"的信仰。

砖的制造者：格林—加力公司（Glen—Gery Corporation）。

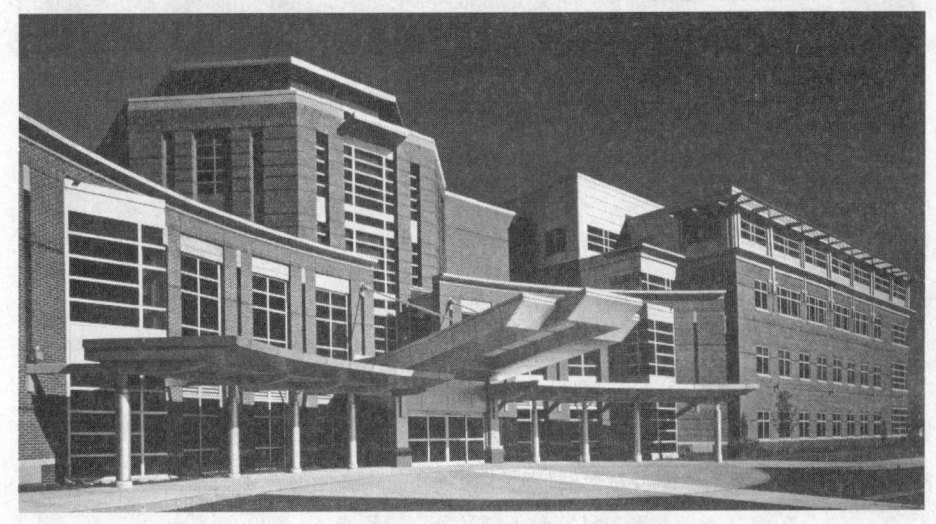

图16-2　美国新汉普郡协和医院（照片来自美国国家砖研究中心）

以上两幅图片设计者选择烧结砖耐久少维修和能长期保持其美学性质，充分考虑它的自然性、灵活性和色调的和谐性，运用曲面墙体及加大层次感的方法，把砖产品传统格调和现代概念相结合，表达出明快的清晰，使建筑物美观而庄重，并且唤起了对过去古人的怀念之情和现代人类追求健康的畅想。砖的制造者：美国拜尔登制砖公司（The Belden Company）。

这幢歌剧院（图16-3）建筑师采用暖色调的烧结砖砌筑墙体，选用淡黄色和乳白色砖块处理线条，使建筑外表庄重大方、高贵而结实。由于墙砖表面微微施了一层透明釉料，在日光或灯光照射下能产生虹霓影彩，更能反射出传统与现代的结合，更增添了建筑高贵的品位。建筑师应用吸收和反射声波能力很好的烧结砖，能够非常完美地隔绝外来的噪声干扰（例如直升机、警报汽笛声等），从而在建筑使用功能和美学功能上也获得了完美的统一。这座建筑在视觉上给人以犹巨石高耸的感觉，从造型上表达出坚固安全又平易近人，它在情感的传递上不会使人觉得那高雅歌剧殿堂的陌生；在移情中也会使人回味出哲学家R. H. 洛采在《小宇宙》中所说："在没有生命的东西中，我们也移入了这些可以解释的感情，并通过这些感情，（使）建筑物的那种死沉沉的重量和支撑物转化为许许多多活的肢体，而它们的那种内在力量也传染（到）了我们自己身上。"建筑艺术看似"无情物"的东西，通过建筑师睿智的抽象和砖材的构造，却获得了活生生的少妇般的淑雅。砖的制造者：北美高地砖公司（YanKee Hill Brick）

图16-3　加拿大多伦多四季表演艺术中心（照片来自美国国家砖研究中心）

图16-4　商业建筑：图为美国内布拉斯加州"澳马哈美国社团总部农村信用服务中心"建筑群
砖的制造者：恩迪科特黏土制品公司（Endicott Clay Products）
（照片来自美国国家砖研究中心）

这是一组设计别开生面，匠心独具的商业建筑群落（图16-4）。建筑介绍如是说："使用砖的细节设计，以不同形式、颜色、纹理等表示农村随季节变化而在田地里的工作状况。该砖墙面设计独具匠心，以每年12个月为一完整的循环。生命循环开始于冬天冰冻的大地，以简单的连续不断的连接砖的形式表示；当大地解冻后，能够种植时，砖砌体设计成投射式的阴影线条，与犁地的形式非常相似；随着植物的出现，砖构件小了些，表示种子已种下，单块的砖像肥料一样分散开了；种子萌发钻出土壤以砖凸出方式表示；随着农作物生长成熟，砖排的更密、更细；到达收获季节时，砖的排列就不密集了，这则表示庄稼的断茬；最后，完成了整个的循环，砖墙表面变平，表示又回到了休眠的冰封大地。从旁边看，砖墙像美丽的挂毯。砖墙完全实现了耐久性和降低维修费的功能要求。烧结砖比许多其他建筑材料能够抵御复杂的气候环境。以这样的方法使用砖，该项目完全实现了建筑美学及功能方面的要求，对顾客来说是独特的和人性化最好的方式——在砖墙上像绘画着色一样表示着季节的流动！"

这所大学坐落在州府麦金利大道上（图16-5）。其校园特别是砖景和校园道路的铺设创意，体现着环境友好型建筑的诗情画意。建筑环境似乎把人们带到了一个返璞归真的恬静世界。选用烧结铺地砖有多种理由，如效率、可持续性、永久不褪色等，同时也减少了维修和更换的费用。美观大方的颜色与街道及周围建筑物相映成景，环境友好！图16-6是美国得克萨斯州的一个校园砖景。

改造前

改造后

图16-5　美国印地安纳州Bal State大学校园砖景
砖制造者：Pine Hall Brick（照片来自美国国家砖研究中心）

图 16-6　美国得克萨斯州——校园砖景

砖的制造者：D'Hanis Clay Products（照片来自美国国家砖研究中心）

　　以上列举的是北美洲2006年砖建筑获奖项目作品。各种烧结砖瓦产品广泛应用于各式建筑结构，使建筑本身的功能性增强并产生极具动感的视觉效果。这些项目的规模、成本—效益、可持续发展的设计策略是顶级的设计者。选择烧结砖是环境友好型的材料，此外，砖能长期保持其美学性质，而维修成本最小。

　　欧洲砖建筑奖从2004年设立，每两年奖励一次世界范围内具有创造性的砖结构及其建筑形式。自欧洲砖建筑奖设立以来，奥地利维也纳市的维也纳山集团，2008年4月3日第三次赠送了欧洲砖建筑奖金21000欧元。维也纳山集团以赠送奖金的方式答谢这些砖建筑的设计者，因为烧结砖作为一种可持续发展及生态型的建筑材料是无可争议的事实。

　　欧洲2006年度，从提交来的235个砖建筑项目中筛选出了38个获奖项目，其中5个项目赢得了2006年度欧洲砖建筑大奖。这38个获奖项目来自18个国家，其中也包括第一次参加这一评比活动的来自日本、墨西哥和哥伦比亚的砖建筑项目。欧洲"砖建筑奖"是奖给欧洲当代优秀砖建筑项目的，由非常著名的建筑学家、建筑评论家和上届砖建筑获奖者组成国际性的评比委员会来评选出获奖的项目。除了建筑物的外形设计和所选用的是烧结新型建材产品材料外，建筑物的功能也是非常关键的评比选择内容。2006年的欧洲砖建筑奖颁奖大会有来自全欧洲的300多位著名的建筑学家及建筑评论家参加。

　　2008年的欧洲砖建筑奖由建筑评论家们提交了来自19个国家的255个砖建筑项目来评选2008年度的砖建筑大奖。这些获奖的砖建筑项目来自德国、瑞士和芬兰。此外，还有两项特别奖分别颁发给了荷兰和瑞士。这些获奖砖建筑项目都具有可持续发展建筑的特性。除英国建筑师乔治·佛顾柔外，由专家组成独立的评判委员会中还有匈牙利的建筑师佛廉克·可撒贡利（Ferenc Cságoly），是 2006 年度两位砖建筑获奖者之一，以及来自法国的建筑师李帕·贡尔德斯泰恩（Lipa Goldstein），来自爱沙尼亚的建筑师马尔特·卡尔穆（Mart Kalm）及来自波兰的建筑师吕斯扎德·聚库斯克（Ryszard Jurkowski）等。这些砖建筑除了有创新的外表建筑设计和所选用的建筑材料外，对获奖项目的选择还包括了建筑物的多功能用途。然而，这次参评项目的数量是 2004 年（120 个）的两倍多。2008 年砖建筑奖的颁奖典礼是在维也纳市建筑学上和历史上非常引人注目的科学研究院的老会堂里举行的。来自整个欧洲的 300 多位客人参加了颁奖典礼。此外还出版带有插图的建筑书籍《2008 年砖建筑奖》连同奖金一起颁发给了获奖者。在《2008 年砖建筑奖》一书中用插图展示了这些杰出的砖建筑。本书中除了获奖的砖建筑项目外，还包括了世界上 35 个特殊的砖建筑。这些已建好项目内容中包括了用清水墙装饰砖和承重的内衬墙砖（夹芯墙）建设的住宅及非住宅建筑。《2008 年砖建筑奖》中不仅有令人难忘的重要文献，如砖是最古老的建筑材料之一，同时也是现今可利用的最具可持续发展特性的建筑材料，而且也证明了砖是难以置信的具有现代性和多功能性的建筑材料。带插图的《2008 年砖建筑奖》一书由考尔韦（Callwey）建筑出版社出版发行，以期能够唤醒人们的关注。下一次砖建筑大奖将在 2010 年举行。

下面仅列举的是 2004 年和 2008 年欧洲砖建筑获奖的作品（其他更多的砖建筑获奖作品，如 2004 年、2006 年、2008 年，请参见 www.Wienerberger.com），供读者参考（图 16-7）。

（在建筑物内部墙体表面上也大量使用了烧结装饰砖作为装饰）

第十六章　国际上对烧结砖瓦产品与可持续发展建筑的研究成果

图 16-7　欧洲获奖砖建筑（照片来自《Brick award 2008》及 Wienerberger 公司）

2008 年欧洲获头等奖砖建筑

获奖国家：芬兰。

建筑性质为：对技术上有极高要求的 IT 建筑，2005 年建成，大量使用了烧结装饰砖，其重要特征是体现了可持续发展建筑的理念。

2004 年欧洲获奖砖建筑

获奖国家：德国，法兰克福市购物中心主楼。

建筑性质为：2002 年建成，使用烧结装饰砖，以天空为背景映出轮廓。

英国 2004 年的数据表明，用于采暖、加热水、照明及房屋运行中所用能源排放的二氧化碳排放量占全英二氧化碳排放总量的四分之一。因此，英国政府要求在 2006 年的基础上，二氧化碳排放量要逐步降低，计划分为六个档次，其目标为：第 1 级减少 10%；第 2 级减少 18%；第 3 级减少 25%；第 4 级减少 44%；第 5 级减少 100%；第 6 级达到碳的零排放。英国政府要求在 2010 年前达到第 3 级水平，2013 年达到第 4 级水平，2016 年达到第 6 级水平，达到碳的零排放。

第二节　可持续发展建筑的 TQ 评价体系

几年前，奥地利烧结砖瓦制造者协会开始了示范性的砖建筑项目研究，并获得了质量认证。通过这些示范项目，引起了对砖建筑的充分重视，同时也证明了烧结砖瓦仍然是非常现代化的建筑材料。因为最近几年内，某些人认为似乎现代化的建筑只有使用木材、钢筋、混凝土、玻璃才能建成。但是砖建筑同样也能达到可持续发展建筑的高质量要求。所有这些砖建筑项目的关键特征是对烧结砖瓦产品的系统化应用，证明了烧结砖瓦产品完全能够满足低能耗建筑（Passive house）标准的要求。对烧结砖瓦可持续发展能力的审视，必须看它在现代建筑中体现出的：社会生态学质量；能源消耗；使用质量；经济效益四个方面。参照欧洲共同体奥地利联邦政府交通部、技术革新部、劳动经济部、农林水资源部要求所建立的"建筑 TQ 评价系统"内容进行功能评价，体现科学性、完整性和公正性。TQ 是英语"总质量"的缩写（Total Quality）。建筑 TQ 评价系统是从设计开始到建造，以及使用的总过程评价，最终以 TQ 评价证书的方式给出建筑物的总质量评价。因此，TQ 证书是质量保证体系的证书，实际上是支持市场上出现有更好的建筑。TQ 评价体系的内容中包括对使用者是友好的、对生态是有利的，以及是低成本的。

TQ 评定标准的主要内容为：

①资源保护；
②降低对人类和环境影响程度；
③使用者的舒适程度；
④耐久性；
⑤安全性；
⑥设计过程的质量；
⑦建设期间的质量保证；
⑧基础设施和装置；
⑨价格。

TQ 评价体系使用的是 TQ 评价软件工具，当将建筑物的原始数据按照程序要求输入后，就可以得出综合的评价分值，最高分值为 5 分。之后给出 TQ 评价证书，该证书是潜在的使用者、经营者、投资商的重要参照文件。这一评价体系的建立与完善为烧结砖瓦制造业提供了技术发展方向。欧洲烧结砖瓦制造者协会（TBE）完全采纳了这种概念，并在数个其他国家实施着现代砖瓦的可持续发展建筑项目。从而我们将上述标准作为"烧结砖瓦可持续发展能力评价"依据，是客观公正的。

奥地利使用砖瓦的被动式节能住宅（passive houses）就是非常有说服力的实例。为了证明现代砖建筑能够达到上述的要求，在最近几年前，奥地利烧结砖和屋面瓦制造者协会就开始了一系列砖建筑结构的研究项目。迄今为止，所有的研究项目都证明，只要系统化、有效地使用烧结砖瓦材料，砖瓦建筑完全能够满足被动式节能建筑标准的要求，也就是说房屋年消耗能量低于 $15kW \cdot h/(m^2 \cdot 年)$。用复合的外墙结构，可使外墙的传热系数 K 值达到 $0.15W/(m^2 \cdot K)$ 左右。在房屋的建设中采用了所有现代化技术，特别是舒适的通风系统，采用了在生活空间内对排出空气进行废热的回收技术。所有建筑物的总质量要通过专门机构——总质量工作委员会（Working Committee on Total Quality），按一定的模式和程序进行评估。通过对砖瓦建筑的考察研究，实际使用赢得了总质量工作委员会的质量证书，同时证明了烧结砖瓦是一类非常现代化的可持续发展建筑材料。奥地利国家的可持续发展建筑评价体系 TQ 工具，迄今已在奥地利使用了 7 年。在 2008 年底，该评价体系与奥地利建筑生态研究所和环境部有关机构的评价方法合并，称为 TQB 机构。

下面以奥地利砖瓦生产者协会的组织下开发的 4 座具有可持续发展特性的砖建筑为例进行说明：

第一个项目是在蒂罗尔的第二大城市中一个大的住宅建设区，是两座 30 套的公寓住宅楼房，设计为被动式节能住宅。设计使用砖建设成夹芯墙结构的外墙，外墙的传热系数 K- 值为 $0.15W/(m^2 \cdot K)$。这两栋建筑的加热能耗要求是 $14kW \cdot h/(m^2 \cdot 年)$。该建筑为现代砖建筑项目，由两幢 4 层楼的建筑组成；由两层砖墙夹保温隔热材料组成了低能耗的房屋；所需热能非常低，主要是控制生活空间的通风，配备有热回收（热回收效率 85%～90%）及预热空气的地热交换器；所需后备能源：由气体冷凝锅炉供给；热水供给：部分由太阳能收集器供给；在材料和颜色设计的选择上，充分考虑了 feng-shui 和生物学上的兼容性；该建筑物有着高度的生活舒适性。该建筑使用了 TQ 评估工具对其进行了评估。规定的最高分值是 5 分，而这两栋建筑得分为 3.78 分，到目前为止这一建筑是住宅建筑中得分最高的。

第二个项目在北奥地利风景幽雅的林茨郊区，为 12 套半独立式住宅，但是建造地点是交通要道，非常嘈杂。外墙仍然使用了夹芯墙结构。外墙的传热系数 K 值为 $0.15W/(m^2 \cdot K)$，加热能耗为 $12\sim14kW \cdot h/(m^2 \cdot 年)$。该建筑带有高度保温隔热材料层的双面夹芯烧结砖墙；底层房屋：在朝南和东南方向有大型玻璃，可获得最佳的采光；热能的需要：主要是控制生活空间的通风，配备有热回收装置，并用地热和空气换热器对空气进行预热；所需后备能源：由一小的热泵提供及部分采用直接地电加热；夏季：引入外部空气进行可能的冷却；在屋顶上安装太阳能收集器，所设计的屋顶表面可用于加热水；该建筑物有着更高的生活舒适性。TQ 评价得分为 3.38 分。

第三个项目为一较大的住宅区，位于维也纳市南郊的维也纳山公司的一座老厂址上。该建筑为 9 层高，有 99 套住宅的大公寓楼。第一到第七层使用了混凝土框架结构，外墙使用了烧结保温隔热砌块作为填充砌体；外表正面使用了不同的装饰（金属板、粉刷层和烧结装饰版）材料。第八和第九层外墙使用了单层的烧结保温隔热砌块和外加保温材料的复合结构系统。外墙的平均传热系数 K 值为 $0.14W/(m^2 \cdot K)$，加热能耗为 $15kW \cdot h/(m^2 \cdot 年)$。所有外墙：采用了高度保温隔热性能的、并与环境有兼容性的烧结材料；所需能量：主要是控制生活空间的通风，配备有热回收装置，并用地热换热器对引入的空气进行预热；所需后备能源：直接加热系统，使用太阳能收集器，使热水的供给和加热所需能量最小化；该建筑有非常大的灵活性，可根据用户的需要放大或缩小。TQ 评价得分为 3.44 分。

第四个项目在奥地利南部的一个小城镇——莫德陵（Moedling），为办公楼。这是奥地利第一栋设计成被动式节能建筑的办公楼。外墙使用了烧结保温隔热砌块与保温隔热材料（矿棉泡沫板）复合的外墙结构。在建筑物正面上的大部分位置使用光电板代替料粉刷层。外墙的平均传热系数 K 值为 $0.12W/(m^2 \cdot K)$，加热能耗为 $10kW \cdot h/(m^2 \cdot 年)$。此外，该建筑还使用了带有热回收装置的可控通风系统，有加热水的太阳能收集器。电力是由光电系统提供。该建筑的 TQ 评价得分为 4.21 分，是所有被动式节能试点建筑中得分最高的。表 16-1 为奥地利典型的烧结砖瓦被动式节能住宅建筑工程实例的部分数据。

表 16-1　奥地利典型的烧结砖瓦被动式节能住宅建筑工程实例的部分数据

项目建设地点	泰尔甫斯—朴伊特	哈莫德尔	维也纳山市
建筑物性质	两套低能耗住宅建筑，蒂罗尔住宅协会	平顶住宅商品房，哈莫德尔住宅协会	低能耗住宅商品房，维也纳的维也纳山市
种类	立体结构，外夹芯砖墙	立体结构，外夹芯砖墙	外夹芯砖墙
概略描述	由两套建筑共 36 个住宅单元组成的砖建筑示范项目；由夹芯砖墙组成的低能耗住宅；总体概念：体现了 feng—shui 思想	10（12）套半分离式房子；在相邻的两个 2 层房屋之间稍靠后建设了单层的汽车库；考虑到与之相邻的高速公路，提高了隔声的要求；沿着场地的南部突出的边界，定位面向东南的建筑墙面设计成为曲线形	钢筋混凝土结构，用烧结空心砖填充，并加保温隔热材料；上部两层稍靠后；纯用烧结砖砌体加保温隔热材料；用烧结砖建造了不承重的内墙；正面、柱基部分和整个楼层的前面均用清水墙装饰砖包砌；主要楼层的长边：上底灰、使之呈波浪形，正面突出截面设计为倒梯形；两个顶楼层，均可从正面通风
外墙结构	夹芯砖墙：1.5cm 室内粉刷层 + 25cm 垂直多孔砖（内墙）+ 20(22)cm 岩棉（中心保温隔热层）+ 12cm 垂直多孔砖（外墙）+ 2.5cm 外部底灰层；外墙的总厚度：57(59)cm + 粉刷层	夹芯砖墙：1.5cm 室内粉刷层 + 17cm 垂直多孔砖（内墙）+ 24cm 岩棉（中心保温隔热层）+ 10cm 垂直多孔砖（外墙）外部底灰层；外墙的总厚度：51cm + 粉刷层	EW（1）4cm 缸砖，3cm 通风层，25cm 岩棉，20cm 钢筋混凝土，1.5cm 室内粉刷层； EW（2）5.5cm 波形外挂板，4.5cm 龙骨结构，25cm 岩棉，17cm 垂直多孔砖，1.5cm 内粉刷层； EW（3）0.6cm 硅酸盐抹灰层，25cm 岩棉，17cm 垂直多孔砖，1.5cm 内粉刷层； EW（4）2cm 正面铝板，3cm 通风层，25cm 岩棉，17cm 垂直多孔砖，1.5cm 内粉刷层

续表

项目建设地点	泰尔甫斯—朴伊特	哈莫德尔	维也纳山市
室内隔墙	17cm 和 12cm 的砖内墙；分户墙：填充 25cm 砖	砖内墙	部分砖内墙
传热系数：K 值 [$W/(m^2 \cdot K)$]	外墙：0.155（0.143）；上部楼板/顶部屋盖：0.125；地窖楼板（保温隔热的地窖）：0.193；地窖地板（地下车库封闭）：0.133（0.125）；窗户：0.75	外墙：0.15；上部楼板/顶部屋盖：0.09；地窖楼板：0.12；窗户：0.80	外墙：0.14～0.15；上部楼板/顶部屋盖：0.108～0.118；地窖楼板：0.14；窗户：0.80
所需能耗值	14.37kW·h/(m²·年)，是指每平方米楼板的毛面积一年所需热能（消耗量的计算）	13.16kW·h/(m²·年)（平均），是指每平方米楼板的毛面积一年所需热能；14.46kW·h/(m²·年)（房屋类型 A）；12.52kW·h/(m²·年)（房屋类型 B）	14.87kW·h/(m²·年)，是指每平方米楼板的毛面积一年所需热能
隔声	约 52dB	约 70dB	48dB
建筑特征	由奥地利烧结砖和屋面瓦制造者协会的要求按照 TQ 建筑标准设计的低能耗建筑		
TQ 建筑	这是专门提倡为弱势群体修建的住宅，并 TQ 标准内容保持一致，对房屋的检测和评价由独立的机构完成（Arge TQ）		
TQ 评价的简要陈述（规划设计）	现代砖建筑项目，由两幢 4 层楼的建筑组成；由两层砖墙夹保温隔热材料组成了低能耗的房屋；所需热能非常低，主要是控制生活空间的通风，配备有热回收（热回收效率 85%～90%）及预热空气的地热交换器；所需后备能源：由气体冷凝锅炉供给；热水供给：部分由太阳能收集器供给；在材料和颜色设计的选择上，充分考虑了 feng-shui 和生物学上的兼容性；该建筑物有着高度的生活舒适性	建筑物：带有高度保温隔热材料层的双面夹芯烧结砖墙；底层房屋：在朝南和东南方向有大型玻璃，可获得最佳的采光；热能的需要：主要是控制生活空间的通风，配备有热回收装置，并用地热和空气换热器对空气进行预热；所需后备能源：由一小的热泵提供及部分采用直接地电加热；夏季：引入外部空气进行可能的冷却；在屋顶上安装太阳能收集器，所设计的屋顶表面可用于加热水；该建筑物有着更高的生活舒适性	所有外墙：采用了高度保温隔热性能的、并与环境有兼容性的材料；所需能量：主要是控制生活空间的通风，配备有热回收装置，并用地热换热器对引入的空气进行预热；所需后备能源：直接加热系统，使用太阳能收集器，使热水的供给和加热所需能量最小化；该建筑有非常大的灵活性，可根据用户的需要放大或缩小
建筑物的评分值	3.78（种类：多家庭住宅）	3.38（种类：单一独立家庭住宅）	3.44（种类：住宅商品房）

注：建筑物的评分范围为 -2～+5，如一建筑得分为 0，正好为相应的房屋平均质量。

通过对可持续发展建筑的试点工程的总结和研究，奥地利的建筑学家已经建立了可持续发展建筑的设计理念。可持续发展建筑的设计不但要符合建筑美学的要求，同时也要满足入住者的需求，为居住者营造出适合居住的、环保的、健康的住宅环境；可持续发展建筑的结构设计和选用的材料应与烧结砖瓦的应用完美地结合在一起，在建筑物某些外露的表面上应展示出烧结砖的不同效果和魅力。建筑结构的选择应允许个人生活空间的发展，而且要有利于建立良好的邻里关系。为了减少噪声，应多使用烧结砖。绿化区域是体现可持续发展建筑理念非常重要的部分。在墙体材料的选用上应尽可能地使用烧结材料，如烧结保温隔热砌块、烧结装饰砖等。通过这些措施，可持续发展建筑或是被动节能住宅建筑，完全能够达到加热能耗小于 15kW·h/(m²·年) 的要求。

第三节　使用烧结砖瓦的可持续发展建筑的范例

本节仅以比利时使用烧结砖瓦建设的可持续发展建筑为例进行说明。在比利时可持续发展建筑在很大程度上的主动权由政府当局掌握，政府对可持续发展建筑项目的支持集中在两个方面：首先，公共建筑项目必须按照可持续发展建筑的战略目标进行设计。第二，政府当局为建筑师、监理及建筑技术人员建立技术咨询支持中心。各种项目的开发说明和方法由政府当局批准实施。政府当局的共同的目标促进具有可持续发展能力的烧结砖的使用。因为比利时就是砖的王国！

可持续发展建筑已成为了一个真正的社会问题，砖依然是隔声的精华材料。这不是偶然的。数个世纪以来砖就塑造了欧洲的建筑环境。由自然原材料黏土制造的砖，是一种最高性能的建筑材料，能够满足所有隔热保温、声学、舒适程度、安全、可持续发展能力和建筑灵活性的要求。

比利时的政府当局在可持续发展建筑的推进过程中起着至关重要的作用。在欧洲，可持续发展建筑是一个非常时兴的话题。特别是在比利时的联邦、地区及地方政府制定政策的目标要使未来的建造者明白创造高技术质量的可持续发展环境的重要性。可信的是，比利时政府对可持续发展建筑的支持是强制性的，可持续发展砖建筑就是完美的实例。因此，开发的各种各样的项目都证明了当局实施的方法。这些创造性的可持续发展建筑设计的共同目标是，在比利时推进将烧陶材料的使用作为具有可持续发展能力的选择。在比利时已经建成了多座具有可持续发展特性的砖瓦建筑。英国有关研究机构认为："烧结砖产品能够建成结构上具可持续发展的建筑，这也是烧结砖瓦产品的一大贡献。烧结砖瓦在几乎没有维修的情况下而极其耐久，并且给建筑物几乎无限制地提供着有吸引力的外表。它在建筑技术方面履行各种各样的角色，为建筑环境提供物理支持、安全、隔声防火，抗候性好，而且随时间的延续外表色彩得到增强。用砖建造的建筑物容易修改并且适应性强。我们有砖瓦房进入第三或第四个使用寿命期的实例，因为这些建筑物被修缮而赋予了新的功能，使用寿命的延伸和功能的改变意味着最初的投资又增大了许多倍。"下面仅根据最新报道中的实例作简要介绍。

（一）既有建筑更新为可持续发展建筑的实例

1. 比利时可持续发展建筑委员会办公室

2002 年，在比利时建立了"可持续发展建筑委员会"，这一委员会是可持续发展建筑的信息和协调中心。该委员会的办公地点在一座经更新后的、具备可持续发展建筑功能的砖建筑内，位于一个废弃的采矿场。这座砖建筑成为可持续发展建筑的一个实物例证。该项砖建筑更新为可持续发展建筑的项目得到了欧洲共同体的支持。

2. 布鲁塞尔的欧共体管理中心办公楼

布鲁塞尔的利奥波德地区从 19 世纪后期的享有名望的郊区住宅变成了欧洲经济共同体的 21 世纪管理中心。在这一地区之内，发现了可再生能源的建筑（REH）。这座 2800m² 的建筑于 1866 年建成，现为办公楼的该建筑已有 140 年的历史。在整修后成为十一个欧洲可再造能源协会的办公地点。不仅仅是因为在该地区保存了这种类型的建筑，而是因为以最现代化技术对其进行了更新。更新后的这座建筑可达到最高标准的能源效率，以欧共体（EU）的标准来比较，使用可再生能源可以降低能耗 50%。为了进一步减少能耗和提高该建筑的健康性能，对所使用的材料和产品进行了更新，使能耗降低了 50%，整个建筑的运转使用了 100% 的再生能源。因此，这栋建筑理所当然地获得了 2006 年度的国家能源地球奖。在充分考虑了现存建筑的结构和特点后，以及与过去的建筑技术之间的相互影响、建筑功能等因素的基础上，仅在 7 个月内，将一座古建筑改造成了生态的、健康的和具有可持续发展特性的可再生能源办公大楼。更新后该建筑的显著特点就是拥有健康的、舒适的、安全的室内环境。这其中的主要原因之一应归结于最初使用了烧结的、长寿命的黏土陶质材料产品，这些烧结材料有很好的热惰性、有效的隔热保温性能、良好的通风条件以及最好的可利用的加热系统。该建筑更新改造的主要内容包括：带有热回收装置的通风系统、可再生能源系统；还有设计概念上的改变，如提出了"围护能"的概念。该概念是建立在三个重要的核心原理之上，即是减少建筑物内部与室外的热交换、热回收及使用高效的可再生能源。因此，该建筑改造中使用了众多的太阳能光电板来发电，每年可发电 2550kW·h。这些可再生能源完全能满足该办公楼加热和冷却的全部需要。在可再生能源的使用上，将固体生物质能（木屑颗粒的燃烧）、太阳能和地热能结合起来使用，该建筑的加热系统、冷却系统与通风系统保证了整个办公楼内达到了高标准的舒适程度，冬季室内温度为 21℃，夏季最高温度为 25℃。布鲁塞尔是真正的、引人入胜的砖建筑陈列馆，现在又有了使用可再生能源的砖建筑。使用可再生能源的建筑能显著地减少加热、照明、冷却、通风等所用能耗。该更新项目的成功，在不到两年内，就接待了 12000 名来访者，超过了 20 家国际电视台对该项目进行了报道。最近，欧洲已制定了将可再生能源和节能技术用于历史性建筑的计划，同时对这些古建筑进行保护。为了进一步推动对古老建筑的节能改造，比利时的劳伦特王子建立了全球性可再生能源和保护监管（GRECT）私人基金会，用于提高古建筑的能源利用效率及对古建筑的保护。这一对古老建筑的更新项目中取得的成果现在全世界都可以分享。所有国家对这样有重要文化价值贡献的古老的建筑都会当作历史遗产来对待的。

（二）新建的可持续发展砖建筑实例

1. 比利时佛兰芒环境组织的办公室

该建筑获得了比利时 2005 建筑奖。该建筑与当地的住宅建筑及公共建筑形成了高度的协调统一，促进了当地的环境、生态及可持续发展建筑。选用的材料具有可持续发展能力及建筑处理上的灵活性。另外，该建筑是低能耗建筑，诸如照明、通风、加热等耗能项目均由电子设备进行管理，不需要管理人员的干预。室内环境气候可自动调节。

2. 比利时佛兰芒省地方议会行政中心

作为一个省的标志性建筑，必须按照可持续发展建筑的原理来设计，并有一定的影响力，必须是高质量的。这栋公共建筑物的美丽外表、具体表达的概念，毫无疑问成为该地一个关键性的建筑。该建筑为两栋长形的红橙色砖建筑，在该建筑的底层是对公众开放的建筑（图书馆、餐馆、报告厅、会议室等），在其上部是办公室。在两座主体建筑之间用玻璃覆盖的内走廊连接，表达的含义是地方政府的愿望，是对公众开放的"通道"。的确，该行政中心是完全对公众开放的。内部走廊的地面也是由红橙色砖铺设的，这样就创造了一种团结向上的气氛。该建筑有着高度的使用舒适性能，该建筑也就成为公共建筑中的可持续发展建筑的实例。该建筑中的通风、照明及加热系统的设计均是按照可持续的发展和生态学概念设计的，具有浓郁的人性化特征。

3. 比利时的一地方市政厅

该市政厅要建成可持续发展建筑是当地政府的宗旨。该建筑采用了具有可持续发展能力的、在空间处理上有灵活性的烧结砖作为墙体材料。从建筑物的美学观点出发，外墙上外层使用了烧结的装饰砖；从技术原因上，里衬墙使用了烧结多孔砖（为夹芯墙结构）。使用不同的烧结砖及其他元素，使这座市政厅真正成为可持续发展建筑的成功典范。

20 世纪 90 年代，在英国瓦特福德（Watford）的建筑研究所（BRE）就发动了最早的朝着可持续发展建筑迈进的行动。BRE 汇集了一整套用于墙体、屋面、楼板及建筑构件材料的基本规范。之后，对其每一种给出了相关的对环境的影响。为了能对环境进行评估，BRE 创建了包括材料在内的对环境影响的数据库，测定每种材料对环境的影响范围，例如是否影响气候变化，是否有毒性，是否消耗化石燃料和臭氧，污染物的扩散水平及对地下水的危害等。

英国砖瓦工业也参与到了这种活动中，并与 BRE 合作在砖的生产中开展了环境保护研究工作。该研究的结果以《绿色指导》被发表，并且其研究结果已成为了 BRE 对所设计建筑物的方案进行环境评估的基础。

在英国瓦特福德建筑研究所的创新公园内修建了一些"示范性"可持续发展住宅建筑。最初考虑到使用烧结砖和砌块不能达到新规程中气密性的要求。但是这些担心已被事实证明是多余的，烧结砖或砌块是能够达到标准的严格要求。

第四节　可持续发展建筑与建筑传统和建筑文化

总部设在比利时布鲁塞尔的欧洲砖瓦制造者联合会（TBE）的宣传资料上讲到："烧结砖瓦形成了欧洲建筑传统的基础。她们联系着我们建筑传统的继承和我们的将来的建筑。"布鲁塞尔是欧洲经济共同体机关所在地。在 1987 年，当时要建设欧洲议会大厦，甚至提出了要毁掉一古老的火车站。但是在当地民众的竭力保护下，保住了这部分建筑的原貌，并发挥了在功能上的多样性。通过努力，如今这个火车站成为文物建筑，而欧洲议会大厦却成为众所周知的、华而不实的建筑。当考虑到烧结砖瓦建筑材料的可持续发展问题时，就必须考虑到建筑传统和建筑文化的继承。烧结砖瓦构成了欧洲建筑的传统。从欧洲建筑的背景及从各地区建筑的差异、习惯及可接受程度看，欧洲砖瓦工业正在创造着技术性能优异、能够满足可持续发展建筑需要和继承传统的烧结砖瓦产品。

烧结砖瓦形成了欧洲建筑传统的基础！

烧结砖瓦产品曾为环境已作出了主要的贡献，过去欧洲文化传统的许多元素符号被传承了下来，而且未来也必将继续下去！然而，在整个欧洲数世纪来，烧结砖瓦已构筑成了欧洲的建筑环境。欧洲数代的建筑师、建筑商、砖瓦铺砌工人一直使用砖瓦建造成了乡村、城镇及城市。烧结砖瓦如此广泛的应用不是偶然的，数世纪来欧洲人一直明白烧结建筑产品的质量是技术与美学的完美结合。

烧结建筑产品的多功能性使她们能够适应于新的建筑技术和方法的要求，不断地引入新的色彩及产品规格，技术性能的不断改善已经向设计师提出了挑战。随着欧洲建筑不断发展，因而烧结建筑产品也在连续不断地改进。不断创新能够满足 21 世纪的需要，同时也保留了欧洲建筑的传统。

烧结砖瓦是欧洲传统建筑和未来建筑之间的纽带！

欧洲建筑与历史、文化及美学有关，整个欧洲的建筑方法也有很大变化，受气候、地震及地方传统的严重影响。不同的欧洲人对室内舒适程度的要求也不同，这就构成了一个重要的影响因素。无论什么样的气候，烧结砖瓦工业开发的产品都能够满足这些要求，为室内气候质量提供了物质基础。屋顶设计既取决于当地的传统习惯，又与气候条件有关，因此屋顶的设计因地而异。

烧结砖瓦工业所致力于创造的产品，将有利建筑过程的合理化改革。建筑物建设的开始是将材料运输到建筑现场。传统上讲，砖瓦的生产地在农村，并和当地的社会生活紧密相连。砖瓦有着浓郁的地方特征。下面仍然谈谈比利时国家对烧结砖瓦与建筑传统及建筑文化继承和发扬的态度。

比利时是砖的国家，是砖的王国。比利时人有一句谚语说"在他们的'肚子'里天生来就带有砖"。这一谚语证明了比利时这个国家人民对砖建筑的喜好，特别是在住宅建筑上表现得更强烈。如果说烧结砖材料是在这个谚语的中心，这完全是由于砖在建筑中的重要意义所决定的。数代的建筑者通过烧结砖创造出的鲜明建筑物，塑造和开发出了比利时由砖组成的建筑风景。幸亏烧结砖这种材料的长寿，使这些建筑今天仍然耸立，这是比利时建筑不可忽视的遗产和传统的元素符号。

在比利时数年历来都非常注重建筑，特别是住宅建筑的美学质量，这已经成为了比利时国家的特征。但是近些年来，居民、建筑专家和政府当局对建筑美观的注意力已经放松了，其中包括可持续发展建筑。

可持续发展建筑和建筑的传统

现今大量丰富的信息使人们变得很迷惑。可持续发展建筑的含义，重点主要是能源的使用效率和尽量使用自然材料、可再生的材料。这些方面是有时非常专业的，并且建筑的"灵魂"时常似乎被忘记。似乎唯一的关键就是建筑物的能源效率、废料和废水管理、适应性等性能。毫无疑问，这些是可持续发展建筑的基本因素，但是在可持续发展建筑的争论中，对文化传承方面时常有很少的联系。砖建筑与比利时的传统建筑文化紧密相连。在可持续发展建筑中必须考虑到这种因素。在比利时，可持续发展建筑既要有现代风格，又要保持比利时传统的建筑风格。

在保持传统建筑的风格上，比利时政府当局起着重要的作用，如在可持续发展建筑示范项目中，依照可持续发展建筑标准设计的示范建筑为砖建筑，并且要与周围比利时传统建筑风格要协调。这些设计作品已超越了涉及可持续发展建筑"简单"的技术现状范围，提供了既有现代气息，又保持了比利时传统的砖建筑风格！

砖：文化价值和可持续发展建筑

首先要考虑的是可持续发展建筑需与国际可持续发展的背景环境相接轨。可持续发展被定义为作为人，经济和环境资源管理适应今天社会的需要，而不能危及下一代的需要。

因此，当谈论可持续发展建筑时，人们必须记住社会—经济—环境这个三维空间。在社会因素之中，维护与建筑传统的联系和建筑遗产是一个根本的元素。然而，我们注意发展的倾向是排斥过去和我们今天有任何关系的事物，好像仅有高技术建筑才可解决可持续发展建筑的问题。然而，传统材料却扮演一个根本的角色！

文化价值和可持续发展的建筑学

当今社会令人失望的事情就是：我们的根（本原文化）。没有文化基础，社会也能发展和演进，但是那就有失去社会本身价值的危险。对可持续发展建筑而言也是同样的。当然，现代的建筑物必须使用大量的技术设备及应用建筑物理学原理，为了使建筑能够达到既能满足我们现在的需要，又能满足下一代需要的更高水平的性能。但是，如果建筑没有与文化价值和当地的建筑传统紧密联系时，这些建筑最终要能维持下去的生存能力令人感到迷惑。没有文化内涵就没有与社会联系的基础。

在可持续发展建筑中使用砖，本身就是可持续发展的建筑学。这种说法远非退缩和守旧，问题是建筑学的发展……就是要推进和丰富建筑的文化价值。

然而，在英国对此也有激烈地争论，不仅有对使用砖或砌块能否解决问题的争论，而且也有要应该发展什么样的被称为"传统"建筑的争论。在英格兰、威尔士和北爱尔兰每年要建造180000套家庭住宅。这些住宅建筑当中15%是轻质框架结构，因此在家庭住宅中"传统"建筑仍占大多数。要考虑什么是需要的"传统建筑外貌"？

几乎所有国家都有许多代表着自身文化和历史的古建筑，而提高这些古建筑物的能源利用效率又是可持续发展能源政策的基础。保护好古建筑，继承传统，世界上每个民族都非常重视的。

第十七章　烧结砖瓦产品可持续发展能力评价

烧结砖瓦产品是当今世界上所有建筑材料中历史最为悠久，应用地域最为广泛，为世界各民族所钟爱，现代工艺技术发展日臻完善，在绿色建筑中使用量最大，摩纳哥"世界可持续发展建筑大会"公认："砖瓦建筑是绿色建筑"及被欧共体公认为"绿色环境材料"。为此，对它的"可持续发能力"作一个客观公正评价是十分必要的。

近日，欧洲砖瓦制造者联合会（TBE）可持续发展工作组织的有关人士撰文专论烧结砖瓦与可持续发展能力。什么是"可持续发展能力"的要点？特别在当今对我们都带来了不同的忧虑。世界各地经济和建筑工业的计划都受到了这一观念的影响。现今，"可持续发展能力"在许多方面的的确确涉及了我们自身，就像一项"艰巨的任务"摆在了我们面前。

可持续发展能力，不仅仅包括对环境和资源的保护，而且也要求满足社会和经济发展的需要，特别是要宣传烧结砖瓦工业有巨大的潜力，在与其他建筑材料的竞争中，能够赢得胜利。烧结砖瓦产品自身有许多优点，我们砖瓦行业要与建筑行业相互交流与沟通，参与建筑行业的可持续发展能力的讨论。烧结砖瓦产品有许多优良的性能，如极其高的可靠性、极长的使用寿命、可营造健康的居住空间及可提供建筑形式上极大的灵活性等，这仅是提到的少数优势。更重要的是烧结砖瓦的特性在可持续发展建筑中起着关键性的作用。（Properties that play a key role in the context of sustainable building construction.）这一观点逐渐地被一些国家及国际标准委员会认识，因此也就包含在了欧洲建筑结构可持续发展能力评价标准（CEN/TC350）中。

在欧洲，建筑产品和建筑本身在环境保护方面的压力正在有规则地增大，完全没有受到金融危机的影响。因而对烧结砖瓦工业来讲，要进一步优化其生产工艺，降低对化石燃料和不可再生资源的消耗及减少 CO_2 的排放量。可持续发展能力的指导思想是生态、经济和社会发展之间的平衡。因此，烧结砖的强度在建筑可持续发展能力评估标准中得到了充分考虑。

最近西欧有关报道指出："在布郎特兰（Brundtland）的报告［豪夫（Hauf）1987年］中可持续发展（Sustainability）被定义为："可持续发展是满足当代人生活需要的同时不能给后代人的生存需要造成危机"。其目的是对当代及后代人类生存空间自然环境（基础）的保持或保护。通过对经济、生态及社会影响等多方面的综合考虑，这种保持或保护应当在社会发展进程中——合适的时间周期内始终如一地贯彻实施。以这种方法，可持续发展能够解决片面的生态定位或经济发展的定位，并能超越现代人们的视野通向远景发展的目标。必须根据大多数国家的主流经济条件，完全弄清楚可持续发展（Sustainable Development）的立足点。然而，可持续发展常常成为"政治家们星期日演讲中的空谈"。在"建筑与生存"或是"建筑结构与生活"的领域里，毫无疑问，潜在的可持续发展是其中心议题之一。甚至于有在可持续发展方面独立开展的研究，以及有的提议是全面评估的评价方法。然而，目前我们应当集中在与事实有关的评价上，或是按科学的方法建立个体的评价方法。个体方面的主观评价也是可能存在的，但这是不能接受的方式。通常，整体的评估像"黑匣子"，要理解这些是困难的。最多，他们所声称的有事实为依据的评估方法是来自于现有的观点，他们不能提供任何有关在变化条件下将来发展形势的确定信息。而且，观察独立评估观点的选择及他们所描述的方法是有其决定性的意义"。

自然，重要的是所设计的建筑可持续发展能力评估工具要容易使用和能担负得起费用，对砖瓦工业而言，必须与建筑行业协同一致，努力工作。如果建筑可持续发展能力评估工具太复杂，非常不幸的是将成为障碍物，是可持续发展能力的评估在建筑工业的实际应用变得不可行，因而也会使建筑行业失去兴趣。可持续发展能力与烧结砖瓦（sustainability and clay bricks and tiles）已成为了热门话题。德国著名的砖瓦界人士富兰科·瀚德尔（Frank Händle，1982年）说："整个砖瓦工业必须要加强宣传上的努力，开发出更自信的产品，对自己的产品要树立起更大的信心。现在正是时候，不怕责难。但遗憾的是，建筑师很少或根本就不了解怎样建造节能建筑的知识；供暖设备商还在竭力推销陈旧的供暖设备；而政府整天空谈其节能建筑，并做出了大量令人兴奋的'进步'姿态，但这些归根结底毫无帮助，是无力的吹牛"。迄今为止，一些次要的方面在可持续发展评价的标准中占据着主要的影响地位，过分地强调经济或生态的成本，例如，土地消耗，能源消耗，或是温室效应。对建筑物的评估来讲，所有这些都是不够的。恰恰重要的是建筑物的用途或价值。欧洲在建筑产品的指导方针中定义了6项建筑物的原则要求：在荷载下的稳定性、防火性能、使用的安全性、对噪音防护、隔热保温性能及卫生/健康性能。例如耐久性、可重复利用性、改变使用环境的适应性标准要求决定了在材料和能源投资上的时段。有关建筑材料的优缺点及使用方法上意味深长的陈述也仅阐述了成本和用途的背景。

用于更具可持续发展建筑的材料，我们固有的观点是古老的及著名的产品——烧结砖。砖是最熟悉、传统的及深受公众喜爱的建筑材料之一。目前的技术发展水平包括了最小化的可见环境影响及对开采完后矿山的恢复，使其达到更有效地利用。由于使用新型的窑炉，在焙烧过程中使用的能量将会稳定地减少。砖厂的建设很容易，而且经久耐用，需要改造或重建的灵活性大。毕竟砖作为一种可回收利用的材料来讲是有很大价值的。在西欧人们常常通过当地的利用废物公司，搜寻饱经风霜的、有古旧外表的砖来用于新的建筑外墙。此外，砖的二次使用，或是已经损坏的砖能够被破碎后回收，既能加入到原材料中生产出更多的砖，又能以破碎的形式用于陆地景观材料，这是众所周知的事实。

无论如何，可持续发展建筑依然是烧结砖瓦工业的发展动力！

据《国际砖瓦工业》报道：当英国砖瓦工业提出最初的可持续发展战略目标时，没人能够想象到在几年之内，我们就介入了在可持续发展建筑规范下的项目。像英国这样的岛国，黏土资源非常缺乏，但其砖瓦工业也非常发达。这里简要叙述一下英国砖瓦工业是怎样实施可持续发展的方法。

英国制砖工业有近90个工厂，每年生产25亿块砖。整个工业雇用人员约4500人，总营业额接近5.5亿英镑。因为许多砖厂都处于乡村，在当地有着很好的基础，常常是当地主要的雇主。砖是一种大众化的材料，历来为公众所喜爱，而且设计者也非常欣赏烧结砖。在英国砖产量的60%用于修建住宅，25%用于既有建筑的修理维护，其余的用于公共建筑项目，如教育、卫生及商业。

十年以前，"可持续发展"在砖瓦行业几乎不知道这一词汇，而今在制砖行业中对可持续发展的认识正在提高，并且认识到了可持续发展评估方法的引进对制砖行业的冲击，并对这种面临的冲击进行研究。

20世纪90年代，在英国瓦特福德（Watford）的建筑研究所（BRE）就发动了最早的朝着可持续发展建筑迈进的运动。BRE汇集了一整套用于墙体、屋面、楼板及建筑构件材料的基本规范。之后，对其每一种给出了相关的对环境的影响。为了能对环境进行评估，BRE创建了包括材料在内的对环境影响的数据库，测定每种材料对环境的影响范围，例如是否影响气候变化，是否有毒性，是否消耗化石燃料和臭氧，污染物的扩散水平及对地下水的危害等。

英国砖瓦工业也参与到了这种活动中，并与BRE合作在砖的生产中开展了环境保护研究工作。该研究的结果以《绿色指导》被发表，并且其研究结果已成为了BRE对所设计建筑物的方案进行环境评估的基础。

毫无疑问，与 BRE 的合作，促进了砖瓦工业参与可持续发展的兴趣，在 2000 年时，砖瓦工业建立了可持续发展工作组。这一工作组织的任务就是在行业内开展调查，以便能够回应可持续发展的挑战，以及确保本行业的产品在市场上不会遭受到不公正的损害。该工作组也要考虑对政府在 1999 年对各行业协会发布的《可持续发展战略》的研究课题做出怎样的回答，同时为了开发本行业的可持续发展战略，需对下列方面的问题给出框架性的建议：

- 对烧结砖瓦行业的经济、环境和社会行为作出评估；
- 正确区分砖瓦厂对当地进一步的发展是有利的或是构成威胁；
- 建立目标，制订计划；
- 写出实施报告。

为了促进这项工作，政府专门成立了指导工作组，以便指导行业协会开发出自己本行业的可持续发展战略目标或联合其他行业协会一起开发。砖瓦工业接受了这种建议，并开始踏上了可持续发展的曲折行程，的确，任重道远。

政府非常清楚地是：可持续发展是关乎为现代的每一个人和后代提供更好的生活质量。因此，可看到有四个关键性目标成为企业的中心任务：

- 社会进步；
- 环境保护；
- 谨慎使用自然资源；
- 保持经济和保持就业有着高速、稳定的增长。

砖瓦工业对可持续发展的定义提炼简化为"对资源的合理使用就是对人类、自然或是金融发展的负责"。一些可测量的项目将被公布，并且由责任人在自愿的基础上年年报告，显示出关于该项目的进展。这些主要绩效显示也将年年被回顾，因此砖瓦工业的活动时刻保持在可监督之下。

砖瓦工业选择了 17 个项目，其中：四个为社会进展项目，四个为对环境的有效保护，五个为对自然资源的谨慎使用和三个为保持经济增长和就业在高的和稳定的水平下的项目。涉及这四个领域的宣传是重要的，因为它显示出可持续发展的所有方面都能被定量化。

然而，英国砖瓦工业证明了都能满足可持续发展的所有方面。主要优点之一是在英国的砖厂非常分散，并都靠近黏土矿附近。因此制造的许多材料带有当地色彩，因此，通过使用地方材料加强了建筑物的美观，减少了运送费用。自 1990 年以来，砖瓦制造过程成为了巨额的投资。在可持续发展变得时兴之前，砖瓦工业需要减少能源消耗。通过调查，现英国砖瓦工业能源消耗只占英国制造工业能耗的 1.5%。英国政府与欧盟一起，对各种产业而言，现在发布越来越严厉地减少使用能源的目标。砖瓦工业总是能够达到这些强制性的目标。

通过研究表明：烧结砖瓦产品能够建成结构上具可持续发展的建筑，这也是烧结砖瓦产品的一大贡献。烧结砖瓦在几乎没有维修的情况下而极其耐久，并且给建筑物几乎无限制地提供着有吸引力的外表。它在建筑技术方面履行各种各样的角色，为建筑环境提供物理支持、安全、隔声防火、耐候性好，而且随时间的延续外表色彩得到增强。用砖建造的建筑物容易修改并且适应性强。英国就有砖瓦房屋已进入到了第三或第四个使用寿命期的实例，因为这些建筑物被修缮而赋予了新的功能，使用寿命的延伸和功能的改变意味着最初的投资又增大了许多倍。

从发展的观点看，考虑到地球变暖的威胁，烧结砖瓦产品因具有高的蓄热量，所建成的厚重的墙体结构，能够减轻高温的作用没有依赖到空调。当考虑到建筑物将来的发展时，烧结砖瓦这种性能可能是重要财富。

为了应对可持续发展建筑的要求，英国砖瓦行业加强了预制构件的制造，改进砌筑效率。砖和砌块的砌筑也将需要谨慎地考虑。虽然足够的砌砖工人能够满足建设房屋增加的需要，但是对建筑气密性更高标准的要求，要求砌筑工人操作中对细节的问题要十分小心和注意。砖和砌块墙体的新技术就是预制化。例如有在工厂使用胶粘剂砂浆预制装配的空心砖墙板，其尺寸达2400mm×5000mm，预制化使砖的质量得到永恒的发挥，而且也保证了墙体的气密性。工厂预制构件的制造会更加注意其尺寸的准确性，可有效地减少建筑废料。

在英国的建筑研究所创新公园内修建了一些"示范性"可持续发展住宅建筑。最初考虑到使用烧结砖和砌块不能达到新规程中气密性的要求。但是这些担心已被事实证明是多余的，烧结砖/砌块是能够达到标准的严格要求。烧结砖瓦的可靠性不容怀疑，因为砖在使用中基本上不收缩，不会引起任何墙体粉刷层的裂纹；不会释放出任何有害物资，是非常适合的健康住宅建筑材料。

第一节　烧结砖瓦生产与生态环境

任何建材产品的生产都涉及资源、能源、环境问题。作为人类生产活动地域广泛的传统建筑材料的烧结砖瓦行业必然要面对可持续发展战略挑战的直接回应。生产过程的第一关便是对自然环境和经济环境不产生或极少产生负面影响是它能否成为"绿色环境材料"的关键。固然，自古烧结砖瓦是一种硅酸盐制品，它的主要原料是黏土，主要燃料是薪材、煤炭。势必对生态环境造成负面影响。从而引发了人们对它在生产过程中对土地资源、天然化石燃料和能源的耗费的担忧。在这种情况下，便派生出一些不科学的武断结论。对它的可持续发展能力产生种种疑虑。因此，有必要根据它现实的发展与进步以及对环境可修复功绩作出科学的、现实的乃至前瞻性的回应与解答，以消除一部分人"杞国无事忧天倾"的惶恐。

首先，得说一说黏土。黏土是由地球上泥岩、页岩、玄武岩和麻片岩风化而来的物质，经大气环境中的风能、水能、冰川或沙尘暴搬运沉积的堆积物，通称土壤。土壤类属中，土壤和黏土是有区别的。据《地学基本数据手册》载：土壤质地分为三类：即砂土，土壤和黏土，以砂粒（粒径为1～0.05mm），粗粉粒（粒径为0.05～0.01mm）和黏粒（粒径小于0.001mm）的百分数区分。黏土（Clay）、土壤（Soil）、土地（Field or Ground）、农田（Farmland or Cropland）不是等同的概念，烧结砖瓦使用的黏土质土壤并不一定就等于农田。而陶瓷行业、耐火材料行业使用的才是黏土（高级黏土）。水泥行业也使用黏土。土壤是可以自然补充的一种自然资源。说它可补充，除岩石风化外，跟火山喷发、沙尘暴等大自然中恶劣气候现象有关，我们可以把这种现象理解为土壤的自然再生产过程。这方面，在我国古籍也有过生动的描述。《竹书纪年》中谓"沙尘暴"为"雨土"，大致记述过商末的"雨土"现象。班固在《汉书·五行志》记述了汉成帝建始元年（公元前32年）四月的沙尘暴自然现象："成帝建始元年辛丑夜，西北有如火光，壬寅晨，大风从西北起，云气赤黄，四塞天下，终日夜著地者黄土尘也"，"黄者，日上黄光不散如火燃，有黄浊气四塞天下。蔽贤绝道，故灾异至绝世也"。这些自然现象，在中国《地学基本数据手册》中有古近代详细记载。采集黏土（包括瓷土和陶土）生产砖瓦和瓷器对环境是有一些影响，但是根据几千年砖瓦和陶瓷生产情况看，所耗费的资源同环境的补充量相比，黏土的实际消耗是微小的，而且它还有很大的环境减荷和生态的修复能力。所谓减荷，是指它可以消纳具有黏土质矿物含量的工业固态废渣，如粉煤灰、煤矸石和江湖疏浚的淤泥、水处理厂污泥、造纸、纺织乃至生活垃圾作为原料的掺配剂。根据国内外生产实践，一般使用自然黏土只占制砖原料的50%～60%左右，再加上实行多孔砖、空心砖和烧结空心砌块生产，对黏土原料的相对开采量就更少了。所谓修复生态：砖瓦生产的黏土来源可以从开采页岩制砖挖山还田和平整土地，河道清淤，治理河湖边岸水汊等环境治理和生态修复获得。从生态资源意义上讲，它对壤土的占有是极其微小的。

因此，运用每生产一万块砖要耗费多少平方米耕地的计算方法，既不科学又不客观，也不能成立。倘若这种计算成立，那么，全世界大批量采土烧砖，至少也有两三千年的历史，试问世界耕地又因烧砖瓦减少了多少？以关中平原为例，那里大规模烧砖瓦从西周开始，已逾三千年，一些田垄刨地三尺，秦砖汉瓦残片随手可拾，然而地面上仍长满茂密的庄稼，未有采土形成的矿坑泥塘。不仅说明黏土的可补充性，还从另一个侧面证明砖瓦残片对土壤的无污染性。中外的学者均把黏土划归为不可枯竭类资源，而将砂石划归于可枯竭的资源。如美国学者 W. E. 布罗奈尔（W. E. Brownell）说："相当可能，现在地球上正在形成适合的黏土比砖瓦工业中正在使用的速度还要快。"（It is quite possible that suitable clay deposits are forming on the earth faster than they are being used by this industry.）自改革开放到现今，国家有关部门的统计数据也表明，对土地资源消耗最大的并不是砖瓦行业。但是，我们并没有要提倡破坏耕地来烧砖的意思，只是对国内某些不科学的宣传及一些"极左"思潮进行某种程度上的善意劝解，提倡按照科学发展观的规律来办事。如前文所述的岛国——英国也没有禁止用黏土来烧砖，关键问题是怎样去正确、有效、科学地进行管理。

例如法国，烧结砖瓦厂开采的土源，已纳入了国家及地方政府的管理法规之中，并规定黏土采矿场可以购买，租借或出租，或以开采的数量为基础收取一定的费用。对于新申请开发的黏土矿，申请文件必须包含下列内容：

> 采矿场建立之前当地位置最初状态的描述；
> 将来的开采作业对环境的综合影响（景观美化的研究，值得注意的动物群和植物群，与农业的兼容性）；
> 涉及到对环境有重要影响的保护，以及将来的开采对环境质量和对公众安全性上能够预测到的影响研究；
> 对限制来自操作中的公害性堵塞物和避免污染（减少噪音的程度，在一定的气候条件下限制灰尘的水平）采取措施的说明；
> 水源的保护，在地下水和水的汇集区域上对水力学影响的限制，对废水的控制，等等；
> 对最适当的运输方法的建议；
> 关于开采场地将来的计划，其中包括恢复土地到以前的状态要做的工作的描述（开采工作面（指开采后遗留下的高崖——译者注）的稳定性和安全性，现场的清理，必需的回填和平整，不用设施的拆除，环境美化方面的补救措施，可接受的堤坝斜坡，建立中间台阶以限制开采遗留工作面的高度，在倾斜面上限制角度的突然变化，重新种植的植被类型，等等），并附带相应的估算费用；
> 在开采的同时，对有限制的树木的分阶段清除，以及分阶段恢复工作的分阶段工作计划；
> 在采矿场使用寿命期内的各个阶段与当地居民的联系（交往）。

通常要进行跟踪的影响研究，举行的公众调查要告知当地居民和社会团体，并且记录他们的意见和评论。

欧洲共同体对烧结砖瓦厂的水用粘土资源的规范条例有：

> 涉及到关于露天挖掘采矿的及大于25公顷（等于1万平方米）面积的采矿场的环境影响评估指令；
> 涉及到水的新的框架性指令也包括了采矿工业的活动；
> 2006年1月，欧洲议会正式通过了"采矿废料管理"的指令，该指令中包括：
>   ◇ 关于准予运行授权的条件；
>   ◇ 关于废料管理的义务（制定出显示废料特性、包括数量等等在内的废料管理计划）；

❖ 提出与之相配水平的金融安全证书（在法国，这相当于所要求的财政担保）。

到目前为止，大多数控制采矿场的规范条例都已在国家层面上制定了相应的规范，对于黏土采矿业来说，法国国家保留着所有有价值的地下物质的所有权，仅以特许权的形式准予个人或公司拥有经营的权力。

对采黏土矿场而言，这一名称对土地来说就给出了位于地面以下的开采权力。因而，个人或公司要想开采黏土矿就必须购买土地，或是获得"开采权力"，以便使他们能够开采原材料，并由他们按开采材料的吨位付费。

自从涉及到黏土采矿场的、发布于1993年1月4日的93-3绍美德（Saumde）法律的采纳，发布于1994年6月9日的应用法令94-484，发布于1994年9月22日的应用法令以来，要开发采矿场的授权就由受环境保护条例约束的分类审批（CIEP）法规所控制；除此之外，土地所有者的契约也包括在由省长（仅指法国的省长，法国的省相当于中国的地（区）市）发布的运行授权中。

对于使用期限（至多15~30年），在与省级矿产委员会协商之后由省长准许这些授权。

采矿场的恢复是专门规定的目标，对采矿场的经营者留下了一个职责，在采矿场开始运营时，就有一笔财政保证金包括在采矿场运行周期结束时矿坑的恢复成本中。

每个省都有他们自己的对采矿场的指导方针。这些指导方针由省级矿产委员会制定，并在省级地方议会协商之后由各省的省长批准。这些指导方针是事先设计好提供给省长的，帮助他当决定是否批准所请求的业务活动时决策用的。矿产委员会的推荐主要是集中在确保资源的合理使用，资源的最佳的管理，以及改善环境保护方面。

由矿产委员会完成的任务包括九个基本主题：

➢ 制订资源的明细表；
➢ 关于原材料目前和将来需求量的分析；
➢ 现有供给方法的分析；
➢ 现有采矿场对环境的影响分析；
➢ 在这一领域内所使用的运输方法和给出预先的定位分析；
➢ 在这一领域内经济的、合理的使用原材料的定位和目标；
➢ 决定要保护的区域，考虑保护区域环境的质量和脆弱性，联系到水的管理一并考虑；
➢ 关于要达到获得原材料供给所使用方法的定位和目标，同时要降低开采过程中对环境的影响；
➢ 预先给出关于采矿场恢复的定位。

当然，运行授权的申请必须符合这些省级指导方针。

在经过长的行政管理审批程序之后，交由省长考察，向DRIRE（工业和环境的省级指导方针）方向推进，经过举行公众调查；涉及到的行政管理当局之间的商议，如政府的代表，省级议会；之后的文件返回到省长处，由省长做出是否批准该采矿场运行的最终决定。要开发采矿场和采集原材料的授权是受越来越严厉的规定控制的对象。涉及到的最重要的问题是要减少由于噪音、灰尘、道路交通、水的污染引发的危害，以及减少对动物种群、植物种群和陆地景观的影响。

如果我国将烧结砖瓦行业的使用土地和开采黏土资源的管理工作能够做到像法国一样时，也许就没有了现今存在的许多"短命建筑"了。

再谈燃料和耗能问题：烧结砖瓦的燃料与动力，在工业革命前的农耕时代主要是薪柴、煤碳；动力主要是人力、畜力或水能力，世界普遍如此。工业革命初期用蒸汽机为动力进入了砖瓦机械化时代，现代又用化石燃料替代了薪柴燃料，但是增加了有害气体的排放，当然也未根除对生态环境产生负面影响。表现在焙烧过程中烟气排放物含有一氧化碳、二氧化碳、二氧化硫、氟化物等有害气体对大气环境、生物环境有一定的污染。但是，经过两百年来的不断摸索，特别是近半个世纪新技术革命以来，为解决生产中对环境的负效应，中外砖瓦生产行业集中对燃料、窑炉及烟尘的处理等方面进行不断改造和创新，由再生燃料逐步替代化石燃料，取得了明显的社会经济效益和环境保护的效果。从本篇给出的西欧加塞尔制砖公司创造的最新技术成果表明：现代烧制砖瓦，不仅能耗最低，而且有毒有害废气的排放量极低，国外也称"零排放"。尽管这些技术还只有少数先进发达国家所掌握，但它是成熟的、可靠的、卓有成效的。为砖瓦制造提供了可持续发展的有力证据。与其他工业部门相比较，如水泥工业，砖瓦工业生产过程中对环境的影响还算小的。

随着可持续发展建筑对主要墙体屋面材料的特殊物理、化学、生物性能及美学性能的苛求，环境问题给砖瓦制造行业的客观压力，促进了砖瓦行业紧紧抓住"节能利废，产品创新"这个关键性的技术问题，端正自身的技术路线，在轻质、高强、隔热、保温、进一步改善湿传导功能及美学性装饰功能展开一系列的研究，不仅使若干工农业废料在制砖工艺上得到很好的有效利用，而且又增加了产品特色。古砖瓦在与时尚对话中复兴，成为我国复兴民族文化的热点之一，西方砖瓦研究的新成果正成为我国砖瓦行业攻玉之石。就这一问题做一些扼要阐述：在烧结砖瓦制品成功地解决环境负面影响之后，首先要解决的是轻质高强，隔热保温性能问题。解决上述问题，一是提高砖的空洞率、加强孔型研究，延长热流路线，降低导热系数；采用工农业废渣细沫作微孔形成剂等措施和造纸、纺织废液作增塑剂，利用这些废料中的可燃物质作内燃材料，一举多得，为粉煤灰、锯木沫、蔗渣、泥煤等工农业废物提供了"物尽其用"，从而有效地降低制品体积密度，做到轻质高强，提高制品保温隔热性能。

欧洲奥地利维也纳山公司和荷兰 WWF 公司、意大利加塞尔（Gasser）公司的砖瓦厂采取了两条措施取得突破性的进展。一是将黏土矿坑转变成为生物小区。"用相对简单的措施，矿坑常能够转变成为小的湖泊，可以形成独特的动植物的生存环境。……创造了生态学中泛指的"小生物环境和新的生物圈"；在荷兰，WWF 和维也纳山公司早在 1991 年就开始启动了生活河流的项目，目的是采集河流淤泥作砖，恢复河流的原有形态，并在它旁边的渠道中或开挖新渠道，为大量水生物的生存和繁殖提供场所。一旦再次出现鱼类，同时像苍鹭、鸬鹚和较大的掠食鸟类也会返回，此时河水就会出现净化，也提供了自然鱼类的通道。荷兰开展的这一项目进行得非常成功，在过去的 10 年中，有 2000 多公顷的土地恢复到了自然生态，同时也推进了当地砖瓦工业的发展。以前生物几乎完全死掉的莱茵河正在极好的恢复之中（资料来源：《奥地利维也纳山公司和 WWF 公司谈烧结砖与可持续发展建筑》，《国际砖瓦工业》2008/5）。我国许多地区的河流因造纸厂及其他工业的污染，几乎连蚊子都没有了，一味采取关停，亦非长久之计。若借鉴荷兰、奥地利制砖工业采掘和治理恢复生态的方法可能会取得双赢的效果。英国把"对当代及后代的每一个人提供更好的生活质量，作为可持续发展目标。给出了'每个人都需要的、公认的社会进步；环境的有效保护；谨慎地使用自然资源；保持经济的高速增长和就业的稳定发展'四个目标定义"，在砖瓦生产上采取将矿坑建设为休闲场地，或是贡献给野生动植物生存场地及自然保护区；或提供农业用地及其他生产性用途；对于最不理想的矿坑环境选择作垃圾填埋场（因为黏土被地质学公认为是最好的受体，通过垃圾掩埋来恢复开采黏土矿坑是满足社会基本需要的方法之一）。推行结果，使烧结砖品种发展到 1200 多个，能满足任何可持续发展建筑的建造需要，每年采集 800 万吨黏土，耗能 54 亿千瓦/小时，市值 5.5 亿英磅，占整个建筑产品市场销售额 6.7 亿英磅的 82.1%。

当今世界上除西欧各国砖瓦制造业普遍运用"生态经济学"原理，重视生态环境以恢复生态，保护环境为目标，以"循环经济"生产方式走工业可持续发展道路外，就一个具体的烧结砖瓦厂而言，欧洲加塞尔（Gasser）制砖公司自 1989 年成立以来，主动承担着社会责任，"通过创新技术的发展,已经显示出了传统能源可由再生的、有选择性的、能够减少温室气体排放几乎达到零的新能源成功地替代。随着创新技术步伐加快,在烧结砖制造中,已经有可能选择性地使用工业固体副产品(废料)来部分替代通常的黏土"。"要达到全人类的均衡发展,其中包括我们后代,因而必须保持全球环境的完整性。要达到此目标的唯一方法是在新的经济增长方式下,通过财富的创造和对环境更小的影响,使用更少的资源的产品基础上的竞争而获得更高生活质量"。这家砖厂之所以成为世界砖瓦行业可持续发展的领跑者,有哪些成功经验值得借鉴呢?归纳起来有:(1)经营理念的转变。加塞尔的经营理念是一种建立在社会责任上的"经营绿色"的理念。首先该砖厂的负责人不仅以一个老板的身份存在,在精心研究社会生产同自然环境相互关系,产品和可持续发展建筑的关系,建筑的社会影响及用户关系,常与建筑行业、承包商和用户沟通,提供有用而又可靠的信息,紧紧抓住消费者决策的关键性因素成了播种绿色的天使;其次,在产品生产过程中始终坚持ISO14041、14042、14043国际质量认证,承诺申报书中关于"生命周期框架"中诸如"目标定义"、"生命周期总量"、"环境影响评价"方面的各项指标,并"对公众以透明的方式和可以理解的方式公布","使这样的信息成为建筑材料和此后完成的建筑物的环境影响评价的基准点";其三,在组织生产上,坚持技术创新,以工业"三废"零排放为可持续发展目标,奉行"金钱(资本)与其他事物联系在一起时也是一种资源"的观念,开发再生能源、回收可利用废料作制砖添加剂,做到改善环境、节能减排、降低生产成本,扩大投入和产出比,取得最佳的经济效益和综合环境效益。(2)有一条建立在"技术经济学"观念上比较成功的生产实践分析和监测系统,对总能源容量(包括特定产品的生产、包装、运输使用及处理所需要的能量);环境的消耗(建筑物或开采,森林退化占地等);污染排放物(温室气体、灰尘,其他化学和自然物质);资本(使成本降低产能和产品质量提高);制品耐久性(越长的使用周期,意味着越少的资源消耗。制品本身的耐久性不能低于建筑物100年寿命期的欧洲规定。)等五个方面为评定计算标准。比如:生产能耗:生产能耗一般指直接作用于产品从原料开采能耗、原料制备和制品成型、窑炉焙烧等生产过程中的直接能耗。由于燃料转化为能量的过程中,必将产生对环境不利的衍生物造成环境污染。这就意味着耗能越多,不仅浪费自然资源,而且对环境的危害也就越大。他们解决这一问题的方法是在与其他可持续发展厂家以比较的方法,建立自身生产特点的监测分析系统,重点对原材料、燃料两大直接影响环境的因素进行改革和创新。在原料方面,他们采用自身矿山开采同外购黏土相结合,将矿山开采量压缩到50%以下,使矿山服务期限延长一倍;在污水处理厂、果汁食品加工厂中取得废水处理淤泥,水果渣及水果淤泥,造纸淤泥和玻璃纤维废料作为生产原料中的增塑剂、微孔形成剂和硅质效正剂。利废改造和创新必然会取得三个好的结果:一是节约了资源,二是外加淤泥中含有一定有机物的发热量使焙烧中能量投入有所减少,做到节能降耗,三是消纳工业废渣减少环境污染(图17-1)。

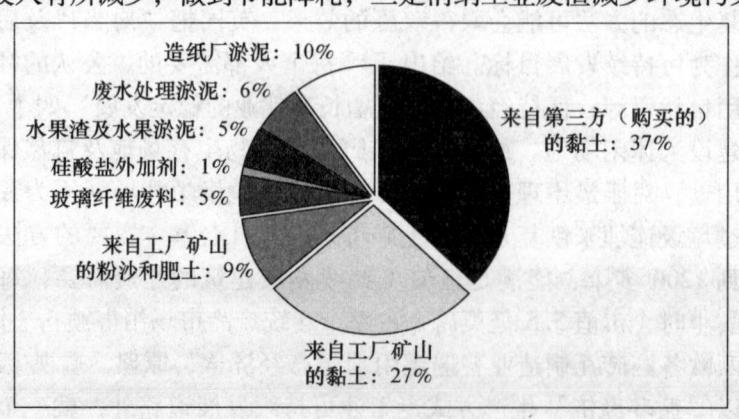

图17-1 加塞尔公司制砖原料构成图表(《国际砖瓦工业》2009/1~2期)

在燃料的改革创新方面，加塞尔公司采用自己加工生产的沼气替代炼油油脂，成功地实现了由化石燃料向再生燃料的过渡，使烟气中有害排放物质降到极低，并可不再通过烟气分离换热装置直接引入砖坯干燥室，原有的烟气分离换热装置的取消使所需总能耗减少到用化石燃料时的30%。最终，烟气排放有害物质接近零，被称为"零排放"，从而有效地保护了大气环境。

下面引用加塞尔公司几个节能降耗，保护环境的数值表供研究参考，见表17-1，表17-2，表17-3。

表17-1 用化石燃料和再生燃料焙烧砖的能耗对比表

项目	砖密度（kg/m^3）	能耗（MJ/m^3）
化石燃料	700	2524.2
再生燃料	700	910.0

在当今世界市场上可利用于"生态建筑"的墙材产品中，再生燃料烧结砖，是能耗最小的产品。

表17-2 加塞尔公司使用再生燃料（沼气）每年减少的有害物质排放量 t/年

减少的有害物质	（t/年）
CO_2	3900
SO_2 表示的 SO_x	3950
NO_2 表示的 NO_x	1752

表17-3 加塞尔公司用化石燃料和再生燃料烧砖时的排放物比较

项目	单位	整个行业		加塞尔公司 2004年
		最小	最大	
灰尘	mg/m^3	1	30	2.63
以 NO_2 表示的 NO_x	mg/m^3	10	550	22.0
以 SO_2 表示的 SO_x	mg/m^3	10	200	4.53
以 HF 表示的氟化物	mg/m^3	1	120	0.28
以 HCl 表示的氯化物	mg/m^3	1	20	4.04
总的有机物含量	mg/m^3	50	250	不可测定
乙醇平均含量	mg/kg 砖	3.1		<0.01
苯含量	mg/m^3	1	65	<0.01
甲醇平均含量	mg/kg 砖	5.7		<0.01
苯酚含量	mg/m^3	5	100	<0.01
甲酚含量	mg/m^3	1	20	<0.01
乙醛含量（S C1~C4）	mg/m^3	1	180	<0.01
一氧化碳		<300	<1500	78.52

（注：以上列表数据来源于欧洲《可持续发展的烧结砖生产——一个企业研究》，《国际砖瓦工业》2009/1期）。

意大利加塞尔公司巧妙地应用工业固态废料部分替代传统原料，用再生燃料替代化石燃料，在"可再生"及"可持续发展"方面确实为我们提供了宝贵的可借鉴经验。加塞尔公司的专利——二次沼气运输设备的制造已投入使用；装备了新型电子控制的复式高速燃烧器系统。由再生能源（生物燃料）替代不可再生能源（化石燃料）是发展的必然。降低了工厂运营过程中的环境影响，加塞尔公司赢得了经济和环境的双重利益。用工业固体废料替代传统的原材料，用再生燃料替代化石燃料，在"可再生"及"可持续发展"方面，加塞尔公司树立了好榜样。所有这些，并不需要增加成本，而可达到实质性的节约。与社会各方面的关系得到了很大的改善，所有采用的措施对产品的质量或工作场所的安全性上没有任何有害的影响。建筑上使用可持续发展的产品，对环境保护的贡献是巨大的，整个项目没有引起过多的投资。

许多砖瓦生产工艺中，加入有机质的外加剂，例如在原材料中加入锯末、粉碎的植物秸秆、污泥灯。这类外加剂的利用有两方面的优点：首先是加入了热量，第二是减少了产品的质量，并提高了产品的保温隔热性能。这种外加的热量减少了化石燃料的消耗，因而也就减少了 CO_2 排放。这些外加剂首先要在技术、环境及健康的基础上进行选择。外加剂对产品的技术性能必须是有益的；一定不能产生有害的气体排放，或是如果有也必须能够容易控制。外加剂不能对生产和建筑工人造成健康危害。外加剂能否使用必须经试验测定，并根据相关标准来决定。

还有非常明显的实例是岛国——英国的砖瓦工业是怎样应对可持续发展建筑的。

第二节 烧结砖瓦产品的建筑节能效应

烧结砖瓦的建筑价值和生态价值：从"可持续发展建筑"的理念出发，任何一种建筑型体材料都具有商品属性，要求适用性、方便性和可欣赏性的完美统一。作为绿色建筑构件材料除具有商品属性外，最重要的特性是其使用功能。功能的多少、优劣，直接影响建筑墙体物理性能要求（承重、隔离、支撑、保温隔热、防火、防蚀、防裂）的取舍价值。这就是所谓"建筑价值"。而"建筑价值"又是以安全、节能为中心的。现代烧结砖瓦是一种炻质陶制品，有较高的抗压、抗折强度，在建筑墙体上强度利用率十分富裕，几何形状能随建筑设计要求制造，尺寸精准、密度小、容重轻、蠕动变形值极微，隔声效果好、防冻、防剥蚀、隔热保温性能优越。从生态学和热工学的角度上看，烧结新型建材产品在蓄热、导热、湿传导（湿呼吸）、自洁等方面都具有其他材料的不可模仿性；在使用过程中其耐久性、抵御恶劣环境和腐蚀性物质（尤其是大城市域区的空气、酸雨等）侵蚀的能力、防火性能等也远远超过了钢材及混凝土。西欧的烧结空心砌块有多种型号，容重在 $550 \sim 900 kg/m^3$ 之间；导热系数为：$\lambda = 0.08 \sim 0.16 W/(m \cdot K)$。其优点是隔热与蓄热的比例相等。湿传导（又叫湿呼吸）、隔声、抗蠕动变形、抗开裂、自洁等方面都具有其他材料的不可模仿性；全天候抗侵蚀能力、防火性能也远远超过钢材和混凝土。在能源消耗上，钢筋混凝土的单位总能耗（用于建筑时）为 $5264.9 MJ/m^3$，烧结空心砌块（砖）容重为 $700 kg/m^3$ 时，其单位总能耗不到前者之半，为 $2524.2 MJ/m^3$。为钢筋混凝土单位总能耗的 47.94%。同时它在环境学方面不仅显示出生产上的节能减排，而且用它构造的砖瓦建筑的生物性能也表现出舒适、健康和形体艺术、色调艺术百看不厌的愉悦。同时，由于空心砖（砌块）热工性能优越，使用能耗也是最低的。西欧著名的砖瓦界学者德国的富兰科·瀚德尔（Frank Händle）2007 年所著《陶瓷的挤出》一书中对 9 种常用建筑材料生产所需能耗列表（表 17-4）进行了对比。

表 17-4 生产一吨材料所需能量比较表

材料名称	所需能量（GJ/t）	相当于石油（t）
木　材	1	0.03
烧结砖	6	0.16
混凝土	8	0.20
瓷　砖	9	0.23
玻　璃	24	0.60
建筑钢材	58	1.50
PVC	80	2.10
铝	290	7.50
C-纤维复合材料	4000	103.00

根据表17-4给出的数据，生产一吨砖所需能耗只高于木材，远远低于表17-4中所列的7种建筑材料。每生产一吨烧结砖比生产一吨混凝土所需能耗要低25%。这就意味着烧结砖瓦产品比混凝土产品对环境的影响要低，例如排放的温室气体比混凝土的要低至少25%，这还未计入水泥生产过程中碳酸钙的分解排放出的CO_2（碳酸钙分解要排放出44%的CO_2）。

西欧普遍用烧结砖建设的更具可持续发展特性及更节能的建筑物墙体。该类具有非常低的能耗及非常好的隔热保温性能的房屋，应当能够使用太阳能，同时具有舒适的温度，甚至在是在"极端的热环境下"或是有较大的窗户时也应如此。尽可能避免使用一系列的外加耗能设备，例如在夏季的空调系统就可以不用。为达到此目的，就必须限定对热的防护，如隔热层的组成及蓄热量的大小。由于固体墙体能够蓄热，特别适应于避免峰值温度的（例如在夏季）影响，也能够平衡室内的过热（如由于过量供热所引起的）。增加有效的蓄热量也能减少冬季所需的热量，并可达到最小的临界温度。为达到用这些原理建设房屋，已经开发出了具有更结实的边壁及在中部更有效的隔热保温层的新型烧结砖。热模拟不仅显示出了该新型烧结砖有更好的蓄热性能，而且也有更好的隔热保温性能。同时，由于该种烧结砖极好的耐久性及优异的承重特性，用于低能耗房屋及无须供热的房屋从而增大了新型墙体结构的整体性能。

按照西欧现在的观点：用于更具可持续发展建筑的材料，固有的观点就是古老的及著名的产品——烧结砖。砖是最熟悉、传统的及深受公众喜爱的建筑材料之一。与其他矿物原材料的开采（例如石灰石）相比较，黏土的开采数量及比例是非常低的，而且从经济原因方面考虑，毫无疑问是非常有效的。目前的技术发展水平包括了最小化的可见环境影响及对开采完后矿山的恢复，使其达到更有效地利用。由于使用新型的窑炉，在焙烧过程中使用的能量将会稳定地减少。砖厂的建设很容易，而且经久耐用，需要改造或重建的灵活性大。毕竟砖作为一种可回收利用的材料来讲是有很大价值的。在西欧人们常常通过当地的利用废物公司，搜寻饱经风霜的、有古旧外表的砖来用于新的建筑外墙。此外，砖的二次使用，或是已经损坏的砖能够被破碎后回收，既能加入到原材料中生产出更多的砖，也能以破碎的形式用于陆地景观材料，这是众所周知的事实。但是否这种产品能用于数代人的问题值得讨论，这也是关系到创造理想的节能建筑的挑战，更是我们未来十年中关键的挑战。其目标是在一年的周期内，所建造的房屋根本就不需要供给能量。要达到这一目标的两个关键问题是在外墙上有大量可持续的隔热保温性能，以及在内墙之上对获得的太阳能的理想使用。将来这类房屋的概念之一就是被动节能房屋（passive house，该名称的来源是在过渡期间或在冬季使建筑被动的利用太阳光）。被动节能房屋的名称来自于非常高标准的隔热保温性能，带有热回收装置的生活空间的通风控制，极好的气密性，太阳能的被动使用及紧凑的结构，根本就没有传统的供热系统。加热要求小于$15kW/(m^2 \cdot 年)$，热损失要求不大于$10W/m^2$。在奥地利每年建成约50套被动节能房屋，在德国每年建造800~1000套被动节能房屋。目前这种建筑方法的缺点是成本增加约10%，明显高于设计和实施预算成本。该类房屋也能增设加热装置，例如，当使用一个小型的外部加热器或是举行宴会时，则导致了房间内很不愉快的高温。同样，在有大型玻璃表面存在时或是在一较长时间的好天气时，在夏季也会出现过热情况。

为了使被动节能房屋热蓄积更多，使房屋内更舒适，在室内空间的表面层上能够释放或储蓄太阳能或内部的热。如果温度增高，固体材料就能够通过它们的表面吸收热能，当温度降低时又释放出热。所用材料的密度决定着蓄热能力。西欧新开发的25cm（墙厚）的砌块在两方向上的传热系数均降低了16%，蓄热能力提高了6%。图17-2为这种新开发的砌块和原来砌块的比较。

新开发砖的表面

老的250mm砌块

新的25cm砌块（墙厚25cm）

图 17-2　西欧新研制的空心砌块（照片来自德国 Keller 公司）

烧结空心砖（多孔砖）和空心砌块产品可建设低能耗建筑。单层外墙砌块使用的产品是具有高度隔热保温性能的轻质砌块或砖，或称为通墙厚砌块（Through the Wall Block），其容重为 550～900kg/m³，导热系数为 $\lambda = 0.08 \sim 0.16 W/(m \cdot K)$。这种结构的优点是隔热与蓄热的比例是相等的；且施工（装配）容易；结构安全性好；建筑形式的改变容易；在服务寿命终结后所用材料的分离毫无问题，而且这种结构现阶段也是造价最低的一种低能耗建筑结构体系。由于墙的基体是烧结材料，和砂浆的结合性能非常好，因此外墙的饰面可以采用多种装饰方法。根据德国、瑞士、奥地利等国家的测定，这种结构的热工性能 K 值可达到 $0.20 \sim 0.33 W/(m^2 \cdot K)$。如果外墙使用保温隔热砌块双层复合或与清水墙装饰多孔砖复合，中间设空气层或填充隔热保温材料层的夹芯墙结构体系，能获得更高要求的隔热保温效果。两砖墙中间用性能好的隔热保温材料，例如具有防水功能的矿物纤维、珍珠岩、代有通风孔的矿棉板、EPS 等。里外两片砖墙由不锈钢或其他材料的锚固件连接，所以这种结构的安全性能也很好。这种夹芯墙的结构形式在西欧各国使用的非常普遍，它不但充分地利用了烧结清水墙多孔砖耐久性好，表面纹理及色彩丰富多变，装饰功能好等特点，而且完全消除了寒冷地区采暖期在建筑物上出现的"热桥"现象及室内结露而造成的室内粉刷层或是装修层霉变或脱落的缺陷，室内装修、防火、隔热保温材料的防水、墙体上的热桥等问题也随之消失。更加重要的是这种结构体系的节能效果非常显著，在 2001 年的国际《砖瓦年鉴》中已将这种结构体系纳入了绿色建筑的范围内。这种结构的热工性能 K 值可达到 $0.15 \sim 0.21 W/(m^2 \cdot K)$。图 17-3 为这类外墙体的结构形式。

图 17-3 烧结砌块外墙结构形式（图片来自 Wienerberger A. G. 产品宣传资料）

① 单层外砖墙。单层外砖墙使用的产品是具有高度隔热保温性能的轻质砌块或砖，其容重为 550~900kg/m²，导热系数为 $\lambda = 0.11 \sim 0.14 W/(m \cdot K)$。这种结构的优点是隔热与蓄热的比例是相等的；且施工（装配）容易；结构安全性好；建筑形式的改变容易；且在服务寿命终结后所用材料的分离毫无问题，可容易地重新砌成为墙体构件，具有非常好的再利用潜力。而且这种结构现阶段也是造价最低的一种低能耗建筑结构体系。

② 单层外砖墙加外保温的复合墙结构（WDV 系统）。这种结构形式是为了进一步改善单层外砖墙的隔热保温性能，也是目前使用最广泛的复合结构墙体。隔热保温层（板材）是直接粘贴在砖墙的外表面上，或是既粘贴又用销钉固定，或是用机械方法锚固。锚固的形式取决于建筑物的高度、复合隔热层的静荷载、所用的隔热材料及基材（砖墙）的性能，例如它们的平整度。隔热材料通常使用的是膨胀聚苯乙烯，或是矿物纤维，或软木板，也有用多层的木纤维轻质建筑板材。合适的粘结剂是改性的合成树脂粘结剂。隔热材料的表面层是由玻璃纤维网格布增强层（3~7）和表面保护层（3~5）组成。最近的发展方向是由玻璃纤维混合物来代替玻璃纤维网格布。但这种结构形式的问题是隔热层的使用寿命在选材适当的情况下仅可使用 30 年，而砖墙的使用寿命至少为 90 年，在使用期至少要更换两次隔热保温层。

第三节 烧结砖瓦产品的多功能性质

一、烧结砖瓦的生物保健功能

近年来在"可持续发展建筑"体系深入发展的情况下，欧洲建筑学界提出"健康建筑"的理念。它是在生物学的保健理念下提出的新观念，属于狭义建筑文化范畴的建筑理念。"它指建筑设计的一切方面（包括结构、装饰、隔热、通风、采光系统）都要有益于人体健康，使用材料不能对人体有任何危害，必须与环境协调一致，并能广泛用于多层住宅建筑、商业建筑和公共建筑的一种建筑体系"。德国森廷尔建筑研究所（Sentinel Haus Institute）开发出了用烧结保温隔热砌块和烧结屋面瓦建造的健康住宅项目，已完成了健康试验，并通过有关认证。该建筑墙体结构使用的是具有高度隔热保温性能的"普罗顿 T9 型砌块"（导热系数为 0.09）。

西欧等发达国家也在积极地讨论着何为健康住宅的话题，并提出了健康住宅是对建筑工业的新挑战。根据《国际砖瓦工业》杂志报道，德国森廷尔建筑研究所开发出了用烧结保温隔热砌块和烧结屋面瓦建造的健康住宅项目，已完成了试验建筑，并通过了有关认证。墙体结构使用的是具有高度保温隔热性能的普罗顿 T9 型砌块（砖），在该烧结砌块的孔洞中填充有无机材料——膨胀珍珠岩。森廷尔建筑研究所联合了医学界、环境工程界及建筑物理学专家们，开发出了健康建筑的体系，能为建筑行业设计健康建筑物。健康建筑所用的材料对人体不会有任何危害，而且必须与环境的要求相一致。该研究所现已将这种健康建筑的概念不仅用在了私人住宅建筑，而且也用于了商业建筑、公用建筑以及多层住宅建筑。

森廷尔研究所为什么要采用绿色砖瓦和烧结砌块为主要建筑围护结构材料，除了前面谈到黏土烧结制品若干优越性能之外，更追求建筑舒适和保健性质，给住户生理和心理带来居室"容器"的正效应，确保身心健康。

下面让我们来看两个不同材料制成的密闭容器的生物生态实验，便可以一目了然地观察到小白鼠和金鱼在水泥成型和页岩材料烧结工艺做成的槽子里的生活情形，验证烧结制品的保健功能。下面给出图 17-4 的生物实验实际观察情况的记录照片。

第一个试验：观察小白鼠的生活环境生存试验。

图（1）两只同容积、同式样容器：左为水泥制品；右为页岩烧结制品。

图（2）用玻璃挡住槽子顶面和正立面，形成模拟的密闭生存空间，放入同等数量的实验鼠。

图（3）观察小白鼠的行为活力：水泥槽里的小白鼠相互拥挤，而页岩烧结槽里的小白鼠活泼自在，舒适自由，尽情玩耍。

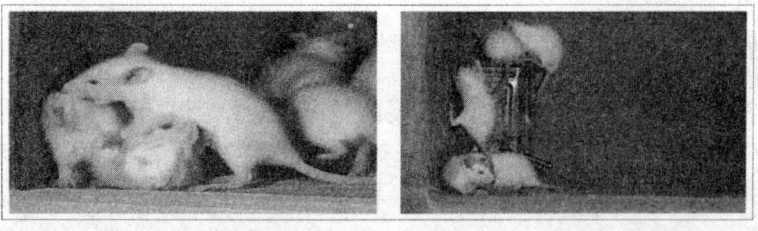

图（4）观察老鼠行为与活力。睡眠时水泥槽内的小白鼠互相拥挤；页岩烧结槽内的小白鼠舒服鼾睡。

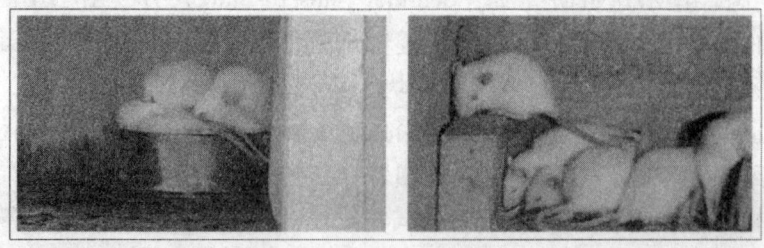

图（5）测量老鼠体温。水泥槽老鼠体温为 22.8℃，页岩烧结槽老鼠体温为 26℃。

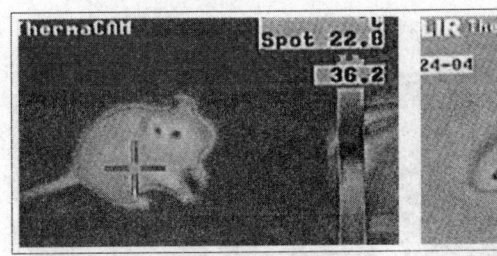
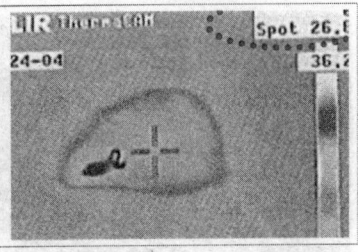

图（6）饲养。7 天后，水泥槽的老鼠全部死亡；而页岩烧结槽的老鼠仍健康活泼。

图（7）在两个槽子内重新放入老鼠，撤掉两槽间隔挡玻璃观察老鼠活动情况。

图（8）观察老鼠行为和活动能力。水泥槽内的老鼠纷纷跳到页岩烧结槽子里面去了，而且在页岩烧结槽子里的老鼠，都变得活泼自在起来。

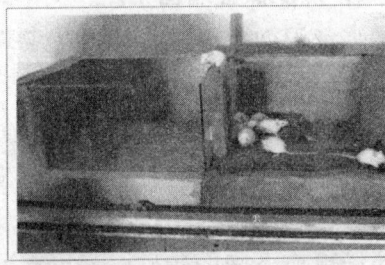

第二个试验：观察金鱼的生命力。

图（1）取两个同样玻璃鱼缸，注入同样的清水，放入同样的金鱼，而后，在左面的鱼缸里放入水泥砖，右面的鱼缸里放入烧结砖，观察金鱼的活力情况。

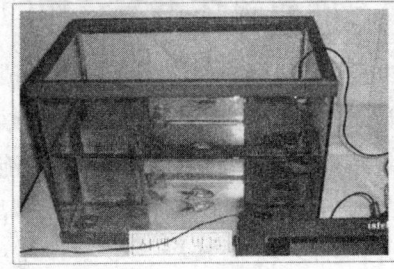

7 天后，放入水泥砖的鱼缸内的金鱼全部死亡，而放入烧结砖的鱼缸内的金鱼 15 天依然生命旺盛。

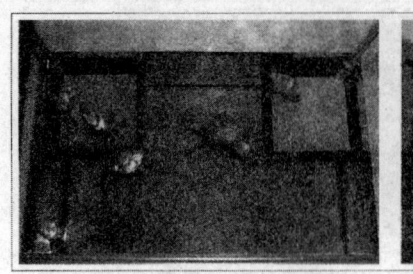 

图17-4 生物实验实际观察情况的记录照片（图片来自汪福生著《欧派砖景》一书，2008年）

以上两个试验是水泥材料和烧结材料对动物生命影响程度的比较。试验证明，烧结材料适宜生命的存活，是真正的环保材料。

烧结砖的另一个环保特性试验是植物生长的影响。欧美发达国家树坑和园林的绿化土壤不是直接暴露在大气中，在上面覆盖有一层陶粒炻子，这是为了保护环境和土壤中的水分。后面的第八节可以看到发达国家普遍采用废砖瓦破碎的颗粒作为绿种植、园林水土保持的方法，包括楼顶和树坑绿化等。我国城市绿化中，也有对树坑土壤用河卵石覆盖的，但河卵石是没有湿呼吸特性的，起不到呼吸透气和含养水分的作用。

二、烧结砖瓦产品的"呼吸"功能（舒适性）

烧结砖瓦是被当今世界公认的绿色建筑构造、建筑景观材料，具有很好的生态环境维护性能，有益于生物健康，因此森廷尔研究所用其作为"健康建筑"的首选材料，有其重要的科学意义。烧结砖是一种多微孔体系的产品，具有吸水与排水速度相等，吸湿与排湿同一的特殊功能，是其他任何建筑墙体材料所不可比的。试验表明：它比其他建筑材料高出10倍，并且对建筑物结构强度不受任何影响，使室内外空气湿度能很好平衡，能调节、改善居住微环境湿度。由于砌体或砖的平衡含水量非常低（0.3%～0.7%），吸排湿等速，既能保证墙面干燥，又不致造成室内墙面凝露，且水蒸气有非常好的储能和释能特性，又可增强保温效果。这种奇异的物理现象，专家们将其定义为：烧结砖的"呼吸"功能。

由于烧结砖具有特殊的等速吸水与排水、微孔隙滤水特性和湿"呼吸"功能，便扩大了它的应用范围。其成品可铺设广场、高速公路、城市公路人行道及景观草坪，既能将过滤清洁的地面水渗入地下，保持地下水的充盈，而且，其回收废渣可制成砖砂用于混凝土轻质骨料、绿化植被的保水层或滤水层及营养剂载体、改良土壤，运动场更换下来的砖砂，又可再回收到砖厂细碎后当作瘠化剂调整塑性指数重新制砖，往复循环物尽其用。特别是建筑废砖制造的彩色装饰颗粒，新颖别致、美观大方，对环境百利而无一害。

第四节 烧结砖瓦产品对可持续发展建筑体系与结构的适应性

现代烧结砖瓦是选用烧结性能好的原材料，并经过严格的矿物成分和化学成分以及颗粒级配完善其成型和焙烧性能。其可塑性可以任意改变形体，满足绿色建筑一切体系结构形式和装饰艺术需要，包括穿墙管道砖和墙体物面通风口及屋脊异兽等瓦件；其窑炉热工性能保证制品的刚度成为炻质陶产品；原料配制中掺入作色无机盐可烧制色彩斑斓又永不褪色的产品以增强建筑天然质感。这就奠定了它在建筑形体、结构、艺术等方面的广泛性基础，生态建筑中对环境、景观，有极为广泛的应用价值；由于它具有其他任何建筑新型墙体屋面楼地面无法替代的多功能性质和很长的寿命周期，按照价值工程方法计算其功能价值平均值，它又具有经济廉价性，其产品种类已达一千余种。因此，品种多、功能多是任何建筑材料不能与之媲美的。在第一篇中也作过极为详细的论述和介绍。烧结墙体材料之一的砖瓦产品，从其建筑使用功能上讲，有着许多其他墙体材料不可替代的优点。烧结砖瓦产品在当今世界上经久不衰，档次越来越高，门类越来越丰富，变化越来越快，用途也越来越广泛，这是有其丰富的科学内涵的。

烧结砖瓦产品不但可以建造环境优美、居住条件舒适的建筑物，而且在处理轻质高强与承重方面，在蓄热和导热方面（夏季混凝土墙体的房屋热，砖瓦房屋凉快，冬季反之），在微妙的湿传导方面，在其孔洞排列与微孔形成方面（可做出导热系数非常低的产品，如 $\lambda = 0.08 \text{W/m} \cdot \text{K}$），在其蠕动变形值极小等方面有其独到之处。就建筑文化的发展，可持续发展住宅、生态住宅（可持续发展建筑）上讲，烧结砖瓦产品仍有着强大的生命力。美国宇航局的研究报告中指出："在月球上要建造人类居住的掩护所，只能用烧结砖"。足见烧结砖瓦产品的综合建筑使用功能之好。西欧的一位"新知觉"类学术权威人士讲到"现在所谓的新型墙体材料均在模仿着烧结砖的功能，但只能模仿砖的一种或数种功能，而不能模仿其全部性能"。烧结砖性能上的不可模仿性，使得砖瓦建筑创造出了辉煌的史绩，并将决定着它的将来。欧洲砖瓦制造者联合会主席讲到："质量优良的烧结砖瓦产品是建筑材料中的'十项全能选手'，要像描述'十项全能体育选手'一样去宣传自己的产品"。在西欧，北美等发达国家，"有钱人"住的是砖瓦房屋，因砖瓦建筑物可提供舒适的居住环境，并始终保持着一种和谐的美。烧结墙体材料良好的使用功能可从以下方面得验证：

（一）烧结砖瓦产品有着长期的使用寿命

长期的使用寿命也意味着资源和能源的节约。因为我们的建筑不是为了一代人而设计建造的。就其耐久性而言，烧结材料的耐久性正如建筑史学所证明的那样：烧结砖是一种"永恒"的建筑材料，如万里长城，秦兵马俑，唐宋时期等大量砖瓦建筑，其耐久性远远超过了钢材及混凝土；烧结砖瓦产品的耐候性是非常好的，也是其他建筑墙体材料无法与之相比的，也就是说，烧结砖瓦产品具备了抵御恶劣环境和腐蚀性物质（尤其是大城市城区的空气、酸雨等）侵蚀的能力，且若干年后不会失去其本色，日久砺新，不需维修能始终保持着原来的美。因此砖瓦建筑物的维修和保护费用是最低的建筑物。

（二）烧结砖瓦产品在使用寿命终结后可分离、可回收再利用

烧结砖瓦产品在使用寿命终结后的分离回收容易（比混凝土及其他墙体材料而言）。烧结屋面瓦在建筑物使用寿命终结后，可拆下直接用于下一新建筑，因用现代技术制造的烧结屋面瓦，其耐久性均大大超过了目前的建筑物使用期。上述几种节能建筑的烧结砌块墙体结构，就现在的技术水平而言，在建筑物使用寿命终结后完全可分离和回收利用。德国有的砖瓦设备制造公司，已研制成功旧建筑物的墙体的切割设备，即将旧建筑屋上的烧结砖或砌块墙切下，再用于新的建筑。含有粉刷层及灰缝砂浆的烧结砖砌体废料，根据西欧有关研究，全部都可以回收利用。如可用于混凝土的轻骨料、绿化植被的保水层或是滤水层及营养剂载体、改良土壤、运动场用砖砂、粉碎后全部用来当作熟料再制造烧结砖瓦产品等；特别是建筑废砖制造烧结的装饰性颗粒，美观大方，新颖别致。用烧结砖瓦产品建造的建筑物，在使用寿命终结后所留废料最少，因在建筑物中数量最大的材料就是墙体和屋面材料，烧结砖瓦可全部回收利用！要为后代负责，几十年后，绝不能让不可回收的建筑垃圾包围了我们的大中城市！从现在起我们就必须正视这一非常重要、不容回避的、潜在的、很快就会出现的社会大问题。这不是危言耸听，从改革开放到现今，我们可从每一座大中城市新建设的建筑物的量上精确地计算出这些建筑物在使用寿命终结后的建筑垃圾的吨位。

（三）烧结砖瓦产品生产和使用寿命终结后的固体废料最少

烧结砖在生产中的固体废料根据德国的统计大约为1.2g/kg，主要磨损的金属件、托板、包装用的塑料薄膜及润滑油。在使用寿命终结后的分离回收容易（比混凝土及其他墙体材料而言）。生产中的废品可再加入原料中使用。另外，从烧结砖瓦产品的全生命周期分析看，由于砖瓦建筑的使用寿命延长，就意味着建筑废料的减少。

（四）烧结砖瓦产品生产中废水的排放最少

烧结砖瓦生产中对水的消耗量大约每公斤产品是$\frac{1}{8} \sim \frac{1}{10}$（扣除原材料的自然含水量），并在干燥期间以水蒸气的形式排入了大气。设备的冷却水可重复利用或是加入原材料中，所以烧结砖的生产中几乎无废水排放。

（五）建设期间烧结空心砖的运输负荷小

因为瓦厂都是分散程度非常高的工厂，只有砖运输到施工现场的距离最短，因而在建设期间的运输对环境的污染和能源的消耗相对于其他墙体材料讲也是最小的（西欧共同体组织统计后认为，因为在国民经济活动的运输过程中有三分之一多的运输量是建筑材料，特别是轻质砖和轻质砌块，减少了材料流动的总流量和距离。

（六）烧结砖瓦产品的综合能耗比其他墙体材料低（如比混凝土、加气混凝土、蒸压硅酸盐建筑制品的低，如前述）

所说之建筑物的综合能耗，是从建筑材料生产时原材料的开采始，其开采能耗、运输过程的能耗、生产制造的全过程能耗、产品运输到施工现场的能耗、施工期间的能耗、在整个建筑物使用期的全部能耗的总合，而不能只看某一过程或阶段。建筑综合能耗要考虑从原材料采集始到建筑物使用寿命终结的全过程。例如对建筑钢材能耗的考虑要从铁矿石的开采始计算。以这样的方法计算，德国有关研究表明，烧结砖瓦的建筑综合能耗是非常低的，例如，钢筋混凝土的单位总能耗（用于建筑时）是$5264.9MJ/m^3$，而空心砌块容重在$700kg/m^3$时其单位总能耗是$2524.2MJ/m^3$。另外，如前文所述，据德国瀚德尔《挤出机》一书"生产一吨材料所需能量"给出的数据：烧结砖为6GJ/t，相当于石油160kg；混凝土为8GJ/t，相当于石油200kg。还因为烧结砖瓦产品的耐久性可使建筑物的使用寿命延长，使用寿命的延长是最好的节能方式。

（七）烧结砖瓦产品完全可做到清洁化生产

烧结空心砖生产中有时排放出的烟气中携带有有害物质，可用烟气净化器进行净化后排放。烟气净化技术和设备是非常成熟的技术，在西欧、北美、韩国、中国台湾等地区使用非常普遍，在我国砖瓦行业中现已开始应用。

（八）烧结砖瓦产品可提供舒适的居室环境

（1）烧结砖瓦产品是一种多微孔体系的产品，其湿传导功能可调节建筑物内湿度，且吸湿与排出水分的速度相等。烧结砖瓦产品的吸水速度和排水速度要比其他建筑材料高10倍，且在吸水和排出水分时建筑物的结构强度不受任何影响，仅此就可使居住环境得到改善，人体感觉舒适。而且砌体或砖的平衡含水量非常低（0.3%~0.7%），增强了砌体的隔热保温效果。因在烧结砌块中无数的微孔，能够非常好的适应室内与室外环境湿度的变化，因而可保证对水蒸气有非常好地储存能力以及非常优良地释放能力。根据西欧的研究结果表明：烧结砖瓦产品不是一类吸湿性的材料，例如，烧结砖瓦产品有着非常理想的吸收和释放水分的特性，它吸收室内的水分与释放出水分是同样快的速度，这就是说，墙的表面上在任何季节都可保持相对干燥，也就保证了室内环境的舒适性。专家们将这一特性定义为烧结砖产品的"呼吸"功能。建筑物墙体中的平衡水分是指干燥后留在墙体的水分与大气中水分之间的平衡（Equilibrium moisture）。对烧结材料砌体来讲，这一平衡水分仅占其体积的0.3%~0.7%。与其他建筑材料相比，这是非常低的数值。增强了砌体的隔热保温效果（单层砖砌体、与砖复合的墙体）。正是因为这一非常低的数值，对居住在建筑中的人们提供了舒服、健康的环境，它可以调节居室内小环境的湿度。另外，烧结砖瓦砌体这一非常低的平衡含水量，对节能来说同样非常重要。因为建筑材料含水量的增大而会使其隔热保温性能变差（或恶化）。从这个意义上讲，烧结砖瓦本身就是非常好的"隔热体"，也能有效的保护与烧结砖或砌块复合的保温隔热材料层不会因吸收水分而降低了其保温隔热的性能。因为烧结砖瓦建筑物有着轻微的蒸汽扩散阻力，所以干燥的也非常快，平均干燥周期很短，这就给新建建筑物的提前交工、入住提供了时间。新建建筑物主体适当的干燥时间，这是指特定地区的建筑物建设起后，不采用专门的加热方法能够使其在适当的时间内干燥。一般说来，每种砌体结构在建设时都从砂浆中直接吸收水分。此处判定的标准是：所吸收的水分从材料中排出的速度。因为砖建筑物有着轻微的蒸汽扩散阻力，所以干燥的也非常快，平均干燥周期很短，这就给新建建筑物的提前交工、入住提供了时间。墙体的干燥周期则取决于不同的地区和季节。而有些建筑材料的这一干燥过程常常要持续数年。因此在设计中根据选用的材料和不同地区要说明干燥的时间。我国对这一时间的重视程度不够，往往为了缩短交工期，提前入住，结果造成装饰材料发霉变质；还有的是由于选材不当，往往在住户入住后，材料脱水，造成墙面开裂等问题。

（2）烧结砖产品砌体有着良好的密封程度。这是与烧结砖使用中可长期保持其尺寸的稳定性有关。

（3）烧结砖产品砌体有着良好的隔音性能。烧结产品可满足所有噪声防护的需要。如240mm厚的砖砌分隔墙，隔音可达60dB，完全可不考虑侧墙上声音的传播。对双层的夹芯砖墙来讲，因中间填充有隔热材料，对外部噪声的防护非常有效，在实际建筑中的测定结果表明，其隔音量可达70dB。因此就隔音性能而言，砖砌体是一种理想的结构体系。居室内基本噪声水平在20~25dB的范围内。

（4）烧结砖瓦产品有着良好的热惰性（蓄热量/储热能力）。在冬季，不管在温度上有何变化，砖都有很好的稳定温度的能力，而且在短时间内就能存储太阳能；在夏季，在炎热的天气下，砖的热惰性可消除其峰值温度。由于砖的热惰性，因为热流进入砖体后热波动有了衰减，并产生了相移动。这种衰减和相移动取决于波动的频率，其波动的频率范围：当热的程度有变化时可能是几分钟，也可能是白天到夜晚循环的一天，也可能是持续数天的炎热天气。由于烧结材料能自然地吸收太阳的能量，也能吸收和储存室内产生的热量。通过墙体可释放出它吸收的热到室内，但释放的时间是延迟的——温度延迟时间长！在冬季，由于这种吸收和释放热的过程平衡了室内温度的波动，这就节约了加热用的能量，同时又感到室内舒适和暖和；在夏季也感到凉爽！一些专家们将这种特性称为"相移动"。烧结砖瓦产品具有相对低的平衡含水量和快速干燥的特性，因此烧结砌块建筑墙体能够快速形成最佳隔热层，从而节约了采暖和空调的能量消耗。在夏季室内热环境质量易于受到影响的因素是由于对太阳光不适当的防护，或是墙体（屋顶）蓄热量不充分而引起过热及热持续的时间较长，此时的空调是对建筑构件进行冷却。烧结砌块建筑良好的蓄热性能可克服这种缺陷。考虑到建筑物的内部环境时，特别重要的是在夏季，要有足够的蓄热能力用来储存由结构吸收的太阳能（也可见居住的舒适性和内部环境）。蓄热对加热所许能量有着直接的影响。又大又重的烧结砖墙能够储存来自太阳的热量，并在需要时释放出储存的热量，然而，轻质建筑结构就不能利用这部分的蓄热量或仅仅是少部分。烧结砖的另一个可靠性就是其质量，当我们强调轻质时，却忘记了隔声的要求；也忘记了墙体的蓄热能力。

从发展的观点看，考虑到地球变暖的威胁，烧结砖瓦产品因具有高的蓄热量，所建成的厚重的墙体结构，能够减轻高温的作用没有依赖到空调。当考虑到建筑物将来的发展时，烧结砖瓦这种性能可能是重要财产。

什么条件构成了舒适的环境，虽然我们都有自己的概念，但是烧结砖建筑的确提供了高度舒适的环境。虽然这些概念要量化时在某些方面是困难的，但在其他方面能够做出准确的测量和试验。这些概念包括：

- 声学性能/隔声；
- 热舒适度（墙的表面温度，墙的表面温度与室温之间的温差，室内的气流运动）；
- 室内墙体吸收和释放水分的能力；
- 蓄热量/储热能力；
- 不能排放出有毒物质，建筑纤维不能飘浮进入室内环境；
- 在火灾、洪水及入室行盗的情况下，要有高度的安全性；
- 在建筑设计上要有高度的、与生俱来的灵活性。

（九）烧结砖瓦产品可保持有长期的尺寸稳定性

烧结砖瓦产品在使用中的尺寸稳定性最好，不像其他墙体材料（混凝土砌块、板材等）仅因温度的影响，在其尺寸上就出现很大变化，极易造成建筑墙体裂缝，严重时可危及建筑物的结构安全强度。烧结砖在使用中的尺寸稳定性比混凝土砌块大4~5倍，比加气混凝土砌块大4倍，比起有些板材来讲还要大得更多。因为烧结砖瓦产品的原始长度就是绝干状态下的长度，其本体内所有物相的结构中根本就不含任何水分子；吸入水分后，由于它的多微孔体系，其尺寸变化非常小，并有着微膨胀的特性，所以有着非常好的尺寸稳定性和密封功能。但是必须指出：某些工业固体废料，用于烧结砖瓦产品时一定要做好前期原材料及配合料的检验和分析，配料不正确时，由于烧结后的湿膨胀特性，国内已有发现，与其他非烧结材料的失水干收缩相反，其吸湿膨胀数值达到了可对墙体结构产生破坏的程度。

（十）烧结砖瓦产品与砂浆具有非常好的粘结能力

烧结砖瓦产品与砂浆有着非常好的粘结能力。但是，其粘结质量主要取决于砌筑的技术。然而，在砂浆质量和砌筑质量相同的情况下，墙体材料的孔隙率（吸水速率）往往决定了粘结的效果。影响墙体材料与砂浆粘结效果的关键因素是产品的初始吸水率。在理论上讲，墙体材料产品的初始吸水率越低，可能才会有更牢固的粘结。但是在产品的初始吸水率很低的情况下，产品与砂浆之间粘结力的形成速度非常慢，导致不能维持最初铺砌砂浆的凝结，使得砌筑的工作难以继续进行，如蒸压灰砂砖、蒸压粉煤灰砖，甚至于某些混凝土砌块的砌筑中，往往会遇到这种情况。如果产品的初始吸水率太高，砌筑过程中，在砂浆没有达到初凝之前便吸走了砂浆中绝大部分的水，这就导致了砂浆中没有足够的水分来保证水化和硬化的需要，从而导致其粘结效果很差，如吸水率较大的一些烧结砖瓦产品往往会出现这种情况。对此种现象传统的处理方法是在砌筑之前将烧结砖产品预先用水润湿，就可以得到预期的粘结效果。

砂浆与墙体材料产品之间的粘结力是一个重要的技术性能，因为砌体的力学性能取决于墙体材料产品和砂浆的粘结程度；粉刷层必须牢固地粘结在墙上，而这种粘结力能够使粉刷层经受得起由于在墙体上温度变化导致的应力变化，不至于造成粉刷层的裂纹或脱落。

一般而言，只要没有使用防水处理（硅酮树脂）的烧结砖瓦产品，并且能够控制在砂浆和砖瓦产品之间的水分传递，如前所提及的，在烧结砖瓦产品上砂浆和粉刷材料的粘着力不会形成不可克服的问题。

欧共体砖标准 EN NF 771—1 要求产品的制造者就有关砖与砂浆的剪切粘附强度给出声明。烧结砖瓦的可靠性不容怀疑，因为砖在使用中基本上不收缩，不会引起任何墙体粉刷层的裂纹；不会释放出任何有害物质，是非常适合的健康住宅建筑材料。

（十一）烧结砖瓦产品可为建筑美观设计提供更多的灵活性

从建筑美学观点上来讲，砖瓦建筑物古朴典雅，美观大方，且砖瓦产品可适应于建筑学形式上变化多样的要求。另外，砖瓦建筑物与周围环境的协调性好，可美化建筑环境。在建筑设计和结构设计上讲，烧结砖具有更多的灵活性和易变性，可满足各种建筑造型的要求，与人、与环境都应是一类和谐的建筑材料。

（十二）烧结空心砖产品具有非常好的防火性能

在建筑中使用产品的防火性能包括两个补充方面，既与火的反应及对火的抵抗能力。烧结砖瓦产品的耐火性能非常好，现在还没有耐火性能比砖更好的一种墙体材料了。在火灾发生过程中，烧结产品不会燃烧，也不会散发出任何有害气体。烧结产品不会引发烟雾，更不会熔化，也不会产生火星。因此，烧结产品是非常适合于防火墙的材料。因为在焙烧过程中它们就早已暴露到火中了。烧结产品总是被划归于最不可燃烧的类别中。欧洲规范中将所有烧结材料及产品归结为 A1 类的最高防火级别。因此烧结砖瓦产品是非常理想的、合适的能用于生活区域、大楼的进入口、楼梯的建筑构件。在工业建筑和商业建筑中，烧结材料及建筑构件可提供爆燃区域安全防火隔离墙。因它不会燃烧，它们本身是被烧结出的产品！因而它们对火有"免疫力"。在烧结砖墙的厚度为 8 厘米或更厚些时（例如非承重的内隔墙），该砖墙可达到的防火等级为 F90，也就是说，在着火情况下，人们有 90 分钟的安全时间可离开火灾现场，或是可转移出财产。在火灾发生时，对人体的伤害一般不是火的直接影响，而是由于易燃的建筑材料及装修材料或室内家具用具燃烧产生的烟气对人们的毒害（没烧死就被呛死了！）。

（十三）烧结砖瓦产品在使用期的突发性事故或拆毁时不产生任何有害物质

烧结砖瓦产品均不含有毒有害物质，且由于是高温烧结，有着较快的吸水及排水速度，具有高度的可渗透性，因此在使用期绝对不会生长霉菌等有害物质，因而在地震、火灾、爆炸、战争等突发性事故时，也不会因为破坏而扩散或挥发出任何有害的物质。因此，烧结砖瓦产品的确是环境友好型材料。

（十四）烧结砖瓦产品在使用期内的维修费用最低

烧结砖瓦产品由于它们杰出的耐久性和可长期保持的尺寸、颜色的稳定性，使得建筑物在使用期内，如果不是人为地、意外地破坏，几乎没有维修。随着人们生态观念的加强，烧结砖瓦产品就有了巨大的生态学价值。因为砖砌体根本就不需要维修，而且不受气候及霜冻的影响，随时间的延伸，色彩更好，日久砺新，根本不需要粉刷或施加上不具生态性能的装饰层或涂料。图 17-5 给出了西欧一些砖瓦建筑外貌状态的对比照片。

（十五）烧结砖瓦产品的建筑物有最大的价值保有力

用烧结砖瓦产品建造的建筑物，由于她的使用功能在整个使用期内不会因时间的延续而降低，而且其使用期也很长，所以其使用价值保持力或持久力就变得比其他材料的建筑物强得多！因为每一座建筑物不是为一代人建造的，而是为其后数代人而投资的大事！例如，用高保温隔热性能砌块建设的建筑物可长期保证有经济上的优势，长期节能，使用期维修费用最低！它们的使用价值保持力长，这就可保证投资能为几代人服务。高质量烧结砖砌体建筑，在转售时也可保有高的价格。又如，外墙使用耐久性非常好的清水墙装饰砖建筑，国外公司承诺质量保证期为 200 年，也就是说，至少在 200 年内其使用价值不会降低。

(a)

(b)

(c)

图17-5 西欧砖瓦建筑的对比

(a. 左：2006年建，右：1993年建，照片来自《Brick Award 2008》；
b. 左：1922建，德国图赛道音乐厅，右：1900年建，德国柏林魏尔墨；
c. 左：1911年建，右：1900年建；b和c的照片来自《国际砖瓦工业》杂志中文版1997年第二期）

（十六）烧结砖瓦产品使用寿命终结后对环境的影响力最小

非常明显的是在烧结砖瓦的废墟上可种植庄稼、植树绿化等，其废料不会对水源、大气、土壤等构成威胁，与大自然有着良好的亲和力。周、秦、汉、唐，曾为十三朝古都的西安市，几度兴衰，多少烧结砖瓦埋在地下，其废墟上如今仍是麦浪滚滚，树木葱绿。但是现在很多所谓"新型墙体材料"，绝大多数都是强碱性的材料，在建筑物使用寿命终结后，以现有的技术水平而言，其分离回收都非常困难，无论堆放在何处，都会对植被的生长、周围的水源、土壤的性质等造成影响。此外，单凭经验就可以说，建筑的使用寿命延长一倍，就意味着废料减少一半。

（十七）烧结砖瓦产品能够有效减少温室气体的排放

地球温度变暖，已成为当今世界的热门话题。使用新型烧结砖瓦产品建造的建筑物在长达数十年甚至于达百年以上的整个建筑使用期内，可长期、有效地节能，能够有效地减少 CO_2 及其他温室气体的排放。

西欧有关机构研究了 $1kW \cdot h$ 的加热能量对环境的影响（这则取决于所使用的燃料/能源），表 17-5 给出了这些数据。

表 17-5 使用不同燃料/能源加热时对环境的影响

能源	单位	地球变暖趋势 kg CO_2 当量/kW·h	酸化趋势 kg SO_2 当量/kW·h	最初能量输入 kW·h/kW·h
油	kW·h	0.313	0.719	1.317
天然气	kW·h	0.263	0.320	1.319
电	kW·h	0.576	3.957	3.770
木屑	kW·h	0.014	0.540	1.369

注：该表中数据来自欧洲砖瓦制造者联合会（TBE）。

当使用上述加热能耗值的数据时，通过简单的计算就能得出建筑物在一年的周期内 CO_2 的平衡数据。例如，如果加热的能耗是 $50kW \cdot h/(m^2 \cdot 年)$，房屋的面积为 $150m^2$，使用天然气加热系统，那么总的 CO_2 产生量（GWP）相当于：

$0.263 \times 50 \times 150 = 1972.5 kg\ CO_2$

将建筑物的加热系统所产生的 CO_2 量与因生产引起的 CO_2 排放量比较，可看到烧结砖及砌块生产排放的 CO_2 量是非常低的。在对德国、奥地利、瑞士三国烧结砖的研究表明，每 $1kg$ 烧结砖排放的 GWP 值相当于 $0.194kg\ CO_2$！一个 $150m^2$ 的家庭住宅，平均使用 $40t$ 的烧结砖或砌块，在制造这些材料期间产生的 CO_2 为 $7760kg$。换句话说，加热系统四年所产生的 CO_2 总量就超过了制造这些烧结砖排放的 CO_2 总量。通常，烧结砖砌体的平均使用寿命至少为 90 年，如果由制造烧结砖所产生的 CO_2 量除以 90 年，平均年 CO_2 的负荷仅为 $86kg$，或说仅占加热系统产生 CO_2 的 4.4%。烧结砖瓦产品在整个使用寿命期有着非常好的 CO_2 平衡功能。（该段文字资料选自欧洲砖瓦制造者联合会 TBE 宣传资料）

烧结砖产品能够建成结构上具可持续发展的建筑，这也是烧结砖瓦产品的一大贡献。烧结砖瓦在几乎没有维修的情况下而极其耐久，并且给建筑物几乎无限制地提供着有吸引力的外表。它在建筑技术方面履行各种各样的角色，为建筑环境提供物理支持、安全、隔音防火，抗候性好，而且随时间的延续外表色彩得到增强。用砖建造的建筑物容易修改并且适应性强。我们有砖瓦房进入第三或第四个使用寿命期的实例，因为这些建筑物被修缮而赋予了新的功能，使用寿命的延伸和功能的改变意味着最初的投资又增大了许多倍。

第五节 烧结砖瓦产品建筑民生节能特性

住宅建筑问题是当代各国政府与国民关注的热点问题,无论是先进发达国家还是发展中国家都采用着不同的方式进行着住宅的建设。联合国专门设立了"人类居住委员会"及常设机构"联合国人居中心"(Center for Human Settlements)。我国的住宅建设已进入了住宅产业化阶段,但我国的住宅建设发展是与区域经济(社会经济分布)的发展相适应的,从而使住宅建筑有较大的消费差异性。但是总的发展趋势是已从"一人一床"过渡到了"一人一间房"或是"一户一套房"的阶段,也就是从温饱向小康的过渡。然而随着我国经济的发展,新世纪发展蓝图的实施,其住宅建筑性质将从低级的安置性住宅向中级的"准小康"适用性住宅,小康舒适性住宅和高级的豪华性住宅过渡。住宅建筑的发展首先就会对建材产品提出新的要求,如产品功能上的开发等。这也给利用工业废渣生产建材产品提供了新的发展机遇,也就是废渣建材产品将会从低级向高级的转化。我国的住宅建筑由于受到经济环境、文化环境、民俗环境、消费水平的制约,但居住条件必然要从物质型向文化型、开放型、文明型、舒适健康型方向转变。因此,工业废渣建材产品功能的开发与研究必须走在前面。没有功能优良的建材产品,要建设出现代的高度舒适的、节能的、生态的住宅建筑是不可能的。

从减少环境污染和温室效应,保持生态平衡和可持续发展的高度,建筑节能已成为全世界共同关心和重视的课题,研发新型高效保温墙体材料,受到了世界各国的普遍重视,特别是欧洲和美国,要求围护结构传热系数越来越低,而我国与发达国家相比,还有很大的差距。欧洲的建筑节能也走过漫长而曲折的道路,也曾四处寻找"新型材料",从"关紧门窗"到"穿衣盖被",作过各种尝试,最终还是选择了改进、发展传统烧结建材产品,用高性能的烧结建材与科学的墙体结构相结合达到墙体自保温,建造出了健康、舒适、节能、环保的绿色建筑。

人们对砖瓦建筑冬暖夏凉的特性是有同感的。为什么砖瓦建筑会有这种令人温馨舒适的室内感觉?除了前面说到的湿传导呼吸功能外,它还有能自然地吸收并储存、释放太阳的能量和室内的热量。吸收、储存是不断的,释放储存能量和热量转换的温度是延时的。夏季外墙吸热,冬季内墙释热,平衡了室内温度的波动,使人感到冬暖夏凉,能大大减少空调能耗,如容重为 $0.5 \sim 0.9 kg/dm^3$,墙体抗压强度为 $1.0 MN/m^2$,导热系数为 $\lambda = 0.08 \sim 0.16 W/(m \cdot K)$ 新型空心砖(砌块)。根据最新《国际砖瓦工业》的报道:新型"波罗顿"(Poroton)砖密度为 $1.0 kg/dm^3$,砌墙厚度为 365mm 时,K 值为 $0.25 W/(m^2 \cdot K)$;墙厚为 300mm 时,K 值为 $0.30 W/(m^2 \cdot K)$,单砖厚外墙完全可以满足隔热保温的需要,当用砌块砌筑单墙 300mm 厚时,墙体的传热系数为 $0.46 W/(m^2 \cdot K)$,即可达到我国北京地区三步节能的要求;当砌块的导热系数为 0.13,墙厚为 240mm 时,就能达到我国北方大多数寒冷地区 65% 节能目标。

继"波罗顿"品牌砖(砌块)的广泛应用后,德国于 2006 年欧洲又开发出聚苯烯泡沫填充砌块,这种砖形被称为"超低导热系数烧结砌块"。经过试验证实,这种形体尺寸为 $24.8cm \times 30.0cm \times 24.9cm$,单块密度 $15.8kg/cm^3$,导热系数 $\lambda = 0.08 W/(m \cdot K)$ 的超保温砌块用于单层墙,甚至不需要室内空调。这种产品在德国已广泛使用。

烧结建筑产品对建筑及其居住者来说是最好的选择!无论从生态学、经济学还是社会学方面讲,烧结建筑产品构成了可持续发展的选择,并有着对环境影响相对很低的、良好的生命周期评估。烧结砖瓦常常是在现代化的、相对分散的工厂中制造,所需输入的主要能源低,先进的装备减少了排放量。由于烧结建筑产品优秀的热工性能,提升了建筑的环境效果。

过去,建筑的投资成本是决定性的因素。而现今,建筑物的生命周期成本正在变为一项很重要的准绳。然而,对居住者而言,感兴趣的是建筑物的运转成本——加热、冷却及维修。建筑物的经济评价应当考虑整个生命周期，例如投资、维修、加热以及拆除、堆放、各种材料的分别回收等带来的成本。

对于烧结砖建筑的生命周期成本的分析表明有着非常好的正面结果。实心（单块）砖墙和夹芯墙（复合有矿棉保温隔热层）由于非常低的维修费用及容易分离和回收利用而有着低的生命周期成本。较高的生命周期成本常常和带有外部保温隔热层的墙联系在一起，因为在建筑物的使用周期内必须更新数次。

生命周期成本与建筑物的加热能耗紧密地连接在一起，因此也受使用能源的类型的影响，无论是电、油、天然气、再生能源或是垃圾焚烧加热。对建筑物的评价应该是最佳化的总的生命周期成本，而不是将各个单项成本孤立的进行分析。在最初的建设投资上，一幢建筑结构可能比另一个的高，但是对相应各自的生命周期成本的分析——并将维护和修理费计算在内，其结果就有了显著地变化。

一个很好的实例就是用烧结砖的夹芯墙体系，至少在某些国家的建造资金投入比外部加有聚苯乙烯保温隔热层的实心砖墙会更大些。但是夹芯墙有非常长的使用寿命（至少100年），没有重大的维修成本。比较来看，外墙聚苯乙烯保温隔热层的使用寿命是有限的（约20年），附加的成本是要数次更换聚苯乙烯保温隔热层。因此，使用烧结砖建造的夹芯墙结构的生命周期成本是低的。

烧结砖墙的维修成本一般是非常低的，因为在它们非常长的使用寿命期内几乎不需要特别关注。在粉刷墙面的情况下，仅需要有规律地进行粉刷维修，可能在30年后需要粉刷，这则取决于建筑物所处位置。在50~60年后，其墙面就必须全部重新粉刷。由于用烧结砖建造的夹芯墙高度的耐久性及抵抗环境污染物的能力，在非常长的使用周期内没有维修或修理。甚至于外加保温隔热层的烧结砖墙，其砖墙也没有维修或修理。所遇到的成本仅是在特定的时间间隔里更换外部保温隔热层。这种外部保温隔热层一般使用寿命比烧结砖墙短，必须在特定的间隔内更换，这则取决于建筑物所处位置和所使用的保温隔热材料的种类。

烧结屋面瓦的投资成本在一百年的使用周期内被摊销了。屋面瓦的维修非常容易，并能预见。实际上就是植物、碎石的清理，已坏瓦的更换，这在屋顶上是非常容易做到的。

在住宅建筑的整个使用周期内所遇到的加热和冷却成本是非常重要的。这不仅是处于金钱方面的考虑，而且也要考虑减少来自住宅加热系统CO_2的排放。在欧洲共同体成员国，都将京都议定书的目标作为重要的选举条件。加热成本直接与建筑的能源消耗联系在一起，这由建筑物自身的许多因素所影响。这些包括：

- 建筑物的位置/气候；
- 建筑物的几何形状（大小、外形、体积/表面比率）；
- 建筑围护结构的热工性能（K值）；
- 蓄热（可得开发能源的热容量）；
- 通风；
- 加热系统的效率；
- 居住人数及他们的生活方式。

实际上，用于加热或冷却的能源（电、油、天然气、再生能源例如木材或太阳能加热、垃圾焚烧加热）选择，对加热和冷却成本来说比墙体的结构类型更具决定性的影响。电常是最贵的加热能源。其他选择包括油、天然气、再生能源（木材或其他生物）及垃圾焚烧加热。后两种通常是便宜的，但是这将取决于地区和将来的发展趋势。

屋面瓦技术上的新发展是减少房屋的加热成本。新的烧结屋面板的空腔结构能隔离夏季的热及冬季的寒冷。正在设计中的新型太阳能瓦作为太阳能收集器，加热流体并产生再生能源，能在住宅中使用。

建筑材料的选择常由于产品单一的生态性能所影响。现今，人们发现当对一产品进行评价时，其整体性能接近于生态学性能时，往往使人们钟爱。

烧结建筑产品有着非常长的使用寿命，需要很低或没有维修，有利于将加热和冷却成本降到最小化；因此提供了最佳的经济性能。由于以上优点，烧结建筑产品在整个使用寿命期有着非常好的CO_2平衡功能。由于烧结建筑产品的多孔结构，轻的质量，高度的耐火性及防潮性，最后但不是最少，她们提供了在使用上的灵活性、极其优良的居住环境和室内气候。在许多国家中其发展的趋势是使用烧结砖瓦产品建造低能耗的住宅［Low Energe House，加热所需能量约为40~60kW·h/(m^2·年)］或是被动式节能住宅［Passive House，加热所需能量<15kW·h/(m^2·年)］。而这些被动式节能住宅无一例外都是选择料烧结砖瓦材料，如在德国和奥地利使用烧结砖瓦建造的大量被动式节能住宅建筑。

第六节　烧结砖瓦产品的防灾性能

自然或人为造成的灾害是不可避免的，而且也往往波及建筑物。这是历史上常见的现象，古今中外概莫能外。灾害事故中，从频率上多以火灾为首，地震灾害次之。因此在建筑设计中，除了结构和设施上要强化建筑抵御灾害的能力，选择适当的建筑材料是一个十分重要的方面。就防火功能而言，烧结砖对"火"具有天生的"免疫力"。经试验，火灾中当墙体厚度为8cm时，防火等级可达F90，而且不会产生任何有毒有害气体，给住户以充裕的救灾和避灾时间。这是因为烧结砖是黏土烧陶制品，经高温（960~1100℃）烧成的炻质材料，具有不燃的性质，在1000多度的明火灼烧下不炸、不裂、不软化、不变形、不溶化，有很强的抵御火灾的能力。自古以来，我国是以木构建筑为主体的国家，木构建筑的克星是"火"，特别是市井、街道，一遇火灾，便风借火威，火乘风势，火烧连营。于是古人们在规划设计时，便利用烧结砖特有的防火功能用砖建造围护墙、风火墙、水火巷，俗称"三道防线"。北方干燥地区，一般采用砖墙硬山封顶或博风砌筑在博风上镶嵌砖雕作品等，把建筑物装扮得美轮美奂；南方则时兴马垾（即马头墙）制式，很好地预防灾于吉祥之中。这正是中国工匠运用砖材逢灾化吉的奥妙之处。

烧结砖除有很好的防火功能外，还是抗震性能很好的刚性材料，有着较高的机械强度，与砂浆有很好的亲和性和粘结性，能有效地改善建筑抗震性能。从2008年我国四川"5.12"大地震震区考察，凡是砖混建筑比水泥砖、石头和土墙抗震能力要好，在震灾统计中，烧结砖墙体属于材料脆碎现象都极为少见，而且，空心砖的抗震性能更优于其他免烧材料。常见的现象是在强烈的水平震动和垂直震动力的作用下，只出现墙体沿45度和X形开裂，而且裂缝多是沿灰缝处裂开，正说明砂浆是一种脆性材料，它和砖体咬合度不够。实践证明：建筑抗震能力的好坏，原因是多方面的，"烧结砖不抗震之说"是没有根据的。现以西安"小雁塔神合趣事"加以说明。小雁塔是西安荐福寺的一座密檐式十五级砖塔，现高43.3米，正方形平面，底层边长11.38米，各层砖砌出檐，檐部均以叠涩挑出间以菱角牙子。次层以上高度和宽度逐层递减，越上越促，自然而圜和地收顶，轮廓修长，彰显出飒爽、流畅的曲线之美。此塔建于唐中宗景龙年间（公元707—709年），存世1300年来，据历史记载经受了70余次地震的严峻考验，至今仍巍然屹立，昂首天外。据塔北门楣上明人王鹤"题记"载：小雁塔在明成化二十三年（公元1487年）的地震中，曾"自顶至足中裂尺许"，而在明正德十六年（公元1521年）的地震中，一夜之间竟被震合，传为"千古'神合'奇迹"。明嘉靖三十四年腊月（公元1556年）长安大地震，除塔顶有所损和灰缝出现裂纹外，塔身外观仍很完整秀丽。十里之外"雁塔晨钟"仍使人闻清音而吟哦着朱集义"噌宏初破晓来霜，落月迟迟满大荒。枕上一声残梦醒，千秋胜迹总苍茫"的诗句，抒发着"巍然古塔耸，千载壮长安"的移情。再说与小雁塔同处一域建于唐永徽三年（公元652年）后经武则天长寿年间、唐玄宗天宝年间、后唐长兴年间三次重大改造而成高64.5米的7层仿木结构楼阁式锥状大雁砖塔，由于该塔采用磨砖对缝的砌筑方式，虽同样有70余次地震经历，但丝毫未动，至今仍是我国佛教建筑艺术的杰作。类似例子很多，诸如地处我国横断山脉地质构造带上的云南大理崇圣寺三塔，经受了30多次地震的洗礼，依然屹立在苍山洱海之间，其"四时回望苍峰雪，日夜窥听洱海波。威镇唐蕃茶马道，月沉天镜赏渔歌。"轩昂自若之态，宛然在目（图17-6）世说"烧结砖乃脆性材料而不抗震"之言，纯属昧者无稽谬谈。国际上砖瓦行业对适应地震多发地区抗震砖的研究有了新的突破。奥地利维也纳山制砖公司研究制造的"抗震砌块"建造的墙体，抗震能力比常规砌块高十倍！

图17-6 西安大雁塔、小雁塔及云南大理千寻照片

烧结砖强度安全性，烧结砖在制造上按适应建筑强度需要，从建筑用途上就有许多品种，有十分系统的产品质量标准供建筑选择，确保建筑安全耐久。例如强度很高的工程砖、道路砖、广场砖等；还有承重空心砖（空心砌块）、非承重空心砖（空心砌块）、装饰墙砖或轻质微孔砖都能保证建筑结构设计的强度要求，完全可依建筑构造不同部位强度要求可供选择。而且，这些制品用于墙体时，墙体对制品的强度利用率一般都不会超过50%，因此，烧结砖的强度安全性是很好的。

在建筑中使用材料的防火性能包括两个补充方面，即与火的反应及对火的抵抗能力。与火的反应是评价建筑材料的可燃性及该种材料对火灾扩散起作用的倾向性。这就涉及了烧结砖瓦产品的性能。

烧结砖瓦产品不会燃烧或不会散发出任何气体。在火灾发生过程中，烧结砖瓦产品不会引发烟雾，更不会熔化，也不会产生火星。因此，烧结产品是非常适合于防火墙的材料。因为在焙烧过程中它们就早已暴露到火中了。

根据与火的反应，欧洲规范中阐述了欧洲的分类：A1，A2，B，C，D，E，F七个类别。烧结产品总是被划归于最不可燃烧的类别中。欧洲规范中将所有烧结材料及产品归结为A1类，不需要通过试验作出任何确认。

第七节 烧结砖瓦产品的耐久性与经济性

考古发掘和中国砖建筑文物遗存证明：烧结砖是世界上耐久性最好，生命力最强的建筑材料。

无论是埋藏于地下，也无论是建筑于地面，都具有不解体、不腐蚀、不风化、体形不变、强度依旧、色彩不褪的耐久性质。这是当今任何建筑材料不能与之媲美的。姑且不谈七千年前长江流域大溪文化建筑垫层的"红烧陶块"、良渚文化的"中华第一砖"和五千年前齐家文化的筒瓦和槽瓦出土的峥嵘面貌，就考古发掘出的汉长乐宫遗址沉淀池的双排陶管和净水条砖，埋藏地下两千年仍规整如初，便可证明其抵御地下恶劣环境的能力。尤其是用砖构造的地面建筑，立而威武，秀而无骄，凸显出："能与山川共秦月，和谐物候沐汉风。江山换代寻常事，唯有青砖永称雄"的气派。现以建于公元523年魏晋南北朝时期至今保存完好的中国第一砖塔——河南嵩山嵩岳寺塔为例，戏说烧结砖的耐久性。塔的概念和形制，源于印度，是藏置佛舍利和遗物的特有建筑。译称"浮屠"，印度式的塔建筑单一，为实心覆钵形，一般由台基、覆钵、相轮组成，上立长柱形标志"刹"。佛教传入中原时，同中国匠人营造的木构架"迎仙楼"式建筑相融合，开创了木构重楼式高塔的先河。由于木塔常遭雷电火灾，又由于秦砖汉瓦形制和砌筑技艺的成熟，魏晋南北朝时期出现了仿木斗拱和叠涩规制的砖塔。嵩岳寺砖塔便是我国史载最早并保存完好的第一空心塔体，既彰显中国建筑文化艺术的博大精深，又传承着精湛的建筑技艺。该塔始建于正光四年（公元523年），为十二角十五层密檐式砖塔（高约39.5米）逐层收缩以至封顶的筒形结构，塔身上段为十五层密叠塔檐，檐间每面设三个小窗，下段为平素墙面，四个正面辟贯通上下的券门，余八面上部砌出单层浮图式壁龛，龛座隐起壸门和狮子，各面上部角隅各加倚柱一根，柱头施火焰宝珠，柱下为覆盆式柱础。除塔刹覆莲座、束腰、仰莲、梭形相轮和宝珠组成为石雕外，全塔均由灰黄色烧结砖砌成，线型轻快流畅，十分优美。在经历一千四百八十六年的风霜雪剑、酷日寒暑、春秋更迭之后，仍然表达着"塔门隐听狮子吼，佛光普照太室山"的人文创意，见证着烧结砖瓦有千年不朽的耐久属性（图17-7）。

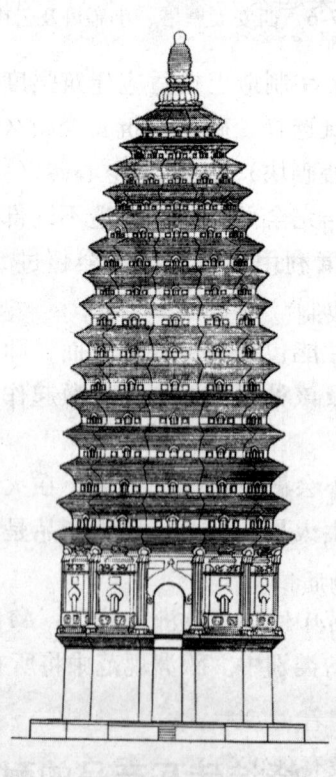
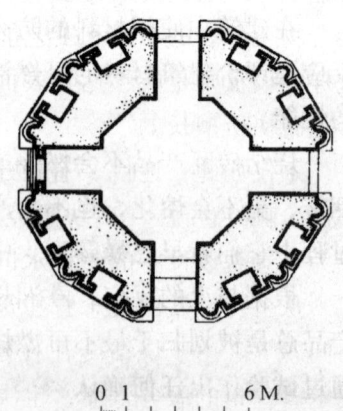

图17-7　北魏嵩岳寺塔

我国建设部《绿色建筑评价标准》中明确界定:"绿色建筑"是指在建筑的全寿命周期内,最大限度地节约资源(节能、节地、节水、节材)、保护环境和减少污染、为人们提供健康、适用和高效的使用空间,与自然和谐共生的建筑。提出了绿色建筑评价体系由"六大类"指标组成:即(1)节地与室外环境;(2)节能与能源利用;(3)节水与水资源利用;(4)节材与材料资源利用;(5)室内环境质量;(6)运营管理(住宅建筑)、全生命周期综合性能(公共建筑)。由此可以看出绿色建筑与绿色建筑材料之间的关联性。绿色材料的耐久性、舒适性、保健性和多功能经济性是决定绿色建筑性能最根本、最重要的指标。建材产品耐久性越好,就意味着它的服务周期就越长,对自然资源的消耗、环境的影响就越小,对社会效应和经济效益就越大。综合以上砖塔耐久性的例证,有人称烧结砖为"万岁产品",不是危言耸听,是有一定依据的,它是人工材料中寿命最长的产品,古巴比伦时期的砖在地下埋藏了几千年后在考古发掘中又将它挖了出来盖起住房至今尚在;中国万里长城上秦砖、明砖,千百年来饱经风霜雨雪、冰冻、砂尘袭击仍巍巍峨峨,就是其长寿的见证。因此,无论从资源环境学、建筑经济学和工程学的理念,也无论是能源经济学的概念意义去评价它,可以说任何建筑材料都不能与之媲美。

烧结砖耐久性凝固着美学性与其生命的共存。烧结砖这种古老的建筑制品,在形体、色调和自然质感之"三位一体",天生就具有与天地(自然生态)的和谐性。现代景观建筑设计师(美)罗布·索温斯基在他的《砖砌的景观》一书"导论"中,对烧结砖在景观建筑中的"自然真实"、"景观质量"和"尺寸灵活"道出了心声。他说:"在建成了的景观中,砖块看上去是那么的优雅,恰当而且真实。砖块构成的表面是斑驳而温暖的。最初它只是美观的人造物品,随着岁月的变迁而变得越发优美起来。经受了大自然的腐蚀,呈现出因时间久远而产生的光泽……与我们构造出来的环境配合得是如此天衣无缝"。讲到砖块在景观中同其他建筑材料质量对照时,他说:"砖块天生具有一种为它赢得声誉的特色。由于它们的经济实惠是显而易见的。我们所居住的环境中越来越多地运用了沥青、混凝土和各种人工合成的建筑材料。当这些材料构筑成了我们居住环境的背景时,砖块在其中便成为一种令人欣喜的对照物,并且暗示了一种对于质量、美观和耐用性能方面的格外关注"。在谈到砖块的灵活性时,罗布·索温斯基说:"对于砖块的设计来说,没有既定的公式。由于它较小的尺寸和在色彩、外表和润饰方面的宽广范围,对创造的潜力会有所限制的因素,就只在于设计师的知识和技巧了。一个在砖块图案、接合物、外表的布局和工艺能力方面拥有行之有效的知识的设计师事实上便拥有了无穷的创造力。这样的设计师是能够达到表面深度、浮雕、可塑性、投影、上色和独特的视觉质量的,而这些恰恰是砖块所擅长的"。

不仅如此,近代"有机建筑"的倡导者、"草原建筑"创始人——美国建筑大师弗兰克·劳埃德·赖特也说:"砖块是经历了漫长的设计价值观的发展过程而生存下来的材料之一,并且已经成为了景观设计中的一种永恒的质量品质"。

从可持续发展观念看建筑的经济性,主要表现在建筑材料耐久性和可重复回收使用性这一核心问题上。由于烧结砖瓦在建筑中的主体地位(在建筑主体工程用材中可以达到80%~90%),决定着建筑的服务寿命,也决定着对自然资源和能源的一次性投入有很高的使用效率。寿命越长的产品,意味着对资源和能源最有效的节约,又意味着对环境负面影响降至最低。也就是说建筑业通过减少向自然界索取物质生产要素进行经济生产活动,有效地处理当前和今后人类面临的人口、粮食、能源、资源、环境等五大问题,合理地调节人与自然之间的物质变换,使人们的经济活动与环境协调并保持平衡，既取得近期和直接的经济效果，又能取得远期和间接的经济效果，产生环境和生态正效应，并使这种效应转换为经济信息反馈到国民经济的宏观领域，为可持续发展战略与经济决策计划提供依据。这就是烧结砖瓦表现出的宏观经济性。

烧结砖瓦的微观经济性又是怎样的呢？我们知道：住宅是人类赖以生存繁衍、学习生活和发展之依托的物质资料所构成的空间形式，它既是一种生存资料，又是一种享受和发展资料，与政治生活、社会文化、生产关系、宏观经济有着密切的联系。凡供人们居住的住所，无论是茅舍、泥屋、木屋、竹楼、窑洞，还是洋楼别墅，都是一种生活消费品，都存在着不可避免的"住宅消费"。诸如维修消费、保健消费、采暖消费和舒适性消费等。由于烧结砖瓦具有耐久性、保健性、舒适性（隔热保温、湿呼吸功能优越、生物保健性奇异、隔声性能、防辐射功能良好等）特点，不仅使用期维修费用极低，而且能抵挡许多病害发生保护人类身体健康，减少疾病消费支出，既体现近期直接经济效益，又体现远期间接的经济效益。这就是砖瓦建筑所表现的微观经济效应。通过对烧结砖瓦宏观经济效应和微观经济效应的综合评价，烧结砖瓦产品在建造可持续发展建筑主体结构中所发挥的重要作用，是至今任何新型墙体屋面材料不能完全取代的，因为烧结砖瓦建筑最经济。

第八节 烧结砖瓦产品的可回收性能及应用

为了更清楚地说明烧结砖瓦废料的可回收利用特性，下面以西欧在建筑废料回收利用方面的成功经验为例进行详细说明：

对建筑废料的大规模回收利用可追溯到第二次世界大战后。二战结束后，当时仅原西德就有6亿立方米的建筑废墟材料。这6亿立方米主要由烧结砖组成的建筑废墟材料全部被重新加工利用。未破坏的砖被分拣出来，清理后再次用于墙体的砌筑材料；破损的砖被加工成为混凝土骨料，这类混凝土是在二战后一段时期内重要的建筑材料。这种大量利用建筑废料的成功经验，经常被后来的许多研究文献作为引证的实例。据有关文献报道，二战后用碎烧结砖块作为混凝土骨料建造的一幢8层建筑物损坏严重，已经倒塌。经研究分析后认为，这一建筑物损坏的根本原因是在混凝土制作过程中的失误造成的，并非烧结的碎砖块骨料的问题。由于构成建筑废料的成分非常复杂，其性能变化较大，在回收利用上的严格控制是其关键。现在世界范围内对建筑废料的利用，德国有着成功的经验，如在德国1998年共产生建筑废料8000多万吨，70%以上当年就被利用了，德国现已有了利用回收建筑废料相应的标准和规范，也成立了专门的"联邦德国回收利用建筑材料工业协会"（The Federal German Association of the Recycling Construction Materials Industry）。

自从1992年6月在巴西的里约热内卢召开的"联合国环境与发展大会"（UNCED Conference）以来，可持续发展（Sustainability）已成为了世界性的共识。可持续发展的定义为："在满足当代人需要的同时，不能对后代人的生存构成危害"。保护环境、节约能源、减少废料、以持续的方式使用可再生资源等是可持续发展战略的重要内容。建筑和建材行业的发展也必须遵循可持续发展战略的要求，而建筑和建材行业在国民经济建设中是体量最大的行业之一，也是对环境和生态有敏感影响的行业之一。例如据西欧中部的奥地利、瑞士、德国三个国家的统计资料表明：在经济建设中，总的材料流量中的三分之一是建筑中使用的建筑材料。在我国经济建设的总材料流量中建筑材料的流量是远远要大于西欧中部这三个发达国家的比例。同时随着我国城镇化建设步伐的加速、城市中危旧房改造、废旧建筑物的拆除、损坏道路、桥梁及过时水利设施的拆除等带来了大量的建筑废料。众所周知，这些建筑废料绝大部分是无机材料或是经高温焙烧制造出来的材料和制品，在自然条件下很难消解。堆放这些建筑废料需要占用大量的土地，并会对周围环境（河流、水源、植被、土壤性质等）造成危害。已收集到德国已发表的有关年产生建筑废料的数据在表 17-6 中给出。

表 17-6　德国年产生建筑废料的数量及利用率

建筑废料名称	1993 年（万吨/年）	1994 年（万吨/年）	1999 年（万吨/年）	1999 年利用率（%）	德国图林根州 1994 年（万吨/年）
开挖土方		21500			350
道路废料		2600	2800	100	20
损坏的沥青			1500	96	
建筑废料		3000	4500	64	180
建筑现场废料		1400	1200	33	40
总计	14300	28500	11000		590

英国、德国、奥地利、荷兰等西欧国家对大量的旧建筑物（50 年以上、80 年以上、100 年以上的住宅、公用及工业建筑）在拆除现场的计算、测量、记录结果表明，根据建筑物结构形式的不同，单位体积平均产生的废料数量在 375～401kg/m³ 之间。因此也可根据建筑物的外围体积来估算可能产生的建筑废料数量，例如某住宅建筑的外围体积（容积）是 5000m³ 时，就可能会产生 1875～2005t 的建筑废料。虽然上述估算数量非常粗略，但从这些数据可以看出这样趋势：我国的建筑物废料正在逐年增多，在很多大、中城市已形成了危害。研究和开发对建筑物废料的回收利用已到了刻不容缓的地步。2008 年四川汶川大地震中形成的大量建筑废料，也为我们对建筑废料的正确收集、处理、再利用提出了新的、迫切的课题。

（一）建筑废料的回收及加工处理方法

建筑废料中最主要的组分是损坏的混凝土和拆除的墙体材料（烧结砖、砌块、砂浆等）。拆下的这两种材料不能直接利用，需要经过一定的分离和加工程序。也就是说回收建筑废料的可应用性能取决于回收材料的来源、种类及所使用的加工处理技术。因此在建筑物拆除时就应当按照不同材料的大类进行初步分离，可提前将不希望有的小部分材料，如木材、塑料、纸张、玻璃、金属等清除出去，对建筑物主体的大宗材料可按以下分类，将其区分开来分别拆除和回收：

混凝土材料：主要是指梁、板、柱、地面等；

较纯的烧结砖瓦废料：屋顶更换时的废瓦片，或是预先将外墙材料及内隔墙材料分类并分别拆除，以便得到较纯的烧结砖瓦废料；

主要是烧结砖的墙体材料：烧结砖砌体废料中不可避免的含有砂浆和抹灰（粉刷）材料。烧结砖砌体废料中含有砂浆和抹灰（粉刷）材料量的多少是与建设时的使用量有关。但在这一部分砌体废料中烧结砖的组分最大可占有 95%（质量%），平均也占到 80%；

其他墙体废料：其他墙体废料，如混凝土砌块、轻质混凝土、灰砂砖、粉煤灰砖、加气混凝土、墙地砖、各类板材等。

道路、桥梁、水利工程等的废料：主要是混凝土，一般不需分类拆除。因此这类废料在西欧的回收利用率也最高，主要是用于道路的垫层及回填。

目前西欧用于建筑废料回收处理的工厂（站）基本有两种形式：一种是可移动的建筑废料回收处理站，由初级筛分设备、反击式破碎机、磁力除铁器和必要的转运设备组成。可移动的建筑废料回收处理站可在拆除现场或附近地区、或是在需要用加工后废料的施工现场对拆下的废料分门别类地进行加工处理。运送来的建筑废料由初级筛分设备将其分为两部分，筛上粗料送入破碎机进一步破碎，破碎后的材料经磁力除铁器除去块状铁质物质。这些处理设备一般安装在汽车上，该种可移式建筑废料回收处理站的示意图如图17-8所示。

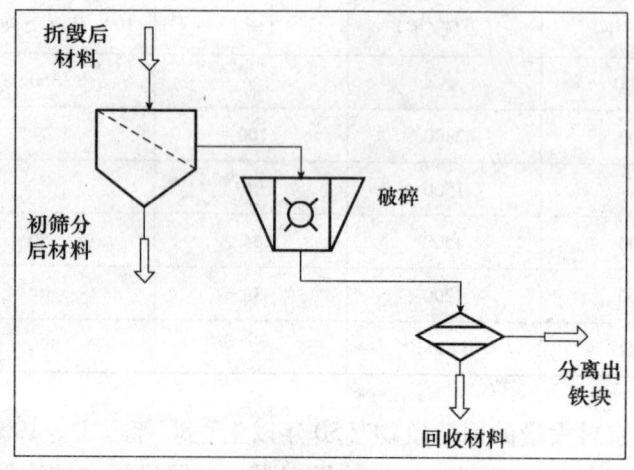

图17-8　可移式建筑废料回收处理站的示意图（图片来自TBE宣传资料）

另一种是固定式的建筑废料回收处理工厂。在固定式的处理工厂中，一般有两级破碎设备，如颚式破碎机和反击式破碎机。并有专门的分离工序，如在输送带上借助于气力或湿洗的方法将不希望有的材料分离出去；该类工厂中还配备有分类设备，如用颠簸振动设备对轻质材料，如木材、塑料、纸片等，以有轻度污染的物质的分类和分离；破碎后的物料还可被分成不同用途、不同粒径的无机混合集料，如德国在固定式的建筑废料回收处理工厂中，按照德国标准［2，3］DIN4226的要求将回收的建筑废料加工成为0~32mm、0~45mm、0~65mm的无机混合集料，并可提供用于特殊需要场合的、有要求级配的颗粒状集料，如0~8mm、8~16mm、16~32mm的级配集料等，可用于混凝土、轻质混凝土、混凝土砌块、建筑用砂浆、噪声防护墙、墙板、水泥掺和料、运动场地、烧结墙体材料产品、土壤改良、基础工程、防冻工程、筑坝填充、绿化种植等多种用途。该种固定式的建筑废料回收处理工厂的示意图如图17-9所示。

（二）回收建筑废料的性能

为了使从建筑废料中回收加工生产的材料有着特定的用途，就必须对回收加工生产的材料的性能有充分、详细的了解。由于建筑废料成分的多样性，如果对从建筑废料所加工生产的材料性能缺乏正确的、全面的了解，就会限制对建筑废料回收利用方法的开发或是会影响正确的回收和实际应用。因我国在建筑废料回收利用方面研究极少，目前还不能够用确切的数据来描述我国建筑废料的成分和特性，本文中用西欧的研究数据简要描述建筑废料的成分和特性如下：

为方便起见，表17-7仅汇集了回收的22种纯烧结砖碎块和33种墙体材料废料的化学成分，其他种类建筑废料的化学成分不一一赘述。

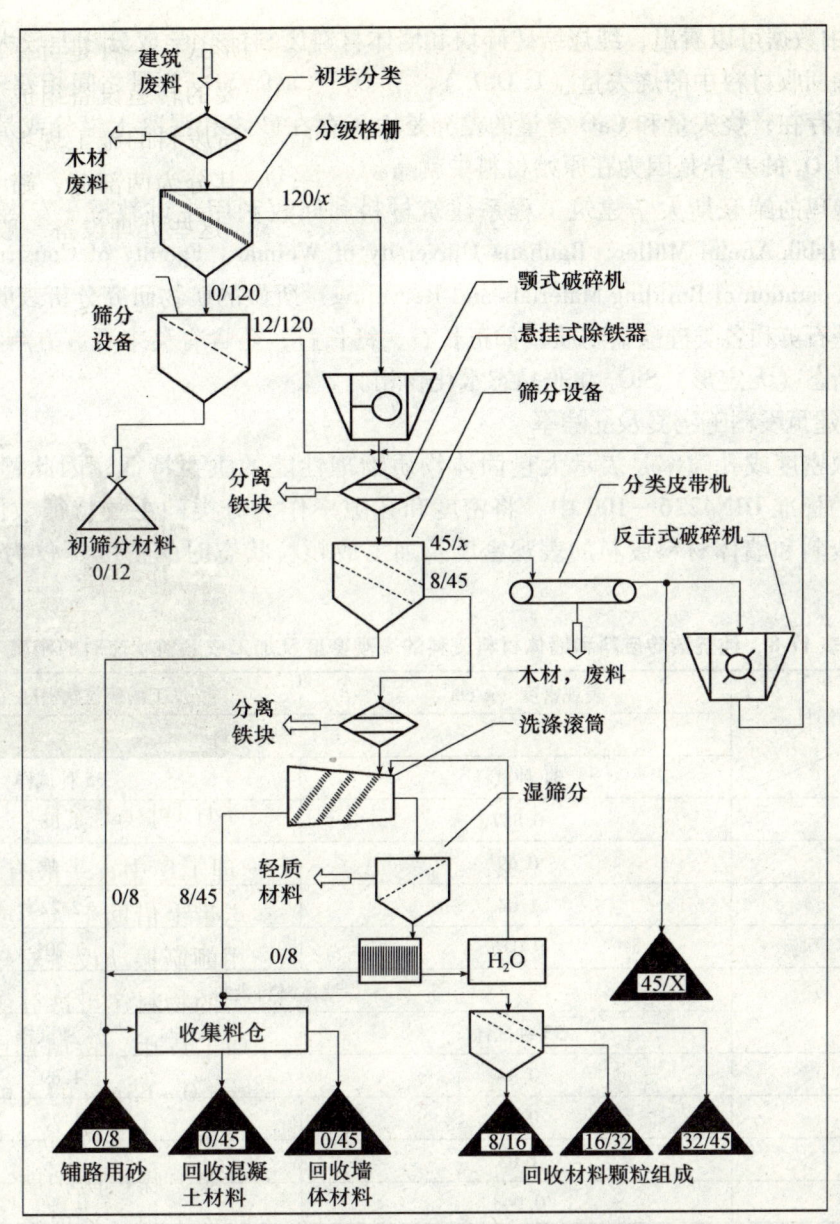

图 17-9 固定式的建筑废料回收处理工厂的示意图（图片来自 TBE 宣传资料）

表 17-7 纯烧结砖碎块和墙体材料废料的化学成分   %

	干燥损失	烧失量	SiO_2	Al_2O_3	Fe_2O_3	CaO	MgO	K_2O	Na_2O	SO_3	Cl
					22 种纯烧结砖碎块						
平均值	0.15	0.87	66.8	15.5	6.49	2.63	1.99	3.06	0.75	0.49	0.01
最小值	0	0	55.1	10.6	4.08	0.40	0.50	1.53	0.22	0	0
最大值	0.30	2.60	79.3	19.3	15.3	7.80	4.00	4.42	2.02	3.40	0.06
标准差	0.10	0.81	6.55	2.11	2.24	2.28	1.02	0.77	0.44	0.75	0.01
					33 种墙体材料废料						
平均值	0.39	5.11	68.0	9.54	3.55	7.98	1.33	2.15	0.71	0.84	0.04
最小值	0	2.50	52.0	7.20	2.50	3.70	0.80	1.36	0.45	0.10	0.01
最大值	1.10	12.3	74.5	14.7	5.70	15.0	1.98	3.47	0.89	3.30	0.15
标准差	0.29	2.03	5.40	1.54	0.71	2.78	0.30	0.55	0.12	0.72	0.03

从表 17-5 中数据可以看出，纯烧结砖碎块和墙体材料废料的化学成分相差较大。系统的统计数据表明在这些回收材料中的烧失量（L.O.I.）、Al_2O_3、CaO、SO_3 含量之间相差较大，SO_3 的差异可能是有石膏存在；烧失量和 CaO 含量的差异是由于存在砂浆和混凝土组分或是因为硅酸钙类的物质所致；Al_2O_3 的差异是因为在原始材料中就高。

根据德国魏玛的鲍豪斯大学建筑工程系建筑材料和回收利用主讲教授—安内特·米勒博士（Prof. Dr.-Ing. Habil. Anette Müller, Bauhaus University of Weimar, Faculty of Construction Engineering, Chair of Preparation of Building Materials and Recycling）所做的矿物研究分析表明：建筑废料的矿物成分主要是石英和各类硅酸盐物质，如正长石、钙长石，还含有莫来石、方解石、赤铁矿等；此外也含有非晶态（无定形）SiO_2 和非晶态水化物相。

（三）回收建筑废料的密度及孔隙率

材料的松散密度或孔隙率是表示大量固体物质物理性能的主要特征，因此德国在涉及建筑废料回收利用的标准 DIN4226—100 中，将密度和孔隙率作为分类的主要特征数值。表 17-8 给出了纯烧结砖废料和墙体材料废料的表观密度及加工成颗粒状态时的密度（仅为颗粒 > 2mm 的部分）。

表 17-8　纯烧结砖废料和墙体材料废料的表观密度及加工成颗粒状态时的密度

项目 数值	表观密度（g/cm³）	加工的颗粒状密度（g/cm³）
	纯烧结砖废料	
	31 种试样	35 种试样
平均值	0.887	1.88
最小值	0.69	1.49
最大值	1.04	2.22
标准离差	0.076	0.201
	墙体材料废料	
	33 种试样	34 种试样
平均值	0.94	1.89
最小值	0.83	1.73
最大值	1.03	2.1
标准离差	0.048	0.099

纯烧结砖废料有着较宽的密度分布范围，这是因为烧结砖的品种和用途不同所致。在实际测定中发现，烧结的垂直多孔砖、烧结的砌筑砖、缸砖三类材料有着最大的密度。

（四）回收建筑废料的颗粒强度和抗冻性

回收建筑废料的颗粒强度和抗冻性能随材料种类的不同而变化。正如所预料到的一样，回收纯烧结砖废料的颗粒强度较低，但它的抗冻性非常好，简直令人惊讶。与回收的混凝土材料比较，在同样的试验条件下，经冻融后的质量损失分别为 4.2% 和 5.7%（过程 P）或是 5.9% 和 7.7%（过程 N）。这种现象能够用材料的总孔隙率和微孔结构尺寸及分布来解释。材料有较高的孔隙率时，一般具有较低的机械强度，然而具有高孔隙率的材料却有着较好的抗冻性。因为合理的孔结构材料有着足够大的孔隙，能够补偿水在结冰过程中的体积膨胀，即结冰时的膨胀应力由于孔的存在而被化解或减缓。回收的混凝土材料的抗冻性没有纯烧结砖废料的好，其真正的原因是回收混凝土材料的孔结构尺寸及分布与纯烧结砖废料的不同。回收的混凝土材料经冻融后，冻裂了 11%；回收的混合材料（烧结砖、混凝土、砂浆、抹灰材料等）颗粒经冻融后，冻裂了 7.4%；而回收纯烧结砖废料的颗粒经冻融后，仅冻裂了 1.2%。试验结果表明烧结砖瓦废料有着非常好的性能，而且便于回收利用。表 17-9 给出了回收的纯烧结砖废料颗粒的性能。

表 17-9 回收的纯烧结砖废料颗粒的性能

试验材料	颗粒尺寸范围 (mm)	表观密度 (g/cm³)	颗粒物密度 (g/cm³)	颗粒强度压碎值 (kN)	冻融质量损失（%）*	
					过程 P	过程 N
Hlz12-0.9 垂直多孔砖	4～8	0.926	1.910	30.0	2.3	2.2
	8～16	0.921	1.893	19.5	2.1	2.6
	16～32	0.957	1.872	16.7		
Hlz8-0.7 垂直多孔砖	4～8	0.774	1.650	28.7	1.4	0.9
	8～16	0.752	1.600	18.2	0.7	2.4
	16～32	0.680	1.563	7.3		

* 根据德国标准 DIN4226—3 冻融试验，该试验方法与我国不同；过程 P 中等程度的湿渗透，最大质量损失 4%；过程 N 强程度的湿渗透，最大质量损失 4%。

（五）回收建筑废料的可利用途经

2005 年 9 月，来自世界上 80 多个国家的 1700 多位代表参加了在日本东京召开的世界可持续发展建筑大会。在这次会议上，再次强调了建筑物使用寿命终结后所使用的建筑材料的回收利用是可持续发展建筑的重要标志。因此对建筑材料的选用，设计时就应遵循生态学原则，所用建筑材料不但要有良好的使用功能和耐久性，而且要符合如下原则：

所用建筑材料的生产能耗最小；

生产中有害物质的扩散最小或没有；

对使用期可能释放的有害物质的判断上认为是安全的；

对任一建设项目所需材料的流动量应尽可能保持在最低水平上，即使用最少的材料，以减少材料流动过程中对能源的消耗和对环境的污染；

所用建筑材料要有长期可保持其性能的稳定性，即有长期稳定的服务寿命。长期的使用寿命也意味着资源和能源的节约；

所用建筑材料能够容易地在服务寿命终结后被分离，以便回收利用。尽可能地采用有高重复利用可能的材料；在一幢建筑物上尽量避免使用太多种类的材料或是使用太多的复合材料，给以后材料的分离带来不便。装修材料和保温隔热材料与主体材料的分离要容易，装修材料的分离不能损坏结构。绿色建筑设计体系的标志之一就是所用建筑材料的分离和回收，例如建筑构件的连接采用螺栓、承插式结构、夹具式结构，尽量避免焊接或难分离的结构形式。

基于烧结砖瓦产品在使用寿命终结后好分离，结合烧结砖瓦产品有着非常好的耐久性，欧洲砖瓦制造者联合会在世界可持续发展建筑大会上提出了现代烧结砖瓦产品是符合可持续发展建筑的材料，并列举了很多实例来说明烧结砖瓦产品可完全回收利用的特性。

建筑废料的回收利用可分为产品回收和材料回收两大类：产品的回收利用是指建筑材料和建筑构件以它们原有的形式被重新使用或是进一步的延伸其使用范围。原有形式意指原有的用途。材料的回收是指回收的建筑废料经加工制备后的利用。原有形式（原有用途）的建筑构件或制品由于拆除，或由于加工处理的破碎，或因其他技术处理方法而消失了。这类经加工制备后的材料可在原有的产品中利用（如再次用于混凝土作为骨料），或以另外的方法利用。

根据国外大量的文献报道，以下简述建筑废料回收利用的应用范围及一般性要求：

1. 未破损烧结砖瓦产品的回收利用

未破损烧结砖瓦产品在拆下并清理后直接利用是最简便的回收利用。在我国广大农村地区对未破损烧结砖瓦产品的回收利用是非常普遍的，这虽说与农村经济不发达有关，但更与烧结砖瓦产品优异的耐久性及与其他材料容易分离的特性有关。在城市由于拆除方法等原因，还没有形成大规模回收利用的环境，但在有的城市已有了长年专门收集清理废烧结砖瓦的农民工队伍。未破损烧结砖瓦产品的回收对需要保护的历史建筑的修缮有着特别重要的意义，如其他地方旧建筑物拆除下的砖瓦可回收后用于需要保护的古建筑物的修复。另外普通建筑拆下的整砖及半砖还可以用于人行道、庭院、公园等地面的铺砌。要充分利用未破损烧结砖瓦产品的关键是在于城市建筑的拆除程序和方法。

西欧的设备制造企业已经开发出了对已有建筑墙体拆除时的大型切割设备，将完整的墙片整体切下，以便用于新的建筑，特别是对于那些高孔洞率、保温隔热性能非常好的烧结砌块（多孔砖或空心砖）砌体，这种方法更有效。另外，西欧也已研究成功了用加热的方法来清除烧结砖瓦产品上的灰浆。砖与砂浆分离后，试验表明在所有情况下，砖瓦产品仍然保持着原有的技术性能，符合现有技术标准的要求。这就充分证明了烧结建筑产品有着持久的质量，完全适合于可持续发展建筑中使用。图 17-10 表示的是拆除的烧结砖砌体在隧道窑中加热清除灰浆的示意图。图 17-11 为用回收的废烧结砖建造的建筑物。

图 17-10　拆除的烧结砖砌体在隧道窑中加热清除灰浆的示意图（图片来自 TBE 宣传资料）

图 17-11　用回收的废烧结砖建造的建筑物（图片来自 TBE 宣传资料）

2. 回收烧结砖瓦废料经加工处理后的颗粒状材料的应用

建筑废料中最主要的回收材料是拆毁的混凝土和拆毁的墙体材料（烧结砖瓦），这两种材料一般不能直接使用，需经加工处理成具备一定要求的颗粒状物料后再利用。德国每年加工处理建筑废料约1亿吨左右，主要利用在以下方面：

绿化种植、垃圾堆放设施及复耕：	4%
噪声防护墙或堤防：	1%
基础工程、坝堤工程：	4%
填充材料：	15%
土地改良：	4%
停车场、庭院、道路、人行道（需水泥粘结）：	7%
用于需水化材料粘结的基础：	1%
抗冻防护工程：	15%
砾石基础（垫层）：	17%
其他用途（运动场地等）：	24%
中间存储：	8%

为了说明应用的方法及一般性要求，对一些主要应用方面进一步阐述如下：

（1）道路垫层

如前述，回收的建筑废料经加工处理后成为不同级配的颗粒状材料，这类颗粒状材料可大量用于道路的承重垫层（不用粘结材料），如回收的混凝土废料经破碎后就可直接使用。当然利用时必须符合有关技术规范的要求，例如原旧混凝土的组成、颗粒尺寸分布及其主要特性是否与拟使用的要求一致。

在德国的道路建设中，回收的烧结砖瓦废旧材料常常不公平地（最近的了解表明）被认为是"不受欢迎"的原始材料，回收的矿物基材料是农村的主要市场。用于道路建设中的大多数回收的建筑材料，其用途是作为不凝结的基本材料（VBC），也就是作为一种粗集料或是由矿物集料混合物组成的抗冻覆盖层或垫层，其颗粒尺寸范围是0～32mm或是0～45mm，它们处于沥青、混凝土或是铺路材料的摩擦层下。根据联邦德国统计局的调查结果分析及最新的建筑废料监测报告（Bauabfälle）指出：2002年德国就产生了5210万吨的无机建筑废料。建筑废料的回收利用率为68.5%，也就是说有3570万吨的无机（矿物基）建筑废料被回收利用，主要是烧结砖瓦碎颗粒料，也等于重新生产了这样多的矿物基建筑材料。关于回收建筑材料（加工处理后的建筑废料、道路建筑废料、建筑现场废料共计为5110万吨）的应用比例是：69.4%用于道路建设中；19.4%用于土方工程；9.6%（490万吨）用于其他方面，如园林、陆地风景区建设、运动场地、垃圾掩埋等。最后的1.6%用于混凝土中的矿物性集料。拆除、新建及修缮、现代装修等的建筑活动中，包括潜在的可开发利用的原材料在内，德国每年伴随产生的烧结砖瓦废料量估算至少为1000万吨。特别是在前东德地区，现正在产生着大量的建筑废料。因在原德意志民主共和国时期，那时的建筑政策及所用的建筑材料种类，造成了现今大量的建筑废料的出现。

根据材料成分的不同，回收建筑材料的用途取决于原始材料的起源、所使用的加工方法以及所使用的技术标准。例如，回收的矿物基建筑材料很可能是天然石材、混凝土和砌筑材料（主要是烧结砖及石灰质岩石）。在道路建设中当作为非凝结基粗骨料（UBC）应用时，各种回收材料的成分及数量是受到"道路建筑中矿物集料购买技术条件"（TL Gestein—StB 04）的限制。在UBC中还有其他的规定和标准要求。根据TL Gestein对回收的建筑废料成分的判断标准见表17-10。

表 17-10 回收建筑废料可用成分的判断标准

材料的类别	含量（M%）
颗粒状沥青，>4mm 的部分	≤30
缸砖、砖和瓷器，>4mm 的部分	≤30
石灰质砂岩、粉刷层/底抹灰层及相类似的材料，>4mm 的部分	≤5
矿物基轻质/保温建筑材料，如加气和发泡混凝土，>4mm 的部分	≤1
外来物质，如木材、塑料、纺织品等（混合物）	≤0.2

在德国，道路建设中使用废烧结砖块作为非凝结性骨料时，允许加入的范围是30%（质量比）。这种非常先进的方法因归功于在波鸿（Bochum）鲁尔（Ruhr）大学的克赖斯和科拉（Krass/Kollar）最近的研究论文。该论文的研究成果被直接收录合并在上述的规范中。

在克赖斯和科拉的研究文献中指出：今后，如选择了专门的制备工艺，使砂浆、粉刷层、底层灰浆达到最小化，在道路及街区路面的建设中能够使用高比例的烧结砖瓦废料作为非凝结性基本骨料。因此，只要烧结砖瓦废料有足够的强度和抗冻性能，不论是何种类型的烧结砖瓦废料，都可以被科学地用于正常情况下的道路铺设材料。

过去，TL Min-StB 2000 规定，用于道路材料时，其中的缸砖（类似于墙地砖）、烧结程度高的建筑砖、瓷器（<4mm 的组分）加入的最大量为25%（质量比），而石灰质砂岩、烧结程度低的砖、粉刷层、底层灰浆及相类似的材料含量最大不应超过5%。这些规定起源于 1985 年，因为那时认为烧结砖瓦废料因其本质上的多孔微观结构，会引发抗冻性不足、颗粒稳定性差的固有性质问题，不适应在道路铺设材料中的应用。然而，将烧结砖瓦废料分为烧结程度的高与低两类，这就引发出了实际应用中另外的问题，也就是说怎样快速识别它们的不同。由于烧结砖瓦本身的颜色，其结果是将大多数砖归结为低烧结程度的类别，因而按照 UBC 的规定就必须被限定在 5%以内使用。这种最初的规定也表明了砖在道路铺设材料中的应用是受到了很大的限制。的确，保守的道路建设商不愿意用大量的烧结砖瓦废料作为道路铺设材料。现在，虽然克赖斯和科拉的发现已经证明了原有规范中不科学的规定，但是保守的道路建设商还是不愿意使用。现在烧结砖瓦废料已大量使用于土方工程和道路建设工程中，已经有了很大的进步。物质的闭路循环管理的认识及资源保护的概念已得到广泛地贯彻实施。

在旧混凝土中含有烧结砖瓦废料时，用于道路承重垫层时按照西欧的规定有所限制，其颗粒尺寸的总要求必须 >4mm；在回收的旧混凝土中缸砖、密度大烧结程度好的黏土砖、玻化程度较高的烧结黏土制品（如污水管、陶瓷等）的含量限制在25%（质量比）以内；烧结程度不好的黏土砖、灰砂砖、抹灰材料等的最大含量在5%以内。

砌体废料和碎砖块许多年来一直是用作次要道路的填充及稳定材料，特别是在较湿的区域，如树林和田地。实际上这在某些缺乏足够石材的国家应用非常普遍，例如丹麦。这种材料使用时一般不破碎。

经破碎的烧结砖、屋面瓦及其他砌体材料能够用于较大的道路建设工程中，特别是作为不用粘结的基础材料。在瑞士、荷兰、英国、丹麦等国家使用这种材料建设道路。虽然破碎的砌体废料能够用于轻便道路，但它们不适用重载交通的道路，因为其颗粒有破裂的危险。在上述两种用途中，这种材料中绝对不能含有非烧结的污染物，以免溶解于水引发污染。砖块、屋面瓦或是经选择的砌体废料通常没有问题，除非被一些杂质，如矿棉及混凝土等污染。

虽然利用这种材料时在拆除、转运等过程中要使用能量，但从重新利用的观点看，烧结材料废料的利用所使用的能量比使用"最初"的原材料所需能量低。的确，在小型道路上使用拆毁的建筑废料，甚至可以减少森林地带设备及农用设备的能耗。如 17-12 所示为用于道路垫层破碎的废烧结砖块。

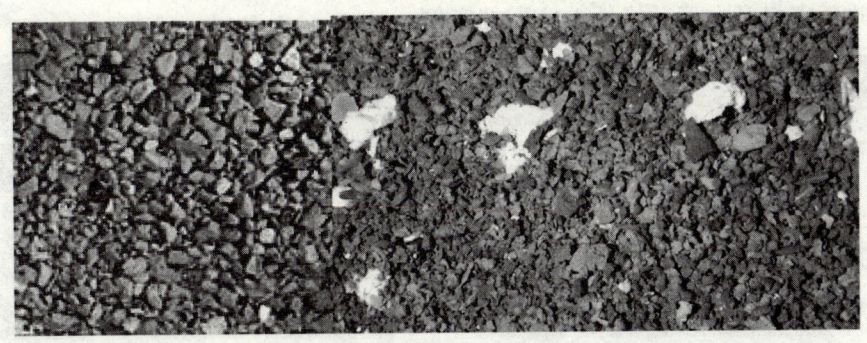

图 17-12　用于道路垫层破碎的废烧结砖块（照片摄于奥地利林茨砌块生产工厂）

3. 音障墙（堤）混凝土制品中的应用

在回收加工后的颗粒混合料中，当烧结程度较好的废砖含量 >25% 时，或是烧结不充分的砖含量 >5% 时，这类混合料可用于音障墙（堤）混凝土制品中。

含有大量废烧结砖的回收墙体材料颗粒，也可用于音障墙（堤）混凝土制品中，例如用 70% 的主要是烧结砖的回收墙体材料颗粒、10% 的陶粒、7% 的天然砂、13% 的水泥制造的音障墙空心砌块，有着高度的隔声（吸声）性能及高的孔洞率，耗能低，砌筑安装容易。

用于音障墙（堤）混凝土制品中对回收颗粒材料的总要求为：

仅允许含有少量的如木材、树枝等外来物；

适当的体积稳定性，制品表面不能出现变形；

合理的颗粒尺寸分布范围，不允许出现沉陷；

要有适当的变形模量、颗粒堆积强度、稳定性及抗剪强度，以便能承受连续的静荷载和外来荷载；应由粘结材料（如水泥）来控制其养护时间；预防长期荷载下的沉陷变形；

在表面上可生长绿草及植物。

4. 用于基础工程、回填工程、混凝土下垫层、壕沟的填充料

用于基础工程、回填工程、混凝土下垫层、壕沟的填充料对回收颗粒材料的总要求为：

外来物质，如金属、玻璃、塑料应以磨碎形式存在，不能含有害杂质；

要有适当的体积稳定性；

要有适当的压实强度，防止长期沉陷。

5. 土壤的改良

用于土壤改良的建筑废料颗粒，要求有一定的颗粒尺寸分布范围及一定的材料成分，且与需改良土壤的性能相适应，如混凝土废料颗粒根本不可能用于土壤的改良。用于土壤改良的建筑废料主要是来自具有多微孔结构的，如烧结砖瓦的墙体废料。

6. 运动场地

运动场地使用的这类经加工形成的无机颗粒混合物，主要是烧结砖破碎后的砖砂，在不使用粘结材料的情况下用于场地，如网球场地的填充并夯实。因为砖砂具有均匀、耐久、漂亮的颜色；具有良好的耐磨性能和抗冻性能；具有良好的水分可渗透性及可压缩性，是运动场地理想的环保型建设材料。这种运动场地结构形式可使雨水通过垫层，迅速渗透进入地下，特别是网球场地。德国标准 DIN18035 对在运动场地使用的回收建筑废料颗粒有详细的规定。这类颗粒状材料大多是由烧结砖砌体废料或是烧结屋面瓦废料经破碎制成，不能含有毒的、膨胀性的、有固结的成分在

内。运动场和网球场主要使用的颗粒尺寸范围是：0~1mm；0~2mm；0~3mm，以单层或多层来填实。一个新建的网球场需用砖砂25~30t，一个网球场每年的维护需砖砂1.5t左右。图17-13为粉碎后的烧结砖瓦废料及在运动场地上应用的实例。

图17-13 粉碎后的烧结砖瓦废料在运动场地上应用的实例（照片摄于德国慕尼黑奥运村及来自汪福生著《欧派砖景》）

7. 种植绿化方面的应用

种植绿化方面使用的回收建筑废料主要由烧结砖瓦成分组成的，破碎后的烧结砖瓦粗砂类颗粒材料。因烧结砖瓦产品是有大量多微孔结构体系的材料，烧结砖瓦废料粗砂颗粒中同样有大量多微孔结构，这些孔结构能够储存水分和营养，非常有利于植被生长的需要，并可长期保持植物生长所需的水分和营养。此外，这类材料还可调节植物根系（地下）气体的平衡，并可迅速地排除雨水。主要含烧结砖瓦的颗粒状回收材料，因在化学性能上呈中性，对绿化种植来讲，特别适应于：

屋顶的绿化种植和建筑物表面的绿化种植；

城镇道路旁或其他地方植树时树坑的底部垫层；

草坪的下垫层，可以单层或双层的方式铺垫。偶尔也用于停车场或紧急出口通道处。

用于屋顶绿化时，是单层铺垫（滤水系统）还是多层铺垫则取决于想要种植的草木类型以及屋顶的斜度。此外，也根据下列情况来选择铺垫的方式：

大面积种植茎叶肥大（多肉）的植物、草本植物、草坪植被时，可铺垫一层或两层，植物生长的高度应保持在 50cm 以内。屋顶绿化时附加的荷载量大约在 $50 \sim 150 kg/m^2$。

种植灌木及木本植物时，应相互之间分层铺垫，即多层分开铺垫，树木的生长高度可达 10m。此时的荷载量 $>150kg/m^2$。

用于屋顶绿化时的单层铺垫，是在已做好的防水层的屋面上铺设种植层和滤水层，滤水层的厚度一般为 $100 \sim 150mm$；双层铺设时，其滤水层和种植层是分开铺设的。其滤水层和种植层的材料都可用回收的废烧结砖瓦来生产。例如用于滤水层的材料可以用主要含烧结砖的墙体材料废料经破碎制得，但不能含有细颗粒组分。用于滤水层的颗粒尺寸范围为 $4 \sim 16mm$ 或 $8 \sim 16mm$。由破碎后的筛分出的细颗粒组分，也有着较高的水渗透能力，可用于种植层，并可将提供营养的肥料与之混合，效果较好。德国"绿化开发和工程协会"对滤水层和种植层的墙体废料颗粒材料的要求已有了详细的规定。西欧有关机构对具有开放型孔结构的 34 种回收的松散颗粒材料进行了详细的绿化种植研究，在诸如浮石、熔岩、黏土陶粒、页岩陶粒、泡沫玻璃、矿渣、加气混凝土、烧结砖废料等作为屋顶绿化种植的垫层材料的研究结果表明：烧结砖瓦废料颗粒的适应性最好。研读结果也表明，烧结程度较高的砖废料及熔岩颗粒有相对高的大约为 $1.0g/cm^3$ 的密度，总孔隙率较低，因而其吸水容量和空气含量也较低，但这完全可满足绿化种植的要求。在植物生长的长期试验表明：回收材料和肥料的混合物有着很好的绿化种植适应性。根据西欧的研究文献，回收墙体废料中的砂浆组分可能会引起碳酸盐含量的增高，但这不影响滤水层中水的汇集和流动。德国"绿化开发和工程协会" 2002 年发布的"绿化指导"中的说明，在滤水层和种植层中的碳酸盐并不作为绿化种植的评价标准。因此绿化种植用的材料除了纯的烧结砖废料颗粒和富含烧结砖的墙体材料废料颗粒外，含碳酸盐的回收材料也可用于绿化种植。

与传统的平屋顶比较，绿化的屋顶同时有着美学和生态学的优势。对屋顶绿化的成本效益分析表明：附加的费用是增加了房屋的承重荷载及绿化种植过程的经营管理，但从整个项目计算结果看，房屋的使用成本却降低了，因为屋顶有着更长的耐久性，屋顶雨水的排放费用要低得多。特别是屋顶种植绿化延长了屋顶防水层的使用寿命，改善了房屋顶层的居室环境，这些已在 20 世纪 70 年代的屋顶绿化种植的试验所证实。

从绿化工程的观点看，烧结砖瓦废料在园林、陆地景观建设项目中应用是颇具使用价值的培养基母体的构造材料。在绿化工程上使用废旧烧结砖瓦及焙烧生产过程中的废品，其方法多种多样，如专门的利用方法、单一用途的利用方法、高标准的方法、调节环境及再回收利用等。被破碎及分类后的废弃烧结砖瓦材料，有着高的颗粒强度，同时也具有高的保水能力（孔隙率）和中性的化学性质，因此它们就具备了作为绿化时母体构造材料及作为培养基骨料物质的先决条件。其用途也远超出了屋顶绿化用的培养基的范围，如苗床的沙砾垫层、草坪垫层、绿化带铺面材料、路边树坑的培养基等，其用途正在不断地增多，烧结砖在绿化方面的应用却急剧增加，这是因为数量巨大的建筑废料得到了回收利用。

回收的建筑废料在园林及陆地景观工程（GaLaCon）中的使用，已经发展到了类似在土方工程和道路铺设材料中的使用一样，有着非常大的潜在应用范围。回收建筑废料潜在的用途是在交通繁忙地区的路面工程上使用，这方面的应用已经取得了成功。具有高含量烧结砖瓦的建筑废料已经在市场上进行着交易，因为其价格便宜，特别是在私人建筑项目上的应用。

回收建筑废料在"环境绿化"方面的用途，概括地讲是围绕着陆地景观建筑发挥着巨大的作用。这不仅是在经济方面的优势，而且更多的是烧结砖瓦材料的特性起着非常重要的作用，因为植被对选用的材料有着专门的要求。的确，对不同植被的生长条件来讲，多微孔的石材和矿物类骨料多年前就引起了人们极大的关注。例如，在屋顶绿化中这些材料可长期用于种植层（植被生长发育层）和排水层。在德国，这些应用的范围已由《屋顶绿化的规划、实施与维护指南或称屋顶绿化指南——2002》给出了详细的规定。排水层可由纯的烧结砖瓦废料组成，而植被生长发育层烧结砖瓦废料的使用量可达95%，这则取决于绿化的目标。这其间的区别是绿化的密集程度和绿化范围的形式，主要不同是预设层的厚度、种植的植物类型（高度）及其后的维护要求。烧结砖瓦废料（也就是碎砖块）已被认定是非常好的母体材料。

在屋顶绿化中使用的大多数废旧建筑材料，是以园艺栽培方式而引入的，也就是说，最初一次就将材料放置好并摊平，既没有排水层，也没有被压紧的植被发育生长层。因此屋顶绿化基层的铺设与道路铺设材料所压紧的规定和压紧程度的试验要求应一致。所以在屋顶绿化基层的铺设时应考虑分层逐步铺设。图17-14是典型的屋顶绿化的两种形式。

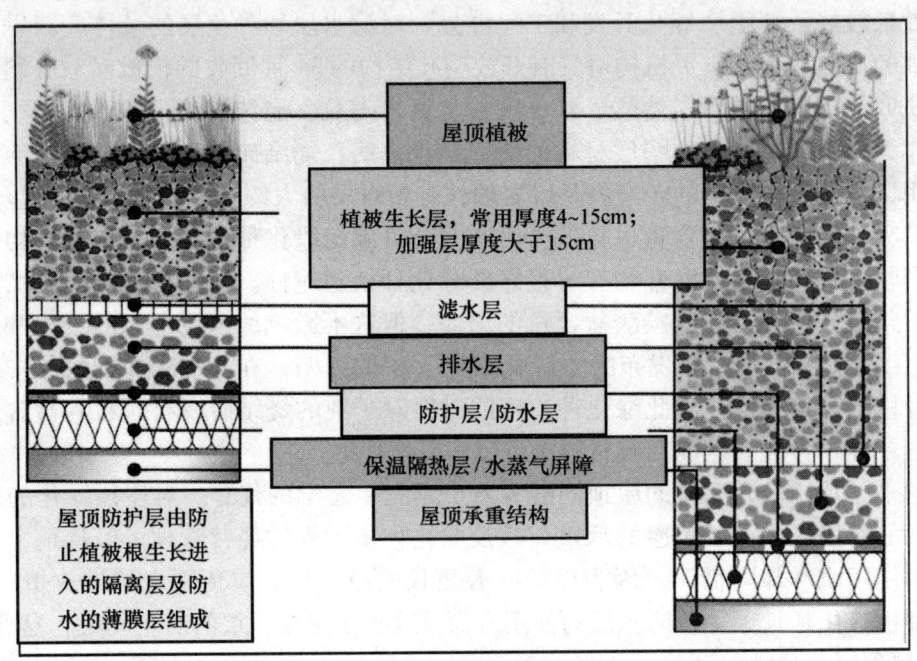

图17-14　用粉碎后烧结砖瓦废料进行屋顶绿化的典型形式（图片来自 Zi—Annual 2007）

回收的单一种类的烧结砖瓦废料，特别是烧结黏土屋面瓦废料，已被认定是市场上的高质量材料，完全可以替代如火山熔岩和浮石类材料。

除了前述的屋顶绿化应用方法外，最近几年，回收的烧结砖瓦废料也已经进入了道路、公路及住宅区的环境绿化工程。其中也包括了对植被发育生长层有高度压实要求方面的应用。回收的烧结砖瓦材料可用于：

碎石苗床；

不同植被特征的基础层；

绿化带接合处、人行道及混凝土路面之间绿化带的基础层；

树坑基础垫层。

实际中制定的这些应用规范是由标准制定委员会根据研究的成果而做出的。在实际应用中与土壤接触的是植被培育生长层，该层给出了足够的空间可供植物的根系生长。然而该层也必须满足承载能力和稳定性的严格要求，因为它们必须保证在其后的绿化层不会下陷。这一方面的应用要求多孔矿物材料具有足够的破碎强度，以便长期保证植被非常重要的空气-水的来源，并能在整个绿化期能长期地保持这种性能。这些要求与结构上的要求不一样，特别是烧结砖瓦废料有着独特的内部微孔结构，的确能提高水的保持能力。

确实在先前绿化铺设材料的规定目录中，没有考虑烧结砖瓦废料及它们的特性，主要考虑高颗粒强度和高抗冻性的岩石学特性。因而在道路建设中应用的无机材料总是要求必须有高密度及坚固的矿物微观结构。强度愈高，密度愈大，该材料就被认为越好。然而，严格地说这些特性对植被的生长是不够的。

绿化中对烧结砖瓦废料的应用不仅要考虑到道路、马路本身，而且要考虑到整个交通区域的利用潜力。这些包括了自行车道、人行道、路缘及路边的预留地带的绿化。

除了自行车道和人行道外，主要涉及的是交通区域的种植绿化。在道路两旁的树木绿化带，从它们的功能上来考虑，在绿化带中铺设材料成为道路稳定剂。就此点而论，人们说这是"敞开"的结构，因为仅在敞开的地带上才能够种植。它们不同于封闭的结构，雨水不会沿着道路和街道而流失了，而是通过有意设置的空地及接点渗入到地下结构中供给植物生长使用。这种水可渗透性的另一术语为"交通路面的增强作用。"从结构工程的观点看，渗入地下的水总是会引发一些问题的，例如结构的承载能力或是它的基础出现问题，或是因雨水渗入易于引发冻害等。这似乎是损害了或是使结构的功能完全失效。事实上在结构的承载能力及抗冻性与地层下存在的地下水量之间有一个相互依存的关系，道路结构中一些多于水的排放也是非常必要的。

压实程度是另一个重要的因素。仅能够由地基和各铺设层的充分压实来达到足够的承载能力，充分压实是达到承重要求的条件。尽管是压实的，但固体的体积仍是恒定的。压实程度的增加，孔隙总体积会降低，其关系如下：

密度指数（随压实程度的增大而增加）；

水的渗透能力（随压实程度的增大而降低）；

因此，高的承载能力取决于高的密度，而高密度则取决于相应高的压力。而高的压力总是要降低孔隙率和水的渗透能力。所以结构工程标准与绿化规范之间不一样：

渗透的水应不受到阻碍地流出；

但是由于压实而使孔隙率降低的因素没有考虑，孔隙率的降低与土壤或是烧结砖瓦废料的特性有关。

从绿化工程的观点讲，有利于植物生长的则要求烧结砖瓦废料有高的孔隙率及低的密度，同时也必须有适度的承载能力。同样，道路旁预留绿化带的敞开形式也像种植铺设材料一样成为了道路的稳定剂，绿化带形状也允许雨水的渗透和滤出，同时也是植物生长所需要的。对承载能力而言，也许在下层铺设粗大的颗粒。为了确保植物能够接收到足够的水分，就必须降低水的可渗透性，使其各层都有较好的保水能力，但是，提高保水性能可能会对其承载能力造成影响。真正能够解决的方法是在充分考虑了所有影响因素后在结构和绿化要求之间的最佳化，在这两种相互矛盾的规定之间能有一个好的折中，既要防止不利植物生长的因素，也要防止有结构上的缺陷。

例如，在沙砾苗床和草坪的应用中，必须考虑到适用于通行（例如用于停车或紧急情况下的使用：路边绿化带、防火通道等），这里的应用不像屋顶花园绿化的垫层一样，它们要与土壤接触，必须达到高度的压实水平，因此这包括了种植层下各层在其结构稳定和有益于植被生长之间所必要的平衡，其表面层的增强不需要达到严格的稳定性上的要求。

事实上，绿化带铺设材料作为一种道路稳定剂被归类于结构的基本形式中，因而它们属于德国辅助的道路结构目录下的 V 和 VI 类，其意思是使用范围被限制在很少通行的区域允许使用。但是通过对结构模式适当的修订后，降低了原压实的压力，而得到了使用的许可（可阅读：为了植被更好的生长，降低道路基础的承载能力从 $45MN/m^2$ 最小化 $25MN/m^2$）。这种基础承载能力的变化，给出了植被额外的根系可穿透土壤的可能，因此永久性地改善了沙砾苗床的外观质量（图 17-15）

不论迟早，道路边的树为了维系其生命的生长，根系穿透土壤的体积在 $300m^3$ 以上。按照这种存在的要求判断，树在地下的根系必然能够延伸到路面铺设材料加强层之下。为了有助于树木

图 17-15 用回收烧结砖瓦废料的组合沙砾苗床（照片来自 TBE 宣传资料及 Zi—Annual 2007）

根系的扩展，建在地上和地下的树坑垫层应当满足于在 FLL 推荐的结构模式 2 中定义的要求。在这一定义中，充分考虑了植被和结构上的平衡需求。例如，用于栽培树木的植被生长发育层（树坑垫层），在压实后必须有最少 35% 的总孔隙空间（TPS = total pore space），以便为植物生长提供足够的空气。特别是树木，缺乏空气（也就是垫层中有微孔的粗颗粒不足）是限制生长的重要因素。这种要求由相互平行的规定得到了补偿，例如规定的最小承载能力为 $45MN/m^2$，这一足够高的强度，用多微孔的无机物质——类似于烧结砖瓦的材料就可达到这种条件。用于植被垫层的烧结砖瓦废料与植被生长特性的标准（为实验室条件下的数据）见表 17-11。因此用烧结砖瓦废料同时能够解决结构和植物生长的双重需求（图 17-16）。

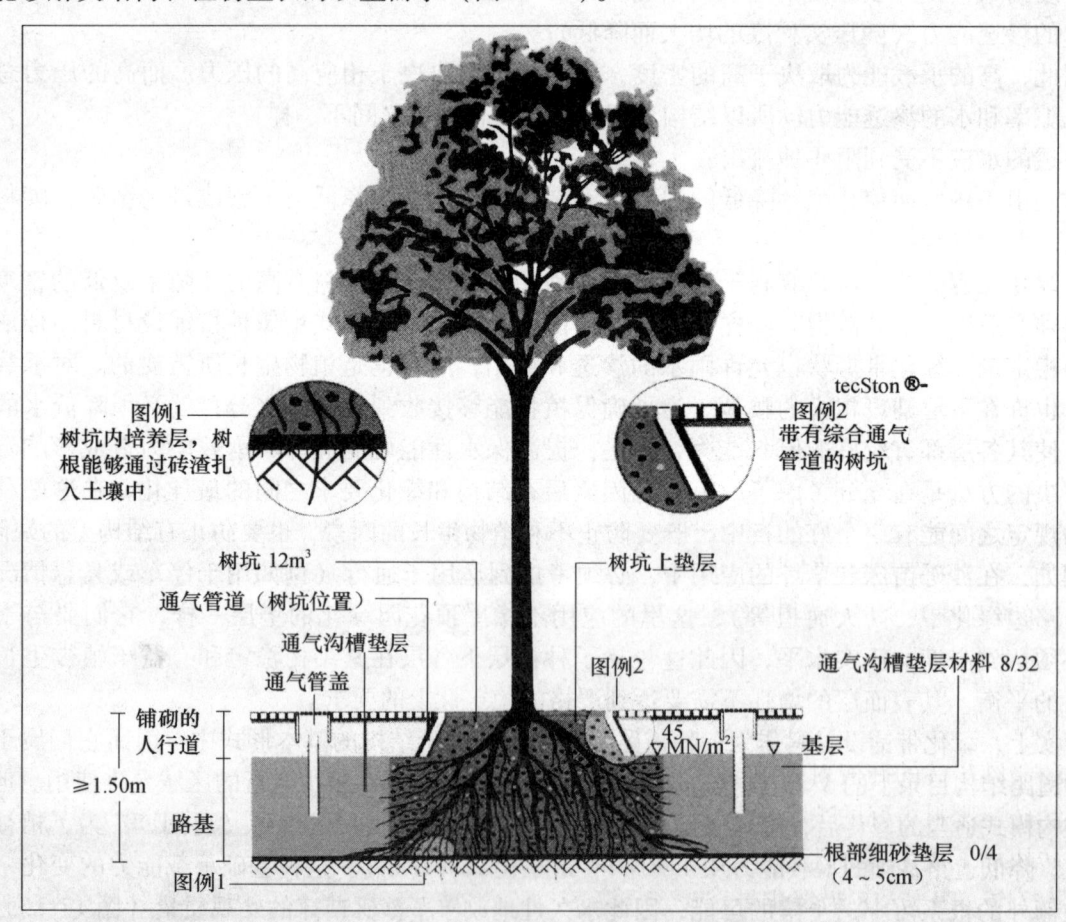

图 17-16 用烧结砖瓦废料的带有辅助通风槽的树坑结构模式 2（图片来自 Zi—Annual 2007）

表 17-11　用于植被垫层的烧结砖瓦废料与植被生长特性的标准（为实验室条件下的数据）

性能		大面积绿化的标准（单层）		大面积绿化的标准（多层）		密集绿化的标准	
		单位	数量	单位	数量	单位	数量
颗粒尺寸分布[1]	细颗粒组分（$d=0.063$mm）	M-%	$=7$	M-%	$=15$	M-%	$=20$
	粗颗粒组分 $d=4$mm	M-%	$\geqslant 25$				
单位体积质量[2]	干状态	g/cm^3	—				
	垫层$=0.8$			g/cm^3	—	g/cm^3	—
	垫层>0.8			g/cm^3	—	g/cm^3	—
	最大保水能力	g/cm^3	—			g/cm^3	
水-空气保有性能	总孔隙率[2]	Vol.-%	—	Vol.-%	—	Vol.-%	
	最大保水能力	Vol.-%	$\geqslant 20$	Vol.-%	$\geqslant 35$	Vol.-%	$\geqslant 45$
	最大保水能力下的空气含量	Vol.-%	$\geqslant 10$	Vol.-%	$\geqslant 10$	Vol.-%	$\geqslant 10$
	pF1.8 空气含量			Vol.-%	$\geqslant 25$		$\geqslant 20$
	渗透性模量 Kt	cm/s mm/min	$\geqslant 0.1$ $\geqslant 60$	cm/s mm/min	$\geqslant 0.001$ $\geqslant 0.6$	cm/s mm/min	$\geqslant 0.0005$ $\geqslant 0.03$
pH值含盐量	pH值（按 $CaCl_2$）		$6.5\sim 9.5$		$6.5\sim 8$		$5.5\sim 8$
	含盐量（水吸收）[3]	g/L	$=3.5$	g/L	$=3.5$	g/L	$=2.5$
	含盐量（石膏吸收）[4]	g/L	$=2.5$	g/L	$=2.5$	g/L	$=1.5$
有机物质	有机组分	M-%	$=4$				
	垫层$=0.8$			M-%	$=8$	M-%	$=12$
	垫层>0.8			M-%	$=6$	M-%	$=6$
可利用的营养物	氮（N）（按 $CaCl_2$）			Mg/L	$=80$	Mg/L	$=80$
	磷（P_2O_5）（按 CAL）			Mg/L	$=200$	Mg/L	$=200$
	钾（K_2O）（按 CAL）			Mg/L	$\geqslant 700$	Mg/L	$=700$
	镁（Mg）（按 $CaCl_2$）			Mg/L	$=160$	Mg/L	$=160$

注：1. 在给定的颗粒尺寸分布范围内必须画出颗粒分布曲线；
　　2. 不要求；
　　3. 此数值非常小，但应测定；
　　4. 如必要时，就必须测定。

类似于踏步砖的砖渣对树坑表面暴露部分是非常好的矿物覆盖材料。在魏玛的鲍豪斯大学，利用烧结砖瓦废料极好的美学价值，在园林和陆地景观工程中作出了示范。根据专门开发的方法，将烧结砖块加工成为装饰性颗粒，用于树坑暴露范围的无机覆盖材料。

图 17-17、图 17-18 为绿化带用烧结砖瓦废料制成的装饰性颗粒作为覆盖材料的应用实例。

图 17-19 为粉碎后的废烧结砖瓦颗粒状物料用于花卉种植的实例。

图 17-17　砖红"belTerra"装饰性颗粒
（位于魏玛的鲍豪斯大学，图片来自 Zi—Annual 2007）

图 17-18　用 8～16mm 砖块做成的绿化带覆盖层（图片来自 Zi—Annual 2007）

图 17-19　粉碎后的废烧结砖瓦颗粒状物料用于花卉种植的实例
（照片摄于比利时某饭店及来自汪福生著《欧派砖景》）

8. 路面、停车场、庭院地面的垫层或面层

用于路面、停车场、庭院地面的垫层或面层时需要用水泥作为粘结材料。铺路、停车场、庭院地面对回收颗粒材料的总要求为：

外来物质，如金属、玻璃、塑料应以磨碎形式存在，不能含有木材或块状的粘结材料；

要有适当的抗冻性和耐风化性能；

要有适当的体积稳定性。

应按所要求的颗粒组分分类，并在每一组分中应有合理的颗粒尺寸分布范围。

9. 混凝土骨料

将回收的混凝土加工成为骨料再用于混凝土的生产，但是回收混凝土的加工和分离过程至今在实际中还是较为困难的一种过程。

10. 轻质混凝土骨料（主要为烧结砖瓦废料）

破碎后的烧结砖瓦废料是标准的轻质骨料，可用于轻质混凝土或钢筋混凝土构件，例如混凝土桥墩、桥梁、带形基础、地下室墙基础、码头、钢筋混凝土构件、混凝土砌块、混凝土屋面瓦等。但是这类从墙体材料中回收的轻质骨料必须满足以下要求：

至少应含有 65%（质量比）的烧结砖；

灰砂砖、混凝土块的最大容许含量为 35%；

砂浆的最大容许含量为 25%；

轻质混凝土、陶瓷产品（墙地砖）、天然石材最大容许含量为 20%；

加气混凝土最大容许含量为 10%。

11. 用回收的墙体材料废料（主要是烧结砖瓦）生产的混凝土制品

利用回收的墙体材料废料（主要是烧结砖瓦废料）可生产的混凝土制品有：

德国的标准实例：

根据 DIN18151 可生产轻质混凝土空心砌块；

根据 DIN18152 可生产轻质混凝土实心砌块；

根据 DIN18153 可生产轻质混凝土建筑砌块；

根据 DIN18162 可生产轻质混凝土墙板。

奥地利的研究报道：

可生产混凝土烟囱盖顶砌块；

可生产音障墙空心砌块；

可生产建筑用层高条板；

可生产内隔墙建筑砌块；

可生产地下室墙用砌块；

可生产预制用的楼板构件（样式同烧结楼板砖）；

性能和成分稳定的回收废料骨料可用于商品混凝土的生产。

12. 烧结砖瓦废料可用于水泥混合材

因烧结的砖瓦产品废料具有火山灰性质，完全可用于水泥的混合材。

13. 烧结砖瓦废料生产蒸压硅酸盐建筑制品

用高压釜蒸汽蒸压的方法，利用水热硬化的原理，生产建筑用砖，其工艺与灰砂砖或砌块完全相同，已报道的实例是用74%的回收墙体废料，19%的水洗砂，7%的生石灰生产建筑砖。但是这种产品的抗冻性还需进一步研究。

14. 建筑用砂浆

利用回收墙体废料加工成的砂状材料，可以制作建筑用砂浆。但是用这种材料制作的新拌砂浆的工作度不好，需进一步研究其外加剂或是水泥粘结材料。

15. 烧结砖瓦废料在烧结砖瓦中的利用

在很多情况下，试验和研究了用破碎的砖瓦或是回收的墙体材料的颗粒状物料生产烧结砖，但在这一方面仍存有争议。主要是用这种方法生产出的产品无法与传统的烧结砖进行竞争（价格和观念）。已报道的实例是用主要由烧结砖组成的墙体材料废料粉、褐煤的粉煤灰、外加10%的塑性黏土，经挤出成型、干燥后，在1120~1140℃下烧成。

荷兰最新的研究成果是：用90%的墙体材料粉料或是纯烧结砖的粉料，掺加10%的塑性黏土，用软泥砖的成型方法，非常成功地制造出了烧结砖，并证实了这种工艺的可行性。因为荷兰偏爱使用软泥砖成型工艺，从而为大量使用建筑废料生产烧结砖开辟出了新途径。生产中如使用的回收粉料太低时，黏土和回收粉料的均化处理上较为困难；当回收粉料加入量太高时，在成型上又有困难。试验表明，要使均化效果和成型效果达到最佳状态时，回收粉料和黏土的比例大致上是相等的（各占50%），此时，生坯也有足够的强度。在1100℃下焙烧后，成品的密度为1.5~1.95t/m^3，产品强度也较好。烧结砖瓦墙体废料粉碎后再用于烧结砖瓦的生产从技术角度看毫无疑问，主要是在其价格上与现有产品的竞争。

16. 用于园林美化等的装饰性颗粒产品

主要由烧结实心砖组成的建筑废料可被加工成为用于园林美化等用途的装饰性颗粒产品。但这类装饰性颗粒产品要求其颗粒形状必须是圆弧形，并且其颗粒表面必须是光滑的和干净的。因此用烧结砖废料制造装饰性颗粒产品就必须经过研磨处理。根据德国魏玛的鲍豪斯大学建筑工程系建筑材料和回收利用主讲教授—安内特·米勒博士（Prof. Dr. -Ing. Habil. Anette Müller, Bauhaus

University of Weimar, Faculty of Construction Engineering, Chair of Preparation of Building Materials and Recycling) [1, 2] 所做的研究及半工业性试验结果表明,用烧结实心砖制造装饰性颗粒产品,可选择如下两种工艺方法:

A. 全部材料的研磨处理:

来自建筑废料回收工厂的烧结砖废料→预破碎(反击式破碎机)→全部材料的研磨处理(球磨机,不加任何研磨介质)→分类(振动筛,去掉小于8mm的组分)→装饰性颗粒产品(分为三类: 8～16mm;16～31.5mm;31.5～64mm)。

B. 颗粒自身研磨处理:

来自建筑废料回收工厂的烧结砖废料(初始材料的特性:块体形态;有无其他成分)→预破碎(反击式破碎机;中间材料的特性:颗粒尺寸及颗粒形状的分布)→预分类(振动筛,去掉小于8mm的组分)→颗粒材料的自身研磨(球磨机,不加任何研磨介质)→分类(振动筛,去掉小于8mm的组分)装饰性颗粒产品(分为三类:8～16mm;16～31.5mm;31.5～64mm)。

在上述两种工艺过程中,筛分出小于8mm的组分可用于水泥混合材、蒸压硅酸盐建材产品等。颗粒自身研磨处理的最大特点是:废砖块上的砂浆、粘结材料可完全剥离干净。有时研磨后的装饰性颗粒产品的颜色上出现差别,这主要是由于原来砖的颜色不同所致,但如果数量上搭配合适,可进一步增加美化的效果。经研磨处理后的装饰性颗粒产品具有非常好的抗冻性。经研磨处理后的装饰性颗粒产品的性能见表17-12。由废烧结砖制造的装饰性颗粒实物如图17-20所示。

表17-12 烧结砖瓦废料装饰性颗粒产品的性能

指标	8～16mm	16～31.5mm	31.5～64mm
密度 [g/cm³]	1.73～1.8	1.74～1.75	无数据
吸水率(%)	14.1～14.3	13.1～14.1	
10次冻融循环后的质量损失(%)	2.62	2.20	1.02

17. 用墙体废料生产膨胀陶粒

已进行的半工业性试验结果表明:用墙体废料生产膨胀陶粒是完全可行的。半工业性试验中使用的材料为加气混凝土废料和烧结砖墙体废料。半工业性试验的工艺为:

8～16mm　　　　　　　16～31.5mm　　　　　　　31.5～64mm

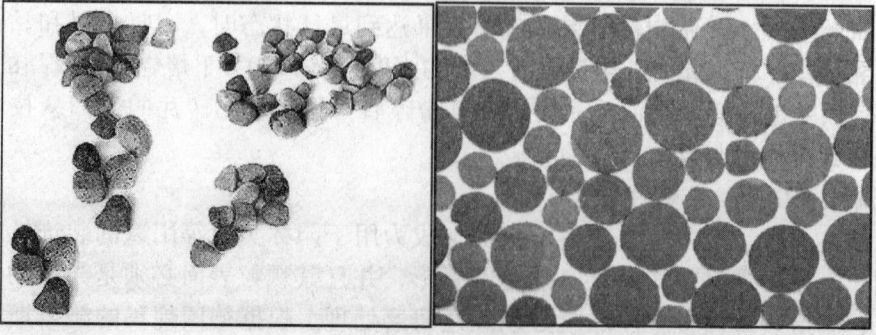

图17-20 由烧结砖废料制造的装饰性颗粒

加气混凝土和烧结砖墙体废料（原材料化学成分的均匀性、颗粒尺寸分布、密度、吸水率）→初碎（反击式破碎机或辊式破碎机，出料颗粒小于 4mm）→细磨（带筛板的球磨机）→搅拌（加入气孔形成剂；犁式搅拌机）→成型（成球盘）→烧成（回转窑）。

在加工处理中重要的工序是将加气混凝土和烧结砖墙体废料磨细到小于 $100\mu m$，然后混合。烧结砖墙体废料的加入量可达 100%；而加气混凝土废料的加入量不应超过 30%。可加入膨胀剂如 SiC 废料，之后在成球盘中成球。成球时，不能用过去的观念来对待，如要用有可塑性、黏性的粘结剂。成球过程主要是依靠磨细的废料颗粒之间的表面力来形成稳定的料球颗粒。影响烧成的主要因素是原材料性能的均匀性，如化学成分的均匀性、烧成温度、保温时间、气孔形成剂加入量及影响、膨胀效果等。用加气混凝土和烧结砖墙体废料生产的陶粒的基本性能见表 17-13。

表 17-13 加气混凝土和烧结砖墙体废料陶粒的基本性能

指标	参数
烧成温度（℃）	1250
松散密度（kg/m³）	780
表观密度（kg/m³）	540
吸水率（%）	14
抗冻性（质量损失%）	0.03
颗粒强度（kN）	12.72
体积稳定性（质量%）	0.33

通过对西欧在建筑废料回收利用的研究和应用形势的分析，可以看出我国在不远的未来面临建筑废料回收利用问题的严峻性。因而建议政府有关部门在政策上给予扶持，在经济上给予优惠，确立研究开发项目，尽快制定我国建筑废料回收利用的规定及应用规范，大力推动我国建筑废料回收利用的工作。此外，建议从建筑设计阶段就应充分考虑到建筑物使用寿命终结时建筑材料的回收利用。绿色建筑设计体系的标志之一就是所用建筑材料的分离和回收，所用建筑材料能够容易地在服务寿命终结后被分离，以便回收利用。尽可能地采用有高重复利用可能的材料（在这一点上烧结砖瓦产品按现有技术水平而言，具有很大的优势）；在一幢建筑物上尽量避免使用太多种类的材料或是使用太多的复合材料，给以后材料的分离带来不便。装修材料和保温隔热材料与主体材料的分离要容易，装修材料的分离不能损坏结构主体。2008 年发生在四川、陕西、甘肃的 5.12 大地震也给我们提出了建筑废料回收、处理、应用的重要课题。

虽说建筑废料的回收利用涉及的大多数是砖、瓦、灰、砂、石这些最基本的建筑材料，但就这些最基本的建筑材料却关乎我们对自然环境的保护及对有限的自然资源的合理利用。烧结砖瓦产品涉及贵的土地资源（但属不可枯竭资源）；页岩山的利用有时也涉及植被的破坏；砂石（属可枯竭资源）的开采不但破坏了生态环境，甚至危及到了河流、航道、坝堤、桥梁、铁路、公路的安全；在某些地区，政府部门不得不下令关停沙石场。特别是某些大中城市目前建筑用沙石料就非常短缺，所以建筑废料的回收利用有着多方面的积极意义。

第十八章　烧结砖瓦产品在建筑整体中的艺术与工程价值

第一节　艺术价值

　　建筑，从古至今都是一种造型艺术，是一种立体的、富有质感的、表现社会生活、经济实力和业主精神风貌的艺术形式，并通过视觉效果向人们传达溯古、扬今、前瞻未来的某些信息，给人以美的感受。然而，建筑从诞生的那一天起，就肩负起应对神秘莫测、时常变脸的大自然的挑战。用各种建筑材料"围合"成如同人的骨骼和肌肉一样的生存繁衍三维四度空间，代表人的尊严，顶天立地，四维融洽。无不体现"骨架"之坚固，"肌肉"之丰腴，"体表"之圣洁，成为与自然共生共荣的人工环境艺术景观。在坚固中获得安全适用，在抽象中享受愉悦。所以，人们称建筑是"流动的艺术，凝固的音乐"。这方面，中国古人就有了极深刻的认知。如《墨子·辞过》说："是故先王作为宫室，便于生，不以为乐观也"。古罗马建筑师威特鲁威把"实用、坚固、美观"作为建筑艺术的"三原则"而成为建筑学的经典公式。把建筑厘定为"实用艺术"，是对建筑艺术的特殊性界定。使每一个时代的建筑师都要把"实用性"作为建筑的首要加以强调。然而，我们应该看到：建筑中，实用与艺术是两个不同的界面。从审美角度，说建筑是艺术，但"美"并不代表它的适用性，它只是在建筑营造空间中所折射出来的、赋有人文精神的东西，似乎与实用并不搭界；但是，当人们把精神倾注到、或者说把感情移入到建筑应用中时，建筑的艺术性便逐渐明晰和丰满起来。一座建筑的观瞻性和艺术欣赏性的重要部位，除了建筑造型外，全在于墙体构筑上的表现力。这种表现力可归纳"五个方面"：一是自然和谐；二是人文建筑的溯古寻宗；三是地域的、民族的、信仰的、民俗的传承；四是时代特征的表述；五是人们对未来的呼唤。特别是绿色建筑的人文环境观，成就了它的价值取向。建筑艺术不同于绘画艺术，绘画艺术因为它的"无用性"，画家可以凭借其画笔和画布把任何抽象的或实在的东西变成艺术，而建筑艺术因为具有"实用性"，建筑师的奇思妙想只能靠最合适富有表现力的材料的构建表达。当今最适合建筑师创造艺术的墙的体材料，莫过于烧结砖了。正像罗布·索温斯基在《砖的景观》一书中所说："本书主要是讨论在景观中作为功能和设计元素的砖块的。自从有了人类以后，人们就从未停歇过对于景致的改造工作。尽管经历过各种各样的设计风格和潮流的变迁，有一些历经时间考验的传统得到了发展，并且成为了我们选来为外部世界定型的典范。……在杂乱无章中寻求秩序，在与自然冲突中寻求和谐，并且在全球均一化中寻求机会来表现独特的文化地域特征。……砖块是经历了漫长的设计价值观的发展过程而生存下来的材料之一，并且已经成为了景观设计中的一种永恒的质量品质证明"。"它在人工环境——建筑物和景观中的使用传统，都值得我们始终将它作为一种丰富、应用广泛而且经久耐用的建筑材料来考虑"。

　　烧结砖瓦产品所具有的表面色彩本身就是很好的装饰，由不同颜色的烧结砖瓦产品或是数种颜色的搭配，加之烧结砖在设计和砌筑上的灵活性，可以砌筑出不同效果的、吸引人们视觉的墙面。烧结屋面瓦的不同色彩、不同铺设方式等都会构成意想不到的效果。图18-1为烧结装饰砖组成的不同墙面效果。

第十八章 烧结砖瓦产品在建筑整体中的艺术与工程价值

第二篇 烧结砖瓦产品与可持续发展建筑的对话

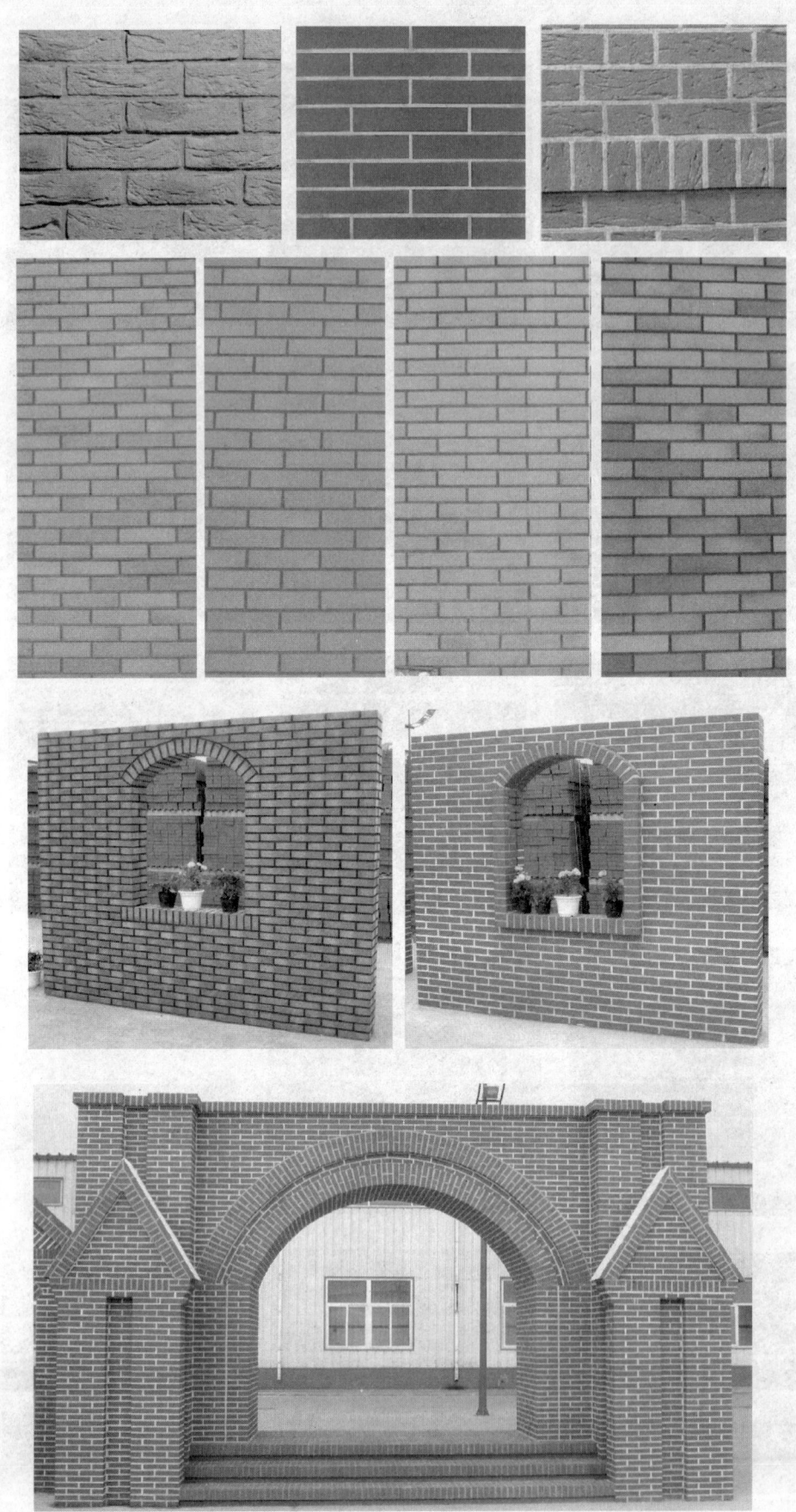

第十八章 烧结砖瓦产品在建筑整体中的艺术与工程价值

图 18-1 烧结装饰砖组成的不同墙面效果（照片摄于陕西富平陶艺村、秦皇岛晨砻建材公司；部分图片来自汪福生著《欧派砖景》）

正如前文所述，烧结砖瓦产品已构成了西欧、北美国家的建筑传统和建筑文化的形态。在当今社会条件下，怎样继承和我们中国的建筑传统，弘扬我们中华民族的建筑文化呢？什么才是代表我们中华民族的建筑元素符号呢？诸如此类问题都值得我们深思。实质上，质量优良的烧结砖瓦产品，对一座城市、一各地区的建筑面貌有着久远的影响。我国历史上很多遗存下来的砖瓦建筑也充分地说明了这种看法。就现今，国内环境面貌好的城市，如大连、青岛、厦门等，在城市建设中烧结砖瓦产品是做出了一定的贡献的。国外这方面的实例更多，如著名的美国哈佛大学的校园建筑群，是清一色的烧结砖瓦建筑，构成了一道奇特而美丽的风景线；在欧洲的乡村及城市，漂亮、古朴典雅的砖瓦建筑比比皆是，更显出和谐、安详、醇厚的气息。图18-2为笔者在西欧一些城市和乡村随意拍摄到的少部分烧结砖瓦建筑的照片。

第十八章 烧结砖瓦产品在建筑整体中的艺术与工程价值

第十八章　烧结砖瓦产品在建筑整体中的艺术与工程价值

第十八章　烧结砖瓦产品在建筑整体中的艺术与工程价值

第十八章 烧结砖瓦产品在建筑整体中的艺术与工程价值

第十八章 烧结砖瓦产品在建筑整体中的艺术与工程价值

第十八章 烧结砖瓦产品在建筑整体中的艺术与工程价值

图 18-2　西欧城市和乡村部分烧结砖瓦建筑（照片摄于
德国明斯特市、法兰克福市、凯乐公司、克利雅通公司；
比利时布鲁塞尔市；荷兰阿姆斯特丹市；奥地利维也纳山公司等地）

美国的砖瓦建筑艺术在世界上也可称为一流，特别是美国的一些校园砖瓦建筑，如哈佛大学、北卡州大学、南加州大学等。亚洲的韩国砖瓦建筑也非常美丽漂亮。如图 18-3 所示的为美国斯蒂尔公司中国首席代表张文发先拍摄到的一少部分砖建筑照片。

第十八章　烧结砖瓦产品在建筑整体中的艺术与工程价值

以下为美国亚特兰大奥运村部分砖建筑。

第二篇 烧结砖瓦产品与可持续发展建筑的对话

以下为美佐治亚州工学院校园部分砖建筑。

第十八章 烧结砖瓦产品在建筑整体中的艺术与工程价值

以下为美北卡罗来纳州 Raleigh 大学校园部分砖建筑。

以下为美国南加州大学校园部分砖建筑。

以下为韩国部分砖建筑。

图 18-3　美国和韩国的部分砖建筑（照片为美国斯蒂尔公司中国首席代表张文发先生摄）

国内近些年也引进了烧结装饰砖生产线，并用烧结装饰砖建成了部分夹芯外墙结构的节能建筑。此外，在这些建筑上也取得了很好的美学效果。图 18-4 为这些建筑的照片。

第十八章 烧结砖瓦产品在建筑整体中的艺术与工程价值

图 18-4　国内的部分烧结装饰砖建筑
（照片来自秦皇岛晨砻建材有限公司及双鸭山东方墙材公司）

第二节 烧结砖瓦的工程价值

从时空意义上看建筑，它是由墙体围合与自然空间相隔离而又完美协调，完全由人类（住户）自由支配的、长期使用的"生存空间"，其寿命期应在百年以上。它不像绘画和雕塑那样，一览无遗地展现一个平面或三度空间，重要的是人们需要进入使用功能齐备的四度空间内学习、生活和工作。因此，从工程学的角度讲，它既具有精神思维的抽象，又有逻辑上的营造，从属于系统工程的范畴。它在建筑材料上的选择，其材料的"工程价值"则是"绿色建筑"必须考察评价的十分重要方面。建筑师心目中最为理想的建筑材料，除了符合"绿色环境材料"的标准及功能属性之外，重要的是建造中施工方便、快速组合、减少工期、节约施工能耗和降低成本。希望主体工程建造中，可以一种或少数几种材料"包打天下"。半个世纪以来，由于烧结砖瓦从传统模式走向"大砖瓦"模式，在革新与发展上出现了许多骄人的成果。它不仅能适应任何建筑体系主体工程，而且品种上千，能满足从屋顶、墙体、楼地面的快捷施工要求。实践证明：它是当今任何建筑主体工程材料无法比拟的、具有很高工程价值的绿色环境材料。世界先进发达国家在绿色建筑构造中，已经为我们提供了成熟而可靠的示范。我国的建筑师和工程师们正按照我国现行的绿色建筑设计、施工规范进行着若干探索与尝试；我国许多先进装备的砖瓦制造厂也借鉴国外成功经验加快了新型绿色砖瓦的研究与制造，不断创新品种，扩大应用范围，生产出如本书第一篇中介绍过的轻质高强、低密度、高孔洞率、隔热保温效果较好的空心砖和空心砌块、空心楼板砖、清水墙砖、广场砖、劈离砖和空心墙板及遮阳板等上百种建筑烧陶制品，逐渐缩短了同国外差距，也逐渐形成烧结制品在砖建筑主体工程"包打天下"的格局。

现以德国、意大利、奥地利及荷兰等西欧国家为样板，就烧结砖的工程价值介绍如下：

目前我国砖的强度标准界定了承重多孔砖和非承重空心砖两种模式，在砌筑应用上有很大区别。承重多孔砖为孔洞与墙体垂直砌筑，孔洞一般为圆形，也有矩形或椭圆形，孔洞率一般为25%~30%之间，密度一般为 1000~1200kg/m³，强度多为10MPa（也有达到20MPa的），导热系数一般在 0.38~0.61W/(m·K)。水平空心砖：我国现行标准 GB/T18968—2003《墙体材料术语》规定：空心砖（Hollow brick）是指：孔洞率等于或大于40%，孔的尺寸大而数量少的砖。我国现行标准 GB13545—2003《烧结空心砖和空心砌块》中规定：以黏土、页岩、煤矸石、粉煤灰为主要原料，经厂焙烧而成主要用于非承重部位的空心砖和空心砌块。外形为直角六面体，其长、宽、高为390mm，290mm，240mm，190mm，180mm（175mm），140mm，115mm，90mm，强度分为 MU10.0，MU7.5，MU5.0，MU3.5，MU2.5 五个等级，体积密度分为 800，900，1000，1100 四个等级，一般孔洞与墙体水平砌筑。就目前墙体砌筑方式来看，我国多孔砖和水平空心砖和空心砌块与国外的应用方式基本上是相通的。不同的是国外在承重与非承重之间已没有非常明显的界限，2002年如德国的砖标准 DLN105——《烧结砌体构件·第一部分——密度等级》≥1.2 实心构件和垂直构件（Clay masonry units—Parts 1: Solid units and vertically perforated units of the bulk density classes >1.2）在术语上把"砖"称为"构件"用于承重和非承重的内、外墙砌筑；砖的外形既有垂直六面体，也有各种形体式样的空心砖和空心砌块以及承重和非承重空心过梁等。因此称"砖"为"构件"。其实，这是砖在概念上的延伸；砖在制作上既强调它内在的工程功能性（例如砖孔侧壁厚度有严格规定，保证墙栓握裹力），又突出手抓孔和灰浆面浆槽的面积，为施工提供便捷等。总之，其人性化的工程理念是值得借鉴和学习的。弄清现代新型绿色烧结砖的概念，对于借鉴先进，完善自我，创新发展，是十分有益的。

就砖墙砌体而言，可持续发展建筑有三项指标。即坚固安全指标；保温节能指标；装饰性能指标。工程上为满足上述指标，国内外几乎采用复合夹芯墙的砌筑方法，有所不同的是国内自20

世纪东北严寒地区冰城哈尔滨、油城大庆市在推行节能建筑中率先推出了夹芯墙构造制式,在减轻墙体自重,增加居室面积,提高住宅保温性能方面均取得了很好成果,在国内建筑设计构造中起到了示范作用。继后又发展了外墙外挂保温材料夹芯墙体系。笔者认为,尽管大庆在20世纪末期学习了中国建筑科学院"节能墙体研究"成果,借鉴了冰城节能住宅的建造经验,但它却是一个适应严寒地区气候环境可持续和经济效益较好的案例,有一定的代表性。现根据大庆石油管理局石油建设设计研究院张晓钟等人《节能复合外墙及屋面构造研究》介绍的构造设计与施工方法作简约的个案,再现其原始面貌。

大庆住宅楼房节能夹芯墙构造及屋面设计与施工案例:(摘自《中国建设科技文库·建筑卷》)

大庆地区过去的一般住宅建筑外墙多采用实心黏土砖,490mm厚双面20mm双面抹灰,总厚度达530mm。但墙身热阻值只为 $0.8m^2 \cdot K/W$,不能满足节能要求,若使热阻值提高到 $1.37m^2 \cdot K/W$ 以上,其墙厚度则需增厚到1000mm,显然不可取。

为解决墙体节能问题,大庆仍作过多种尝试。如:

➢ 采用200mm厚加气混凝土砌块与240mm实心红砖组成复合外墙;

➢ 采用190mm厚浮石混凝土空心砌块、50mm聚苯乙烯泡沫塑料板与240mm厚实心砖组成复合墙体;

➢ 采用240mm厚红砖墙体与80mm岩棉板、内侧石膏板组成复合外墙;也采用过300mm厚加气混凝土砌块外墙体和390mm厚浮石混凝土空心小型砌块外墙等。经实际工程分析,其工程造价一般都超出原工程造价的8%~14%。使业主投资增大(笔者认为,施工中多种材料复合,材料性能参差不齐,如:吸水率、蠕动值、裂纹缺陷等不仅会增加施工麻烦,而且存在着隐患较多,维修频繁等不确定因素,导致这种新型墙体在应用和推广都带来困难)。

最后,他们学习借鉴了中国建筑科学研究院研究成果,"将490mm厚红砖外墙改为内侧为240mm厚红砖实心墙体,外侧为120mm厚红砖围护墙体,中间填入80mm孔隙塑料袋装散粒膨胀珍珠岩保温层,做成一种经济适用的节能复合外墙体";"在外墙转角处、内外墙连结丁字墙处、过梁、圈梁处等特殊部位,由钢筋混凝土柱梁组成,钢筋混凝土材料的导热系数为 $1.74W/(m \cdot K)$ 是红砖砌体导热系数的2倍,保温效果显然不好。为保证这些部位的保温性能,在外墙连接丁字墙部位、过梁、圈梁部位安放硬质聚苯乙烯泡沫塑料板"。图18-5给出这种复合墙体构造示意图。

据张晓钟在其文章中介绍:他们"在袋装珍珠岩节能复合墙体研究过程中,曾多次进行热工测试,主要是对室内空气温度、室外空气温度、外墙表面温度、屋面内外表面温度和墙身热流密度、屋面热流密度,共6个温度和2个热流密度项目进行了测试,每个房间温度布点34~36个,热流密度点20~27个"。根据中国建筑科学研究院物理所编制的《采暖住宅建筑房间采暖能耗实测方法》进行。4年对25栋节能建筑住宅楼的热工测试,得到如下数据:

➢ 室内空气温度20.6~28.4℃,大于18℃;

➢ 外墙内表面温度17.1~24.8℃;

➢ 屋面内表面温度18.2~26℃;

➢ 外墙热阻值为 $1.382~2.71m^2 \cdot K/W$,大于 $1.37m^2 \cdot K/W$;

➢ 屋面热阻值为 $1.692~1.753m^2 \cdot K/W$,大于 $1.56m^2 \cdot K/W$。

黑龙江省寒地建筑科学研究院给出的检测结论为:"根据测试计算结果,该节能建筑,墙体的西墙和北墙,外墙传热系数 $K_W = 0.41~0.57W/(m^2 \cdot K)$,屋顶 $K_R = 0.55W/(m^2 \cdot K)$,满足《民用建筑节能设计标准》JGJ 26—1986要求,可达到节能30%以上"。

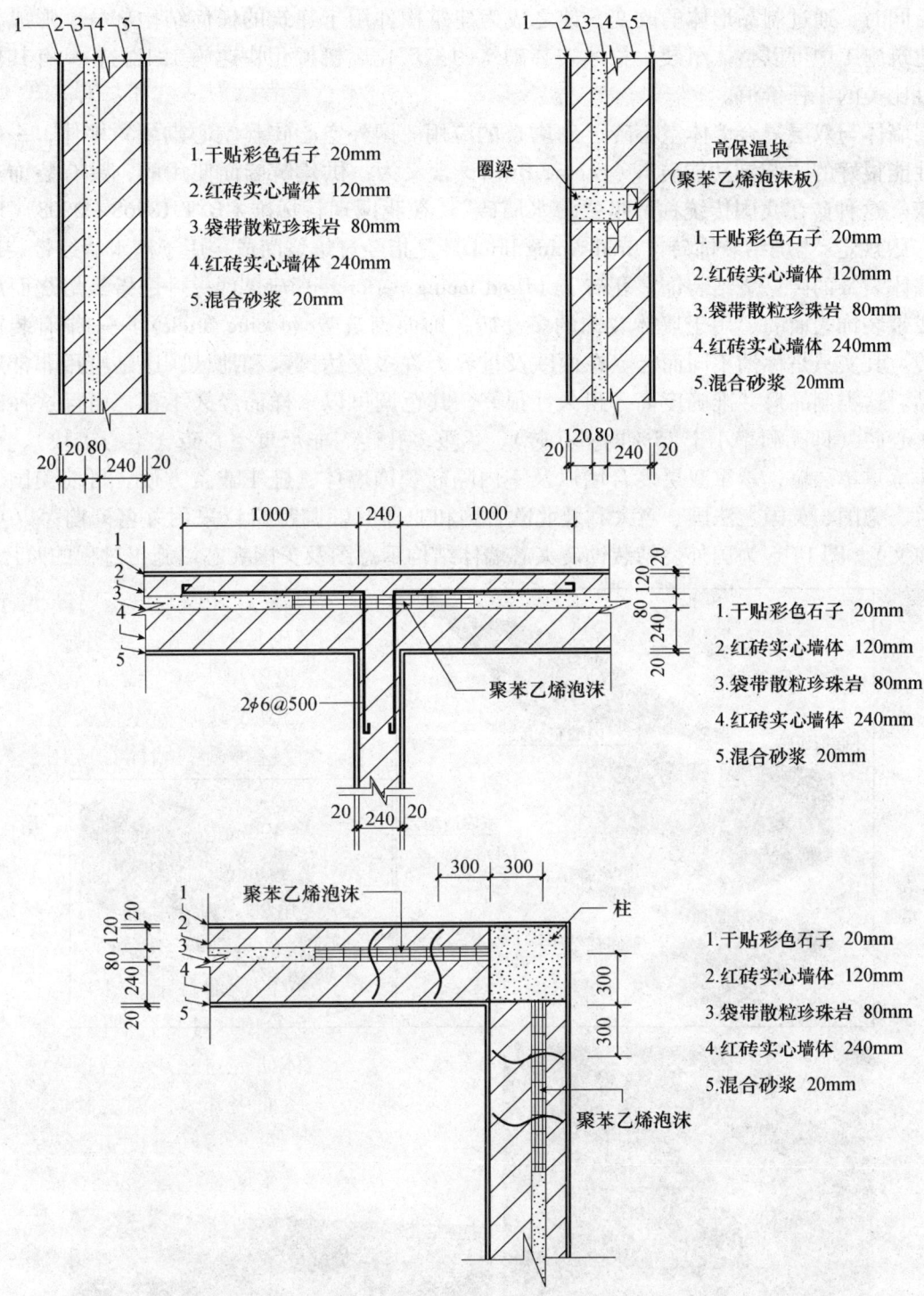

图 18-5 黑龙江大庆市复合墙体构造示意图

从以上案例可以看到砖砌体夹芯墙的建筑节能优势。但是,由于实心砖的密度大、导热系数较高、墙体热阻值较小,就国内节能标准而言,根本不能满足节能65%的需要,而且墙体线荷载虽有80mm厚的轻质保温材料填充,也减轻不了多少,这种情况国外在20世纪中叶推行夹芯墙节能建筑中几乎遇到过这样的问题。从而闯出了一条研发自保温空心砖和空心砌块的道路,在提高孔洞率、制造微孔降低密度、孔形及排列延伸热桥以降低导热系数提高墙体热阻值方面取得了很好成果，同时，通过制品形体的改变，使之成为建筑构件用于建筑的任何结构部分，形成了烧结砖瓦在建筑施工中可以整体组装，整体安装砌筑的工厂化、机械化快速施工工艺。具有其他建筑材料不可比美的工程价值。

单层墙体与双层复合墙体空心砖（砌块）的应用。国外空心砖（空心砌块）墙体，一般都用外装饰性能很好的"装饰功能砖"（Facing Brick。含义为：供建筑墙面使用的、具有装饰功能的砖）砌筑。这种砖在我国传统称谓叫"清水墙砖"。在我国现行标准 GB/T 18968—2003《墙体材料术语》中规定："烧结装饰砖（fired facing brick）是指经过焙烧而成、用于清水墙或带装饰面用于清水墙体装饰的砖；烧结装饰多孔砖"（fired facing perforated brick）——是指经焙烧而成用于清水墙或带装饰表面的、用于墙体装饰的多孔砖；饰面砌筑砖（facing brick）——带有装饰面的砌筑用砖。其实只是称谓不同而已。在西欧及世界上许多发达国家和地区，这是应用非常广泛的一类制品。这类制品尺寸准确度高，耐久性很好，其色调可以多样而经久不褪，而且这种砖可分为承重实心砖（即孔洞率小于15%的多孔砖）、承重多孔砖、非承重空心砖（空心砌块），可以配合用于非承重单层墙，承重双层复合墙以及室内隔断装饰墙体，施工非常方便。目前美国、比利时、荷兰、德国、英国、法国、意大利及北欧各国和亚洲的韩国都广泛采用并名列前茅（应用的实例见前文）。图18-6 为国外烧结装饰砖夹芯墙体结构示意图及美国夹芯墙施工过程的照片。

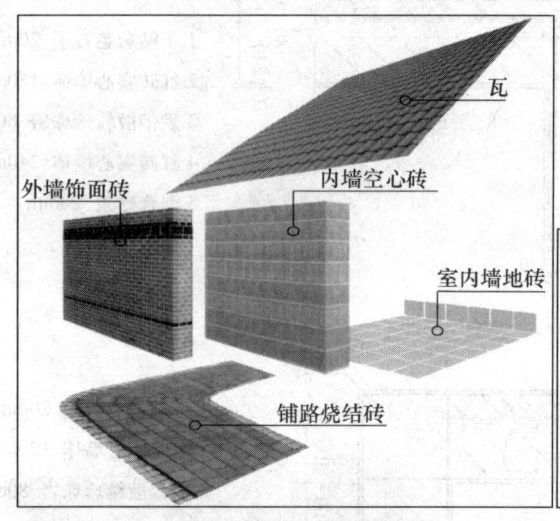
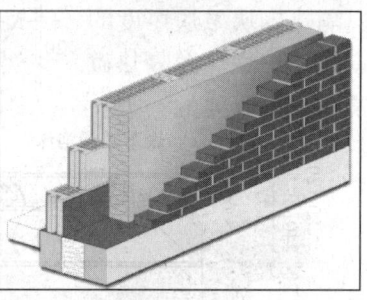

图 18-6　国外烧结装饰砖夹芯墙体结构示意图及美国夹芯墙施工过程的照片
（图片来自德国 Keller 公司及 ABC-KLINKER GRUPPE 宣传资料；美国夹芯墙施工
过程的照片由美国斯蒂尔公司中国首席代表张文发先生摄于美北卡罗来纳州 Raleigh 大学）

烧结保温隔热砌块是我国节能建筑今后要重点发展的重要产品之一。要达到外墙的自保温目标，烧结保温隔热砌块单块厚度的外墙体在我国大多数地区均可以满足节能 65% 要求。西欧经过三十多年的发展，烧结保温隔热砌块已逐步形成较完整的生产、设计、建筑应用的体系，也是可持续发展建筑中非常重要的一类材料。图 18-7 为单一砌块建造的低能耗住宅及外墙结构示意图。

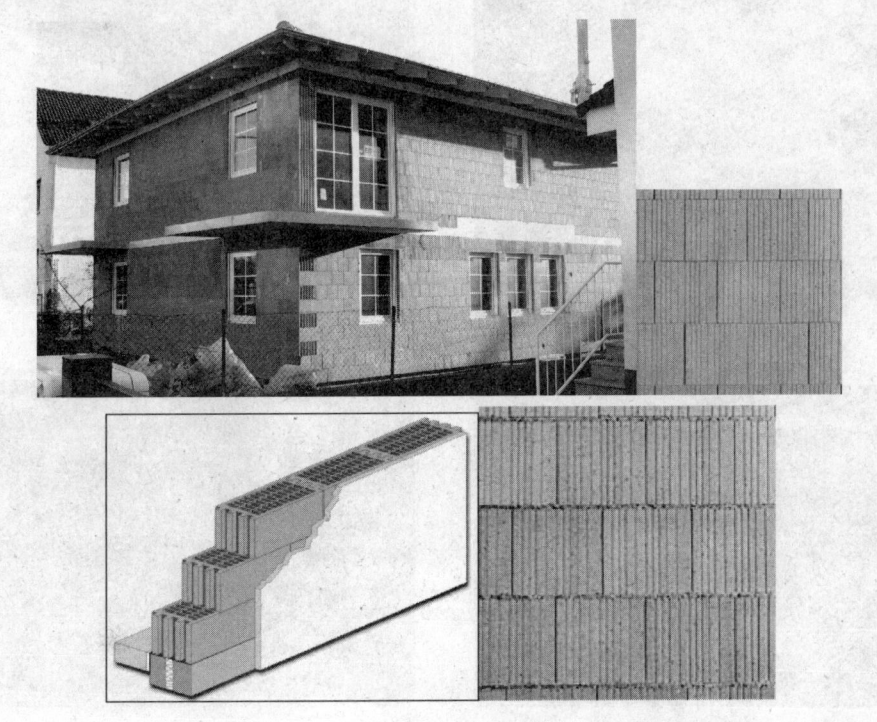

图 18-7　单一砌块建造的低能耗住宅及外墙结构示意图（照片摄于德国法兰克福市郊区）

烧结铺路（地）砖在国内外都得到了广泛的使用。第一是因为烧结砖产品有着非常好的渗透性，透水能力很高，可顺畅地渗漏雨水；第二，由于烧结砖瓦产品在化学性能上呈中性，不会对土壤及地下水形成任何污染；第三，由于烧结铺路砖比混凝土砖的抗折强度高，烧结程度高的铺路砖可承载重车；第四，由于烧结铺路砖的色彩艳丽，有非常好的装饰效果，烧结铺路砖成为了特有的景观。我国随着城市化建设的不断扩大，城市中的道路、广场、停车场等硬化的地面越来越多，对多个城市的排水系统造成的压力也越来越大，每年雨季都有因城市排水不畅而造成的事故发生。另外，有的城市因硬化地面越来越大，地下水源得不到补充，影响绿化带及道路两边树木的生长，这种现象在一些北方城市尤为显著。还有国内有的地方虽说用了烧结铺路砖，但是仍然使用水泥砂浆或在混凝土基础面上粘贴，这种不正确地铺设方法，阻止了雨水的渗漏。烧结铺路砖的正确铺设方法可见第一篇文中的叙述。图18-8为烧结铺路砖的部分应用实例。

第十八章 烧结砖瓦产品在建筑整体中的艺术与工程价值

第十八章 烧结砖瓦产品在建筑整体中的艺术与工程价值

图18-8　烧结铺路砖的部分应用实例（部分照片摄于德国、奥地利、荷兰；部分国内实地拍摄；部分照片来自美国斯蒂尔公司中国首席代表张文发先生在美佐治亚州工学院、亚特兰大某公园、美国亚特兰大奥运村、韩国、澳大利亚实地拍摄的照片及汪福生著《欧派砖景》）

另外，由于烧结砖瓦产品朴素典雅的色彩和极好的耐久性，无论是铺设道路、广场，还是砌筑花坛、踏步等都是非常漂亮的景观。图18-9给出部分烧结砖砌筑的景观实例。

第十八章 烧结砖瓦产品在建筑整体中的艺术与工程价值

第十八章 烧结砖瓦产品在建筑整体中的艺术与工程价值

第十八章 烧结砖瓦产品在建筑整体中的艺术与工程价值

图 18-9　烧结砖砌筑的部分景观实例（部分照片摄于德国凯乐公司；
部分照片来自美国斯蒂尔公司中国首席代表张文法先生在美佐治亚州工学院、
亚特兰大某公园、美国亚特兰大奥运村、美国南加州大学、美北卡罗来纳州
Raleigh 大学、韩国、澳大利亚实地拍摄的照片及汪福生著《欧派砖景》）

烧结空心内隔墙墙板，在我国称为内隔墙空心砖。是一种体薄（120mm）、高强、隔音效果很好的内墙隔断材料。20 世纪 70~80 年代我国北京曾小批量试制出长、宽、高为 240mm×240mm×57mm 的薄型空心隔墙砖，80 年代初，原西安砖瓦研究所成功地试出长、宽、厚为 1800mm×600mm×120mm 的空心条板砖。可惜由于种种原因未能在建筑上推广应用而夭折。由于建筑物特别是居室建筑隔墙较多，因此对隔墙空心砖和条板砖的发展非常迅速，而且在施工上多采用现场组装整体安装砌筑方法，大大降低建筑能耗，缩短施工周期（应用的实例见第一篇）。

不同类型及厚度的空心楼板砌块，同样可以在施工现场组合成不同热工等级、强度等级（承重与非承重）的空心楼板进行整体吊装（应用的实例见第一篇）。

烧结装饰板是近年发展起来的一种烧结干挂外饰板材，可用于室内外墙体装饰、幕墙装饰、遮阳和百叶窗等。能完全满足绿色建筑的材料要求，并且完全可以取代绿色玻璃、铝合金、石材等幕墙材料。近年来得到了迅速发展，品种也非常丰富。以用途广泛施工简单而见长，除带孔的空心外墙装饰板外，还有单层不带孔的条形或异形装饰板可供采用。

这种产品在我国奥运工程和大城市近两年已推广使用数百万平方米，并引进了年产 70~100 万平方米的生产线三条。图 18-10 为江苏宜兴新嘉理公司装饰板的部分工程实例。

上海北大实验楼二期

杭州青枫墅园

上海恒升名邸

北京人民检察院第一分院

苏州商业街

原子能北京办事处

杭州青枫墅园（多色混挂）

第十八章　烧结砖瓦产品在建筑整体中的艺术与工程价值

常州莱蒙都会

杭州万科　金色城品

深圳　园景园

重庆中冶赛迪研发中心

图 18-10　烧结装饰板的工程应用实例（照片来自江苏宜兴新嘉理公司）

第三节　烧结空心砌块的创新设计与应用

前面我们多次谈到绿色环境材料的生态功能，并把现代烧结砖瓦的可持续发展能力及其在可持续发展建筑中的地位和工程价值作了评述。但是，要使人类永恒居住的微观环境既能够与客观大环境协调和谐地持续发展，又能够切实保障人类安全健康，使人类的可持续发展核心价值不受丝毫损害，不仅是可持续发展建筑研究的对象，而且是建筑材料科学的永恒主题。随着自然科学研究的不断深化，许多自然灾害现象获得了新的解释，极大地增强了人们防灾、避灾和减灾的自卫能力，同时也促进了人们规避灾害的技术进步。使人类的建筑活动从"必然王国"走向"自由王国"。"绿色建筑"（生态建筑或叫可持续发展建筑）理念的提出，便是修复环境、和谐生态的良好开端。创新生态建筑材料，保障可持续发展建筑构造的一切需求性的供给则是建材行业的历史责任。烧结砖瓦从20世纪告别了传统生产方式，在百年工业化和现代化的进程中充分发挥了传统文化的优势，确立了"大砖瓦"理念，把这一几千年人类创造的优秀文明成果的社会贡献又推进了一大步，成为当今任何墙体屋面材料不可完全替代的绿色环境产品。在绿色建筑中显示出强大的生命力。被国际建筑学界、未来学界、生态环境学界公认为"绿色环境材料"。

随着建筑工业的发展及整个社会的进步，人们生活水平的不断提高，越来越多的人们要求进入高度隔热保温、经久耐用、美观大方、高度舒适性等具有多功能的房屋，这就给烧结建筑制品提出了更高的要求。因此，各发达国家均在烧结建材产品的开发上给予了极大的关注。

邓小平曾有一句名言："发展才是硬道理"。烧结空心砌块三十多年的发展，经历了从低级向高级、从感性到理性的过程，进入新世纪后便步入了创新设计的崭新阶段，主要表现为在继续提高节能环保、安全舒适多种功能的基础上按照现代工业设计理念进行形体模块化、孔洞排列科学化、建筑防灾理性化于一体的全功能综合设计。其在可持续发展建筑中安全、健康、舒适、愉悦等正效应又有新的提升。如抗震空心砌块，防护高频电磁场砌块的问世更显现出烧结材料的可持续发展能力。现根据西欧多年来应用多功能烧结砌块的经验，结合国内发展的趋势，应开发设计出适应于"自保温墙体"的"节能砌块"，"屋面保温隔热砌块"，"内隔墙砌块"，"音障墙砌块","抗震砌块","高频电磁场防护砌块"等现分别简介如下：

> 自保温墙体使用的节能烧结砌块（见第一篇相关内容）

墙体材料和围护结构是决定建筑能耗的关键。墙体材料是建筑物的主要结构砌筑及围护材料，是建筑的主体材料，几乎占每栋建筑物工程固体用料的85%以上，绝大部分属结构性安全材料。以砖瓦工业为主逐渐发展壮大起来的我国墙体材料工业，是我国建材工业的重要组成部分。其产量、产值占建材工业举足轻重的位置；其生产过程资源、能源的消耗巨大；同时也构成了影响可持续发展的社会问题；其产品性能与质量对建筑寿命和综合能耗的影响也是巨大的。

根据传热学原理，建筑能耗主要是由外围护结构的传热特性导致的热量散失，建筑物围护结构的热散失所占的比重极高，约占77%，其中墙体散热（含空气渗透散热）占59.4%。建筑节能主要是通过改善墙体围护结构的热工性能来实现的。单一材料砌体结构的热工性能主要取决于墙体厚度、材料导热系数和砌筑砂浆层的厚度和导热系数；复合墙体的热工性能则还与所用多种材料的导热系数、结构形式及施工方法有关。但是从可持续发展建筑的观点看，采用多种材料复合的外墙体，在建筑物使用寿命终结后的分离、回收利用等方面都存在有较大的困难。从墙体结构形式来看，我国目前已基本淘汰了外墙内保温结构，采用最多的是外墙外保温方式和少量的夹芯墙体结构保温形式，保温材料的热工性能、耐候性、耐久性、环保性及施工技术都会对建筑产生重要的影响。从源头上解决问题就是要从标准上提高墙体材料的热工性能。

目前我国在建筑节能的材料和技术上与欧洲发达国家存在很大的差距，甚至有的业内人士认为使用国内目前所能够生产的单一材料砌筑的墙体不可能满足建筑节能65%的强制标准，因此在建筑物如何"穿衣服"上花费了大量人力物力，这种已经被欧洲发达国家所淘汰的弯路，我们决不能再重复，就像"粮不够瓜菜代"不能解决粮食问题一样，"墙不保温穿衣代"也不能解决墙的问题。

由于我国城市化建设的快速发展，高层和小高层混凝土剪力墙结构的建筑发展很快，但是由于混凝土墙体极高的传热系数使其使用能耗远远高于砖建筑，是典型的高能耗建筑。根据建筑材料的性能设计适应不同环境特点的墙体结构形式也是减少建筑能耗，提高建筑质量的重要保证。

大量工程实践证明，目前普遍采用的外墙外保温技术并不是好的墙体保温技术，存在施工难、寿命短、造价高、不环保、不安全等事实，而且大多数保温材料使用的是耗费石油资源的EPS，盲目大面积推广是不合适的，会在十年至二十年后为社会带来难以估量的灾难性后果。

目前，西欧的烧结多孔保隔热温砌块，以其优良的生态特性、极佳的保温隔热性能被广泛的应用于各类节能建筑中，虽然这种被称为"生态砖"的产品由于其生产工艺及设备要求，目前在国内还不能大批量生产，引进的生产线正在调试中。国内有关设备制造厂家也已积极地在进行挤出砌块设备的开发，也已试制出了126孔的烧结保温隔热砌块，但这对节能建筑所产生的巨大作用足以引起我们对这种产品的重视，足以让我们重新审视我国墙材发展的方向和路径。

30多年前，欧洲对烧结保温隔热砌块就制定了非常完备的建筑墙体应用标准体系，并在建筑中已普遍使用。优良的保温隔热砌块，其特征是相对复杂的几何形状、相对较小的容重（比重）及较大的孔洞率和外形尺寸、非常高的烧结能源使用效率。烧结保温砌块在设计上使用了凹槽连接，具有很好的结构稳定性、方便施工。仅德国现在使用的烧结砌块有几十个品种，几乎每种都有自身的商标或商品名称，法国、瑞典和芬兰已将密度小于$500kg/m^3$的砌块投入市场，产品具有较低的吸水率和较好的保温隔热性能。各种异型砌块（如U型模板砌块、过梁砌块等）也广泛应用于各式建筑结构。目前西欧已经开发出了超低导热系数的烧结保温隔热砌块，并用这类砌块建造出了低能耗建筑。

当烧结砌块的导热系数$\lambda = 0.14W/(m \cdot K)$时，墙厚为30cm，外墙的传热系数$K$值为

0.41W/(m²K)。这样的外墙传热系数完全可以满足我国黄河以南广大地区节能建筑的需要。这类烧结保温隔热砌块的基本形式如图18-11所示。

图18-11　外墙保温隔热砌块的基本形式（部分图片摄于北京中国砖瓦工业协会；部分来自 Klima Bloc. Pichler 产品宣传样本）

这类墙体自保温烧结砌块虽然在西欧有非常成熟的设计、制造及应用技术，但在国内还是一新事物。产品的设计不但要考虑到砌块本身的几何形状、孔洞的形状与排列，还要充分考虑到国内的生产条件、配套设备状况及建筑应用技术、国内的建筑结构体系等。根据传热原理对墙体自保温砌块的孔洞形状及排列、微孔成孔机理进行详细的研究，根据各地对外墙保温隔热要求的不同，开发出我国自有知识产权的墙体自保温砌块设计软件平台，进一步推进我国烧结保温隔热外墙砌块的发展和可持续发展建筑。

> 屋面保温隔热砌块

屋面的保温隔热材料一直是国内建筑中平屋顶结构中的难题之一。而烧结的高孔洞率屋面保温隔热砌块具有强度高、表观密度低、保温隔热性能好、耐久性极佳等优点，是平屋面非常理想的刚性保温隔热材料层。这类砌块的孔洞是水平方向使用的，一般都带有相互连锁的凸缘和凹槽，便于铺设时的相互连锁与咬合，防止了人踩踏或因其他外力而松动错位。这类砌块的建筑应用实例如图18-12所示。

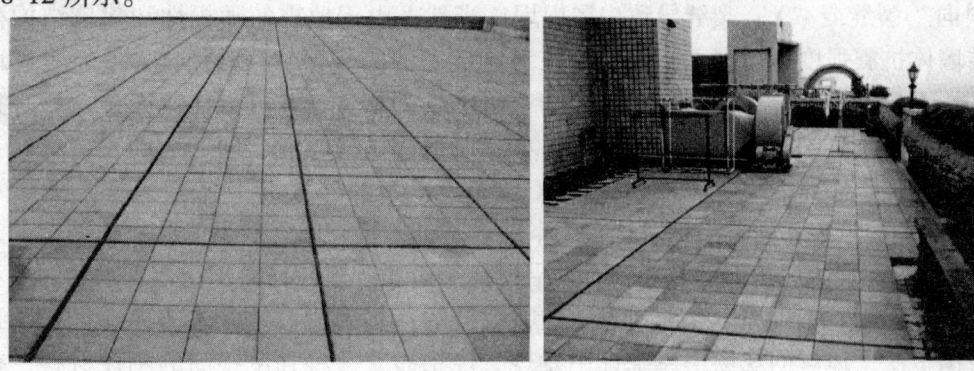

图18-12　屋面保温隔热砌块的应用的实例（图片来自汪福生著《欧派砖景》）

> 内隔墙砌块（见第一篇相关内容）

内隔墙用烧结砌块是现代建筑中应用量非常大的一类产品。内隔墙砌块的设计主要在其尺寸怎样与现建筑模数的结合上；其次是各种不同的内隔墙的性能要求。内隔墙用烧结砌块的基本形式如图 18-13 所示。

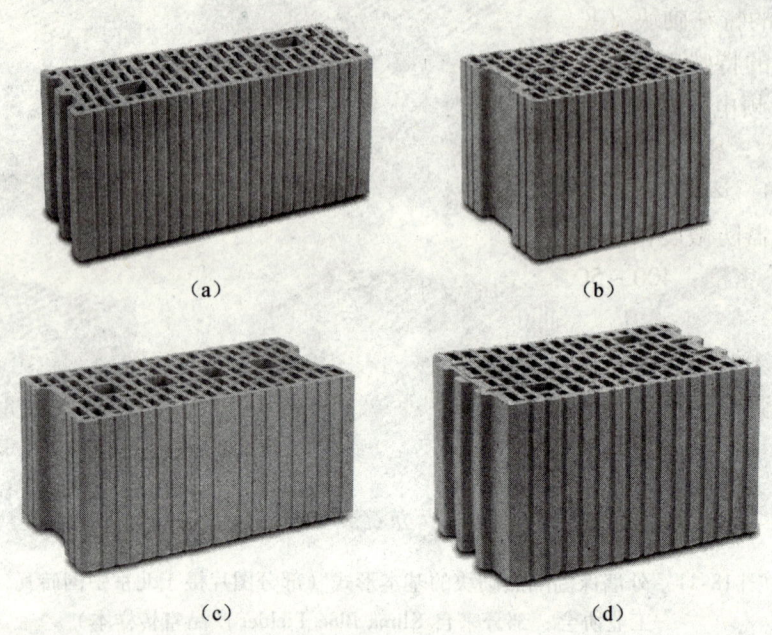

图 18-13　内隔墙用烧结砌块的基本形式

[（a）12.17cm×50cm×23.8cm，内墙用：单块重：15kg（b）（11.25cm×30cm×23.8cm，内墙用：单块重：12.5kg（c）9.20cm×50cm×23.8cm，内墙用：单块重：19kg（d）10.25cm×38cm×23.8cm，内墙用：单块重：16.5kg；图片来自 Klima Bloc. Pichler 产品宣传样本］

> 音障墙砌块（见第一篇相关内容）

使用烧结砌块作为音障墙，不但有非常好的吸音效果及相当好的耐久性，而且还具有独特的景观效果，因为烧结产品本身的颜色起到了很好的装饰效果。西欧有的高速公路旁使用烧结砌块做的音障墙，成为了一道亮丽的风景线。根据声学原理设计烧结的音障墙空心砌块，以丰富我国烧结建筑制品的品种（具体样品及应用见第一篇）。

> 抗震砌块

地震是世界上常见而又很难准确预测、破坏性很大的地质灾害。自古人们就采取了许多工程方式进行防范。地震对墙体的破坏主要是在震动时以剪切变形为主，墙体经受主拉应力破坏较大而产生"斜向"裂缝或"X"裂缝导致房屋坍塌。当然，由于地震的随机性和建筑结构存在着非均匀性，砖墙体抗震强度与震害之间并不存在对应确定的函数关系。但是，大量经受过地震的房屋在统计特性上，震害烈度和墙体抗震强度却有着密切的相关性。这方面我国古人就有独到的见解。唐代大雁塔的改造中，采用"磨砖对缝技术"既解决了砖与砖之间的大面咬合度，又减少了脆性砂浆厚度增强了墙体的整体刚度而抗震（这种技术在国外近十年作为一种"发明"普遍推广）。在小雁塔的构筑中，则采用将塔基做成半球形基础，将高塔立于半球形基础平面上，使塔身成为"不倒翁"。在我国唐山大地震后，有人借口烧结砖属于脆性材料，在地震水平往复和竖向往复中缺乏延展性，说它不抗震。这种观点曾经在我国的一些省份和地区炒得沸沸扬扬，弄得人心惶惶。从我国多次大地震的现场房屋统计中发现，烧结砖是一种强度很高的刚性材料，有其很高的抗压抗折强度，特别是空心砌块（砖）科学排列的孔洞有消能作用。不足的是与脆性砂浆咬合力差，降低了砖墙整体刚度，地震中使墙体沿灰缝斜向或 X 开裂。针对这一弱点，近年来西欧砌块生产厂家及设备制造厂在工业设计中进行"抗震砌块"的创新设计，制造出了抗震砖和抗震砌块，并进入专业化生产。该类砌块的特征之一就是在相互接合的面上设置有卯榫结构，增强了墙体抗侧向外力的能力。

> 专门用途的特殊砌块（见第一篇相关内容）

所谓专门用途的特殊砌块，是指优化了烧结砖既有的制品功能属性外，又专门赋予其承重、高保温、隔音和高频电磁场防护功能，专门用于特殊建筑。例如防微震砌块（砖）的导热系数 $\lambda = 0.14 W/(m \cdot K)$；密度等级 $750 kg/m^3$，抗压强度等级 $10 N/mm$，可用于承重墙体；墙厚 360mm 时的隔声量为 49dB，运用墙厚方向的连续孔壁和孔洞组成的网状系统使砌块内的自然震动最小化，可起到精密仪器防微震作用。防护高频电磁场砌块是掺入气孔形成剂，导热系数：$\lambda = 0.1 \sim 0.125 W/(m \cdot K)$，密度：$400 \sim 500 kg/m^3$，抗压强度：$4.1 \sim 6.9 N/m^2$，是专门用于防护高频电磁场的多孔砌块。

从以上实例，不难看出烧结砖陶制品不仅外表和内在具有许多特殊功能，而且在建筑装配上更具有建筑适应性强、结构满足率高、施工方便、建筑工程耗能小等优越性，具有很高的工程价值。同时也说明在可持续发展的道路上，烧结砖不仅没有满足全功能优势而止步不前，而是在创造人类高级文明中不断开发潜力，有创新发展。

第十九章　烧结砖瓦产品的建筑价值

第一节　可持续发展建筑标准的建立与执行

可持续发展建筑是世界各国根据里约热内卢"世界环发大会"通过的人类社会可持续发展目标《全球21世纪议程》在建筑领域中的具体表现。1992年国际建筑协会在其召开的"生态建筑会议"上特别强调"生态平衡在建筑中的绝对必要性。"并于1993年在"国际建协第十八次大会"上发表了《芝加哥宣言》号召全世界建筑师把"环境和社会可持续发展列入建筑师职业及其责任心";继后在1999年国际建筑师二十届大会上得到积极响应,大会发表的《北京宣言》进一步明确:"将可持续发展作为建筑师和工程师在新世纪中的工作准则"。全世界建筑师和工程师职业面临前所未有的挑战。据《绿色建筑》教材第六章载:"绿色建筑挑战(GBC)最初是由加拿大发起于1996年,当时有美、英、法等14个国家参加。在两年间,各参与国通过对多达36个项目进行研究和广泛交流,最终确立了一个合理评价建筑物能量及环境特性的方法体系——GB TOOL。1998年10月,在温哥华召开了14国参加的绿色建筑国际会议——绿色建筑挑战98(GB C—98)。在这次会议上研究成果得到了展示和总结。会议中心议题是建立一个国际化绿色建筑评价体系,这一体系可以适应不同国家和地区各自技术水平和建筑文化传统。由于体系中包含了根据不同的当地情况而制定的标准和价值权重系统,各国专家可以将体系调整应用于几乎世界任何一个地区"。"现在GB TOOL已经发展到GB TOOL—2005版本。另外随着日本、南非等更多国家参与进来,GBC在全球的影响日益扩大"。

我国在建设资源节约型、环境友好型小康社会过程中,从20世纪90年代开始围绕建筑节能,对烧结砖以"限黏禁实"为重点,发展新型墙体材料为前提,自上而下地开展墙材革新与推广建筑节能工作,并在城市化和新农村建设中有选择地开展了绿色建筑示范点的建设工作,已取得了一些成功经验。然而,与轰轰烈烈的城市商品房开发和新农村建设相比,可以说"绿色建筑"或者说"节能建筑"实践在很多地区被边缘化。严格意义上讲,近20年来我国年竣工2亿多平方米建筑面积中至少有90%是不节能的,号称强制标准的国标《民用建筑节能设计标准》《民用建筑热工设计规范》。联想到目前全国有430多亿平方米不节能的建筑存量,不仅持续消耗大量能源,而且这些建筑在今后的节能改造中势必耗费巨大的社会财富。同时20多年的墙体材料革新也还没有真正进入科学发展的轨道,仍在"免烧"、"限黏"的旋涡中徘徊不前。绿色、节能建筑与国外相比,至少有15~20年的差距。究其原因不外乎在如下方面:

第一,国人对国家能源安全意识淡薄,民生能耗消费巨大。国家能源安全是实现国民经济持续稳定发展的重要保障。社会经济的发展离不开能源所提供的动力条件的支撑。因此,建筑节能既是经济发展的需要,又是减轻大气污染、修复环境的需要。自20世纪90年代我国国民生产总值持续稳定增长,同时一次性商品能源增长缓慢的矛盾凸显出来。例如"八五"期间,我国国民生产总值年平均增长11.8%,而一次性商品能源的年平均增长率只为3.6%。这种消耗猛增、能源增长率滞后状况,直接威胁着国家能源安全。仅以1994年我国能源消费结构看,全国城乡民生能耗消费为4.67亿吨标准煤,占全国总消费能耗14.77亿吨的32.3%。然而,只占全国城镇人口大约13.6%采暖区,采暖所消耗的能耗却占全国商品能源总消耗能源的9.6%。从地域特点上看,我国具有南热北寒的气候特点，呈现冬夏季两个能源消耗的高峰期，使发展滞后的能源环境不堪重负。以南方空调消暑为例：2005年国家节能委员会涂逢祥会长在"江苏省住宅节能和技术产品研讨会"上宣称："在建筑能耗中，空调制冷用电尤其值得关注，预计到2020年（我国将有686亿平方米的房屋存量，其中城市为261亿平方米，农村为425平方米——笔者）全国制冷电力高峰负荷将会翻两番，即达到相当于10个三峡电站的满负荷发电量"。他说："建设每千瓦的电站和电网设施平均约需8000元投资，为满足2020年短时间空调高峰负荷，其电力总投资共约需14000亿元，数字十分惊人"。

能源问题是关系国家社会稳定、经济发展、提高人民物质文化生活的核心问题。国务院"关于做好建设节约型社会近期重点工作的通知"中明确指出："随着经济的快速增长和人口的不断增加，我国淡水、土地、能源、矿产等资源不足的矛盾更加突出，环境压力日渐增大。'十一五'是我国全面建设小康社会、加快推进社会主义现代化的关键时期，必须统筹协调经济社会发展与人口、资源、环境的关系，进一步转变经济增长方式，加快建设节约型社会，在生产、建设、流通、消费各领域节约资源，提高资源利用效率，创造尽可能少的资源消耗，创造尽可能大的经济效益"。在建设节约型社会过程中，推广建筑节能、建造绿色建筑应该是一个标志。然而我国绿色节能建筑知多少？

第二，宣传教育力度不够，国民缺乏危机感。自20世纪70年代西方爆发能源危机后，西方各国广泛深入地进行着声势浩大的节能宣传教育活动。通过宣传教育活动，使这些国家上上下下都能深刻地认识到能源是国家经济发展的命脉，而且还认识到可持续发展是关系人类生存和发展的大事，有能源危机感和生态环境忧患意识，对子孙后代的生存条件有历史责任感，把节约能源看作是保护生存环境造福人类的大事，积极开展旧房节能改造。政府和议会都十分重视，采取多方面措施推动其发展。许多国家采取了经济补贴形式鼓励民间住房节能改造，收到了明显的效果，取得了较好的社会综合效益。

第三，提高建筑节能标准，严格执法同国外有很大差距。虽说我国绿色建筑评价标准已颁布实施（GB/T 50378—2006），但是由于对绿色建筑的概念模糊，从而波及对绿色建材产品界定的混乱。众所周知，没有绿色建材产品，就没有绿色建筑。在建筑节能法规制定、宣贯和执行时有执法不严的问题。国外的节能标准，一般过几年都要修订一次，每次修订都要在原标准的基础上把节能要求提高一步，如英、法、德等国每次修订都把节能要求提高25%，大大促进了建筑节能的新发展。

随着"禁实"工作的深入发展，各种替代产品纷纷上马，在一些媒体上频繁播出的各种"免烧砖机"广告，含糊不清的"新墙材"概念，似是而非的技术来源，造成的误导应该引起国家主管部门的高度重视。在某些地区盲目建设的不少所谓的非烧结"新型墙体材料"生产线，由于产品性能达不到建筑使用的基本要求，卖不出去，几乎酿成了影响当地社会安定的事件，如江西、浙江、黑龙江等省，这种影响甚至于也波及了西藏的拉萨。很多有识之士对目前建筑墙体材料的发展中所出现的替代产品提出了质疑和担忧，指出了简单的产品替代给行业发展和工程质量带来的严重后果，所造成的大量低水平重复建设及低劣产品充斥建筑市场，大量不能满足建筑功能、不能保证房屋质量的建筑在不久的将来就会把现在的一吨工业废料变成数吨严重污染环境，既不可回收利用，又不可自然降解的建筑垃圾。从循环经济和环境保护的角度看无疑是一种更大的浪费和对环境更严重的破坏。

改革开放30年来，特别是近10年，我国的建筑质量逐年下降，许多建筑在很短时间内就制造出大量的建筑垃圾，对环境造成严重破坏，同时也造成经济上的巨大损失。例如，虽然混凝土砌块由于其强度较高，可以满足建筑承重，但热工性能极差，如果不采取外保温的措施是不能达到节能要求的。而且就目前的知识水平和技术水平来说，混凝土材料在建筑物使用寿命终结后，也很难进行分离及完全回收利用。在很多地区已经造成拆掉几年前用混凝土砌块盖的新房，重建砖房的事实，特别是在农村地区，农民用改革开放后所赚的第一笔钱盖了新的混凝土砌块房，却不得不在他们经济状态稍加好转后就又投入到拆"新房"再建砖房的重复建设中，留下了一堆堆无法再利用的混凝土碎块。从资源、能源消耗，建筑物使用寿命终结后的回收利用，环境污染及温室气体排放等方面看，并结合我国的水泥产能及可枯竭的石灰石矿储量分析，盲目发展大量的混凝土建筑，也是令人担忧的。因每一座建筑物要为数代人服务，而不是为一代人服务的建筑。所有非烧结墙体产品（混凝土小砌块、加气混凝土砌块、加气粉煤灰砌块等）无一例外是通过水泥作为凝胶剂，添加砂、石及各种工业废渣，通过自然养护或热养护使其凝固、硬化而成的砌体材料。而且这些材料在使用寿命终结后的回收利用也非常困难，影响水质和土壤。作为胶凝材料的水泥在生产过程中，消耗了大量的不可再生资源石灰石和黏土以及大量的煤炭等高品质能源；在混凝土生产中，又加入了大量的石灰石骨料，两者所消耗石灰石资源的经济价值要远大于烧砖瓦所用黏土资源的经济价值。节约水泥比节约黏土更为重要。

第二节 可持续发展建筑的经济性

建筑的经济性质是由货币投入、环境投入和社会资源财富投入所构成的空间表现形式。判断建筑的经济性质，不仅要分析货币投入的合理性（即投资所取得建筑使用功能、安全舒适程度，有至少在 80~100 年的服务周期内很少维修和在其生命终结后仍能回收重复使用）所反映的经济价值，而且还要考察其生命周期内与自然生态环境和社会经济环境的协调程度所反映出来的直接和间接的经济价值。这就是建筑所反映出来的经济性。

可持续发展建筑自 20 世纪 90 年代在世界范围内兴起以来，经过长期的研究与建筑实践，已经建立起一套科学的经济评价体系，国际上通用 GB TOOL—2005 版本为依据进行定性和定量相结合的经济评价。我国虽然还没有既定的评价标准，但是在浙江、重庆等地的试点和试范工程中摸索出许多规则、经验和方法。

据笔者学习所得，对于可持续发展建筑的经济评价，一般由务虚和务实两种方式进行的，分述如下，仅供参考。

第一，务虚评价：务虚包括政府对可持续发展建筑的重视、采纳、支持程度和实施社会管理执法力度；规划、设计、工程实施者的理性思维过程及科学实施理念两个层面。两个层面表现为宏观调控和微观实施，相互支持、相互促进。我国虽然仍处在社会主义初级阶段，是发展中国家，但是，社会主义社会生产的目的，是为了提高人民群众物质文化生活的需要，以人为本，坚持科学发展观，实施可持续发展战略，把努力建设资源节约型、环境友好型、社会和谐型小康目标作为社会主义初级阶段的历史使命。这就是社会主义初级阶段的全局观和核心价值观。这就决定了我国城乡建设规划，绿色建筑在环境修复和生态建设的核心思想。因此，无论是建筑设计师行业、建筑工程师行业、建筑构造师行业乃至房屋开发商，也无论是建筑材料生产制造商，都要统一到国家可持续发展战略思想（意志）下，肩负历史责任，经受历史实践的检验。所以，在绿色建筑经济评价中建筑规划设计思想，绿色建筑材料准确定位及功能性质乃至商品房的质量等都在评价的范畴。

第二，务实评价：务实评价是指对建筑实体功能质量内环境（也称微环境）的评价，建筑外环境评价以及内外环境关系评价三个部分直接或间接经济效益或效应的评价。分别是：

（1）建筑实体内涵综合评价：

➢ 设计和构造"三原则"即：坚固，适用，愉悦；

- 建筑使用功能的节能效果（包括节水设施和可再生能源的运用或补充）；
- 建筑材料绿色环保效应（包括健康无害，居住舒适度）；
- 建筑寿命周期、资源、能源节约所实现的经济价值（寿命周期年节能收益计算，即：节能收益＝年节能量×能源价格×服务期限－建筑时节能实际增加的造价）；
- 建筑寿命终结后，材料可回收重复使用率和扣出环境影响支付后的价值（即：资源节约收益＝建筑物寿命终结后拆除可重复利用材料－（人工和再加工费用后的净现值）－（建筑时总投入×建筑预期服务区间折现率）；
- 节能投资的计算：即：节能投资＝节能工程造价－非节能工程造价＝单位面积投资增额×总建筑面积（此公式摘自《绿色建筑》教材）。

（2）建筑外部效应综合评价：
- 建筑规划及选址；
- 建筑节地；
- 建筑外环境对自然生态和人文景观的影响。

当然，可持续发展建筑的经济性有着十分复杂的内涵和外延，既有可见的不断变化的直接因素，又有不可预知的间接因素。特别是它的外部效应（注："外部效应"的概念是20世纪初由著名经济学家马歇尔提出的。《绿色建筑》教材解释为："外部效应就是实际经济活动中，生产者或消费者的活动对其他消费者和生产者产生的超越活动主体范围的影响。它是一种"成本或效益的外溢现象"）不可避免对外部环境产生某些负面影响而成为短期难以消除的因素。但是绿色建筑所表现出的直接经济效益和对环境影响减少所带来的环境效益（或叫环境收益）是客观存在的。可以通过定性和定量分析和计算手段做出科学评价。本书所列的不是绿色建筑的经济性评价标准，只是作者对绿色建筑经济性评价范围的粗浅认识。对绿色建筑经济性的考察与评价是有参考价值的。

烧结砖瓦产品在任何建筑结构体系中都是非常经济的一类建筑材料。

第三节 "大砖瓦"的未来展望

烧结砖瓦不仅仅是一种简单而古朴的建筑材料，从它诞生的那一天起，在创造人类文明的历史长河中游弋了七千多年，它同住宅建筑形同孪生兄弟，在遮风避雨中诞生，在人类文化熏陶中成长，在创造文明中辉煌。在它的身上积淀着深邃的文化层。是集生产资料、生活资料、文化艺术资料和建筑元素于一体的物质材料。从它的身上我们可以探索远古建筑文化的历史源流，获取中国式的乃至世界性的建筑艺术衍变信息，揣摩古代人们的生活场景和对文明的愿景。被称之为人类文化的"活化石"确当之无愧。它源于自然，经过"陶正"代代师传，受之烈火又回归自然，恪守平直方圆之规，尽刚正托宇之职，满足人们的生活欲望，并在物欲的对话中得到升华。如司马迁在《礼书·第一》中所云："养人之欲，给人之求，使欲不穷于物，物不屈于欲，两者相待而长"。这便是烧结砖瓦的成长规律。在欧洲约60%以上的建筑仍然是用烧结砖建设的。

自20世纪中叶人类在应对资源、能源和环境危机走出"黑色文明"阴影时，烧结砖瓦便以全新的生态理念、精湛的制造技术、多功能的材料品质，接受大自然的挑战。在若干新型墙体屋面材料发展过程中，率先从传统模式中脱胎出来，显示出"大砖瓦"的建筑才能，在可持续发展建筑中发挥着改善环境、修复生态的历史作用。尽管它还不能完全取代特殊建筑材料的单一的特殊功能（如钢材、铝合金材料、特殊玻璃、塑料型材等），但是作为建筑主体材料能够发挥其对室内微环境的改善、外环境的协调、修复生态、调整平衡，就是了不起的贡献。本篇讲的所谓"大砖瓦"概念的提出，绝非是在砖瓦的前边加上一个"大"字那样简单。而是古砖瓦概念上的升华，包含着深刻的科学规律和思想文化内涵。所谓"大砖瓦"，是指："有选择性地采用现代工业、农业产生的副产品（固态废弃物）、治污沉泥、环境修复淤泥或生活垃圾生产生活排泄物部分替代黏土或燃料，采用排放污染物最小的油脂、天然气、再生燃料（如沼气）等，用智能化、清洁化生产方式生产出的耐久性好、热阻值高、导热系数低、湿呼吸性能优越、无毒无害、轻质高强、能适应建筑主体结构的绿色环境材料；从生产过程、流通过程、消费过程、使用终结回收过程都以节约资源、保护环境、节能降耗为大要；以坚固、耐久、舒适、保健为品性，既保持优秀的建筑文化元素特征，又增加了现代建筑技术更多的构件功能的烧陶制品"。砖瓦是传统材料的创新与弘扬，也为新型建筑绿色材料的研发提供了示范。但是，如今仍有一股思潮对烧结砖瓦大加责罚，数典而忘其宗，阻碍着它的科学发展，就砖瓦的发明国在实现伟大民族复兴、在实施可持续发展战略、创造资源节约型、环境友好型社会的关键时期，置国际"大砖瓦"欣欣向荣于无视，出现"告别秦砖汉瓦"的奇谈怪论，并招来附和，不能不说是历史的悲哀。自古，建筑及其建筑材料在《周礼·考工记》中就形成了"礼制"标准，烧结砖瓦从神话时代一路走来，有其极为深厚的历史文化渊源，不能以"厚今薄古"为借口去否定它，或以"厚此薄彼"去轻视它。虽然在发展新型墙体材料过程中有"离坚白"、"合同异"的学术讨论，但是当人们深入古砖瓦的深层内涵和现代"大砖瓦"对可持续发展建筑的环境意义、生物意义和社会经济意义的作用和能力进行研究，便觉得对它认识的肤浅，觉得那些褊狭之说又何等浅陋而当自责。正如司马迁在《史记·礼书第一》中所说："礼之貌诚深矣，坚白同异之察，入焉而弱。其貌诚大矣，擅作典制褊陋之说，入焉而望。其貌诚高矣，暴慢恣睢，轻俗以为高之属，入焉而队。故绳诚陈，则不可欺以曲直；衡陈县，则不可欺以轻重；规矩诚错，则不可欺以方员；君子审礼，则不可欺以诈伪。故绳者，直之至也；衡者，平之至也；规矩者，方员之至也；礼者，人道之极也……"。虽然他讲的是"礼"不是讲"砖"。然而礼是由人兴作的道德规范，砖同样是由人兴作的建筑构件，早在西周时期有如"周鼎"礼器一样进入王者殿堂，装点着至高无上的宗庙社稷、王宫大宇。如同"礼制"一样用来调理人们的欲望。不同的是"礼"是精神的，"砖瓦"是物质的，但都有精神变物质，物质变精神物欲相互协调增长的规律。只要用线绳、矩尺、圆规（即：绿色环境材料评价标准）陈设出来，把秤悬挂起来纳入生态环境的检验，那么，可鉴对砖瓦罗织罪名之褊陋之说，就自惭堕落了。

我国"大砖瓦"在全国砖瓦工业三十年的改革发展中是以"轻质高强空心化"和研发以页岩煤矸石及其他工业废渣作原料掺配制砖开始的。对于制砖与资源环境的关系，砖瓦材料同建筑节能和健康住宅的关系，中国砖瓦人早有较为深刻的认识与大胆的生产实践活动，并取得了许多科技成果。然而，在发展中总面临尴尬，始终成不了气候。从而延缓了它的发展进程，拉大了同欧美各国乃至亚洲韩国和日本的距离。究其原因大致有：政府支持力度不够；建筑设计标准滞后并不配套；各种砖瓦（砌块和免烧墙材）标准定位不准和标准过低并未设置市场准入门槛，导致黏土实心砖低水平重复建设现象泛滥，形成市场价格壁垒；建筑节能标准把关不严和建筑商只卖"壳子"不负责使用期能耗与健康、导致低成本投入（"大砖瓦"节能建筑的节能投资增加率一般为主体工程投资的10%左右）急功近利，仍然选择高能耗建筑体系，迫使人们维持"不道德"生活方式，使资源浪费、能耗升高和CO_2的排放达到了令人吃惊的程度。致使中国"大砖瓦"的发展出现蜗行状态。

社会的发展不会停滞在一个水平线上，这是历史的必然。21世纪是人类由"黑色文明"过渡到"绿色文明"的新时期，在"21世纪议程"的驱动下，在尊重传统的基础上，提倡与自然共生共荣的可持续发展建筑将成为21世纪建筑的主题。许多国家和地区围绕这一主题积极探索人类社会可持续发展的道路，并在"绿色建筑"、"健康建筑"方面取得了成功经验。出现了许多良好的势头；我国在实施可持续发展战略中，提出了"以人为本，全面协调，可持续发展"的科学发展观统领着人们生产观念、消费观念和社会发展观念的根本转变。全社会的环保意识在不断增强，随着我国经济社会的不断进步，人民生活质量的不断提高，人们已不再注重单体建筑的质量，也关注小区的环境；不但注重结构安全，也关注室内的空气的质量；不但注重材料的坚固耐久和低廉，也关注材料消耗对环境和能源的影响；不但注重建筑豪华装饰，也关注材料中可能隐含的慢性危害人体健康物质元素。人们的"绿色"意识，已开始贯穿于衣、食、住、行四大基元之中。营造绿色建筑、健康住宅已正成为建筑师和开发商所追求的目标。绿色建筑推动着"绿色环境材料"的研发与应用。就众多绿色环境材料而言，由于现代砖瓦（即大砖瓦）具有环境保护和提高房屋能源效率、改善微环境质量、能满足房屋新建或旧房改造中所要求的简便、经济、坚固、安全、舒适、愉悦、耐久地和谐环境的功能，必然会有越来越大的市场空间。从国外先进发达国家半个世纪发展的总趋势看，它将是未来世界可持续发展建筑的主体材料。当然，中国建筑市场也不例外。

第四节　砖瓦在历史与现实的碰撞中复兴

中华砖瓦从七千年前良渚文化的世界第一砖和五千年前齐家文化的世界第一瓦开始，已经实现了历史时空的大跨越，五洲四海的大流动，创造了多处人类建筑文明的伟大奇观，留下了光辉灿烂的优秀历史文化足迹。而今又以全新的"大砖瓦"的面貌奔走在人类社会可持续发展的道路上继续创造"绿色文明"，为当代人和后代人提供舒适、健康与自然生态和谐共荣的环境空间，禀承着古朴的人格力量，无欲无私，不与美人争宠，乐向日月同辉。诚如诗云："秦砖焕建章，汉瓦美昭阳。试问赵飞燕，春山几许长"。随着时空流逝，人世更代，汉代最为华丽的建章、昭阳二宫已经不复存在，时称天下第一美女的赵飞燕的魅力也成为美术家画笔下模仿出来的艺术品，成为无用之物，艺术的无用性决定了她的命运。同然，烧结砖瓦由于集中国历史文化、科学技术于一体、是丰富建筑艺术的物质文化元素，物质文化的有用性，决定它生命之长久。哪怕是一方残砖，一片筒瓦，常为书家文士雕书题款的墨池砖砚，仍然彰显着"瓦甓载道，胴腔蕴文"的可人魅力。许多骚人及文学方家每得古甓残砖，总得仔细赏鉴，多以吟诗溯古，抒发其内心的真实情感，珍作收藏。如：近代名人周作人、刘半农先生因得凤凰晋砖，二人即以此名其书斋（刘半农名"凤凰砖斋"），并赋诗著文。作者曾在家乡绍兴马家桥得一西晋刻有"凤凰三年七"（即公元275年——凤凰为吴末帝年号）残砖一方，抚爱有佳，视若珍宝，并以此砖名古屋为"双凤凰砖斋"，既后又寻得多方，专作《凤凰砖斋小品题记》赋诗铭志。诗云：

宝甓久传双凤凰，砖因名士价无量。

欣吾好古有奇遇，抱此良珍作弄藏。

对古砖瓦品相、机理和载道的认识，古今诗词中不凡精辟之句。如古人对东汉熹平五年（公元176年）篆有"神土在世有屈伸"诗句的残砖，鉴赏中悟得"道在瓦甓"深意。便赋诗曰：

神土屈伸能在世，抟泥字影越千秋。

于今方识漆园意，万劫曾经道可留。

漆园——指作漆园小吏的庄周。

读了这些古诗句，顿使人觉得：

案牍尘笺处士诗，秦砖汉瓦动相思。

横平竖直皆有道，风雅定兴极盛时。

随着时代进步，历史文化和当代文化之间，地域民族文化间的相互碰撞、相互融合是一切优秀文化发展中的历史规律。它犹如锻铁，几番碰撞和锻打，好钢在星火中诞生，锈屑在星火中熄灭。烧结砖瓦在烈火中诞生，在文化碰撞中成长，在千年磨砺中守道，在建筑中辉煌，积淀了世界人类最优秀的千古文化。目前又在海外重著"绿色文明"。

我国烧结砖瓦近二十年来的复兴过程中正经历着历史与现实的大碰撞。中央政府自20世纪初提出以节约资源、能源、保护环境为核心的"墙体材料革新与推广建筑节能"的方略，为古砖瓦鼎故革新指明了科学发展的道路。是弘扬民族文化、文心雕龙高屋建瓴的重要举措，无疑是十分正确和具有科学前瞻的实施可持续发展战略的重要组成部分。在实施墙材革新过程中，着力限制对土壤资源的乱采滥掘保护良田好土，禁止实心黏土砖低劣产品生产与应用，淘汰落后是完全必要的。毛铁无锤破，何来好钢立？"破"与"立"是对立的统一的辩证关系，是推动事物创新发展不可偏废的两个方面。古人言："不破不立，立在其中。"讲的就是这个道理。我国各地的"墙改"工作是以"限黏禁实"为起点，体现了"破"字当头，全国25个大中城市完成了如期"禁实"，确实取得了成效。但由于在"立"字上未下工夫或工夫不够，连经初步改良的空心砖或空心砌块、清水墙装饰砖、广场砖、劈离砖、屋面瓦等烧结新型墙体材料也遭冷遇而尴尬。由于墙改中人们对执行国策不得要领，一些人们头脑中还存在着"以一眚掩大德"的思想作祟，导致低水平重复建设的实心砖厂越来越多，劣质实心黏土砖数量有增无减。出现了破壁毁圭的局面。

建筑与建材是两个关联度极高的行业，建筑材料的市场需求量的大小、质量品种的高低多寡，是衡量一个国家经济质量和发展水平的重要尺度，建筑节能和绿色化程度又反映出一个国家的综合技术水平和国民生活质量的高低。虽然墙体屋面材料在单栋建筑的投资比例很小（一般不超过建筑总投资的1/4）。但它却直接影响建筑内环境的安全、舒适、节能和长期有效的生物功能；直接影响外环境的自然协调和人文和谐。从而建筑材料选择正确与否，又是上述条件的决定因素。目前国内不分轩轾现象令人担忧，一些人不顾及建筑墙体屋面材料的绿色环保效应、安全无害的保健效应、经济节能效应以及建筑适应性等，盲目地以"免烧"和"利废"；"黏土与非黏土"作为评价"新型墙体材料"的标准，显然，既缺乏科学依据，又背离绿色环境材料的评价体系。笔者以为：任何烧结和非烧结建筑材料，任何黏土和非黏土建筑材料，都必须在"绿色环境材料评价标准"上接受检验，凡符合标准的，就是新型建筑材料，就中只存在用于住宅或公共建筑时，寿命期的长短，有益功能的多少，适用性的优、劣差别。不存在现在目前消纳一吨工业废物，却在很短的将来变成数吨不可回收的建筑垃圾。从几千年来中华烧结砖瓦传播世界，近半个世纪在国外创新发展，并被欧共体称之为"绿色建筑材料"。这种观念在砖瓦的发明国应该认同，国外经验应该借鉴。大力发展烧结保温隔热、轻质高强的空心制品，无疑是推广建筑节能，发展可持续发展建筑的理想捷径，同时也是复兴中华文化的一大幸事。想起六千多年前大溪文化时期巴人抟泥烧砖热烈景象和现在景象，便记起李商隐的诗句："君问归期未有期，巴山夜雨涨秋池。何当共剪西窗烛，却话巴山夜雨时"。坚信，这一天是会来到的。

1973年国际石油危机后，发达国家普遍都把建筑节能列为国家的大政方针，1974年，法国率先制定了建筑节能标准，要求新建住宅的采暖能耗必须比以前节约25%。这个标准后来成为欧洲各国节能标准的楷模。1982年和1998年，法国又两次各提高25%的节能指标，对公共建筑和旧有住宅改造也提出了节能标准。通过多年的研究探索，首先提出了"绿色建筑"的概念，以人和大自然的和谐相处为主旨，将烧结空心墙体材料作为绿色建筑的首选材料，究其原因就是烧结空心制品所具有的优良建筑物理及生态适应性能，可循环使用，生产过程的无害化排放和现代化生产制造方式，使其成为产品制造能耗和使用能耗最低的主要建筑材料之一。

从减少环境污染和温室效应，保持生态平衡和可持续发展的高度，建筑节能已成为全世界共同关心和重视的课题，研发新型高效保温隔热墙体材料，受到了世界各国的普遍重视，特别是欧洲和美国，要求围护结构传热系数愈来愈低，而我国与发达国家相比，还有很大的差距。欧洲的建筑节能也走过漫长而曲折的道路，也曾四处寻找"新型材料"，从"关紧门窗"到"穿衣盖被"，作过各种尝试，最终还是选择了改进、发展传统烧结建材产品，用高性能的烧结建材与科学的墙体结构相结合达到墙体自保温，建造出了健康、舒适、节能、环保的绿色建筑。这就是为什么欧洲现今五分之三以上的新建筑仍然采用烧结新型建材产品的原因。

从欧洲和北美近年来墙体材料和结构的发展趋势，可以明显地看到：

（1）为了应对能源紧缺与环境恶化，在欧洲各国不断提高的建筑能耗标准推动下，烧结墙体材料的使用量迅速上升，烧结制品生产企业规模也在迅速扩大；

（2）烧结材料的品种、功能、性能大幅度提高，各种功能构件、高保温性能的通墙厚砌块在整个欧洲被普遍应用于各种公共建筑和住宅中；

（3）砖建筑的健康、节能、环保、长寿命等优越性能正在被公众更深刻的认识和接受。

使用烧结空心制品作为首选墙体材料是西方发达国家在经历一二次世界大战战后重建，工业化发展经历几次重大能源危机后的最终选择，是经过上百年对烧结建材产品的持续研究，依靠技术进步成功解决了我国目前烧结砖瓦还存在的诸多弊端，极大地降低了建筑墙体材料的生产能耗、资源消耗，很好地解决了环境污染等影响可持续发展的问题。

随着建筑工业的发展及整个社会的进步，人们生活水平的不断提高，越来越多的人们要求进入高度隔热保温、经久耐用、美观大方、高度舒适性等具有多功能的房屋，这就给烧结建筑制品提出了更高的要求。因此，各发达国家均在烧结建材产品的开发上给予了极大的关注。首先，高度保温隔热的烧结砌块或砖的发展得到了经济发达国家的普遍的重视，当然这与建筑物节能的要求不断提高有极大的关系；其次，就是充分利用烧结产品耐久性好、装饰功能强、永不褪色、使用功能好及使用期的尺寸长期稳定等特点发展的各种规格和品种的清水墙装饰砖、铺地砖、广场砖等；第三，大尺寸、高孔洞率的楼板砌块得到了普遍的应用和发展；第四，预制的空心砖墙板（复合砖墙板）及大型条板砖也得到了很大发展；第五，各种规格及用途（分室及分户、承重与非承重）的隔墙空心砌块或砖；第六，高档次连锁式烧结屋面瓦的大发展；第七，烧结的新型外墙用干挂装饰陶板（节能构造形式）及遮阳空心砖板或条。

第五节　墙材革新谋略与可持续发展建筑

我国既有建筑430亿平方米，且95%以上都是不节能的建筑；我国年需要建筑墙体材料总量达8000亿块砖（折普通砖），其中能有多少是真正的节能环保材料？又有什么样的材料能够替代了年产7500亿块的烧结砖？哪些产品能够真正用于绿色建筑？绿色、环保、健康、节能的建筑墙体屋面材料是什么？这些问题是关系到我国可持续发展发展建筑的重大问题。

我国的墙材革新与推广建筑节能工作，是迎接新世纪绿色挑战，实施《全球21世纪议程》的基础工程的一个重要组成部分。我国是一个世界上人口最多、自然资源人均占有量相对较低、社会经济必须维持持续稳定高速增长、国力增强、国民物质文化生活迅速提高的发展中大国。面临着人口增长，自然资源短缺，能源发展滞后，环境压力增大，劳动生产力水平亟待提高等主要矛盾。这就是国情之所在。在建设有中国特色社会主义现代化过程中既要迅速提高人民物质文化生活享受，又不影响后代人生活需求，实现自然、社会均衡持续发展是我们当代人面临的重要课题。因此，对中央政府关于建设资源节约型、环境友好型、小康型和谐社会的近期目标和可持续发展战略规划，要有深刻的认识和在科学发展观的统领下努力开展体现社会主义核心价值的生产实践活动，坚持生态经济观念走循环经济道路，以最小的资源消耗谋求最大的经济社会综合效益。

应该清醒地认识到，目前我国建筑业的发展，规模上是当今世界最为宏大的国家，城乡年建筑竣工面积约2亿平方米左右，超过欧美发达国家年竣工面积的总和。但我国也是建筑能源消耗最大的国家。"据统计,美国建筑业占能源总消耗量的36%,耗电量的65%,温室气体产生量的30%,原材料使用量的30%,废物产生量的30%,饮用水消耗量的12%。在我国,建筑能耗是发达国家的2~3倍以上。我国水资源仅为世界人均占有量的1/4,而卫生洁具耗水量高出发达国家的30%以上,污水回用率仅为发达国家的25%,钢材、水泥等物耗水平也要比发达国家高出10%~30%。"(资料来源于《绿色建筑》)。因此,我国"墙材革新与推广建筑节能",是社会经济发展的需要,是减轻大气污染和环境负荷、平衡生态的需要,也是改善建筑热环境,创造宜居温室环境提高人民物质文化生活的需要。是功在当代,利在千秋的伟业!

墙体材料革新是实现建筑节能的关键环节,也是极具科学内涵与现代技术紧密联系的基础系统工程。根据传热学原理,建筑物的能耗主要是由外围护结构的传热特性导致的热量散失,建筑物围护结构的热散失所占比重极高,约占77%。其中:墙体占59.4%(其中含大约27%空气渗透散热)。因此,建筑节能主要是通过改善墙体围护结构的热工性能来实现的。单一材料砌体结构的热工性能主要取决于墙体厚度、材料导热系数、砌筑砂浆厚度及灰缝多寡;复合墙体的热工性能则还与用于墙体多种材料的导热系数、结构形式及施工方法有关。目前我国由于单一墙体材料无法满足建筑节能65%的强制标准,少数建筑采用夹芯墙体,多数建筑采用单一墙体"裹衣戴帽"(称"外墙外挂"),解决节能问题。上述两种围护结构不仅不能从根本上解决建筑物的节能问题,而且给建筑物本身带来不良的预后:一是多种保温材料构建的夹芯墙,由于材料的热工性能、耐久性能、环保和施工技术等因素带来的结构复杂化,不仅会对建筑安全和寿命带来影响,而且在建筑物使用终结后的分离、回收利用都存在着困难;二是"穿衣戴帽"的"外墙外挂"结构制式,会给建筑物的维护与保修带来麻烦,这种制式早被欧人实践失败所淘汰,曾后悔走过一段弯路。我们不希望这种弯路在我国重复。此外,随着我国城市化进程加快,高层和小高层混凝土剪力墙结构的建筑时兴了起来并发展很快,但混凝土墙体极高的传热系数,使其使用能耗远远高于目前砖建筑,是典型的高能耗建筑。其实,我国现今节能建筑所奉行的外墙外挂、夹芯墙保温结构的技术路线,都是欧美发达国家实践所淘汰关闭的一条弯路。也可以说是落后的建筑墙体材料惹的祸。也使人感到,轰轰烈烈开展了二十年墙体材料革新工作,好像还缺乏点什么。

建筑节能关系着我国资源节约、使用高效、能源安全、经济持续发展和社会安定和谐,当前和今后一个时期都处于严峻的客观形势之中。第一,我国有430亿平方米建筑,其中95%不节能建筑需实施节能改造,急需节能改造的城市住宅建筑,至少也有130亿平方米以上;第二,目前我国年建筑墙体材料市场销售总量已达8000亿块砖(折普通砖),其中能有多少达到节能标准?又有什么样的材料能够取代7500亿块市场占有的烧结砖?第三,目前市场拥有的建筑墙体屋面材料中,有多少是可用于绿色、环保、健康、节能建筑并经得起建筑寿命期的各项标准的综合检验?这三大问题的客观存在,关系到我国节能建筑、绿色建筑的发展和社会的长治久安。因此,我们尤须在科学发展观的理念下,在实施可持续发展战略的过程中立足现实,前瞻未来,找准矛盾的焦点,调整思路,校准谋略,确立一条符合国情、推动绿色建筑建康发展的墙材经济路线和技术路线,迅速改变这种百弊丛生的尴尬局面。二十年对烧结砖瓦的"限黏禁实"和运用经济杠杆设置"墙改基金"加以生产上的限制、应用上的禁止。虽然在全国256个城市基本禁了实心黏土砖的应用,全国范围内收取和积累了两千多亿元的"墙改基金"有一定成效,但从市场总量上实心黏土砖并未减少,相反,烧结砖瓦低水平重复建设现象仍很普遍。中国砖混建筑的主体地位并未动摇,全国7500亿标块的烧结材料,至今还没有哪一种材料能够取代它。尽管以水泥实心砖、蒸养砖、小砌块土洋并驾,但由于材料本身存在的缺陷造成"短命建筑"现象频频出现而被市场冷落,不仅造成极大的资源、能源浪费、环境恶化、社会不安定因素增加,而且会出现建筑垃圾遗祸后人的隐患。实践证明:试图以限黏禁实发展新型墙体材料的思路虽愿望是良好的,但与中央政府安宅正路的国情观和科学观、发展观是相悖的。其结果必然事倍功半，得不偿失。我国绿色墙体材料的发展应该依托于规模庞大的砖瓦工业的装备改造产品升级为重点，因势利导，扶持先进，"开""禁"结合，走综合发展新型墙材的路子。所谓"开"，就是从政策和社会管理上，协调开通有利于制品节能减排利废、修复生态的各个关节，坚持循环经济，使之成为现代工业、现代农业延伸产业链条的关节点，增加环境工业内涵。建立生态工业园区，稳定集约、集群式专业化公司制度的发展；开通产学研系统的技术经济联合渠道，优化社会资源配置，使闲散的科技、人才资源以及科技成果转化为经济资源，提高生产力水平，风险共担，效益共享。形成建材服务建筑，建筑服务市场，市场推动建材良性循环的经济体系。所谓"禁"，利用法律、法规和宏观管理、经济杠杆和以生态建设为标志的市场准入标准，驱动市场无形之手，双管齐下，禁止浪费资源、消耗能源、污染环境的落后建材产品的生产、流通和应用。疏堵结合，促进墙体材料革新和建筑节能的健康发展。

古人云："谋无遗策，举无废功"。无论是以古为鉴，正视现实；也无论是采他山之石以治己玉，弘扬中华砖瓦文化。借鉴和总结国外技术经验，着力对我国庞大而又相对落后的砖瓦工业实施脱胎换骨的现代工业化结构调整和技术升级改造，都具有现实意义和历史意义。目前和今后十年是我国产业结构调整，走向社会主义现代化的关键时期，也是中国砖瓦工业摆脱传统工业模式向现代工业转型、跨越式发展的机遇期，机不可失，时不再来。历史经验证明："跨凤乘鸾可追流逝之风"。而今凤鸾在世，焉不乘势而上？所谓鸾凤，是跨越式发展必须具备的经济气候和物质条件。2008年下半年世界金融风暴爆发以来，中央政府审时度势，采取了"实施积极的财政政策，宽松的货币政策，抓住时机，积极进行经济结构调整，增加基础设施投入，扩大内需，支持实体经济"等"一揽子"计划，化危为机，国家发改委、住房和城乡建设部、财政部和国务院法制办四部门就2008年10月1日施行的国家《民用建筑节能条例》的贯彻实施专门下达了《通知》，要求：充分认识贯彻《条例》的重要意义、认真组织宣传学习；抓紧完善《条例》配套政策和制度；重点抓好新建筑节能，积极稳妥推进建筑节能改造，切实做好建筑用能系统运行节能五条要求。国家发改委副主任解振华在《中华人民共和国循环经济促进法》实施座谈会上表示：国家发改委按照《促进法》要求，会同有关部门加快完善循环经济标准体系推动技术进步、完善政策机制，会同财政部加快研究设立循环经济发展专项资金提高全社会节约和循环利用资源、保护生态环境的意识和自觉性等八个方面意见。国家工业和信息化部部长李毅中在2008年12月29日在《人民日报》上发表《应对危机要抓技改》的署名文章，围绕"技改有利于保增长、促转型。加强工业技术改造工作，符合贯彻科学发展观、走中国特色新型工业化道路的要求，是新时期提高应对危机能力，改善工业结构，扩大内需，促进经济平稳较快增长的重要举措"。提出了新形势下技改工作的重点和任务。经过宏观调控，我国经济回暖，保持着8%的经济正增长。经济大气候和目前旺盛的建材大市场都为中国砖瓦工业的转型提供了条件。二十年"限黏禁实"积累下来的两千多亿元的"墙改基金"是取之于砖瓦，馈之于刀刃的时候了。这笔资金应用于千条产能上亿标块的智能化"大砖瓦"生产线，升级改造上千条自动化生产线是富余的。两三年内将出现绿色烧结大砖瓦制品在建筑墙体材料20%左右的市场份额实现中国砖瓦工业的第一次跨越，带动一大批中型砖厂的升级换代，数以万计的"小砖瓦"厂在市场竞争中将被淘汰。这正是中国砖瓦的良好愿景，也是推进节能建筑向前发展的最好谋略。

发展中国"大砖瓦"工业绝非权宜之计，而是历史发展的必然选择，是积极推进墙体材料革新与实现建筑节能科学理念的延伸，是符合国情的重要举措，同时也是符合以内涵为主扩大再生产规律的体现，对于促进烧结砖瓦由量变到质变、创建绿色文明都有实际意义和具有前瞻性的科学意义。理由有三：其一，从"大砖瓦"生产上讲，从本篇第一章介绍国外成功的经验可以看出它对利用工农业废渣的消纳，圬泥废水的有效利用，减少有害物质的大气排放，修复生态环境都具有很大潜力；其二，"大砖瓦"不仅无毒无害，其空心保温轻质高强制品具有多功能性质、耐天候可回收重复利用性质，以及在绿色主体建筑结构（诸如外墙围护、内墙承重、隔断、门窗过梁、屋面、楼地面、幕墙装饰等）的适用性、节能性、工程性和美学性都具有其他材料不可比拟的可持续发展能力。它的建筑价值被世界专家学者认同称道；其三，欧洲和北美是当今世界发展"绿色建筑"的标杆，从这些地区墙体材料结构调整的趋势可以明显地看出三个方面的新动向：（1）为应对能源紧缺与环境恶化，在不断提高建筑节能标准的驱动下，烧结墙体材料使用量迅速上升，烧结制品生产企业规模也在迅速扩大；（2）烧结材料品种、功能、性能大幅度提高，各种材料构件，高保温性能通墙厚砌块在整个欧洲被普遍应用于各类公共建筑和住宅中；（3）砖建筑的健康、节能、环保、长寿命等优越性能在公众中有更深刻的认识。这些也正是现今欧洲五分之三以上的新建房屋都采用烧结砖。榜样的力量、标杆的示范作用和市经济无形之手必然会推动中国砖瓦工业的现代化发展。近年来我国的一些专家学者对发展烧结制品的谋略的若干建议，是积极推进我国墙体材料革新实现节能建筑向绿色建筑深度发展的良方妙药，开始引起了社会共鸣，自下而上的呼吁，必将引起自上而下的积极回应。

在可持续发展建筑上，首要的是制造具可持续发展性能的新型建筑材料，这一新概念必须引起人们的关注。国外也有学者提出：使用新型的、能最佳的储蓄热量的砖、无水泥混凝土、绿色工业化方式制造的土坯砖作为内墙，外墙用泡沫矿棉板作外墙保温隔热层，这些都是环境友好型的建筑材料。

第六节　"免烧"砖瓦慧能有多少

新型墙体材料的含义是什么？是当今建筑、建材业内普遍关注的问题。它不仅关系建筑在百年服务期内能否协调人类和环境关系；关系建筑能否长期地为人类提供安全节能舒适的生活空间。而且还关系社会政治、经济文化可持续发展。从社会发展意义上讲，一是否有利于自然生态平衡，二是否具有历史人文性，三是社会经济发展上是否可以转变经济增长方式、提高竞争能力，促进社会经济的可持续发展。从建筑构成的意义上讲，绿色建筑是通过绿色建材来实现的。因此，可以说绿色建筑材料是完成绿色建筑的核心支持系统，是塑造建筑灵魂的鲜活的元素。新型墙体材料（也就是"绿色材料"）有其广泛而深刻的科学内涵，绝非"免烧"、"无黏土"、"掺入工业废渣"等就可以为之定性和定位的。当今一些人们，当然也不乏学者专家对秦砖汉瓦那种"大道无偏承古哲，砖魂犹在焕今朝。"恒久价值的遗忘或藐视，导致我国墙材革新中砖瓦创新实践横生枝节，"免烧"制品成了新宠，节能建筑裹足不前。我国建筑的不可持续发展，建筑质量下降，"短命建筑"增多，建筑的资源高消耗、环境高污染、使用高能耗，很大程度上是因为对新型墙材含义不清，定位不科学所至。本节为目前发展甚为猛烈、畅通无阻的新宠——"免烧"水泥墙材制品作一番可持续发展能力的专述。

本文所指的所谓"新型墙材"制品，主要指除了烧结空心黏土制品以外的混凝土小砌块、加气混凝土砌块和硅酸盐蒸养砖等。这些制品无一例外地运用水泥和石灰作为胶凝剂，以砂石和各种工业废渣为骨料，经半干压和湿振荡成型、通过自然养护或人工蒸养或蒸压硬化而成的墙体砌筑材料。混凝土砌筑块材在我国20世纪如同灰砂砖、碳化砖一样有过研究，组织过生产与建筑应用。所以，型制不新，技术不新，曾在建筑实践中因为其自身的性能缺陷而因受市场冷落而淘汰出局。现在把它定格为"新型墙材"，是因缘一不沾"黏"，二为"免烧"，三曰"掺渣利废"。经中央一些媒体上频繁播出的各种"免烧砖机"广告宣传，含糊不清的"新墙材"概念的渲染，使之又复活了起来，堂而皇之地进入了我国"新型墙体材料"的"名录"。

"免烧"墙体块材的始祖应是"土坯砖"。这种块材是在大约一亿五千万年前远古人类在盘泥筑墙的基础上的革新产品。在死海稍北的约旦河西岸、古埃及尼罗河（Nile）沿岸、幼发拉底—底格里斯河（Euphrates-Tigris）流域广泛采用，直到五千年前烧结砖传入两河流域后才渐渐消亡。据目前考古发掘资料，我国最早的土坯砖建筑在湖北省应城县的门板湾遗址，为五千五百年的文物。这种古老的土坯制品在我国一些边远农村至今仍在使用。我国近代的"免烧"制品，多为舶来品种，据陶有生先生《非烧结砖的发展、问题及对策》（《砖瓦世界》2008 年第 3 期）载：我国"非烧结砖始于 1906 年，20 世纪 30～40 年代从国外引进了混凝土空心砌块和加气混凝土砌块用于上海、北京的部分建筑。50～60 年代开始发展蒸养粉煤灰砖、蒸压灰砂砖。先后还发展过炉渣砖、蒸压粉煤灰砖、蒸压矿渣砖、蒸养灰砂砖、混凝土砖、水泥固化土壤砖、碳化砖等"。一个世纪的摸索与建筑实践都证明，这些制品都存在着诸如收缩率大、墙体开裂严重、不抗冻、耐候性能差、抗剪切力很低、粉饰装修挂灰困难等原因纷纷被淘汰出局，唯独蒸压灰砂砖、蒸压粉煤灰砖和混凝土砖有一点市场。然而墙体材料革新过程中不问材料力学性质如何，耐久性、建筑适应性、功能性怎样，对资源、能源、环境影响有多大，只要"免烧"就一定是新东西。对于它的质量所引起的安全隐患和导致灾难性事故，总有一些笼统、模糊、似是而非的推断与解释。引发了许多早已熄灭的"免烧砖"的死灰复燃。造成了"新材料"理念和定位的混乱与错位。在科学思想高度发达的今天，本不该重复的历史现象，又历历在目，确实令人担忧。对烧结材料不求创新的一笔抹杀，将带来百病丛生灾难性后果，而且目前这种状况已经出现，应当引起国家主管部门的高度警觉。例如：某些地区盲目建设的不少所谓的"免烧""新型墙体材料"生产线，由于产品性能达不到建筑使用基本要求，卖不出去，几乎酿成了影响当地社会安定的事件（如江西、浙江、黑龙江等省的一些地区），甚至尚有某个县市建设主管部门颁布了所辖城市"禁止砖混建筑"文件推波助澜。这不得不引用清人赵翼在他的《廿二史札记·青苗钱不始于王安石》中的一段哀叹，他说："古来未尝无良法，一经不肖官吏，辄百弊丛生，所谓有治人无治法也"。究竟"免烧"墙材"慧能"何在？从以下一些据实剖析便可使人明白一二。

建筑是材料消费最大的行业，成本支出的 2/3 都在材料上，每年四大材料消耗在全国总消耗中所占的比例是最大的。钢材占 25%，水泥占 70%，木材占 40%，玻璃占 70%。物流量占全国运输量的 10%，建筑能耗占全国总能耗的 1/4。因此也是资源和能源消耗最大的行业。建筑节能推进程度，是决定建设资源节约型、环境友好型社会的关键，归根到底，建筑材料特别是占建筑主体 80% 的墙体材料是否适用、节能、节约资源、保护环境、有利健康、可重复使用则是关键中的关键。所以，对建筑墙体材料的生产制造，必须服从环境保护绿色建筑的需要，不但要控制环境污染和生态破坏，还要在保护自然生态环境和人文历史环境中处理好现在发展与未来的关系；必须服从国家可持续发展战略要求，走循环经济道路，并为建筑垃圾的再利用开辟广阔空间；墙材工业现代化的发展必须服从有利于住宅建设向质量型、节能型、健康型转轨。只有以"三个服从"科学观念上加深对国家"墙材革新与建筑节能"意义的理解，才有可能摆脱"官本位"的偏见和所谓"政绩观"的羁绊做到"新型墙体材料"的准确定位。

目前被人为吹出的"免烧新型墙材"最时尚的有三种：即粉煤灰蒸压（蒸养）砖、灰砂砖和混凝土砖（砌块）。是否可定位于"新型墙材"值得商榷。分述如下：

1. 粉煤灰蒸养（蒸压）砖

粉煤灰蒸养（蒸压）砖是用粉煤灰、炉渣或沙子与石灰或水泥混合搅拌，经压制成型成坯，然后通过蒸养或蒸压产生硬度的粉煤灰硅酸盐制品。这种制品由于在生产过程中对产品内在的物理化学变化有非常严格的要求，在原料选择、配比、制备、水热压力等方面都有严格的技术标准，建筑对制品强度、耐久性（抗冻、抗碳化）相对含水率、干收缩、吸水率等都有极其严格的标准要求，从20世纪60年代以来，对于这种硅酸盐制品内在机理虽有科学理论，但是至今尚无一家企业是依据标准而生产，又依据标准而应用，从原材料的源头上，制备、成型的环节上，水热压养的关键上在利益驱使下简化工艺，粗制滥造形成用旧废物制造新废物的状况，然而这种状况不仅没有引起主管部门、标准部门、质检部门的重视，行业标准《粉煤灰小型空心砌块》（JC 862—2000）标准在制品与材料耐久性、干收缩与相对含水率、吸水率等多个关乎建筑生命指标在国标GB/T 15229—2002和02J102—2的基础上放宽或取消限制，使产品质量更为低劣。大概是"掺渣"、"免烧"的原故，财政部、发改委综【2007】77号文，颁布的"新型墙体材料目录"中将其界定为"新成员"。难怪人云："莫道流水无妙曲，只缘琴师错定音"。

2. 蒸压灰砂砖

蒸压灰砂砖，是一种从海外舶来的墙材品种，在我国有百年历史。据陶有生先生《非烧结砖的发展、问题及对策》文中载："我国第一家灰砂砖厂——裕孟灰砂砖厂于1913年在广州建成，是我国最早生产蒸压灰砂砖企业，它开创了我国生产蒸压砖的历史。由于历史原因该厂生产一段时间歇业。直到20世纪50年代，在原建筑工程部安排下、经北京市建材局协商由东北建筑设计院在学习借鉴苏联生产技术基础上进行设计，在北京市大兴县大庄建设了我国第二个蒸压灰砂砖厂——北京硅酸盐砖厂。自此恢复了蒸压灰砂砖在中国的生产。其压砖机是从原民主德国引进的16孔转盘式压砖机，总压力为120t，产品用于北京各类建筑。在此基础上对16孔转盘式压机及相应技术装备进行了消化，在四川江津市建设了蒸压灰砂砖厂……。至20世纪80年代达到顶峰，1988年国有大、中、小型蒸压灰砂砖生产线达345条，自然养护或常压养护灰砂砖生产线33条，形成57亿标块砖的生产能力"。20世纪90年代后，由于蒸压灰砂砖制品存在着许多先天缺陷，墙体开裂现象严重，危房所导致"短命建筑"增多而一度萎缩，在"禁实""限黏"中，不管是蒸压、蒸养、自然养护，笼统地给予"新型墙材"定位，灰砂砖小作坊在一些省市遍地开花，对硅砂资源乱采乱掘现象十分严重。植被破坏，水土流失，环境污染，使云贵两江（长江、珠江）源石漠化加剧接踵而至。然而这些"新型墙材"命运又如何呢？用商人的话来说：难以维系，蚀本关张。

3. 混凝土砖及砌块

混凝土空心砌块在我国砌块行业已有二三十年的历史，但由于生产工艺技术制约，同样存在着先天缺陷面临困境，便由适合我国施工习惯的半干压水泥实心标准砖或多孔砖所取代。这种砖由于设备简单，投资很小，机动方便，人谓："一个窝棚一台机，三把洋铲开了业。自从有了'护身符'，管它是不是东西。"发展非常迅猛。据《贵州省墙体材料工业调研报告》调查统计：全省89个县市1936个墙材企业中，规模以上企业仅占591个，占企业总数的30％，而所谓"窝棚水泥实心砖厂"就达728个，占规模以下1345个小砖厂的54.12％，年产量仅为17.22亿标块，占全省墙体材料总量102.8亿标块的6.15％。（图19-1）这组实地调研数据可以说明，无论水泥砖发展如何迅速，但它绝对取代不了烧结制品；水泥砖的滥行发展将会对资源、能源带来更大消耗，加剧自然生态恶化。调查组在铜仁地区发现自然养护的窝棚水泥砖厂不下280家，尽管该地区墙材紧缺，但水泥砖的销售还是要走"人情道路"或"小吏道路"，调研组深入工地发现，在一栋3500平方米建筑工地上，供货商就达45家之多。然后又到采砂矿山实地考察采砂状况，更使人触目惊心。由于该地区在三叠纪白云质灰岩层位采砂，滥采滥挖现象惨不忍睹（图19-2）。原本林木繁茂的山体，如因采砂破坏植被，要想修复是困难的，根据《贵州地图》（内部用版）载：这片区域处"黄砂页岩低山，岩性较软，侵蚀强烈，沟谷发育，地形破碎，水土流失严重"。上述例证完全可以说是当前"免烧"墙材的一个缩影。

图 19-1　小水泥砖厂（图片来自《贵州省墙体材料工业调查研究报告》梁嘉琪摄）

图 19-2　铜仁县生产水泥砖矿山开采图片（图片来自《贵州省墙体材料工业调查研究报告》梁嘉琪摄）

我们姑且不去分析上述三种"新型墙材"的可持续发展能力及其在建筑中"慧能有多少，就它在生产过程中对自然资源、能源、生态环境影响度而论，本不是能控制环境污染和生态破坏，能够处理好保护自然环境和人文环境现在和未来关系，服从绿色建筑需要的"新型墙体材料"。而是"禁黏"思维不计后果的本质外显。业内有专家学者感叹："墙材革新近30年，富有中华文化的秦砖汉瓦，倘有免烧砖瓦的重视程度，政策扶持力度，社会氛围，那么，在世界科技文化大交流、古今文化大碰撞背景下的创新与发展，中华大砖瓦文化也会跟上时代的步伐，屹立于世界砖瓦先进行业，对我国节能利废、节约资源、修复生态发挥作用"。然而，在一些人大吹法螺、大击"法鼓"、执意"消灭汉瓦秦砖"的现实中，大彻大悟，也只是书生之见而已。在一些人们行为中，尊重科学、践行科学发展观，可能只是一句口号、一种包装罢了。只要留意各地的墙改政策，各行其是，违背科学发展规律、违背中央政府墙改方针、国家法度的作为，时有见闻。似乎觉得这些地区正在进行着一场史无前例的"禁黏运动"。例如：高掺量粉煤灰烧结砖，是以粉煤灰为主要原料、运用高塑性类黏土（膨润土类）、掺灰量高达70%（体积比）以上，做到"烧砖不用煤"，在950~1050℃的温度范围焙烧，使粉煤灰中硫化物等有害气体生成排放能得到有效控制，既节约能源、减少废气排放又使大宗工业废弃物得到有效利用，减轻了环境荷载。高掺量粉煤灰烧结制品无论是强度、耐久性远远高于国家标准并具有黏土烧结砖多功能性质，可以作工程砖、广场砖等特殊工程使用，是符合环境和建筑要求的具有可持续发展能力的"新型烧结墙体材料"。因为它是"烧结"、带有"黏字号"（注意！膨润土是含蒙脱石矿物成分的黏土，不是种植壤土），又是"实心"，哪怕符合"绿色材料"评价指标，但不符合"免烧、空心新材料"定义，也就无"新型墙体材料"名份而在"禁用"之列；据浙江省宁波市墙材协会在《宁波市建设淤泥综合利用与建议》一文提供的资料称："浙江宁波地处东海之滨，江河纵横，湖泊众多……，甬江、姚江、奉化江是甬江流域的行洪排涝的主要通道。由于三江自身的淤泥和大量建筑淤泥的违法偷排，致使三江淤积日益严重，防洪安全受到威胁，三江景观受到破坏；遍布农村的河网，传统捻河泥积肥状况绝迹，河床日渐升高，影响农业灌溉；全市众多的湖泊常年水土流失、沉积严重，遇到大风大浪时，淤泥泛起，湖水混浊不堪，如不进行日常疏浚，湖水生态将会不断退化，导致沼泽化的趋势；城市建筑弃土随处倾倒的情况屡有发生，也加剧了淤泥淤积。目前，全市每年产生的渣土、淤泥2200万吨，东钱湖治理一期梳浚淤泥296万立方米，其他江河湖泊淤泥300万立方米，其中40%的淤泥和废弃土可用于制作黏土多孔砖"。"宁波市134家砖厂（有9家企业改造为隧道窑，）

采用江河湖淤泥（建筑弃土）"四泥"造砖，每年用泥量需 800 万立方米左右，年生产能力达 32 亿块标准砖。……这些砖瓦企业年可挖掘淤泥 1345.32 万吨，疏通了河道，增加蓄水量 1000 万立方米左右，节约疏通费 3000 余万元。如：鄞州区朝阳砖厂是一个年产 3000 万块黏土多孔砖的企业，每年需用淤泥 10 万立方。该厂地处多河流乡镇，多年来由于泥沙淤积，排、蓄水不畅，造成雨季涝，夏季旱，一方面大量稻田被淹，另一方面又有 600 多亩土地没法灌溉。当时乡（镇）政府与厂方订立互惠协议，厂方承担挖河任务，先后共拓宽、挖深大小河流 9 条，总长达 1 万米，挖土方近 30 万立方米。既疏通了航道，又结合治水，增强了排蓄能力，同时也满足了砖厂制砖原料的需要"。还有，"余姚牟山湖底 280 万立方米的淤泥疏通工程，除了在湖边建造人工湿地作为湖边形成广阔的生态绿化带外，剩余的 70 万立方米淤泥土方也是通过'四泥'制砖，解决了淤泥无处堆放的问题；慈溪和北仑两地的众多湖泊、河道也是由于'四泥'制砖与治水密切结合……改善了水质，增强了灌溉能力，取得了双赢效果。然而，这些变废为宝的优质墙材，……不但不列为新型墙材范畴，甚至省市有关部门还规定：黏土多孔砖不准在框架结构和围护墙中应用"。"宿迁市区将全面取消砖混结构建筑"的新闻，叫出了一批"革砖命"者的心声，表彰了他们的"禁黏政绩"。

上段文字资料的撷取，使人真搞不明白：运用循环经济理念，经济工程手段去保护环境，修复生态，是对还是错？前不久北京"第五届国际智能、绿色建筑节能大会"上，我国高层主管领导代表国家向世界作出："作为一个负责任的发展中国家，中国政府坚持以人为本、全面协调可持续发展的科学发展观，高度重视应对全球气候变化，在发展经济的同时，大力推进节能减排工作，减轻温室气体排放并为此进行了不懈努力，采取了制定应对气候变化的国家方案、建设资源节约环境友好型社会、建设生态文明、发展循环经济、构建和谐社会等一系列战略部署。确定了'十一五'期间单位国内生产总值能源消耗降低 20%，控制温室气体取得明显成效的奋斗目标"的说明与承诺及大会主题思想，怎么在一些人中竟成了耳旁之风；国家相关法律、法规和政策在一些人的手头怎么就走了样？难道一篇《告别秦砖汉瓦》的文章，依靠水泥砖、灰砂砖之类的新型墙材就可撑起中国绿色建筑大厦？倘若要他们居住在与自然、人文环境相隔离又冷冰冰的水泥砖房里细细品味他们的"作品"，估计他们也会说"蟾宫无美景，高处不胜寒"的。

谈到时兴的水泥砖、混凝土砌块、灰砂砖等免烧墙材时，给人的误导是免烧砖"不消耗能源，不污染环境，不耗费黏土"。果真如此吗？其实，某些免烧制品对资源和能源的消耗，对环境的影响，对生态的破坏是十分惊人的。混凝土制作的能源消耗就远大于烧结砖的能源消耗（据德国瀚德尔《挤出机》一书"生产一吨材料所需能量"给出的数据，烧结砖为 6GJ/t，相当于石油 160kg，混凝土为 8GJ/t，相当于石油 200kg，若加上水泥烧制、混凝土砌块成型的能源消耗，孰轻孰重一目了然。目前上述三种非烧结墙材中发展最为猛烈的莫过于各种水泥砖瓦、砌块。其可持续发展能力如何，从其生产源头、建筑功能和寿命终结再利用过程分析，便可得出客观结论。

（1）资源消耗：混凝土制品是以水泥为主要胶结材料，掺以青石砂或工业废渣经过人工搅拌、湿震荡或半干压成型、自然养护或水气热养护而成的墙体砌筑材料。虽然混凝土制品中水泥用量仅为 10%~15%，但从其"边际效应"去分析，水泥用量则是巨大的。这就涉及水泥生产问题。水泥又是以开采大自然的石灰岩配以黏土为主要原料经过矿山开采—三次破碎—球磨—成球—高温烧结—熟料球磨—配以石膏—储存安定等复杂工序最后打包成品。水泥开采的石灰石，在人们心目中总认为是一种取之不尽，用之不竭的自然资源。其实这是一种误解。石灰石是地球表面存量很少的原生地不可再生资源，在我国地域内除贵州、广西喀斯特地貌有出露外（注意！这些地区是我国南方石漠化最为严重的地区）其他地方存量很少，而且开采造成的山体植被破坏、水土流失、泥石流灾害频繁、石漠化加剧，给我国防灾减灾工作带来极大压力。有关专家对我国水泥、石灰生产对巨大的石灰岩石资源浪费和所造成的危害状况表示担忧。

（2）能源消耗及环境影响：水泥生产是目前重工业中高能耗、高污染行业，而且产能过胜，重复建设突出，粉尘污染、CO_2 排放量可以说可与钢铁工业等量齐观。而且，许多建筑的钢筋混凝土采用的钢材在能源消耗上也是很大的，据德国瀚德尔所著《挤出机》一书给出的数据：生产一吨建筑钢材所需能量为 58GJ/t，相当石油 1.5t。水泥生产也是要用黏土的。

（3）水泥制品建筑适应性：建筑实践表明：水泥制品由于存在着先天性的若干缺陷，诸如吸水性差，粉糊空鼓，蠕动变形导致墙体裂缝，容重大热阻小、传热系数大 [混凝土砖及砌块为 $1.5W/(m^2 \cdot K)$；钢筋混凝土为 $1.74W/(m \cdot K)$] 又不节能，造成室内凝露现象严重，湿传导功能甚微，室内无舒适感，并且砖体内富含水泥释放出的氡和防电磁性能不好，对人体健康不利。由于我国城市化建设的快速发展，高层和小高层混凝土剪力墙结构的建筑发展很快，但是由于混凝土墙体极高的传热系数使其使用能耗远远高于砖建筑，是典型的高能耗建筑。因此，根据建筑材料的性能设计适应不同环境特点的墙体结构形式也是减少建筑能耗、提高建筑质量的重要保证。水泥砖能达到环境绿色材料标准吗？

（4）可回收利用性：水泥制品不可回收重复使用，被拆除后变成一堆建筑垃圾，占据着大片土地、河道，包围城市周边，污染土壤和水源，带来洪水及地下水质污染等次生灾害。这种现象在各城市、城镇周边违法偷排倾倒现象非常普遍。连北京门头沟永定河的河床也成了建筑垃圾的安乐窝。

从以上四个方面可以看出：执意发展这些墙材，试图替代发展中、更新中仍居建筑墙体材料主体地位的烧结砖瓦，既不现实又不明智，与控制气候变暖的"国家方案"总体要求确有相悖之处。

第二十章 烧结砖瓦产品的科学发展观

第一节 烧陶建筑制品是生态经济的研究对象

大工业时代"黑色文明"所带来的生态失衡、环境恶化、生态问题已成为人类生存与社会能否持续发展的根本问题。由于建筑是涉及多学科、社会多门生产的支柱性产业,关系人类生存、社会持续发展,自古以来是人类最广阔的活动之一,横跨农业、工业、社会服务、信息交流四大产业,体现以衣、食、住、行为核心的"四大基元"为标志的人类文明成果;体现社会政治、经济、文化等精神物质文明水平的时代特征,并与自然环境、再生产环境和人文环境之间有着十分紧密的联系。因此可以说一切住宅建筑、公共建筑都是生态建设、协调环境、促进和谐的重要组成部分。从广义上讲,有机生命的自然生态群(即植物、动物、微生物群体)与环境因子(土壤、水分、大气、阳光、温度)之间相互存在、相互影响又相互作用产生能量转换和物质循环、提供有机生命生长、发育和运动的条件,维系大气环境和生态环境输入输出的平衡。从狭义上讲,人类的一切建筑活动都必须使人以外的充满有机生命和无机生命的物质文化空间全面协调运转,以改善自身生存和繁衍条件。从而必然与生产活动的"经济生态"紧紧相连。生态环境质量的好坏决定着人类生存及社会发展。我国在实施可持续发展战略制定的应对全球气候变化"国家方案",有其深刻而广泛的科学内涵。其主要任务是协调经济活动与生态环境的关系,通过资源开发与生态建设、环境治理同步,资源利用与节约并重,促进社会经济健康地、持续地稳步增长。它既要创新"经济生态"系统合理的产业发展结构,又要科学地把握生态平衡和经济平衡之间内在规律及其和谐关系,正确地处理经济再生产和自然再生产之间的诸多矛盾,使人口、资源、能源、环境及城乡建设相互协调同步发展。"国家方案"充满"两个生态平衡"的发展理念和科学方法,是一切生产、生活活动的指导思想和工作方法。是任何行业、任何群体和个人都必须服从的行为准则。这为还处在朦胧与混沌的中国砖瓦工业创新发展提供了方向性和政策性的导向。

冷静地思考我国砖瓦工业所面临的处境,是因为烧结砖瓦从传统工业向现代工业过渡中还保留着某些传统的生产模式,存在着对资源(黏土)认识上的模糊,利用上的低效,在自然生态发生变异的条件下未能寻其自然规律及时调整思想路线和技术路线,对自然环境造成一定的危害,使一些当代人因噎废食,出现了"告别秦砖汉瓦说"、"禁黏"举措等历史现象是不奇怪的。这一问题是人类在"黑色文明"中逐渐吞尝苦果之后反思教训的思维。具有普遍的阶段性。否则,就不会有延续半个世纪世界建筑学界、材料学界、景观学界甚至未来学界对烧结砖瓦是兴是灭的争鸣,当然也就不会从一个侧面促成"生态经济学"、"环境经济学"、"绿色环境材料学"等边缘学科的诞生,也不会有欧洲先进砖瓦工业在绿色建筑学、环境材料学方面的成就。倘若中国砖瓦工业在30年前借鉴欧洲的发展思路,立足国情,端正方向,走好节能环保的路子,循序渐进地务实发展,估计,今日之砖瓦命运可能是别样的景色。

中国民族建筑是世界三大建筑体系中历史最优久、文化底蕴最深厚、艺术韵意最浓郁的东方建筑的优秀代表。烧结砖瓦在木构架上的巧妙应用,成就了几千年来中国建筑的历史辉煌。砖瓦不仅是古今世界建筑最重要的建筑元素,而且是中华文化的活化石。是人类最优秀的文明成果之一。人类社会的历史,是人类文化积蓄、衍化、创新、演进过程。在这个过程中,思维活动衍生的精神文化和生产活动不断创新的器物文化是推动社会文明进步的两个轮子。没有继承就没有创新；没有创新何谈弘扬。中国建筑是"西化"还是要弘扬民族传统、革新中华文化？是实现伟大祖国民族复兴，国人所面临的问题。烧结砖瓦，既是一种生产资料和生活资料，又是一种建筑艺术元素和文化器物，它在世界建筑上的广泛应用，说明它既是中华民族的，也是世界的。发展中国民族建筑文化，烧结砖瓦的革新与重塑是十分重要和不能缺失的。没了砖瓦，意味着绵延上下五千年的中华建筑文化板块上出现了断层，"秦砖汉瓦唐砖雕"清誉之身将不复存在，当代炎黄子孙也将丧失与国际砖瓦文化对话交流的资格。后代的人们也只能望长城而兴叹，数紫禁而悲愤。然历史的辩证法不会因曾参杀人而改变行进的轨迹。砖瓦的先进文化性是不会泯灭的，尽管有坎坷，有曲折，但其唯与天合，唯与人谐，不妒别艳，生命力是极强的。有如唐代诗人陆龟蒙笔下赞叹的白莲。陆诗曰："素化多蒙别艳欺，此花端合在瑶池。无情有恨何人见？月晓风清欲堕时。"面对绿色建筑的呼唤和环境挑战，中华砖瓦再度复兴，只有走"生态环境产业"之路才会得到更多的支持、实现自身的可持续发展。所谓"生态环境产业"的提出，是因为烧结砖瓦产前、产中、产后直至其服务周期终结，与生态资源、自然环境、人文环境和经济环境是联系一体的。它有一个源于自然资源衍生的建筑资源在服务期内为人们提供永久性的安全、健康与舒适生存生活条件和服务终结后又回归自然、不污染环境、给自然生态不会带来负面影响的循环过程。每一个环节都与生态环境有着直接的联系；每一个环节都与社会经济相关连。所以，生态既是它的母体，又是它的归宿；亲和环境、营造建筑而点化山川既是它的本能，又是优秀文化的传承与弘扬。可以说世间一切建筑文化与建筑艺术，都离不开砖瓦，正如德国工程师老瀚德尔在《砖瓦工业设计手册》引言中所说："今天倘无砖瓦，人类也会发明它"。也可以说：没有在生态经济学领域内去研究绿色建筑及其最适用的绿色建筑材料——烧结砖瓦，绿色建筑的可持续发展，是很难想象的。无论是生态意义，也无论是社会经济意义，烧陶都应该是生态经济的研究对象。

第二节 烧结砖瓦向"生态产业"转轨

烧结砖瓦传统生产模式对生态环境有着一定的负面影响是不言而喻的，这是农业经济条件下对自然世界认识的一种局限，是思想领域的必然王国。但是，作为万灵之长的人类是不会重复他的历史足迹的。当人们从必然王国向自由王国过渡进入大工业生产时代并经历"黑色文明"之后，逐渐明白了"顺天常道而生，违天常道则死"哲理。便进入了"绿色文明时代"，积极修复环境，建设生态，把创建可持续发展绿色文明作为自律行为的准则。烧结砖瓦向"生态产业"转轨是历史的使然。分下列几方面论述。

（1）现代砖瓦工业的生态观　烧结砖瓦绵延了数千年，无论是中国还是世界，已经成为世界建筑的重要元素和传统基础。它联系着建筑传统的继承、创新和绿色建筑的将来。在考虑它能否可持续发展，能否将其深厚文化附着传承下去时，首先要认识它是对资源耗费较多，对生态环境影响较大的一个工业门类，对其生命周期（即原料矿山勘测设计—原料开采与节约—工农业废料的选择与掺配—燃料技术选择—制品设计—无害化生产—回收利用）与自然环境、人工环境、建筑适应性之间相互作用及能量转换等问题进行关联性的研究与设计，在思路清晰、方向准确的条件下，用针对性很强的循环经济技术手段实现环境友好和生态平衡。在生态平衡中体现其生命价值就是烧结砖瓦的生态观和价值观。

（2）原料的开采与对自然修复　黏土原料决定着技术工艺性能和最终产品性能质量，由于原料易采、经济、剥采比很小，基本上不会出现废料堆积。相反，对工农业中的废弃物、江河湖泊淤泥、建筑弃土、乃至水处理厂沉淀污泥具有范围很宽的选择性。只要建立砖瓦生产的"生态观"，坚持循环经济技术路线进行原料配比设计、严密的工艺设计适应建筑的高起点设计，页岩、泥岩矿山的开采量是很小的。在江河湖泊水网区域不仅可以不占用一寸土地，对于河道、湖底淤泥的常年疏通，保证行洪排涝，利于农田灌溉，修复生态环境，较之工程治理有不弃土、无堆积、事半而功倍之效。前文列举浙江省宁波市三江流域以"服从规划、政府牵头、政企协议、规定目标、'四泥'制砖、修复环境。"不失为变堵为疏，把烧结砖瓦引向"生态工业"的一种好思路。黄土高原上陕西的一些地方采用挖塬制砖，平原还耕，整合土地之举，较之于采沙制作"免烧砖"导致陇海铁路坍塌交通中断的大事故，谁优谁劣不是一目了然吗？云贵川三省采用页岩、煤矸石、粉煤灰制砖挖走山还田地、消化大宗工业废渣保护耕地、保护环境也创下了许多成功经验。国内外许多情况表明：具有"生态观"和现代化装备水平的砖瓦工业对页岩、泥岩原料的开采是间歇性的（在设计上采用露天开采及保存），比较起其他工业，对环境的直接影响和地形地貌的改变及矿物性原料开采的量和剥采比，砖瓦行业是非常低的，由于矿山地处农村紧靠工厂，有利于发挥潜在的人工环境效应（如山丘造地、矿坑堰湖等）有利于环境综合治理。矿山及工厂寿命终结后，还会保留许多对社会及环境有益的用途，美丽的工厂建筑物和基础设施可作休闲娱乐场所或农庄种植和养殖。进入"生态工业"的砖瓦厂，在设计理念上务必做到如下几点：第一，面向经济循环，工农业、治污业适宜制砖废物资源采用尽量广泛，实现原生黏土质矿物资源利用最小化，不仅要做到对环境影响最小，而且修复工农业损坏的环境修复效果明显；第二，对自然资源开发与环境治理并举；第三，除江河湖泊清污修复生态外，矿物采区规划设计应远离陆地景观和自然保护区；第四，一旦开采终止，应围绕矿点改善和提高环境质量；第五，理顺各种管理界线行政和经济关系，固定于法律法规和国家政策框架之内，矿山原料的开发和不同原材料（主要是废料）供应，要有可靠性和连续性的稳定渠道。

(3) 能源与环境 烧结砖瓦与钢铁冶金、水泥制造工业，黑色污染比较是最小的，但是，近半个世纪以来，先进发达国家的砖瓦厂在进入"生态工业"过程中把热能原料的选择放在极重要的位置，并经过废气、废水、废渣内部生产循环，把节能减排同技术经济紧密联系，切实做到低成本、低排放、高收益。国外砖瓦厂干燥和焙烧使用的是天然气、液化石油气（LPG）和燃油，但有时也用固体燃料和电能以及来至垃圾掩埋产生的沼气。使用天然气的数量正在逐渐增加。这类能源产生的二氧化碳量最小（57kg/GJ，而燃油产生的 CO_2 量为 75kg/GJ）。半个世纪以来，欧洲各国砖瓦烧结燃料经历从煤-油-天然气的进化过程，目前有的砖瓦企业采用了沼气烧制砖瓦，基本上实现了零排放。据"欧洲砖瓦联合会"（TBE）提供的数字显示，到 2001 年，奥地利、比利时、德国、法国、意大利、英国、西班牙、瑞士、丹麦、荷兰、匈牙利等 11 国烧砖燃料中煤炭仅占 0.45%，油占 59%，天然气占 40.55%。少数砖厂采用沼气焙烧新技术。随着欧洲 EC/2003/87 法令颁发 CO_2 排放量交易体系（炭交易）的建立，欧洲砖瓦工业一直努力地降低能源消耗和 CO_2 的排放。据 TBE 提供的数据，至 2001 年奥地利、比利时、德国、丹麦、西班牙、法国、意大利、荷兰、英国 9 国吨产品的平均能耗从 2.9GJ/t 下降到 1.89GJ/t。20 年间降幅为 34.82%。这些国家节能减排主要措施有以下五项：一是改进了隧道窑和干燥室的设计；二是干燥焙烧过程用计算机控制；三是窑炉余热回收利用（即将来自窑炉冷却带的热空气引入干燥室）；四是在坯体中掺配有发热量的工农业废渣，降低能耗；五是在原料中配入惰性物质，控制氟化物、氮化物、硫化物的生成与排放。在生产周期通过密闭的内循环系统对废渣、废水、废气和粉尘进行自我消化。我国现代化程度较高的大中型砖瓦工厂也采用国外方式节能减排，也有明显的环境经济效益。若在环境意识、生态经济系统工程技术设计上再进一步，在我国幅员辽阔、轻纺、造纸、木材加工、城市污水处理所伴生的固态废物将为进入"生态工业"的砖瓦制造提供取之不尽、用之不竭的新资源。可以预料，随着人们对"城市生态观"的建立，中华砖瓦的明天将会是一派生机盎然的春天。

现代的烧结砖瓦工厂早已不是传统概念上的作坊生产方式了，而是具有高新技术手段装备的现代化生产企业，计算机远程控制，数千台机器人正在烧结砖瓦厂中运转。图 20-1 给出奥地利烧结砌块生产线上的局部照片。

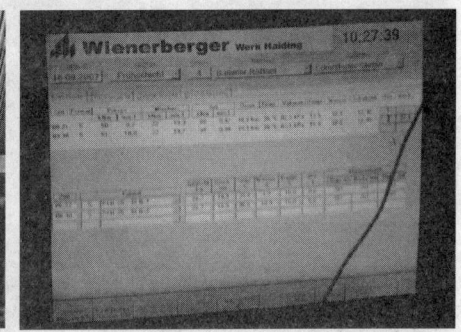

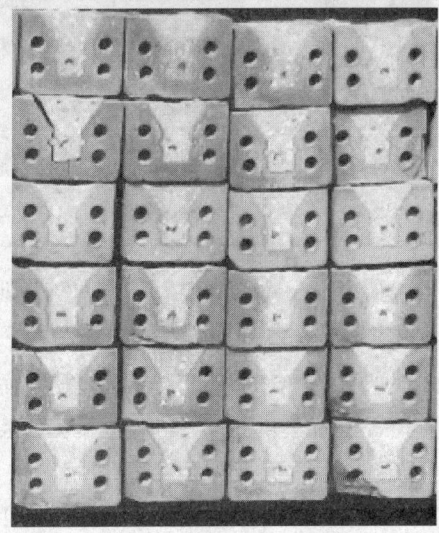

图 20-1　奥地利烧结砌块生产线局部照片（照片摄于 Wienerberger 公司的林茨工厂和维也纳市的工厂；最后两幅照片为竖立在公路旁的砌块广告牌）

图 20-2 为德国 ABC 公司生产烧结装饰砖工厂的部分照片。ABC-Klinker gruppe 集团公司于 1921 年在 Bad Benthiem 成立。现在，ABC-Klinker gruppe 集团公司共有 7 个工厂，产品包括墙面装饰砖、行道砖、屋面瓦及地面砖。利用先进设备及工艺、生产耐用、环保的建筑材料。图 20-2 中的工厂位于明斯特明斯市附近，该工厂以地砖、瓦为主要产品。该工厂和窑炉改造完成后，各项技术指标非常先进，预热段温度均匀性可控制到 5℃。窑炉外壁温度低于 30℃。

图 20-2　德国 ABC 公司生产烧结装饰砖的工厂局部照片（照片摄于德国明斯特市附近的工厂）

图 20-3 为德国科利亚通公司（CREATON）生产屋面瓦和装饰陶板的工厂照片。科利亚通公司是欧洲领先的烧结装饰陶板、屋顶瓦及地砖供应商。目前公司总共有 16 个工厂，其中在德国有 11 个工厂，在匈牙利和波兰也有工厂。该公司的产品质量标准高于欧洲共同体标准两倍。产品的

花色品种有300多种，其中屋顶装饰物、各种配件，如通风屋面瓦、导线管瓦等，在各地有合作和销售伙伴。CREATON公司在中国有销售伙伴，在北京有办事处，上海有代表处。近年来受欧洲砖瓦市场需求的影响，公司向外部扩张较快，继2004年在匈牙利的兰笛（Lenti）投资2000万欧元建设现代化的Ⅰ号屋面瓦生产线后，于2007年再次投资约3300万欧元，建设超现代化的Ⅱ号生产线。该项目已于2007年6月8号破土动工，窑炉长120米，宽8米，厂房建筑13000平方米，年产2180万片屋面瓦及配件，产品尺寸约9片/m^2。这两条高度现代化的生产线占地面积约为107公顷（107万平方米），产品主要供给东欧市场。该生产线的厂房内外都非常整洁。

图 20-3　德国科利亚通（CREATON）公司的屋面瓦生产工厂（照片摄于德国乌尔姆附近的屋面瓦生产工厂）

第三节　可持续发展建筑的烧结砖瓦产品设计

绿色建筑是传统建筑艺术文化发展与理性的提升。既要保持传统民族文化的延续，又要展示生态环境文化的创新；既要在"城市生态经济"中发挥社会安定、环境友好主导性的作用，促进城乡经济的协调发展，又不至于增加城市环境负荷。其中，建筑材料的长久寿命期和节能性、安全性、保健性、建筑元素符号的多样性及其少维修（更换）或不维修永久性则是第一位的。若干城市建筑实践表明：烧结砖瓦仍是当代建筑和可持续发展建筑最为理想的建筑墙体屋面楼地面材料。其一劳永逸之功是当今任何"新型块（板）材料"都不能全面取代的。近日，中央电视台"经济与法"栏目报道杭州市某小区数万平方米经济适用房，市民刚刚入住，有30%楼房墙面空鼓、墙体开裂、漏水严重，报道说"墙体脆脆"；东边"墙体脆脆"尚待了了，西边成都某两幢高楼又出现了"楼体歪歪"。如此景观许多城市并不少见。冷静思考，就目前楼盘进入商业化阶段，工程质量每况愈下，并不是因偷工减料，而多是建筑材料选择不当所致。墙面空鼓、墙体开裂多为"免烧砖"惹的祸，只不过是有人醉死不认那壶酒钱罢了。

"生态砖瓦工业"生产的烧结砖瓦，我们把它称之为"绿色烧陶制品"，它既是传统砖瓦的延续，又是理念的延伸，是全新的"大砖瓦"概念。所谓"大砖瓦"，是禀赋材料科学原理，建立在"生态经济学"、"环境经济学"、"技术经济学"和"现代建筑学"等科学理念基础上，抓住节约资源、保护环境、满足建筑构造要求、经济简单、采用系统工程方法通过全寿命期（泛指：资源采集的初始期，产品制造期，建筑服务期和寿命终止回收期四个阶段所构成的全寿命期）工业设计，经自动化、清洁化生产出的多种建筑适用性的价值功能产品。说它是"绿色环境材料"是从它与自然环境，人工环境，人文环境相互依存、相互作用，互生共荣可持续发展而言的。其寿命期表现如下：

（1）产品设计　烧结砖瓦是通过建筑形式而长期服务于人类的，它同人类生存、生活有极为紧密的联系，是人类最广泛最基本的生存活动条件之一，在社会分工中表现为一部分人为另一部分人劳作、并表现于为全部人类服务的本质。它最典型的特征是"人性化"。它不仅要满足现代人生命存续的安全、节约、健康、舒适，而且又不影响和降低后代人居住的生活质量，甚至百年之后,在它构成的建筑本身及建筑与环境没有发生变异冲突的条件下,后代人无须拆除,还可以继续使用(这是古称永不腐朽的"人工石头"属性所决定的)。因此产品设计要求轻质高强、低能耗高保温、无毒无害内在功能之外,还要依据工程学的原理在外观形体进行模块化工业设计以满足建筑构造的任意组合变化,在简约的工程效应中完成工程学与美学的完美统一,在时代特征中展现出深厚的文化底蕴和鲜活的建筑艺术。从这个意义上讲,砖瓦工程设计师的理念属于"哲学"范畴;建筑师或建筑构造师的理念属于"逻辑思维"范畴。那么,建筑就是哲学和逻辑构成的天然。

在烧结砖瓦的产品设计中,我们必须要遵循可持续发展建筑的要求来设计。例如对产品热工性能的考虑。在现行的国家标准中(GB 13544—2000《烧结多孔砖》和 GB 13545—92《烧结空心砖和空心砌块》),虽说都规定了密度等级或是孔洞率、孔洞尺寸、孔型及孔洞排列,但是这些都没有与产品最佳的热工性能指标相联系起来考虑。换句话说,就是什么样的产品性能才能达到节能建筑的要求。实际上,烧结砖(或砌块)的孔洞形状、孔洞排列对产品热工性能的影响非常重要。例如,矩形条形孔是公认的最好孔型,但是矩形条形孔的错列布置比齐列布置得导热系数要小得多;孔洞的形状也非常重要,根据德国多年的研究表明,对外墙使用的保温隔热砖或砌块,其最佳的孔洞结构尺寸为 40mm×8mm,以避免在孔洞中出现空气层的对流传热;对非承重的砌块产品,最佳的方式是在孔洞中填充无机保温隔热材料(如珍珠岩、蛭石等)。孔洞率对产品的热工性能也有很大影响。但是,在设计时必须同时考虑到产品的强度指标、施工方便程度、原材料的适应性、生产工艺设备、技术条件等因素。因此,烧结空心产品的设计,仍然是摆在我们面前的一个重要的课题。研究的方向就是按照热工原理,结合烧结空心制品的特性,建立数学模型,进而开发出适合我国国情的软件设计平台,以便促进我国传统烧结砖瓦行业向现代化工业转型的步伐。

(2) 产品生产 现代砖瓦生产是建立在生态经济学中关于"循环经济"理念下的自动化乃至智能化的生产方式,从传统中脱胎,在现代科技下成长,进入生态工业领域在接受环境挑战中除上文讲到解决了资源循环后,对使用能源产生的大气排放逐步取得了重大突破。主要是运用环境工程措施改变窑炉、干燥系统原材料在热反应过程中产生的 HCl(盐酸)、HF(氢氟酸)、SO_x(硫酸)、NO_x(氮氧化物)、CO(一氧化碳)、CO_2(二氧化碳) 等 VOCS(可挥发的有机混合物)。其主要措施是:选用含硫、氮、氯化物低的原材料;在坯体中加入惰性外加剂;在坯体中加入细石灰粉滞留氟化物和某些硫或采用烟气净化设备将有害物质分离出来;采用低温碳化气体循环,燃烧 CO 和 VOCS;增加热废气助燃器和废气过滤器等,实现零排放。欧洲各国绝大多数砖瓦厂的干燥和焙烧都采用了天然气、液化石油气(LPG)和燃油,但有时也使用固体燃料、电能和来自垃圾掩埋产生的沼气。实践证明,天然气能源产生的 CO_2 量最小($57kg - CO_2/GJ$);而燃油产生的 CO_2 为 $75kg - CO_2/GJ$。工厂生产线多采用密闭式、循环式清洁生产。产品包装和运输都重视环境问题。每一个生产细节都用循环经济理念为指导,提高生产效率,注重低成本高效益。体现设计与生产的生态性。这些问题在欧美等发达国家都得到了很好的解决。

(3) 产品服务 烧结砖瓦产品服务涉及服务于建筑构造、服务于建筑物长期使用功能、又不影响人们生活方式两个层面,既有阶段性又有长期性。同时,服务中与城市生态环境或聚落生态环境之间仍然有着十分紧密的联系。我们知道,城市是人口集中、工商业发达、居民以非农业人口身份出现的、人口密度最大、生产与消费最集中的小区域,同时又是辐射周边大区域的政治、经济、文化中心。是以人为中心的有机体同自然环境相互影响相互作用的综合体。我们将这种综合体称为"城市生态"。这种生态包括原生自然、人工环境、人文环境和社会经济环境等主要部分。与人类活动最为密切的建筑、交通是影响城市生态环境的两大因素,它体现人类对自然干预的最大化和强烈性。我国目前有四亿五千万城市常住人口，加上暂住和流动人口不下全国总人口的40%。人口的集中和城市化进程加速，使城市规模越来越大，对城市生态影响也就越来越大，而城市自然生态在不堪重负时又会反过来制约城市经济，影响生产的经济效益。烧结砖瓦厂大多在城市周边，较之其他建材产品运距最短、交通压力最小，在施工过程中基本上无噪声、无建筑垃圾和废水、废气排出，用机器铺浆可做到现场组装、清洁砌筑，对环境影响最小。在建筑物长期服务中具有节能、隔声、湿呼吸水气平衡及特殊的储存太阳能和缓慢放热功能以及防灾的安全性，对人们生活方式有益无害。在使用期内能减少房屋加热和制冷成本和维修费用。从产品安全服务百年以上的情况看，砖瓦建筑对城市生态的负面影响是最小的，也是最经济的。

（4）产品再生服务 所谓再生服务，是指建筑物生命周期终结后对建筑物的拆除、砖瓦材料分离、重新使用以及废料移出加工等四个方面的价值。烧结砖之所以被古人类称之为"永不腐朽、不褪颜色的人工石头"是因为它具有久经考验的全天候耐久性和对自然环境的无害性极特殊功能。19世纪德国考古学家科特威（Robert Koldwey）在幼发拉底河左岸发倔古巴比伦城市部分时，将发掘出距今4000年的烧结砖盖起民工住房，现今安在；我国陕西省关中、渭北、咸阳等广大农村农民将耕地拾得的秦砖砌筑窗台比比皆是；欧洲一些豪户还高价收购古砖用于壁炉装饰。完全体现烧结砖瓦长久的生命力和再生服务能力。国外对砖的再生服务，采用的方法有：一是对拆除墙体整体切割分离移入新建筑；二是将墙垛送入隧道窑焙烧除去附着砂浆而恢复新貌使用；三是将不能砌筑的残砖断瓦"粉身碎骨"，在运动场跑道、草坪绿地广泛使用。既美化环境又改善土壤的保水储肥透气功能。

国外近十年对烧结砖瓦在生态环境的影响，从原材料采集开始，从再生利用结束，进行"从摇篮到坟墓"的科学测定与评价，结果表明：烧结砖瓦制品是当今世界上功能最多、寿命最长、无毒无害、对生态环境影响最小的可持续发展建筑绿色材料。

发展绿色烧结墙体材料是可持续发展建筑的关键，为此对我国发展新型烧结建材制品的建议如下：

（一）我国墙体材料革新策略与可持续发展建筑的发展方向

1. 建立"可持续发展建材"新概念，以产品的生态学特性和使用功能为尺度来判定新型烧结建材制品

建筑与建筑材料是一个产业关联度极高的行业，建筑材料的需求量是一个国家经济发展的晴雨表，而建筑质量则反映的是一个国家的综合技术水平。虽说墙体屋面材料在一栋建筑中所占的投资比例是很小的，但是完全可以说，建筑材料选择正确与否，决定着生活质量的高低。不能以牺牲某些使用功能为代价来发展所谓的"新型墙体材料"，建材产品的生产应该有对建筑对象的适应性。如果说利用工业废渣生产的建材产品，不具备有建筑上的适应性，迟早也会被建筑市场所抛弃，如粉煤灰、炉渣蒸养制品等的发展过程就有力地证明了这一论点。"免烧砖"等有性能缺陷的建材产品不符合绿色建筑的发展要求。不能将现在的一吨工业废料在很短的时间内变成了数吨不可回收的建筑垃圾！

今日的建筑方式，决定了未来几十年的建筑能耗。我们"不应将只用20%钱花在建筑物的建造上，而80%的钱耗用在建筑的使用上"。建筑物的环境质量是人们生活质量高低的决定性因素。有了可持续发展建材产品，才能建造可持续发展建筑。新型烧结砖瓦产品完全能够满足可持续发展建筑的要求，新型烧结砖瓦产品是可持续发展的观点应当得到认可。

对新型烧结砖瓦产品的生态学特性及使用功能必须重新认识，不能以"黏土与非黏土"原料作为是否是新型墙材的简单判定依据。任何一种建筑材料不论采用何种原料，烧结或非烧结工艺，其产品的性能都应符合可持续发展建筑的需要。追求美观、安全、温暖、舒适、耐久是人类的天

性，因而建设房屋时，大多数人首先选择烧结砖，并不是保守和落后，是天性使然，也是自然地回归！更何况现代社会条件下，对新型烧结砖瓦产品使用功能的开发，完全能够使之满足可持续发展、循环经济、环境友好型社会等各方面的要求。新型烧结砖瓦产品是健康（大众、流行）的建筑材料。当人们选择建筑材料时，决定的因素不仅仅是材料大外表美观与否，而是它本身的内在质量。新型烧结砖瓦产品的独特性能，数千年来都一直证明了它是最流行的建筑材料。这就是为什么现今欧洲五分之三以上的建筑物使用砖的道理。新型烧结砖瓦产品不仅经受了数千年历史和气候变迁的考验，而且它也能抵御热、冷及水的侵蚀，更重要的是有自动调节水分（湿度）和进行热交换的功能，从而创造了健康的居住环境。

2. 大力发展烧结保温隔热空心制品

实际上烧结空心建材制品在生产过程中及在建筑的应用上，都有巨大的节能、减排效应。我国烧结空心建筑制品发展的重点是：高保温隔热性能的外墙用烧结砌块、内隔墙用烧结砌块（板）、承重与非承重楼板（盖）用空心砌块、与上述结构体系配套用的门、窗过梁、圈梁、墙心柱等用的模板空心砌块（隔断热桥的效果非常好）以及夹芯墙结构体系用的承重多孔砖和清水墙装饰多孔砖等。

3. 用烧结保温隔热砌块解决墙体保温问题，是实现节能建筑的最佳途径

西欧的通墙厚烧结砌块，单一砌块厚的外墙就可满足隔热保温的需要。这种结构也是造价最低的一种节能建筑结构体系，经测算比我国目前的外墙外保温体系的外墙体造价降低至少 80～100 元/m²。并且建筑物具有更长的使用寿命，更舒适的居住环境，在整个建筑物使用期内几乎不需要进行专门的维修。因此，这也是我国实现节能建筑的最佳途径之一。

4. 开发烧结空心楼板砌块、内隔墙用烧结空心砌块，提高分户墙、楼层间的隔热保温、隔声性能

发达国家均生产多种烧结空心楼板砌块和隔墙用空心砌块。隔墙砌块的厚度较薄，这给了我们一个非常重视的提示：室内有效使用面积的增大，不能单靠减少外墙厚度，实际上减小内隔墙的厚度对增大室内有效使用面积更有意义，因为室内隔墙的周长远大于外墙。用烧结隔墙砖或砌块砌筑的隔墙，其尺寸稳定、耐久、隔音、防火等性能及在对室内环境的贡献均优胜于各种板材，而且建筑造价也大大低于其他板材，综合能耗也低。实际上烧结空心楼板和内隔墙烧结空心砌块对楼层间、住户间的隔热保温、隔音、住宅分户热计量也是非常重要的材料。

我国有的地方建成的所谓"分户热计量"住宅建筑，其现状是中间楼层的住户在采暖期根本用不着开暖器，单靠上下左右邻居来加热自己的房间就足够了。

5. 针对配筋结构体系开发烧结空心构件产品

为了进一步提高建筑的节能效果，隔断热桥效应，需开发烧结空心制品结构件，如门窗过梁模板砌块、门窗边框灌浆模板砌块、楼层圈梁模板砌块、框架结构梁（柱）外围保温隔热砌块、楼板填充砌块、屋面空心砌块（预制构件）、预制烧结砌块墙板及楼板等。在建筑中使用这些结构件可大大提高施工进度，降低工程造价，解决供热单户计量中的层间、户间的绝热问题，对降低住宅能耗有重要意义。

6. 大力发展烧结屋面装饰材料，改善屋顶保温隔热性能及耐久性，美化城市建筑面貌

屋顶的隔热保温和防水问题是多年来困扰着建筑发展的难题。现国内各地建筑部门对屋顶结构的"平改坡"的呼声日趋强烈。屋顶结构"平改坡"是近来建筑发展的必然方向，因此近期建筑的发展就会需要大量的中高档次的屋面瓦。近年来我国的屋面瓦生产在没有受到政府部门充分关注的情况下得到了很大的发展，例如现全国的烧结屋面瓦引进生产线已达 9 条；引进的混凝土屋面瓦生产线已达 40 条之多，加上国内设备装备的混凝土屋面瓦制造厂已多达到 600 家（国外相关媒体报道有 400 多家）。这足以证明屋面瓦在中国有着很大的市场发展前景，同时也说明了广大

的农房建设、城镇建筑需要中高档次的屋面瓦。但是混凝土屋面瓦的表层颜色是用有机的粘结剂和无机颜料组成，其耐久性和稳定性令人担忧，有的厂家说可保证10年，有的厂家说可保证6~7年；再是混凝土瓦的抗折强度和抗渗性能低、抗化学侵蚀（如酸雨）能力及耐候性（如抗紫外线）差，完全可断言：就目前的彩色混凝土屋面瓦在中国的发展是短命的。

烧结屋面瓦，在发达国家已成为了重要的建筑艺术产品。为了更好地解决建筑物屋顶的保温隔热及防水问题，美化城市建筑面貌，应大力发展具有装饰功能的、耐久性好、健康的烧结屋面瓦。发达国家的烧结屋面瓦产量一直都在逐年上升。

7. 大力发展新型烧结地面材料，改善城市地下水源得不到补充的状态，美化城市环境

由于烧结砖产品很好的吸水及排水性能（可补充城市的地下水），及它们的强度高，耐磨性能好，外观漂亮，经久耐用。因此，铺路砖、广场砖等也有了很大的发展。新型烧结铺地材料具有抗折强度高（与混凝土比）、水分的可渗透性、不会影响地下水及土壤性质、装饰功能强、废弃后可全部回收利用等特点，在发达国家已被广泛应用。

我国城市化建设规模不断扩大，硬化的屋面、地面、道路面积逐年增大，城市范围内对雨水的吸收能力越来越差，每年都有在雨季因城市排水不畅造成的人身伤亡及财产损失事故。

8. 大力开发生产烧结装饰陶板，为既有建筑及新建高层建筑的节能改造提供绿色、环保、节能的新产品

烧结装饰陶板的安装采用干挂方式，适用于任何形式的建筑结构，是既有节能建筑改造和高层建筑外墙隔热保温的最佳节能结构体系。装饰陶板用于既有节能建筑改造，综合造价低、安全可靠、装饰功能强、免维护，可延长既有建筑寿命，建筑寿命终结后可重复使用，破损后可回收利用，是极佳的节能改造用材。

9. 在中小城镇、农村大力发展节能建筑体系——夹芯外墙结构

夹芯墙体系是一种在欧美应用广泛的节能建筑结构体系，节能效果显著，已被列入了绿色建筑结构体系。这种结构，外墙为清水墙装饰（多孔）砖，内墙为承重多孔砖，中间填充保温隔热材料或设置空气层。

10. 在夏热地区积极开发新型烧结遮阳板（条），降低夏季空调电耗，减少城市光污染

新型烧结遮阳板是在烧结空心砖的基础上发展起来的一种新型节能材料，强度高、耐久性好、不老化、不反光、装饰效果显著、质感丰富，是西欧近几年才发展起来的新型节能材料。

（二）我国节能建筑核心技术开发的目标与方法

1. 开展烧结保温隔热砌块设计方法与热工性能标准的研究

烧结保温砌块的设计具有较高的技术含量，高孔洞率、薄壁、大尺寸的砌块，除了热工性能要求外，挤出模具、芯具、湿坯强度、微孔形成剂等都需要系统的研究，需要计算机辅助设计系统的支持，需要建立科学的计算模型和计算方法，应组织科研院所开展专项研究。

2. 开展烧结保温隔热砌块用于多层、小高层住宅的砌体结构与抗震设计研究

承重烧结空心砌块在欧洲可用于12层以下的砖混结构建筑，其建筑造价大大低于混凝土框架剪力墙结构、混凝土框架结构。开展烧结保温砌块配筋砌体结构及抗震设计的研究，将烧结保温砌块用于多层和小高层建筑，既可实现节能建筑，又能降低建筑造价，具有推广价值，应组织建筑设计部门开展相关研究。

3. 建立"夹芯墙"体系设计、施工标准及辅助构件标准

夹芯墙体系是一种非常节能的建筑外墙结构体系。这种节能建筑结构体系是我国应大力推广和开发的建筑体系，建议组织相关建筑设计部门对抗震及非抗震地区进行结构体系研究、设计，完成设计、施工规范及辅助构件标准。

4. 开展烧结空心楼板砌块、屋面保温隔热砌块及构件的研究

用热分户计量，是我国住宅建筑发展的必由之路。烧结空心楼板及屋面保温隔热砌块的规格形式及其预制构件的尺寸等对建筑物都有重要影响，需对其展开更大范围的研究，如烧结楼板砌块在大跨度建筑中的应用等。

5. 开展新型烧结墙体、屋面材料智能化生产技术及成套装备的研发

选择国内大型装备制造企业，瞄准国际先进烧结建材装备制造水平，通过引进、消化、吸收、再创新，实现我国烧结建材成套装备设计制造和系统集成的国家队，力争尽快达到国外先进水平。用国产设备对国内烧结砖瓦企业进行全面技术改造，促进产业升级。国产化也会给我国的装备制造业创造新的经济增长点。

6. 开展烧结装饰陶板在既有节能建筑改造中的应用技术研究

现在国内对于烧结装饰陶板的应用技术的研究开发仅为一两家公司，这与我国节能建筑的发展格格不入。应组织国家级的研究设计单位，制定系列的产品标准及设计、应用规范，以指导对既有建筑的节能改造。

7. 策划建设若干烧结建材制品的集约化生产园区示范工程

及时规划和建设一批节能环保新型建材生产基地，形成与可持续发展相适应的新兴产业，引领烧结建材制品朝健康的方向发展，替代传统砖瓦生产方式。在资源丰富的地区，集中兴建产业园区，有利于清洁能源利用，废水、废气治理，在新产品、新工艺研究开发上共担风险、共享成果，形成大的产业集群。

8. 组建国家级可持续发展墙体材料检验认证实验室

组建国家可持续发展墙体材料认证实验室的目的是正确地引领墙体材料行业的发展，澄清对"新型墙体材料"的模糊认识，建立起可持续发展建材的评价体系。

9. 建立健全国家节能建筑检验、认证标准及规范

现绿色建筑国家标准中对建筑物的使用寿命及使用寿命终结后材料的分离、回收利用没有规定，对节能建筑的认证方法还很不完备。应尽快组织建筑设计、材料、开发商在内的研究机构，建立健全国家节能建筑检验、认证标准和规范。

10. 开发节能建筑CDM方法学

在推动节能建筑中引入清洁发展机制，开展烧结制品生产的CDM方法学和节能建筑CDM方法学的研究开发。将我国砖瓦生产中的碳减排和节能建筑带来的减排量纳入国际炭交易范畴，将会有力的促进我国砖瓦企业技术改造和产业升级，同时推动节能建筑发展。

（三）促进节能建筑的政策与措施

1. 提高砖瓦产品标准的指标加速砖瓦工业技术进步

我国砖瓦产品标准的技术性能指标与发达国家相差甚大，要使我国墙体材料适应建筑功能的改善和节能建筑的要求，必须提高现行的国家标准，规定产品的热工性能指标，并以此来限制和淘汰低劣产品，以标准推动砖瓦行业的技术进步。

2. 在核心技术的研究上组建国家队，联合攻关

节能建筑是一项系统工程，从建筑材料的设计、生产、制造到建筑结构体系的设计和建筑施工方法，是一个有机体，需要组织跨行业、跨学科的产、学、研联合攻关。多年来我国在管理体制上存在建筑材料生产与建筑设计、施工管理之间的严重脱节，这个问题不仅表现在行业管理上，而且在高等院校的学科设置上也同样存在，导致产业发展中的不协调。砖瓦机械也是机电一体化的高科技产品，而在其设计、生产上也从来没有国家队的参与。这也是我国与发达国家在基本建筑材料生产和砖瓦机械制造技术上相差30~40年的重要原因之一。在原料上，基础理论研究滞

后；对挤出成型的理论研究，仅依靠目前的企业是无力完成的，需要高等院校、科研院所的参与，在关键工艺设备的设计、制造、系统集成技术上，同样也需要有技术实力、大型设备加工企业，在核心技术的研究上要组建国家队。

3. 对可用于生产烧结墙体屋面材料的资源进行普查

我国地大物博，各地能生产烧结建材产品的资源差异性很大。开展资源普查，按不同地区的资源条件，结合实际，因地制宜地确定各地的发展规划，按照国家环保要求，科学规划，有序开发，集中新建烧结空心制品生产基地。

4. 出台墙改基金对绿色建材生产企业和产品的支持政策

我国墙改基金自开始征收以来，累积沉淀下来的资金已达千亿元以上，如果能将此基金用于支持烧结空心制品及其生产设备的研究开发，集中规划烧结制品工业园区，采用先进的生产设备和工艺，实现集约化生产，无疑会对我国墙体材料改革会起到巨大的推动作用。用这些资金足可以在我国设计上百个烧结空心制品生产工业园区，建成上千条现代化生产线，可以关闭和取代几万家生产黏土实心砖的小砖厂，可将这些小砖厂占用的上百万亩土地复耕。

（一个小型砖瓦厂占地约为 40~60 亩，年平均产量 1,000~1,500 万块，而建立一个现代化的大型烧结砖瓦生产厂占地只要 70 亩左右，但是其产量可达 10,000~13,000 万块，是小砖瓦厂的 8~10 倍。从节约土地、环境保护、产品质量保证的观点上讲，建立集约化、现代化砖瓦生产的方式意义重大。）

5. 对传统砖瓦生产企业的技术改造政策

在目前还没有足够量的优质墙体材料能完全取代传统烧结砖瓦的具体情况下，"禁实限黏"的政策是完全正确的，但是应及时出台鼓励现有烧结砖瓦厂积极利用工业废料，发展空心产品的技术改造政策，落实利用工业废料的优惠政策，积极而及时地引导这些企业向生产优质的建材产品方向发展，不能让一些"垃圾墙体材料"涌进建筑市场，降低建筑的质量，损害消费者的利益，给未来环境造成不可挽回的严重后果。

6. 在城镇推广以烧结建材制品为主的砖混结构多层、小高层住宅，减少水泥、钢材用量

钢筋混凝土的发明，推动了高层、大跨度建筑的发展，从现浇楼板发展到全剪力墙结构；目前正向下延伸，水泥的用量越来越大。钢筋混凝土剪力墙结构的建筑由于墙体极高的传热系数使其使用能耗远远高于砖建筑，是典型的高能耗建筑。从资源，能源消耗，环境污染及温室气体排放等方面看，并结合我国的水泥产能及可枯竭的石灰石矿储量分析，节约水泥、钢材用量应提到重要的议事日程。

第二十一章　本篇结语

写到这里，本篇也就结束了。本篇目的主题是"生态建筑与烧结砖瓦的对话"。重点书写了现代烧结砖瓦在世界范围内的发展状况与绿色建筑的应用关系，展望绿色建筑的美好未来。期望它在巩固几千年优秀文明成果的基础上在人类社会可持续发展道路上创造更高级文明成果。

几千年人类建筑史证明：烧结砖瓦是一种品质优良而可以对环境影响最小，对生物健康最有益，对建筑构造适应性最强，服务周期最长，易得而又廉价又可回收重复利用的产品。实践证明它在未来建筑中有着不可取代的主体地位。无论在中国或是外国，从发展的观点看，可以说概莫能外。

美国学者韦恩·E·布罗奈尔说："烧结砖瓦产品在人类文明史上占有与面包和布匹同等重要的地位。也许是这一工业在人们生活中太普通的缘故，很少有关于这方面的文字资料，就连其发展史我们也仅有粗浅地了解。"记不清哪一位智者曾经说过："不懂砖瓦等于不懂建筑"。此话语意颇深令人回味。倘无砖瓦，人类可能还在茅茨土阶中忍受着无奈的苦痛，也或许仍战战兢兢地匍匐在风雨雷电、霜刀雪剑的淫威之下，永远感受不到舒适安逸是什么滋味。抹杀砖瓦的历史功绩，即便是在华宇朱阁上享受人生，也全然不会明白建筑的"过去"是"现在"的归宿；建筑的"未来"又是"现在"的渊源。也就不再去理会未来的子孙。

中华砖瓦绵延几千年不衰，在当今世界上被公认为可持续发展建筑首选的"绿色环境材料"，在2000多年前老子著的《道德经》哲学理论中可能悟出真谛。《老子·天长地久》中说："天长地久，天地之所以能长且久者，以其不自生，故能长生，是以圣人后其身而身先，外其身而生存。以其无私，故能成其私"。虽砖瓦是圣人之手抟泥而生，然圣人造砖则是依"道可道，非常道"那看不见、摸不着、文字语言不能表述，只能领悟的"先天地生……独立而不改，周行而不殆"的"道"（自然规律），取地之本原、水之柔弱、火之刚烈，抟泥烧成一种全无意志和思想、无所谓生死、荣辱、后天的人工器物。制造过程中"虚中生有"，赋予功能使命而打上了人们主观上的文化印迹，达到"致虚极，守静笃"、"无为"可"大为"，"无用"生"大用"的境界。厚重忠实，固能长久。老子曰："名可名，非常名"。任何事物都是在运动中发展，在发展中更新，周行不殆。烧结砖瓦游走于数千年的历史长河中，"名"多更迭，如瓴如壁、如砖如瓦、如今称"构件"，乃文化附着之丰，技艺深厚之故。但烧结砖瓦那"自爱不贵"，忍辱负重，外其身而荣天地，尽其力而托高楼；刚不骄、美不柔，回归自然而不污的禀性未改，故能成其私（本体），绵延不衰矣。（凡引号中文字均从《道德经》摘出。）

中华民族的"生态自然观"，早在两千多年前的春秋末期已经建立起了自身的认识体系。老子那短短五千余言的《道德经》解释了天地本原；万物变化玄机；阴阳生克制化的微妙。论述了"域中四大"（道、天、地、人）的关系，揭示了宇宙中无所不在、无所不及的起始、循环、发展、回归的规律。他在《道德经·道法自然》中提出："有物混成，先天地生，寂兮寥兮，独而不改，周行不殆，可以为天地之母。吾不知其名，字之曰道。疆为之名曰大，大曰逝，逝曰远，远曰反。故道大、天大、地大、人亦大。域中四大而人居其焉。人法地、地法天、天法道、道法自然"。这就是老子的自然观、世界观和发展观。虽然，"道"无意志、思想，看不见、摸不着又很难用语言文字表达，但它却是客观存在，是万事万物的本体，是不以人们意志为转移地独行于宇宙空间周行不殆,但是道、天、地蕴涵着不可侵犯的巨大能量,正如庄子云"顺之者生,逆之者死"。老子之所以将"人"与道、天、地并列一起,是因为"人"是有意志、有思想,是万物之灵长。应当顺应宇宙的客观条件,合乎于自然规律地生存与发展,与大自然融为一体,人类才能健康地生存下去。人类一旦违背了大自然的运行规律,破坏了大自然的运行结构,那么,人类一定会遭到残酷的报应与惩罚,甚至会带来灭顶之灾。老子指出:"道法自然"是说"道"都要向"大自然"学习,何况人乎?因此,我们悟到:天、地虽"上善若水",给人以恩赐,但勿欺,须知"水能载舟,也能覆舟"。

我们书写砖瓦,全没有对发展中的新型墙体建筑材料排斥的意思。恰恰相反,是对于那些定位准确,有利于环境保护的生态水泥、陶瓷、玻璃等绿色建筑制品研发方向的肯定和颂扬。须知,一花独放无美景,万紫千红才是春。作为肩负生态建筑历史责任的新一代建筑师职业者,总期望更多新型建筑材料可供选择。

法国业内学者米切尔·考恩曼(Michel Kornman,曾任法国砖瓦技术中心主任)在最近的新作《烧结砖瓦产品的制造及产品性能》一书中说道:"烧结砖瓦产品一直在不断地修正着自身使之适合于建筑上的变化及需要,既在传统建筑领域,又在工业化的今天都能满足建筑的要求"。"现今,烧结砖瓦产品具有承重、填充、保温隔热、隔音、以及防火的综合功能,烧结砖瓦产品是非常受人们欢迎的住宅建筑材料,居住者们非常欣赏烧结砖瓦产品的舒适性、安全性、有益健康性、以及尊重环境的友好特性。"

主要参考文献

[1] ALFRED B. SERLE. Modern Brickmaking, Second Revised Edition [M]. LONDON, 1920.

[2] W. E. Brownell. Structural Clay Products [M]. New York, 1976.

[3] Willi Bender and Frank Händle. Brick and Tile Making [M]. Berlin: BAUVERLAG GMBH. WINSBADEN UND BERLIN, 1982.

[4] Willi F. Bender. Lexikon der Ziegel [M]. BAUVERLAG GMBH. WINSBADEN UND BERLIN, 1995.

[5] Dr. Manfred Bruck. Green Building Challenge (GBC) [J]. Zi-ANNUAL for the Brick and Tile, Structural Ceramics and Clay Pipe Industries, [M]. Berlin, 2001.

[6] Dipl.-Ing. (FH) Andreas Erker. Alternative Methods for the Thermal insulating Properties of Brick Masonry-D. A. CH Research Project "Measurement-Calculation" [J]. Zi-ANNUAL for the Brick and Tile, Structural Ceramics and Clay Pipe Industries, [M]. Berlin, 2001.

[7] HANS LINGL. Reflections on the future of common brick-a possible development [J]. Brick and Tile Industry International, CHINESE SPECIAL ISSUE, 1997, 1.

[8] Klaus Göbel. Reflections on brick architecture of the past 100 years [J]. Brick and Tile Industry International, CHINESE SPECIAL ISSUE, 1997, 2.

[9] Thomas Riek. Brick safety in the third millennium [J]. Brick and Tile Industry International, CHINESE SPECIAL ISSUE, 1999, 1.

[10] Dipl.-Ing. Manfred Bracht, Dipl-Ing. Makus Jüchter. Nibra Dachkeramik with new prospects for production of clay roofing tiles [J]. Brick and Tile Industry International, CHINESE SPECIAL ISSUE, 2003, 1.

[11] HANS LINGL. Prospects for the brick and tile industry [J]. Brick and Tile Industry International, CHINESE SPECIAL ISSUE, 2003, 1.

[12] Dipl.-Ing. (FH) Andreas Krechting. "Prefabricated masonry compound units" Chances for the clay brick industry-practical examples from construction of apartment-type housing and "commercial construction" [J]. Brick and Tile Industry International, CHINESE SPECIAL ISSUE, 2006.

[13] Metallic effect engobes from Grothe (pages 6), New perlite-filled thermally insulating brick developed: T8 (pages 8), Unipor presents new product series "Crolso" (pages 47), New Thermopor-SL with peak values for thermal insulation, load-bearing capacity and fire protection (pages 48), New ThermoPlan TS 14 from "Mein Ziegelhaus" Sound protection and thermal insulation optimized (pages 48), ThemoPlan MZ8 with thermal conductivity coefficient of $\lambda = 0.08W/(m \cdot K)$ (pages 48) [J]. Brick and Tile Industry International, CHINESE SPECIAL ISSUE, 2007.

[14] Dipl.-Ing. Michael Gierga. Which products are needed for multi-storey apartment construction? (Pages 12) [J]. Brick and Tile Industry International, CHINESE SPECIAL ISSUE, 2007.

[15] Arch. PhD. Adolfo F. L. Baratta. Horizontally perforated brick for lightweight partition walls (pages 24) [J]. Brick and Tile Industry International, CHINESE SPECIAL ISSUE, 2007.

[16] 四川省建筑材料工业局. 烧结承重空心砖 [M]. 北京: 中国建筑工业出版社, 1977.

[17] 中国西北建筑设计院. 国外烧结建筑制品进展 [M]. 北京: 中国建筑工业出版社, 1981.

[18] 殷念祖等. 烧结砖瓦工艺 [M]. 北京: 中国建筑工业出版社, 1983.

[19] 孙继颖. 空心砖与建筑 [M]. 北京: 中国建筑工业出版社, 1987.

[20] 上海建筑材料工业志编辑委员会. 上海: 上海建筑材料工业志 [M]. 上海: 上海社会科学院出版社, 1997.

[21] Dipl.-Ing. Dieter Rosen. Important aspects of new standards and directives for the brick and tile industry [J]. Zi-ANNUAL for the Brick and Tile, Structural Ceramics and Clay Pipe Industries, [M]. Berlin, 2007.

[22] Michel Kornmann. Clay bricks and rooftiles——Manufacturing and properties [M]. Pairs, Geneva, February 2007.

[23] 董翔，付林. 绿色建筑 [M]. 北京：中国计划出版社，2008，8.
[24] 王宏经，侯健. 中国当代建筑论坛（上下卷）[M]. 济南：山东大学出版社，1997，6.
[25] 中国建设科技文库 [M]. 中国建材工业出版社，1998，5.
[26] 陕西省科技厅赴西欧考察报告 [J]. 砖瓦世界，2008，1.
[27] 湛轩业，傅善忠. 现代烧结砖瓦产品的发展及类别 [J]. 砖瓦世界，2009，5~10.
[28] 傅善忠，湛轩业，梁嘉琪. 三论墙体材料革新与建筑节能 [J]. 砖瓦世界，2007，9.
[29] 湛轩业. 建筑废料回收处理方法及利用途径 [C]. 四川成都中国砖瓦工业协会《重建家园》论文集. 砖瓦世界，2008，11.
[30] 美国. 罗布·W索温斯基著. 黄慧文译. 砖瓦的景观 [M]. 北京：中国建筑工业出版社，2005，5.
[31] 汪福生. 欧派砖景 [M]. 北京：中国建材工业出版社，2008，11.
[32] Christophe Sykes, MSc Christine Lins. The Renewable Energy House- Listed building and technology showcase [J]. Brick and Tile Industry International, 2009, 1~2.
[33] Laurie Dufourni Ir. Houses of sustainability [J]. Brick and Tile Industry International, 2009, 1~2.
[34] Dipl. -Ing. Gerhard Koch. Sustainable construction and high architectural quality-A contradiction? [J]. Brick and Tile Industry International, 2009, 1~2.
[35] MA DipArch, RIBA Michael Stuart Driver. Sustainability and the British brick industry [J]. Brick and Tile Industry International, 2009, 1~2.
[36] Manfred Bruck. Green-Building Challenge (GBC), Zi-ANNUAL for the Brick and Tile, Structural Ceramics and Clay Pipe Industies [M]. BAUVERLAG, German. Dr. -Ing. Wolfgang Müller, 2001.
[37] The Clean Air Guide and its effects on brick and tile industry. Zi-ANNUAL for the Brick and Tile, Structural Ceramics and Clay Pipe Industies [M]. BAUVERLAG, German, 2003.
[38] Günther Moewes. Of Brick：Ecology and Diversity. Brick's award 2008 [M]. Callwey, German, 2008, 3.
[39] Dipl. -Ing. Christine Vieira Paschoalique, Bmst. -Ing. Karl Macho. Unfired industrial loam brick buildings with passive house standard [J]. Brick and Tile Industry International, 2009, 1~2.
[40] Dipl. -Ing. Gerhard Koch. Model brick- build structures in Austria [J]. Brick and Tile Industry International, 2008, 5.
[41] Georg Wilh. Friherr von Frydag. What is meant by the term "sustainble construction"? [J]. Brick and Tile Industry International, 2008, 3.
[42] Dipl. -Ing. Christine Vieira Paschoalique. Successful international presentation of the brick and tile industry at the World Sustainable Building Conference 08 in Melbourne [J]. Brick and Tile Industry International, 2008, 12

后 记

经过一年半左右日以继夜的案牍劳形，耗费了我们几乎全部的业余时间和精力，鉴古观今，纵谈烧结砖瓦的历史建筑文化、现在和未来绿色建筑展望的长卷图书，总算投笔掩卷了。出版之际正赶上了伟大祖国花甲华诞。把它作为献礼之物，总算了却了酬谢"母亲"对我辈新中国知识分子的培养和教诲之恩的心愿。

烧结砖瓦是人类文明最优秀文化成果之一，作为中华民族七千多年前创造的一种物质文化器物，以生产资料和生活资料双重属性而被世界民族所推崇，在世界建筑历史上创造辉煌，在当今世界上又以全新面目和深刻的生态科学发展理念，在人类社会可持续发展的道路上、在构造绿色建筑中焕发青春，显示出强大而永恒的生命力。它像祖国母亲那样古老，那样执着，总是不遗余力地负载着、传承着优秀民族文化并以建筑空间形式保护着人类活动的安全健康和提供更高级的精神文化享受。它的发明，是炎黄子孙引以为荣的文化事件。这便是我们编写此书的动因。

五千年的中华文化是中华民族圣人、先贤大智慧的结晶，是维系民族团结和国家统一的活的灵魂。一个先进民族，倘无先进民族文化，则会被视为野蛮，再强大的国家也不能持久，有了先进民族文化而无代代相传，文明之国也不会延续。世界四大文明古国中，古希腊的昙花一现，古埃及的解体，古印度沦为两百多年的英属殖民地，唯有虽经千灾百难的中国仍屹立世界东方，成为和谐世界的典范，原因就在于此。然而，在世界政治、经济格局发生大变革的当今社会，特别是应对气候变暖、潜藏地球危机的今天，先进发达国家纷纷在中华文化中寻求化解危机的灵丹妙药的当口，我们中国人不能丢掉灵魂。如果使老祖宗创立的博大精深的民族文化边缘化，岂非怪事？就建筑材料而言，国外未来学者认为砖瓦（当然包括土、木、石）等传统材料的革新与发展，仍是绿色环境材料之源泉，欧、美、日、韩认了砖"祖"并在创新中发展，创造了人居环境和自然的和谐。

在编写本书的过程中我们深切感到：现代烧结砖瓦，无论是概念、形制、功用及发展模式已经从传统文化中脱颖而出，以全新的面貌正在创造着与生态环境和人文环境相和谐的新辉煌。它在当今和未来建筑中的地位和作用不可低估。历史与现实碰撞的火花是那样光彩夺目。因此，在书写它的历史发展脉络的同时，对它现在的发展以及未来，有续写和展望之必要。古为今用，洋为中用，我们要给中国绿色建筑增添一点盐梅，给中国砖瓦发展方向提供一些摆脱尴尬走向绿色的思考。

"烧结砖瓦与可持续发展建筑"这个题目很大，从时间上追溯七千年，空间上波及世界几大洲，动起笔来，深有德薄能鲜、自不量力之感。但责任难却，只好硬作头皮而为之。由于认识有限，水平有限，资料有限，挂一漏十难免，谬误也难免。但我们是认真的，而且是努力地发掘历史、采撷现代真实资料奉献给读者，提供探索和思考的多方面信息，希望能对我国新型砖瓦的发展有所裨益。

为本书顺利出版，中国砖瓦工业协会孙向远会长、中国建材报名誉社长张颂甲老先生、贵州省建筑材料科学研究设计院梁嘉琪院长专门为本书作了序，使本书增色不少。序文中的真知灼见慧耀序篇，颇具提神升格之功，盛情可鉴！美国斯蒂尔公司中国首席代表张文发先生将自己拍摄的美国、澳大利亚、韩国的砖瓦建筑照片无私地提供给作者使用；德国凯乐公司北京办事处的张艳女士在中国——欧洲的文献资料交流沟通方面给予了鼎力相助；贵州建筑材料科学研究设计院独家全力赞助，使本书在很短的时间内齐聚天工，顺利出版。谨此，在这里表示衷心感谢！

作者
2009 年 7 月 16 日

贵州省建筑材料科学研究设计院
Guizhou Institute of Building Materials Scientific Research & Design

建筑规划所

所长：**贾福伟**
MB：13985413161

电话/传真：0851-5755539

贵州省建材科研设计院建筑规划所是一个年青的团队，是我院开拓和完善民用建筑设计和景观设计市场的主力军。

建筑规划所依托我院整体的竞争力、先进的规划思想和务实的工作态度，逐步地学习、积累和提高业务水平和技术水平，已初具规模，业务范围涵盖住宅建筑（包括开发策划、小区规划、住宅设计等）、公共建筑、城市景观和环境设计等领域。

团结　严谨　敬业　图强

空间以真实构造存在，气质停留在转折之间

建筑是生命累积不间断的场所容器

容器中承载直属于居住者的生命成就

然而多少生活需求机能适切植入

多少空间语言建构场所

两者之间是默契，还是冲突

该如何成就交织出属于纯粹，细腻的居住调性

多少的细节该拾该舍，一切纯然在做与不做之间……

贵州省建筑材料科学研究设计院
Guizhou Institute of Building Materials Scientific Research & Design

我院是集建筑材料研究、建材产品开发和工程咨询设计为一体的综合型科研设计单位，近年来一直以"科学管理、精益求精、持续创新、顾客满意"的质量管理方针为宗旨，在树立创新观念，优化设计方法，创新设计产品，研制新型建材，提高咨询水平工作中力求做得更好是我院最终目标。

墙体材料工程

长期从事新型墙体材料的研究、设计、开发和工程咨询技术服务工作，主要承担国内外以下业务：

1. 6000万块/年以上烧结砖厂设计；

2. 30万立方米/年以上加气混凝土厂设计；

3. 30万立方米/年以上石膏制品厂设计；

4. 30万平方米/年以上混凝土砌块及板材厂设计；

5. 各种规格大、中断面隧道窑设计；

6. 承接总承包工程；

7. 提供原材料化学分析和物理检验、生产工艺配方、工业性全套试验服务；

8. 生产工艺控制及软、硬件开发及人员培训。

水泥工程

竭诚为你提供以下范围业务：

1. 建材、建筑工程设计及技术改造；

2. 工程技术咨询服务及工程总承包；

3. 年产20万立方米以上商品混凝土搅拌站咨询、设计；

4. 铝矾土熟矿、石油支撑剂及高性能外加剂工程咨询及设计；

5. 建材行业设备成套服务；

6. 计算机软、硬件开发利用。

总有一次认识，让我们成为终生朋友
　　总有一次合作，让我们充满无比喜悦

地　址：贵州省贵阳市沙冲南路13号　　邮编：550007
电　话：院办公室：（0851）5799077　传真：（0851）5795354
　　　　总 工 办：（0851）5795354
　　　　水 泥 室：（0851）5795082　传真：（0851）5795082
　　　　墙 材 室：（0851）5793490
网　址：www.gz_jcy.cn

贵州工业废渣综合利用研发测试中心

贵州工业废渣综合利用研发中心，是获得贵州省科技厅、经信委、发改委重点支持，贵州省建筑材料科学研究设计院设立的，从事工业废渣综合利用的研究开发机构。重点解决我国经济社会发展亟待解决的粉煤灰、煤矸石、磷渣、磷石膏、硫石膏、赤泥和锰渣等工业废弃物的规模化综合利用问题，开发新型建材，形成新的产业，提高废弃物综合利用率和利用水平，改善环境，促进循环经济的发展和可持续战略的发展。

多年以来，共完成科研项目110余项，其中小型混凝土空心砌块质量标准（SBJ 1—79）和设计施工规程（GZJ 197），重晶石、萤石复合矿化剂低温煅烧硅酸盐水泥研究获省科技进步二等奖；混凝土空心砖质量标准（Q/JC 1—84），低温快烧磷渣釉面砖，电石渣碳化砖，烧结砖瓦正压干燥工艺研究，贵州省地方标准DB52/T 423—1999《建材产品中废渣掺加量的测定》的编制，黔东南州页岩制砖可行性研究等项目获贵州省科技进步三等奖。

变废为宝 利国利民

中心在研项目一览表		
序号	项目名称	资助方
1	利用贵州磷石膏制备高性能石膏粉及耐水石膏砌块技术研究项目	省科技厅
2	利用电解锰渣制取建材制品研究项目	省科技厅
3	利用铁钛着色机理研制彩色清水砖和挤出法生产赤泥烧结普通砖	省科技厅
4	粉煤灰、电石渣、脱硫石膏开发新型建材产品的研究与应用	省科技厅
5	以工业废渣为主材生产胶凝材料适用性能研究	省科技厅
6	微晶二元胶凝材料研究	省科技厅
7	固体废弃物性能及应用研究方向	省科技厅
8	贵州典型工业废渣综合利用研究与发展对策研究	省科技厅
9	贵州工业废渣制备绿色建材产品技术发展规划和政策研究	省科技厅
10	节能型装配式隧道窑的开发与研究	本院
11	利用粉煤灰、赤泥研制陶粒	省科技厅
12	利用水淬锰渣、膨胀剂研制高效混凝土	省科技厅
13	利用工业废渣研制预拌砂浆	省科技厅
14	利用磷石膏研制承重多孔砖	本院

地址：贵州省贵阳市沙冲南路13号　邮编：550007　电话：0851-5768700　5796659　联系人：张乃从